低渗、特低渗复杂油藏规模有效动用关键技术

王永卓　杜庆龙　周永炳
陈淑利　付志国　郑宪宝　等著

科学出版社
北京

内容简介

本书是国家油气重大专项"低渗-超低渗油藏有效开发关键技术"子课题"低渗、特低渗复杂油藏规模有效动用关键技术"及其下属任务研究人员在"十三五"期间的科研成果总结，主要内容包括复杂油藏油水层高效识别与薄油层预测技术、复杂油藏储层精细刻画与潜力评价技术、特低丰度油藏井网与水平井穿层压裂一体化设计技术，以及复杂油藏缝控基质单元精细调整对策和关键技术等四个方面，反映了低渗透、特低渗透油藏评价与开发领域近期的研究成果和学术发展动态。

本书对从事低渗、特低渗油藏测井技术、储层改造技术、精细油藏描述技术、开发调整等方面工作的科研人员和生产人员具有一定的参考价值。

图书在版编目(CIP)数据

低渗、特低渗复杂油藏规模有效动用关键技术 / 王永卓等著.
—北京：科学出版社，2020.11

ISBN 978-7-03-063775-8

Ⅰ.①低… Ⅱ.①王… Ⅲ.①低渗透油气藏-油田开发-研究
Ⅳ.①TE348

中国版本图书馆 CIP 数据核字（2019）第 283095 号

责任编辑：刘莉莉 / 责任校对：彭 映
责任印制：罗 科 / 封面设计：墨创文化

科学出版社 出版
北京东黄城根北街16号
邮政编码：100717
http://www.sciencep.com

四川煤田地质制图印刷厂印刷
科学出版社发行 各地新华书店经销
*

2020年11月第 一 版 开本：787×1092 1/16
2020年11月第一次印刷 印张：17 1/4
字数：400 000

定价：149.00 元

（如有印装质量问题，我社负责调换）

前言

本书是国家油气重大专项“低渗-超低渗油藏有效开发关键技术”子课题“低渗、特低渗复杂油藏规模有效动用关键技术”“十三五”期间科研成果，收集大庆油田有限责任公司勘探开发研究院、井下作业分公司、外围采油厂以及联合研究单位专题研究论文30余篇，反映了大庆外围低渗透、特低渗透油藏评价与开发领域最新的相关研究成果和学术发展动态。

对于未开发储量区块，通过地质、测井、地球物理、油藏工程与压裂工艺多学科相结合，应用沉积相分析理论、低阻油层与油水同层测井识别方法、储层井震预测技术、非达西渗流理论，对构造、储层、油藏类型、注采方式、井网系统适应性等进行深入研究，优选可动用储量区块，提出特低丰度油藏动用技术和开发对策。

对于已开发油田，通过井震结合小断层及微幅度构造精细描述、储层分类评价、开发过程中地应力演化及对裂缝系统影响、剩余油分布表征精细研究，建立缝控基质单元构建及模拟方法，揭示多尺度裂缝对开发的影响，通过规模压裂后油藏开发效果评价和开发规律研究，发展适合大庆外围复杂油藏缝控基质单元精细调整技术和调整模式，结合现场水平井穿层压裂试验和开发区块调整，进一步完善了低渗、特低渗复杂油藏规模动用有效开发技术，为大庆长垣外围油田开发500万吨以上持续稳产提供技术保障。

目　录

复杂油藏油水层高效识别与薄油层预测技术

复杂油藏储层精细刻画与潜力评价技术

特低丰度油藏井网与水平井穿层压裂一体化设计技术

复杂油藏缝控基质单元精细调整对策和关键技术

复杂油藏油水层高效识别与薄油层预测技术

砂岩储层原始含油饱和度解释方法研究

钟淑敏

（大庆油田有限责任公司勘探开发研究院，黑龙江 大庆 163712）

摘　要：砂岩储层原始含油饱和度是油田勘探、开发和储量评价的重要参数。松辽盆地北部F油层属于低孔、特低渗砂岩储层，且孔隙结构复杂。以阿尔奇公式为基础，采用岩电实验直接测得的 a、b、m、n 值计算原始含水饱和度，与密闭取心样品分析得到的含水饱和度对比误差大，经分析认为主要由岩电实验过程与测井环境的差异所导致的。应用室内岩电实验测得电阻率刻度测井实测电阻率方法，确定适合测井环境下的 a、b、m、n 值，得到了适合低渗砂岩油层的变参数原始含油饱和度解释模型。应用密闭取心分析得到原始含油饱和度，与模型解释结果对比，绝对误差在5%以内，满足了储量评价和油田生产需要。

关键词：低渗储层；原始含油饱和度；测井资料；解释方法

引　言

原始含油饱和度是储量评价、油田开发、井位部署等的重要储层参数，合理确定原始含油饱和度参数对有效提高油田开发效益和准确评价地质储量具有重大意义。一般确定原始含油饱和度的主要方法有密闭取心分析法和测井方法。松辽盆地北部F油层为低渗砂岩油层，是近几年勘探和开发与储量评价的重点区块之一，储层物性差，孔隙结构复杂，低渗油层孔隙小，流体含量少，导致流体对电性响应的贡献减小，使物性及孔隙结构等变化对电性响应贡献加大，应用传统阿尔奇公式解释原始含油饱和度明显低。经过研究发现是两者环境差异大所导致，因此，基于岩石物理实验和密闭取心井资料，采用岩电实验电阻率刻度测井电阻率方法，建立了适合测井环境的变参数阿尔奇解释模型，满足了储量评价和井位部署及油田开发等生产需要。

1　储层特征

由测井原理可知，测井曲线是储层岩性、物性以及地层水等的综合反映[1,2]。储层的含油性和地层水的变化对电阻率测井的影响很大[3,4]，储集层的岩性、物性等变化对三孔隙度测井曲线影响较大[5-8]，储层的电阻率、有效孔隙度和地层水电阻率是原始含油饱和度计算的主要参数。因此，首先对研究区储层岩性、物性和地层水矿化度的基本特征进行了分析。

作者简介：钟淑敏(1967－)，女，1990年毕业于大庆石油学院，大学本科，高工，从事测井资料综合处理与解释工作。

联系方式：zhongshm@petrochina.com.cn，163712，黑龙江省大庆市大庆油田勘探开发研究院地球物理测井研究室。

研究区 F 油层岩性主要为粉砂岩、泥质粉砂岩、钙质粉砂岩和粉砂质泥岩，对 6 口井 352 块样品岩性统计，主要岩性为粉砂岩，粉砂岩储层约占储层厚度的 88%；对 12 口井 192 块样品的泥质含量进行统计，泥质含量主要分布在 5% ~25%。可见研究区岩性较细。

通过对研究区 16 口井 1170 块取心样品统计，储层的岩心分析有效孔隙度主要分布在 6% ~18% 之间，平均为 11.5%，有效孔隙度变化范围较大；岩心分析空气渗透率主要分布在 0.03 ~3mD 之间，平均为 0.43mD，属于低渗砂岩储层。

地层水矿化度的变化是影响储层电阻率的重要因素，也是饱和度计算中的重要参数。地层水矿化度越高，储层电阻率越低。通过对 F 油层 9 口井的地层水矿化度进行统计和分析，地层水矿化度变化范围较小，主要集中在(2.5 ~4.5) $\times 10^3$mg/L，平均值为 3.8 $\times 10^3$mg/L。

2 岩电实验参数合理性分析

一般情况下，由密闭取心井资料确定原始含油饱和度是比较准确的，其他方法解释原始含油饱和度是否合理，都应用密闭取心井资料进行验证，但实际生产中密闭取心井较昂贵，这类资料较少，往往通过岩电实验分析，得到满足生产需要的原始含油饱和度解释模型。

阿尔奇公式是应用测井资料定量解释含油饱和度的基础，其具有明确的物理意义，简单、实用。阿尔奇公式如下：

$$F = \frac{R_o}{R_w} = \frac{a}{\phi^m} \tag{1}$$

$$I = \frac{R_t}{R_o} = \frac{b}{S_w^n} \tag{2}$$

式中，F 为地层因素；R_o 为孔隙中 100% 含水的岩石电阻率，Ω · m；R_w 为地层水电阻率，Ω · m；ϕ 为岩石有效孔隙度；a 为与岩石性质有关的岩性系数；m 为胶结指数，与孔隙结构有关；I 为地层电阻增大系数；R_t 为含油气岩石的电阻率，Ω · m；b 为与岩性有关的系数；n 为饱和度指数；S_w 为原始含水饱和度。

优选长垣地区 F 油层 10 口井 38 块岩心样品，在指定条件下进行了岩电实验测试，应用实验数据分析得到阿尔奇公式中 a 为 1.0，b 为 0.98，m 为 1.55，n 为 1.41。将四参数和测井计算得到的有效孔隙度、深侧向电阻率值代入阿尔奇公式，对邻区相同层位、岩性、物性相近的一口密闭取心井(A 井)进行原始含油饱和度解释，将该井 8 层解释结果与岩心分析得到的原始含油饱和度对比，其绝对误差为 25.8%，解释的原始含油饱和度系统偏低，不能满足生产需要。因此，开展了影响因素分析，进一步合理确定原始含油饱和度模型参数。

3 影响因素分析及校正方法

首先开展了岩电实验与测井环境差异性分析，其次将油层取样实测电阻率与相同深度测井电阻率进行对比，二者差异较大，这直接影响了原始含油饱和度的计算，具体分析如下。

3.1 影响因素分析

岩心电阻率测量无论是在常温常压下进行，还是在模拟储层温度和压力下进行，它都与实际井环境下测量的电阻率值不同[9-12]，原因是实际电阻率测井值受到了井环境、测井仪器分辨率等因素的影响[13,14]。因此，选取密闭取心井在地层水电阻率和饱和度都相同的情况，同一深度处的实验室测得的岩心电阻率与测井得到的深侧向电阻率值（图1）系统偏高，主要是测井时受钻井液、泥浆侵入、地层水矿化度、温度压力等变化的影响，从而造成测井电阻率值与岩心电阻率值有一定系统偏差，因此，通过岩心电阻率刻度测井的方法，可以给出适用于测井环境下的饱和度模型参数。

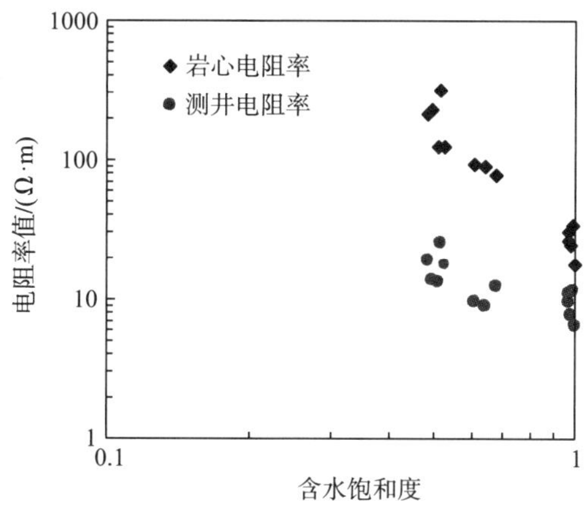

图1　相同深度点测井电阻率和岩心电阻率对比

3.2 电阻率校正方法

由阿尔奇公式可知，若对岩心进行模拟储层条件下实验，即岩心和地层的水矿化度、温度压力非常接近，则由水矿化度、温度压力变化引起的岩心和地层之间的 m、n 值变化量很小，可认为岩心测得的电阻率与测井测得的电阻率之间有如下关系：

$$\log(R_{\text{t测}}) = A\log(R'_{\text{t岩}}) + D \tag{3}$$

式中，$R_{\text{t测}}$ 为深侧向电阻率，Ω · m；$R'_{\text{t岩}}$ 为岩电实验测得的电阻率，Ω · m；A、D 为系数。

第一，在密闭取心井中选取油层的岩心样品进行岩电实验，测得不同含水饱和度的岩心电阻率值；第二，读取该岩心样品深度点对应的测井深侧向电阻率测井值；第三，根据岩电实验条件选取公式(3)进行回归分析，从而建立岩心电阻率与测井电阻率刻度方程；第四，利用此方程，重新计算每块岩样对应不同含水饱和度的岩心电阻率值；第五，利用重新计算的岩电实验数据，通过回归分析确定出饱和度模型实用的 A、D 值。

选取邻区一口密闭取心井油层的13块岩样进行了岩电实验，从电阻率测井曲线上读取了岩样相同深度点对应的地层深侧向电阻率值，从图2可以看出，当样品驱替到最后，样品仅含束缚水饱和度条件下，岩心样品测得的电阻率与测井的电阻率之间相关性较好。

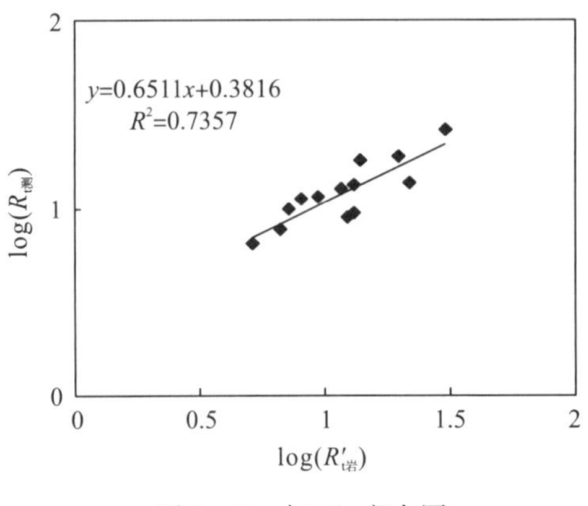

图2 $R_{t测}$与$R'_{t岩}$交会图

通过$R_{t测}/R'_{t岩}$与含水饱和度相关性分析，$R_{t测}/R'_{t岩}$与含水饱和度有明显关系。从图2中可以看出，双对数坐标下$R_{t测}$与$R'_{t岩}$之间存在较好的关系，得出岩心电阻率测井刻度方程：

$$\log(R_{t测}) = A\log(R'_{t岩}) + C\log(S_w) + D \tag{4}$$

利用回归分析得出A、C、D值分别为0.789、0.251、0.275。

4　合理确定模型实用参数

利用公式(4)可将不同含水饱和度对应的岩电实验电阻率转换成测井环境下的电阻率，应用校正后的38块样品数据采用回归方法，求取a和m、b和n的值，并进行变化规律分析，确定出合理的饱和度模型的实用参数。

4.1　a和m值的确定

由于低渗油储层孔隙结构比较复杂，储层a、m值受孔隙结构影响较大。由于a与m之间有一定约束关系，因此，令$a=1.0$，求取38块样品校正后的胶结指数m，分析胶结指数与孔隙度、渗透率和泥质含量的变化规律，分析后发现胶结指数与有效孔隙度密切相关，m值随有效孔隙度增大而增大(图3)。

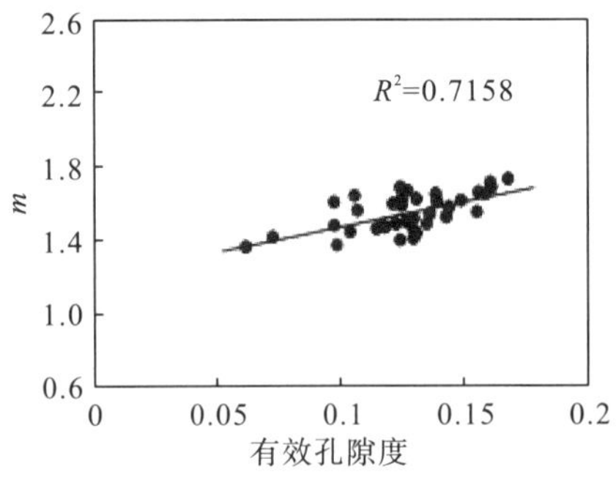

图3　m与有效孔隙度交会图

4.2　b和n值的确定

通过分析38块样品校正后得到的饱和度指数n与有效孔隙度、渗透率等关系，对比后发现，低渗砂岩储层饱和度指数n与孔隙度相关性较好(图4)，相关系数为0.81，而b则变化不大，平均值为0.99。

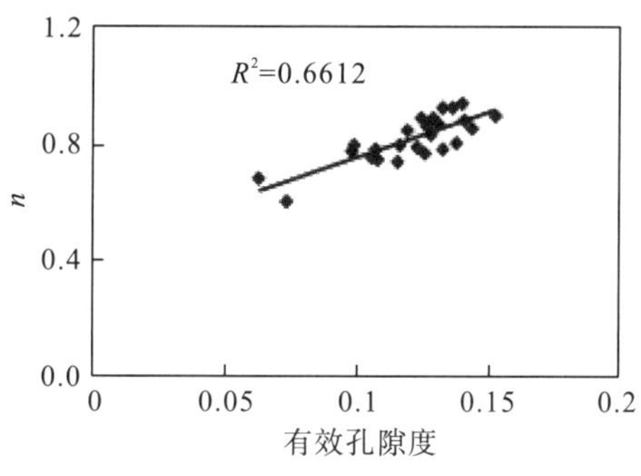

图4　n 与有效孔隙度交会图

利用校正之后的电阻率重新刻度了38块样品岩电实验数据的参数，得到了研究区F油层 m、n、a、b 的实用参数，见表1。

表1　研究区F油层的阿尔奇公式实用参数

a	m	b	n
1.0	$4.3051\phi+0.9558$	0.99	3.1135ϕ +04443

4.3　模型参数合理性评价

将确定的 m、n、a、b 值和目的层有效孔隙度与深侧向电阻率值代入阿尔奇公式，可得到目的层原始含油饱和度。将密闭取心井8层岩心分析原始含油饱和度与测井计算原始含油饱和度对比，绝对误差为2.9%（表2），精度满足储量评价规范和生产需要。

表2　密闭取心井岩心分析与测井计算原始含油饱和度精度对比

序号	井号	顶深/m	测井计算原始含油饱和度/%	岩心分析原始含油饱和度/%	绝对误差/%
1	A	1539.4	58.4	54.2	4.2
2		1541.5	58.9	61.2	2.3
3		1550.9	51.4	53.8	2.4
4		1569.3	49.6	50.1	0.5
5		1570.4	67.1	61.4	5.7
6		1684.4	31.6	35.5	3.9
7		1740.3	48.7	50.3	1.6
8		1740.9	55.2	52.1	3.1
平均			52.6	52.3	2.9

5　应用效果

应用上述参数解释4口新井，由4口井试油产能与测井解释的原始含油饱和度对比分析结果看（表3），原始含油饱和度较高的油层产能也较高，而原始含油饱和度低的储层产能也较低，可见模型参数确定是合理的。该模型已应用于近年1亿吨的三级储量计算中，成果顺利通过国家储量评审。

表3 试油结果与测井解释的原始含油饱和度对比分析

井号	层号	顶深/m	厚度/m	孔隙度/%	测井解释含油饱和度/%	试油情况		
						求产方式	产油/(t·d^{-1})	结论
H	40	1824.8	4.6	13.6	61.6	压后抽汲	6.364	工业油层
J	55	1738.4	2.6	15.9	43.3	MFE Ⅱ抽汲	0.51	低产油层
K	19	1661.6	7.4	14.7	53.4	压后抽汲	1.77	工业油层
M	43	1766.8	1.4	9.1	50.8	压后抽汲	0.132	低产油层

6 结论

(1)应用密闭取心井与岩电实验分析资料相结合，进行电阻率反演，得出适用于测井环境下原始含油饱和度模型参数。

(2)低孔低渗砂岩储层，储层物性对测井响应影响较大，减弱了孔隙内流体的变化对测井响应的影响，采用变参数阿尔奇饱和度模型，提高原始含油饱和度解释精度。

参考文献

[1]Li Z B, Mo X W. Study on the electric property of shaly and its interpretation method[J]. Journal of Geoscientific Research in Northeast Asia, 1999, 2(1): 110-114.

[2]莫修文. 低阻储层导电模型的建立与测井解释方法研究[D]. 长春: 长春科技大学, 1998.

[3]曾文冲. 油气储集层的测井评价[M]. 北京: 石油工业出版社, 1992.

[4]李舟波. 钻井地球物理勘探[M]. 北京: 地质出版社, 1986.

[5]闫伟林, 李郑辰, 殷树军, 等. 确定油水同层原始含油饱和度的新方法[J]. 测井技术, 2009(05): 440-443.

[6]李金奉. 阿拉新－二站地区S油层稠油油藏原始含油饱和度解释方法研究[J]. 国外测井技术, 2009(04): 35-37.

[7]王志强. DJ油田Q段复杂储层流体识别[J]. 断块油气田, 2013, 20(03): 330-331.

[8]杨小磊. 钙储层流体识别方法研究[J]. 长江大学学报(自科版), 2017, 14(7): 45-49.

[9]王天煦. 复杂油层储量评价中原始含油饱和度的精度提高[J]. 中国石油和化工标准与质量, 2011, 31(04): 21-45.

[10]张明禄, 石玉江. 复杂孔隙结构砂岩储层岩电参数研究[J]. 石油物探, 2005, 44(5): 21-23.

[11]杨小磊. 低孔低渗储层原始含油饱和度解释方法研究[J]. 国外测井技术, 2010(03): 10-12.

[12]Patnode H W, Wyllie M R J. The presence of conductive solids in reservoir rock as a factor in electric log interpretation[J]. Trans. AIME, 1950, 189: 47-52.

[13]Wyllie M R J, Southwick P F. An experimental investigation of the S. P. and resistivity phenomena in dirty sands[J]. Trans. AIME, 1954, 201: 43-56.

[14]Poupon A, Loy M E, Tixier M P. A contribution to electrical log interpretation in shaly sands[J]. Trans. AIME, 1954, 201: 138-145.

LHP 油田 P 油层复杂油水层识别方法

闫伟林　刘传平　李郑辰　钟淑敏

（大庆油田有限责任公司勘探开发研究院，黑龙江 大庆 163712）

摘　要：LHP 油田 P 油层广泛存在低阻油层和高阻水层，本文主要研究复杂油水层识别的难题。本文从泥质、钙质、物性、地层水矿化度、泥浆电阻率、导电矿物等方面分析了油水层识别的影响因素，结果表明储层物性、泥质和钙质是主要的影响因素。针对储层物性的影响，采用聚类分析和岩心刻度测井技术建立储层物性分类方法；针对泥质、钙质含量的影响，基于并联导电理论建立了电阻率校正模型。在研制油水层识别方法的过程中，首先基于储层分类建立油水层识别图版，然后对图版中的电阻率进行校正。通过储层分类，油水层识别图版精度由 77.5% 提高到 84.6% 以上；继续进行电阻率校正，油水层识别图版精度进一步提高到 88.5% 以上。本文研究表明，储层物性分类和基于并联导电理论的电阻率校正模型是提高复杂油水层识别精度的有效方法。

关键词：复杂油水层；泥质；钙质；物性；储层分类；电阻率校正

引　言

复杂油水层测井评价是低饱和度油藏测井评价的重要课题之一。孙建孟等[1]将复杂油水层成因分为内因和外因两大类。内因指油气层本身岩性、物性的变化导致地层中微孔隙发育，束缚水含量明显增加，或存在可动水造成储层电阻率降低；外因指作用在油气层的外在因素变化，例如薄层、薄互层、泥浆侵入等引起低阻的情况[1-5]。

针对复杂油水层成因的内因，刘传平等分析了钙质成分对测井响应的影响，推导了含钙储层测井响应机理[6]；李薇等分析了低孔低渗、微孔隙发育等因素造成的低电阻率油层，并提出了自动识别低电阻率油层的 RRSR 法[7]；汪爱云等分析了葡西地区低阻油层的成因，认为细粒砂岩束缚水饱和度高、泥质砂岩伊利石体积分数大是油层电阻率低的主要成因[8]；李召成等利用饱满系数(RAD)、椭圆度(RAT)等曲线形态量化参数自动识别低阻油层[9]；张建荣针对某地区复杂砂岩储层的特点，着重建立钙质砂岩储层测井解释模型[10]；尹旭等采用孔隙度－电阻率改进电性图版识别法、束缚水饱和度－含水饱和度交会图分析法识别油水层[11]；申怡博等针对定边东韩长 2 油层组复杂油水层，研制了泥质含量指数－深感应电阻率交会图技术[12]；殷树军等分析了岩性和地层水矿化度对凝灰质复杂油水层的影响，研制了储层分类和多井评价技术[13]；张美玲等结合沉积成藏规律，认为泥质含量和地层水矿化度变化形成低阻油层，而残余油形成高阻水层，并结合构造、沉积特征建立了疑难层测井解释方法[14]；许赛男等认为岩性细、泥质含量高是

作者简介：闫伟林，男，1966 年生，博士，教授级高工，现为大庆油田有限责任公司勘探开发研究院地球物理测井研究室主任，从事测井解释研究工作，yanwl@ petrochina. com. cn。

低阻油层形成的主要因素，应用常规测井资料建立了基于沉积相带及沉积韵律分析的流体识别方法[15]；刘佳庆等认为岩石粒度细、微孔隙发育，导致储层束缚水饱和度较高，是油房庄南部长4+5形成低阻油层的主控因素，运用曲线叠合和交会图等手段，实现了对低阻油层的有效识别和评价[16]；黄琴等建立主控因素与饱和度指数 n 的关系，修正经典的 Archie 公式，可以准确预测储层的含油性[17]。

针对复杂油水层成因的外因，刘丽琼等分析了薄层和夹层对测井响应的影响，提出了一套多层次识别方法[18]；文政等分析了泥浆侵入和薄层对测井测量值的影响，建立并形成了侵入特征法、可动水分析法、电阻率交会法等解释方法[19]；王雅春等分析了 AN 油田 A21 区块薄层、薄互层等因素导致的低阻油层，建立了多总体逐步判别分析法[20]；郑羽提取了该区低阻油层的特征参数，建立了低阻油层特征参数识别图版[21]。

从文献调研结果看，近年复杂油水层研究主要针对形成复杂油水层的内因，本文主要从落实复杂油水层影响的内因入手，建立基于储层分类和电阻率校正的油水层识别方法。

1 概况

LHP 油田 P 油层是近年来大庆油田勘探的重点领域之一。本区属构造 - 岩性油藏，油水分布既受岩性控制，又受构造影响，纵向上油水分布复杂，广泛存在低阻油层和高阻水层，油水层电性响应复杂，油水层识别难度较大[22,23]。研究区目的层属碎屑岩储层，平均有效孔隙度 16.2%，平均空气渗透率 28.6mD，属中孔低渗储层；平均泥质含量 14.5%，平均钙质含量 14.4%，含泥、含钙量较高；平均原始含油饱和度 50.8%，属低饱和度油藏。

2 复杂油水层识别影响因素分析

为了分析油水层识别的影响因素，建立了研究区深侧向电阻率与自然电位交会图（图1），图中可见，油层和油水同层混合不易区分，形成“油层、同层混合区”，全区的

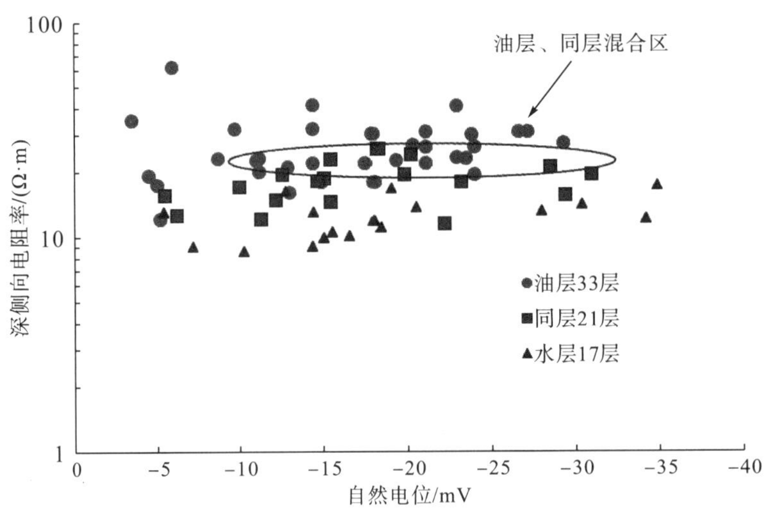

图1 LHP 油田 P 油层深侧向电阻率与自然电位交会图

油水层图版精度仅为77.5%，混合区内油层表现为低阻特征，混合区内同层表现为高阻特征。以下从泥质含量、钙质含量、储层物性、地层水矿化度、导电矿物和泥浆电阻率六个方面入手，分析测井电阻率的影响因素。

2.1 泥质含量的影响

对本区3口井混合区油层13块样品及4口井混合区同层27块样品的泥质含量进行统计对比，结果表明，混合区油层的平均泥质含量13.8%，混合区同层平均泥质含量10.5%，混合区油层泥质含量大于混合区同层。因此，认为泥质含量是油水层识别的影响因素之一。

如：A井12号层，泥质含量22.5%，深侧向电阻率17.6Ω·m，试油结论为油层；B井13号层，泥质含量4.9%，深侧向电阻率19.8Ω·m，试油结论为油水同层(图2)。

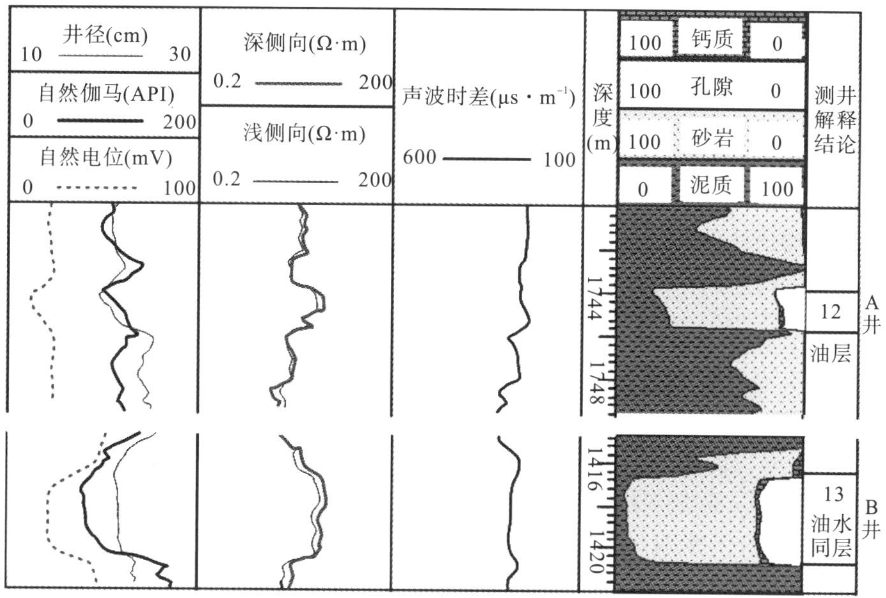

图2 泥质含量对电阻率的影响实例

2.2 钙质含量的影响

对本区3口井混合区油层31块样品及3口井混合区同层60块样品的钙质含量进行统计对比，结果表明，混合区油层的平均钙质含量1.2%，混合区同层平均钙质含量4.0%，混合区同层钙质含量大于混合区油层。因此，认为钙质含量是本区油水层识别的影响因素之一。

如：A井12号层，钙质含量为2.0%，深侧向电阻率17.6Ω·m，试油结论为油层；C井12号层，钙质含量11.9%，深侧向电阻率24.1Ω·m，试油结论为油水同层(图3)。

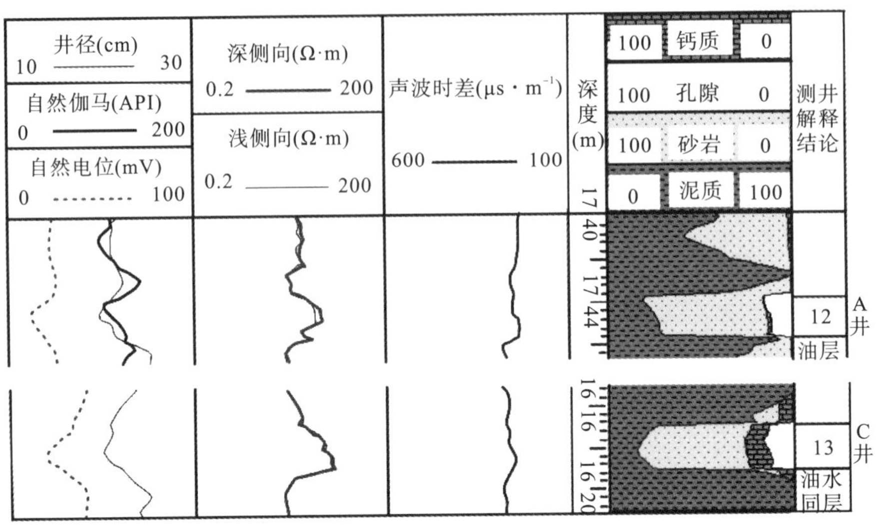

图3 钙质含量对电阻率的影响实例

2.3 储层物性的影响

对本区5口井混合区油层135块样品及3口井混合区同层79块样品的有效孔隙度、空气渗透率进行统计对比，结果表明，混合区油层的平均有效孔隙度16.2%，平均空气渗透率13.5mD，混合区同层平均有效孔隙度17.5%，平均空气渗透率36.9mD，混合区同层有效孔隙度、空气渗透率大于混合区油层。因此，认为储层物性是本区复杂油水层的成因之一。

如：D井40号层(54~59号样)，有效孔隙度15.5%，空气渗透率1.1mD，深侧向电阻率15.0Ω·m，试油结论为油层；E井53号层(70~87号样)，有效孔隙度17.4%，空气渗透率6.1mD，深侧向电阻率19.3Ω·m，试油结论为油水同层(图4)。

2.4 地层水矿化度的影响

对本区11口混合区油层井及4口混合区同层井地层水矿化度进行统计对比，结果表明，混合区油层井的平均地层水矿化度7753.8mg/L，混合区同层井的平均地层水矿化度7002.5mg/L。二者相差不大，说明地层水矿化度不是影响油水层识别的主要原因。

2.5 导电矿物的影响

本区5口井40块样品导电矿物含量实验分析结果：导电矿物含量平均值0.177%，导电矿物绝对含量低，不是影响油水层识别的主要原因。

2.6 泥浆电阻率的影响

对6口混合区油层井及4口混合区同层井统计泥浆电阻率，混合区油层井泥浆电阻率平均值2.92Ω·m，混合区同层井泥浆电阻率平均值3.04Ω·m，二者相差不大，认为泥浆电阻率不是影响油水层识别的主要原因。

综上所述，通过对研究区目的层泥质含量等六个因素的对比分析，确定本区储层电阻率的主要影响因素是：①泥质含量；②钙质含量；③储层物性。

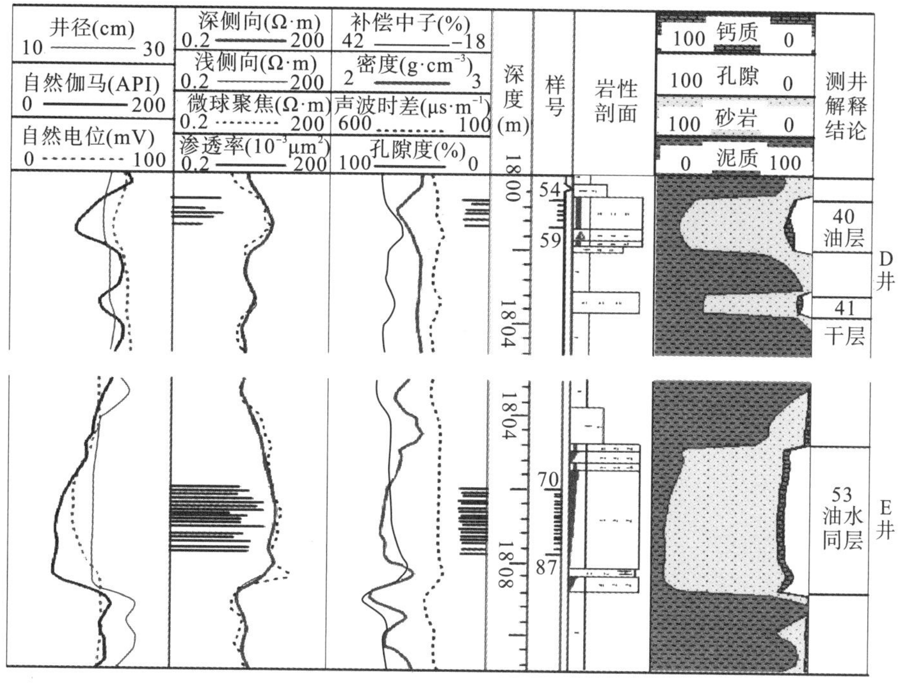

图 4　储层物性对电阻率的影响实例

3　复杂油水层识别方法

根据油水层影响因素分析结果，在储层分类的基础上，对储层电阻率进行了泥质、钙质校正，求得反映纯砂岩储层流体性质的电阻率后，应用交会图版法进行油水层识别[24]。

3.1　储层分类识别方法

为进行物性分类，基于压汞及岩心分析资料，优选半径均值等 6 个参数，采用 SPSS 快速聚类分析方法研制了储层分类标准(表 1)[25]。

表 1　LHP 油田 P 油层聚类分析参数统计表

类别	半径均值 /μm	排驱压力 /MPa	分选系数	结构系数	储层品质指数（RQI）	流动分层指标(FZI)
Ⅰ	1.640 ~ 4.690	0.055 ~ 0.103	2.90 ~ 4.35	3.94 ~ 6.56	0.049 ~ 1.849	>1.5
Ⅱ	0.391 ~ 2.186	0.103 ~ 0.483	2.50 ~ 4.01	4.51 ~ 14.55	0.020 ~ 0.385	0.4 ~ 1.5
Ⅲ	0.034 ~ 0.218	0.155 ~ 2.743	1.70 ~ 2.37	0.34 ~ 6.61	0.010 ~ 0.074	<0.4

在此基础上，采用岩心刻度测井技术建立了常规测井储层分类标准：

Ⅰ类储层：　$\Delta GR < 0.0122AC - 3.25$ 或 $\Delta GR < 0.15$　(1)

Ⅲ类储层：　$\Delta GR \geqslant 0.0122AC - 2.93$ 且 $\Delta GR \geqslant 0.23$　(2)

Ⅱ类储层：其他情况(图 5)。

式中，ΔGR 为自然伽马相对值；AC 为声波时差，μs/m。

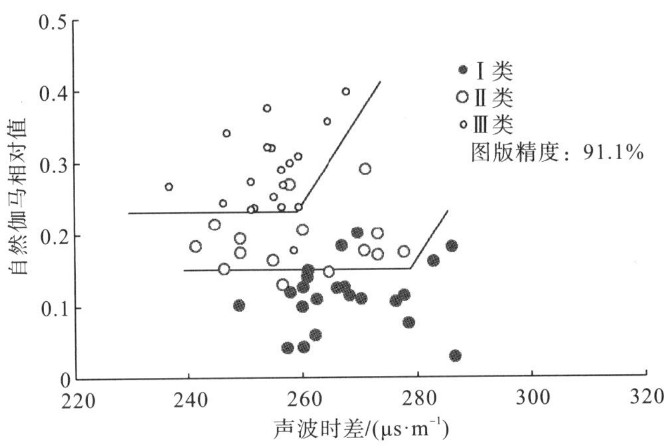

图5　LHP油田P油层测井资料储层分类图版

3.2　电阻率泥质、钙质校正识别油水层

LHP油田P油层属碎屑岩储层，储层通常发育为层状，根据油藏含泥、含钙的特点，建立了基于并联导电理论的电阻率校正模型(图6)[26]。

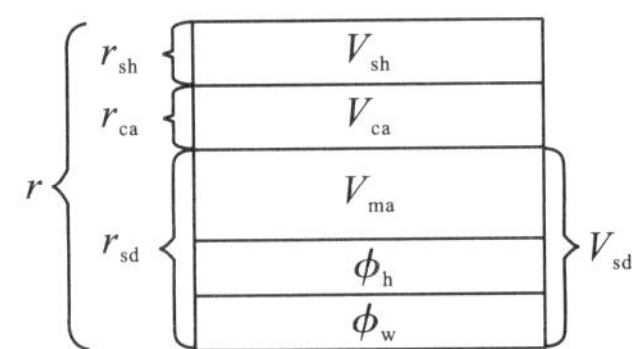

图6　储层泥质、钙质校正模型示意图

地层的电导为纯砂岩、泥质、钙质电导之和：

$$\frac{1}{r_{sd}}+\frac{1}{r_{sh}}+\frac{1}{r_{ca}}=\frac{1}{r} \tag{3}$$

式中，r_{sd}为单位体积地层中纯砂岩电阻，Ω；r_{sh}为单位体积地层中泥质电阻，Ω；r_{ca}为单位体积地层中钙质电阻，Ω；r为单位体积地层中总电阻，Ω。

根据达西定律：

$$\frac{1}{R_{sd}\frac{L_{sd}}{A_{sd}}}+\frac{1}{R_{sh}\frac{L_{sh}}{A_{sh}}}+\frac{1}{R_{ca}\frac{L_{ca}}{A_{ca}}}=\frac{1}{R\frac{L}{A}} \tag{4}$$

式中，R_{sd}为地层中纯砂岩电阻率，即校正后地层电阻率，Ω·m；R_{sh}为地层中泥质电阻率，Ω·m，可由邻近泥岩的深侧向电阻率得到；R_{ca}为地层中钙质电阻率，Ω·m；R为地层中总电阻率，Ω·m，即校正前地层电阻率，可由深侧向电阻率得到；L_{sd}为地层中纯砂岩导电长度，m；L_{sh}为地层中泥质导电长度，m；L_{ca}为地层中钙质导电长度，m；L为地层中总导电长度，m；A_{sd}为地层中纯砂岩截面积，m^2；A_{sh}为地层中泥质截面积，m^2；A_{ca}为地层中钙质截面积，m^2；A为地层总截面积，m^2。

由于：

$$L_{sd}=L_{sh}=L_{ca}=L \tag{5}$$

$$A_{sd}=V_{sd}A=(1-V_{sh}-V_{ca})A \tag{6}$$

$$A_{sh} = V_{sh}A \tag{7}$$

$$R_{ca} \to \infty \tag{8}$$

式中，V_{sd}为地层中纯砂岩体积含量；V_{sh}为地层中泥质体积含量；V_{ca}为地层中钙质体积含量。

将式(5)～式(8)代入式(4)得

$$\frac{1 - V_{sh} - V_{ca}}{R_{sd}} + \frac{V_{sh}}{R_{sh}} = \frac{1}{R} \tag{9}$$

式(9)即层状地层电阻率泥质、钙质校正的理论模型。

本区泥质含量解释模型：

$$V_{sh} = 0.2823\Delta GR + 0.0553 \tag{10}$$

本区钙质含量解释模型：

$$V_{ca} = 0.000493R_{MSFL} - 0.0006623AC + 0.2758 \tag{11}$$

式中，R_{MSFL}为微球形聚焦电阻率，Ω · m。

3.3 基于储层分类的电阻率泥质和钙质校正油水层识别图版

优选对储层流体特征反应敏感的深侧向电阻率和自然电位参数，应用15口井19层的试油资料，建立了P油层Ⅰ类储层油水层识别图版，其中油层4层，油水同层9层，误差1层，水层6层，误差1层，图版精度为89.5%。经过电阻率泥质和钙质校正后，油层4层，油水同层9层，水层6层，误差1层，图版精度为94.7%。

应用37口井52层的试油资料，建立了P油层Ⅱ类储层油水层识别图版，其中油层29层，误差1层，油水同层12层，误差5层，水层11层，误差2层，图版精度为84.6%。经过电阻率泥质和钙质校正后，油层29层，误差1层，油水同层12层，误差3层，水层11层，误差2层，图版精度为88.5%。

综上，根据研究区资料的实际情况，优选对储层流体特征反应敏感的测井参数，在分类的基础上进行电阻率泥质、钙质校正，建立油水层识别图版，满足了石油储量规范的要求(图7)。

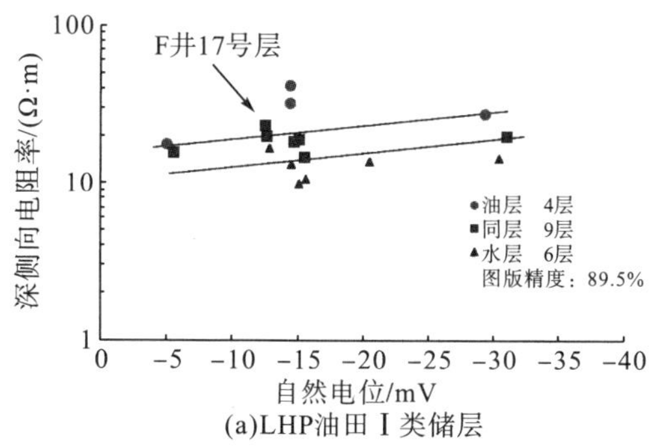

(a)LHP油田Ⅰ类储层

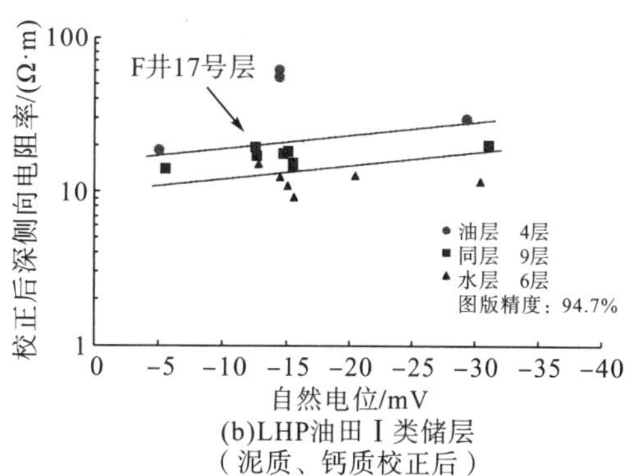

(b)LHP油田Ⅰ类储层
（泥质、钙质校正后）

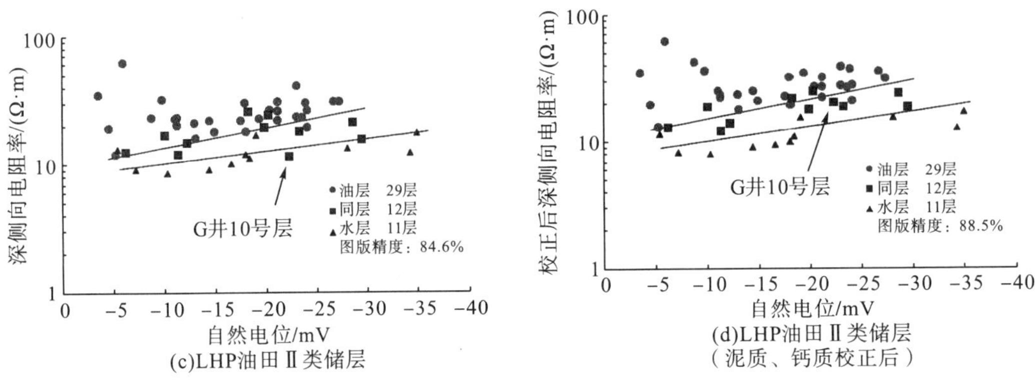

图7 LHP油田P油层油水层识别图版

4 应用效果

应用上述模型解释LHP油田P油层7口井19层，经试油验证符合17层，符合率89.5%，效果较好(表2)。

表2 LHP油田P油层油水层解释符合率统计表

井号	层号	解释结论	试油方式	试油结论	日产油/t	日产水/m^3	层数	符合层数
F井	17，19，20	油水同层1层 水层1层 干层1层	压后抽汲	低产 油水层	0.172	2.556	3	3
G井	7~10	油水同层1层 水层2层 干层1层	气举	含水 工业油层	1.292	15.77	4	4
H井	57，59	油水同层2层	压后 TCP+抽汲	含水 工业油层	1.026	10.068	2	1
I井	44，46~48	油水同层3层 干层1层	压后 TCP+抽汲	低产 油水层	0.720	7.200	4	3
J井	58	油水同层1层	压后抽汲	含水 工业油层	15.840	12.240	1	1
K井	85，86，91	油水同层1层 油层2层	压后自喷	含水 工业油层	44.340	11.86	3	3
L井	90，91	油层1层 油水同层1层	压后抽汲	含水 工业油层	4.656	16.560	2	2
合计							19	17

例如，F井17号层(图8)，本层声波时差为253.9μs/m，自然伽马相对值0.063，属I类储层；本层深侧向电阻率为23.0Ω·m，自然电位负异常为12.5mV，校正前在图版中落入油层区；本层钙质含量24.2%，泥质含量0.2%，分析认为储层含钙导致电阻率升高；校正后深侧向电阻率为19.3Ω·m，在图版中落入油水同层区；该层试油结论为油水同层(表2)，证实了电阻率钙质校正的效果。

又如，G井10号层(图8)，本层声波时差为275.9μs/m，自然伽马相对值0.335，属II类储层；本层深侧向电阻率为11.5Ω·m，自然电位负异常为22.2mV，校正前在图版中落入水层区；本层泥质含量15.6%，钙质含量0.2%，分析认为储层含泥导致电阻率降低；校正后深侧向电阻率为20.3Ω·m，在图版中落入油水同层区；该层试油结论为油水同层（表2），证实了电阻率泥质校正的效果。

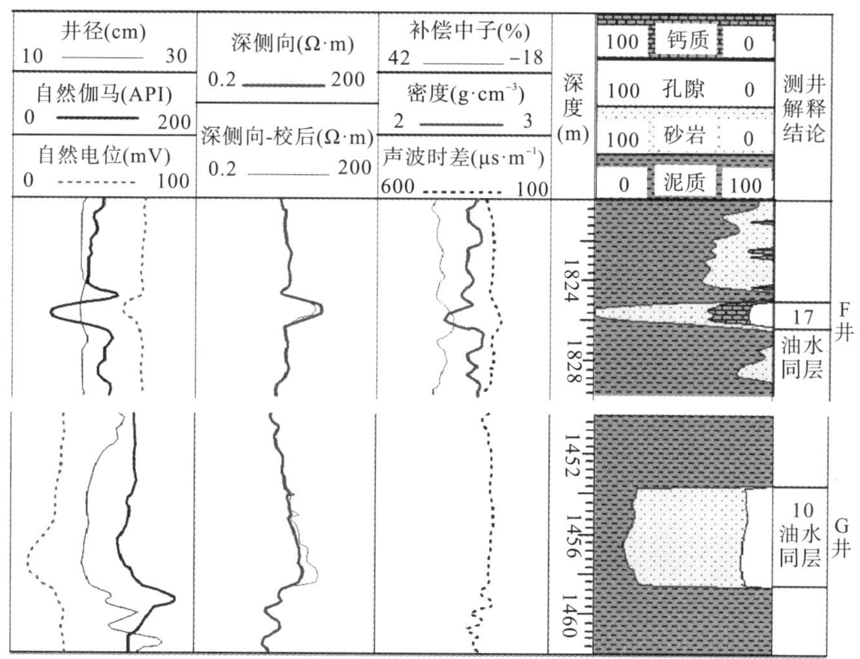

图8　复杂油水层解释实例

5　结论

（1）LHP油田P油层低饱和度油藏油水层识别的主要影响因素是：①泥质含量；②钙质含量；③储层物性。

（2）应用聚类分析和岩心刻度测井技术进行储层物性分类，可以提高交会图版法油水层识别模型的精度。

（3）基于并联导电理论推导出的电阻率校正模型，可以减小泥质、钙质对油水层识别的影响，突出地层中纯砂岩部分的电阻率，进一步提高油水层识别模型的精度。

参考文献

[1]孙建孟，陈钢花，杨玉征，等. 低阻油气层评价方法[J]. 石油学报，1998，19(3)：83-88.

[2]杨青山，艾尚君，钟淑敏. 低电阻率油气层测井解释技术研究[J]. 大庆石油地质与开发，2000，19(5)：33-36.

[3]邵识远，赵庆国，张一鸣，等. 低阻油层成因及影响因素研究[J]. 内蒙古石油化工，2015，31(13)：151-152.

[4]边岩庆，杨青山，杨景强，等. 葡西油田油水层识别[J]. 大庆石油地质与开发，2006，25(6)：108-111.

[5]左银卿，刘炜，袁路波，等. 含黄铁矿低电阻率储层测井评价技术[J]. 测井技术，2007，31(1)：25-29.

[6]刘传平，施龙，李郑辰. 龙虎泡油田含钙储层测井响应机理研究[J]. 大庆石油地质与开发，2000，19(5)：37-41.

[7]李薇，田中元，闫伟林，等. Y油田低电阻率油层形成机理及RRSR识别方法[J]. 石油勘探与开发，2005，32(1)：60-62.

[8]汪爱云，宋延杰，刘江，等. 葡西地区低阻油层的成因[J]. 大庆石油学院学报，2005，29(1)：18-20.

[9]李召成，吴金龙，于代国，等. 曲堤油田低阻油层形成机理及曲线形态识别方法[J]. 大庆石油地质与开发，2006，25(6)：102-104.

[10]张建荣. 复杂砂岩储层测井解释方法研究[J]. 石油天然气学报，2006，28(6)：91-93.

[11]尹旭，彭仕宓，陈建文，等. 低阻油层判别技术在吉林油区的应用[J]. 大庆石油地质与开发，2008，27(1)：126-129.

[12]申怡博，张小莉，孙佩，等. 定边东韩长2油层组复杂油水层识别技术[J]. 西北大学学报(自然科学版)，2010，40(1)：121-125.

[13]殷树军，闫伟林，杨青山. 凝灰质储层复杂油水层测井识别方法[J]. 石油天然气学报(江汉石油学院学报)，2010，32(6)：267-270.

[14]张美玲，吕森淼，张士奇. 结合沉积成藏规律实现葡萄花疑难层测井解释[J]. 大庆石油地质与开发，2016，35(1)：140-144.

[15]许赛男，崔云江，别旭伟，等. 渤中油田东营组低阻油层识别方法研究[J]. 长江大学学报(自科版)，2017，14(23)：39-44.

[16]刘佳庆，康锐，杨传奇，等. 鄂尔多斯盆地油房庄南部长4+5低阻油层成因分析与识别方法[J]. 非常规油气，2017，4(2)：32-39.

[17]黄琴，张建民，蔡辉，等. 基于主控因素识别低阻油层的评价方法[J]. 西安石油大学学报(自然科学版)，2017，32(2)：35-39.

[18]刘丽琼，文环明，彭国力，等. 低阻油层识别方法研究[J]. 河南石油，1998，12(5)：8-11.

[19]文政，徐广田，葛百成. 大庆长垣以西地区复杂油水层成因及测井解释方法[J]. 大庆石油地质与开发，2005，24(2)：100-102.

[20]王雅春，田春阳，张振伟，等. 多总体逐步判别分析法在复杂油水层识别中的应用[J]. 大庆石油学院学报，2010，34(2)：26-32.

[21]郑羽. 葡南地区及敖包塔油田边部葡萄花油层低阻成因机理及综合识别[J]. 大庆石油地质与开发，2017，36(5)：149-154.

[22]赵杰，王宏键，王鹏，等. 大庆探区复杂储层测井综合评价技术[J]. 中国石油勘探，2004，9(4)：49-54.

[23]闫伟林，崔宝文，殷树军. 苏德尔特油田布达特群潜山油藏裂缝储层测井评价[J]. 油气地质与采收率，2007，14(5)：26-30.

[24]刘广伟，张小莉，段昕婷，等. 多参数交会法识别志丹地区长8_1复杂油水层[J]. 国外测井技术，2013，28(1)：18-20.

[25]李郑辰，钟淑敏，杨永军. 朝长地区扶余油层储层分类与产能预测[J]. 地球物理学进展，2013，28(5)：2561-2568.

[26]Peeters M. Review of existing shaly sand evaluation models and introduction of a new method based on dry clay parameters[C]//SPWLA 52nd Annual Logging Symposium，2011.

LX 地区 F 油层油水识别方法研究

窦凤华　沈旭友　钟淑敏

（大庆油田有限责任公司勘探开发研究院，黑龙江 大庆 163712）

摘　要：LX 地区 F 油层分布范围较大，受断层、岩性控制，油水分布较复杂。在分析 LX 地区储层岩性、物性、含油性及地层水性质等变化情况，以及油富集区油水分布特点的基础上，根据 LX 地区南、北研究区油水层电性特征的差异优选不同测井参数，分别建立油水层识别标准，经试油验证该标准获得了较好的效果，提高了油水层解释精度，也为提交 LX 地区探明储量提供了可靠的依据。

关键词：测井参数；油水识别；地层水矿化度；解释方法

引　言

LX 地区构造上位于松辽盆地中央拗陷区龙虎泡－大安阶地的西部斜坡带上，整体表现为西北高、东南低的构造特点[1]。由于受岩性和断层等因素控制，油藏类型以岩性油藏为主，储层岩性为粉砂岩和泥质粉砂岩，具有低孔、特低渗的特点。经大量分析研究得到 LX 地区油水层识别难的主要因素有以下几点：一是研究区分布广，储层埋深变化大，储层非均质性强；二是南北区地层水矿化度变化大；三是南北区油水层存在的形式不同；四是南北区储层的薄厚层所占比例不同。上述原因导致油水层在测井响应特征上存在较大差异，因此，需要深化储层认识及加强测井响应机理分析，深入开展测井识别油水层技术研究以提高油水层解释符合率。

1　储层“四性”关系研究

储层“四性”是指储层的岩性、含油性、物性和电性，储层“四性”关系是指这四者之间的相互关系。研究储层“四性”关系就是分析储层岩性、物性、含油性三者与电性特征的关系，然后实现储层评价和油水层精细解释。

1.1　岩性、含油性与物性关系

对 LX 地区 F 油层 11 口井 401 层取心样品统计分析，储层有效孔隙度主要分布在 7.0%～18.0% 之间，平均为 11.5%，空气渗透率主要分布在 0.1～73.5mD 之间，平均为 1.78mD。F 油层储层岩性主要为细砂岩、粉砂岩、泥质粉砂岩、钙质粉砂岩(图 1)；含油性主要为含油、油浸、油斑和油迹(图 2)。从图 1、图 2（彩图见附录）可见，F 油层随着储层孔隙度和渗透率的增大，岩性、含油性逐渐变好，总体表现为岩性越粗越均

作者简介：窦凤华(1969－)，女，1991 年毕业于东北石油大学，大学本科，高级工程师，从事测井资料综合处理与解释工作。

联系方式：doufh@ petrochina. com. cn，163712，黑龙江省大庆市大庆油田勘探开发研究院地球物理测井研究室。

匀，孔隙度和渗透率越大，含油级别越高。反之，岩性越细越不均匀，相应的孔隙度和渗透率越小，含油级别越低。可见，F 油层岩性、物性与含油性之间具有较好的相关性。

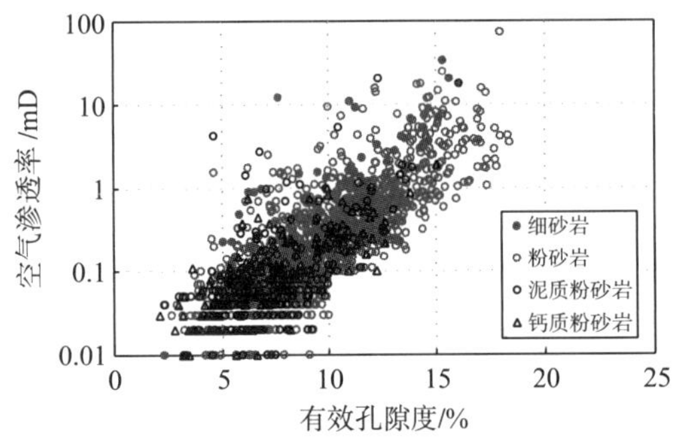

图 1　LX 地区 F 油层岩性与物性关系图

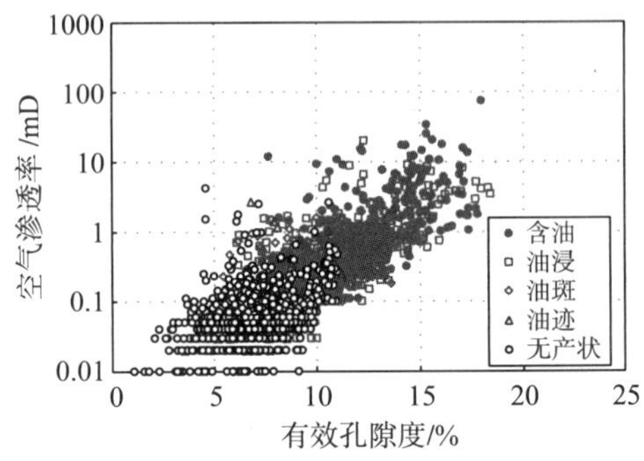

图 2　LX 地区 F 油层含油性与物性关系图

1.2　岩性、物性、含油性与电性关系

在储层物性分析研究的基础上，对油水层测井响应进行了研究。T26 井 26 号层，岩心描述为粉砂岩，含油级别为含油，岩心分析的有效孔隙度和空气渗透率平均为 13.6% 和 3.19mD，表现为岩性、含油性、物性均较好，在测井曲线上自然电位负异常为 18mV，声波时差为 73.3μs/ft，深侧向电阻率为 32Ω · m，该层采用压后 MFE 方式试油，日产油 2.72t，为工业油层；而 24 号层，岩心描述为粉砂岩，含油级别为油斑和无产状，岩心分析的有效孔隙度和空气渗透率平均为 8.8% 和 0.74mD，表现为岩性、含油性、物性均较差，在测井曲线上自然电位负异常为 0.3mV，声波时差为 73.3μs/ft，深侧向电阻率为 10.5Ω · m(图 3)。从这两个层的电性特征对比可见，前者的自然伽马、岩性密度、声波时差和深侧向电阻率显示均好于后者，说明该区 F 油层储层的岩性、含油性、物性与电性之间的对应关系较好。

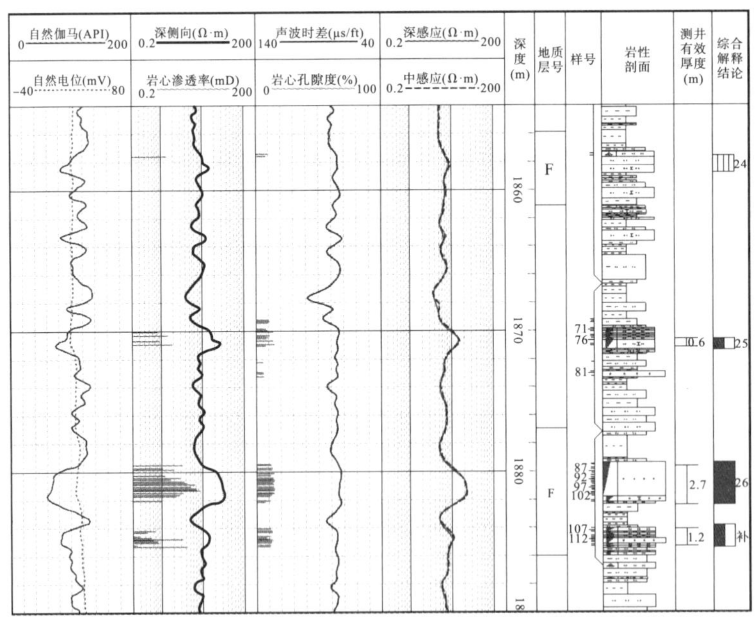

图 3　LX 地区 F 油层典型油层“四性”关系图(T26 井)

通过 LX 地区 F 油层储层“四性”关系研究，表明岩性、物性、含油性和电性之间的“四性”关系具有较好的一致性，即同一油层组内，岩性越粗，分选越好，有效孔隙度和空气渗透率越大，储层含油性越好，测井响应特征是密度越小，声波时差越大，电阻率越大。反之，岩性越细越不均匀，有效孔隙度和空气渗透率越小，储层含油性越差，密度越大，声波时差越小，电阻率越小。

2　油水层识别标准研究

油水层解释标准的确定是测井划分有效厚度的前提，因为首先要根据油水层解释标准才能判断出油、水层。对于油水系统复杂的断块－岩性油藏，确定有效厚度的关键是制定可靠的油水层解释标准，无论是油层误判为水层，还是水层误判为油层，都将对储量计算和油田的有效开发产生不利的影响[2,3]。

首先应用全区 F 油层所有试油、测井资料，采用常规交汇图法，编制了深侧向电阻率(R_{LLD})与自然电位(SP)交会图、声波时差(AC)和深侧向电阻率(R_{LLD})与自然电位(SP)比值交会图，两种识别油水层图版如图 4、图 5 所示。从图上看出，油层、油水同层无法区分开，因此，要深入开展油水层识别因素探讨，找出影响流体识别的主要因素，建立合理的油水层识别标准，提高油水层解释符合率。

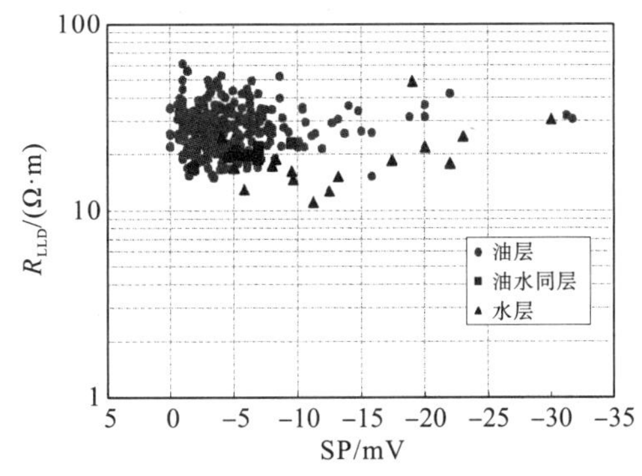

图 4　LX 地区 F 油层 R_{LLD}与 SP 交会图

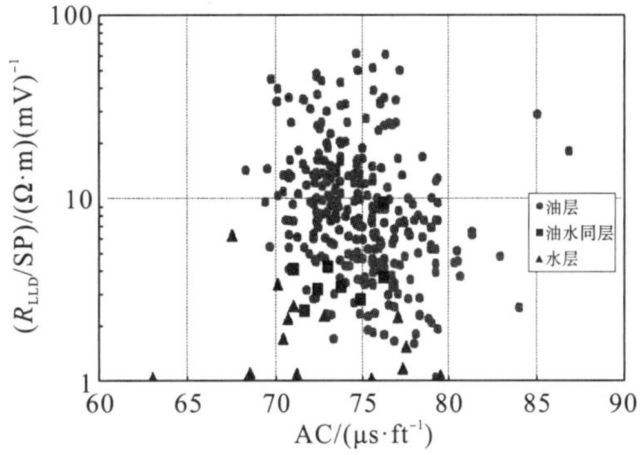

图 5　LX 地区 F 油层 AC 与 R_{LLD}/SP 交会图

2.1　影响流体识别的主要因素

2.1.1　油藏特征分析

研究区分布范围较广，勘探面积 1078km^2。经过研究可知北部 F 油层埋藏深度相对较浅，一般在 1500～1900m 之间，南部储层埋藏深度相对较深，一般在 1900～2300m 之间。不仅储层埋藏深度差异较大，地层水矿化度和储层厚度在南北区也存在一定差异，南部地区地层水矿化度在 3700 左右，北部地区地层水矿化度在 5400 左右，地层水矿化度的高低直接影响了地层电阻率测试结果[4]。受构造、岩性、断层因素影响，北部主要发育油层，南部主要发育油层，同时在边部还发育油水同层。另外南北区储层中薄层所占比例不同，北部地区 1m 以下的薄层较多，占 50%，南部地区薄层占 20%(表 1)。对于一个油藏在岩性、物性、含油性等基本一致的情况下，埋藏深度、储层厚度和地层水矿化度不同会对储层的电性特征产生影响[4,5]。

表1　LX地区F油层南部与北部对比表

类别	南部地区	北部地区
物源方向	西部	东部
薄层比例	20%	50%
岩性	细砂岩、粉砂岩、含泥粉砂岩、泥质粉砂岩、含钙粉砂岩	粉砂岩、泥质粉砂岩、含钙粉砂岩、粉砂质泥岩、泥岩
含油性	含油、油浸、油斑、油迹	含油、油浸、油斑、油迹
埋藏深度	1900~2300m	1500~1900m
储层物性	孔隙度4.4%~17.3%，平均11.2%；渗透率0.01~20.1mD，平均1.26mD	孔隙度6%~16.2%，平均9.9%；渗透率0.04~7mD，平均0.72mD
原油密度	0.8073~0.8662g/cm^3，平均0.8408g/cm^3	0.8417~0.8995g/cm^3，平均0.8652g/cm^3
黏度	18.3~97.8mPa·s，平均34.8mPa·s	17.9~154.6mPa·s，平均50.9mPa·s
矿化度	2444.3~4815.2mg/L，平均3778.6mg/L	3335.7~9435.2mg/L，平均5616.7mg/L

2.1.2　测井响应特征分析

对油水层测井响应开展了深入研究。T26井处于研究区的北部，该井26号层，岩心描述为粉砂岩，含油级别为含油，岩心分析的有效孔隙度和空气渗透率平均为13.6%和3.19mD，在测井曲线上自然电位幅度差为6mV，声波时差为73.3μs/ft，深侧向电阻率为32Ω·m，该层采用压后MFE方式试油，日产油2.72t，为工业油层（图6，彩图见附录）。

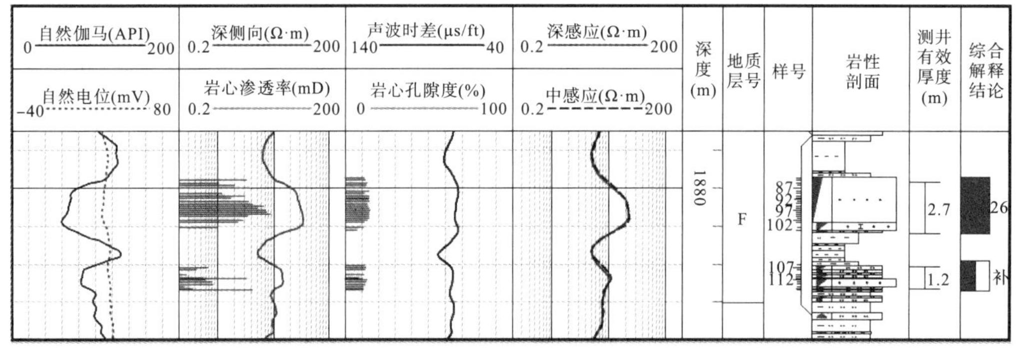

图6　T26井测井综合解释成果图

T284-5井处于研究区的南部，该井F油层43号层岩心描述为粉砂岩，含油级别为含油、油浸，岩心分析的有效孔隙度和空气渗透率平均为10.6%和1.27mD，在电性显示上，自然电位幅度差为4.0mV，深侧向电阻率为30Ω·m，声波时差为71μs/ft，该层采用压后抽汲方式试油，日产油0.204t，日产水1.2m^3，试油证实为油水同层（图7，彩图见附录）。

T24-X2井处于研究区的北部，该井F油层47号层，在电性显示上，自然电位幅度差15.8mV，深侧向电阻率26.2Ω·m，声波时差76μs/ft，该层采用压后抽汲方式试油，日产油4.2t，试油证实为油层（图8，彩图见附录）。

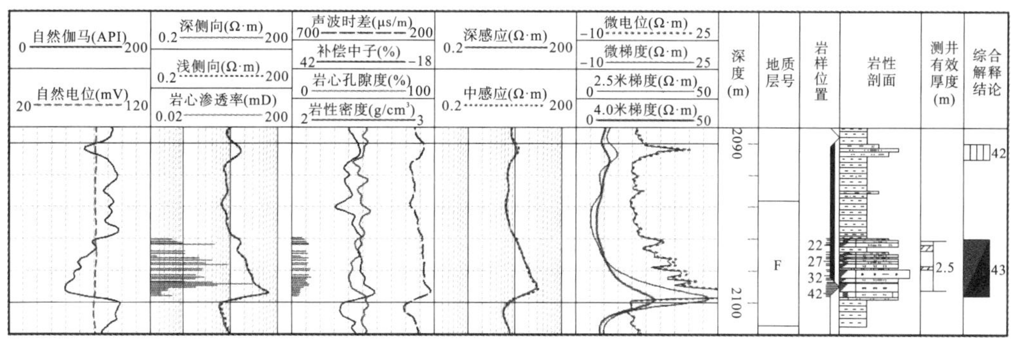

图 7　T284-5 井测井综合解释成果图

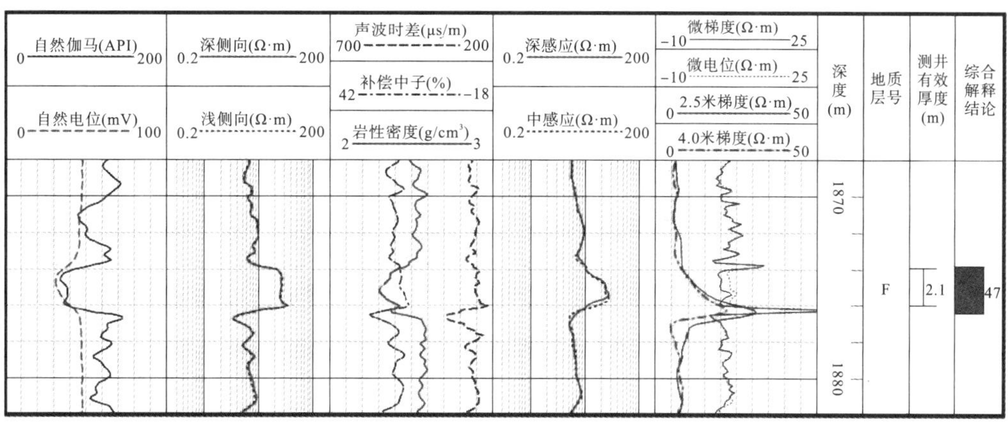

图 8　T24-X2 井测井综合解释成果图

T26 井 26 号层与 T284-5 井 43 号层进行对比，除物性上略有差异外，在电性特征上，两个层差别不大，但试油验证 T26 井 26 号层为油层，而 T284-5 井 43 号层为油水同层。如果用图 4 交会图法识别油水层，T284-5 井 43 号层油水同层就会误入到油层里；T24-X2 井 47 号层试油证实为油层，如果用图 5 交会图法识别油水层，47 号层就会漏到油水同层里。可见，LX 地区 F 油层南北区差异较大，不能用同一套标准进行油水层解释，必须分区优选不同测井参数，分别建立油水层识别标准。

2.2　分区建立油水层解释标准

2.2.1　北部油水层解释标准

北部地区 F 油层主要发育油层和水层。从测井原理可知，储层电阻率在含油时表现为明显高值特征，含水时呈现低值特征；自然电位曲线反映储层离子交换能力的大小，相同物性储层含油时比含水时自然电位幅度差小[6]。因此，优选对储层流体特征及含油性反应敏感的深侧向电阻率（R_{LLD}）为纵坐标，反映储层渗透性的自然电位（SP）为横坐标，建立 F 油层北部油水层识别图版。

应用 82 口井 225 层的试油和测井资料，其中单试油层 11 层，漏掉 1 层，合试油层 203 层，单试水层 3 层，合试水层 8 层，图版精度为 99.6%（图 9）。

油层识别标准为：

当 SP <5 时，$R_{LLD} \geqslant 15$

当 SP≥5 时，$R_{LLD} \geq 11.43e^{0.054SP}$

式中，R_{LLD}为深侧向电阻率，Ω·m；SP 为自然电位，mV。

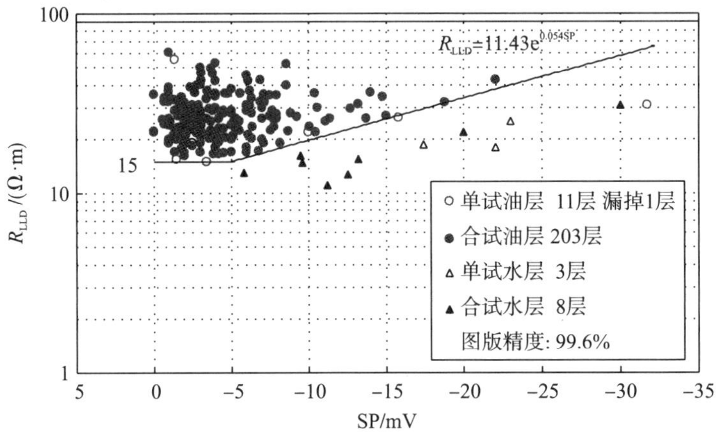

图 9　LX 地区 F 油层北部油水层识别图版

2.2.2　南部油水层解释标准

LX 地区南部 F 油层主要发育油层，在边部发育油水同层和水层。从测井原理可知，储层电阻率在含油时表现为明显高值特征，自然电位曲线反映储层含油时比含水时自然电位幅度差小，二者之间的比值较大；而储层含水时则相反。因此，选择对储层流体特征及含油性反应敏感的深侧向电阻率(R_{LLD})和自然电位(SP)比值作为纵坐标，反映储层物性的声波时差(AC)作为横坐标，建立 F 油层南部油水层识别图版。

应用25 口井 115 层的试油和测井资料，其中油层 103 层，漏掉 1 层，油水同层 8 层，误入 1 层，单试水层 4 层，图版精度为 98%(图 10)。

识别标准为：

油层：当 AC<75 时，$R_{LLD}/SP \geq 4.572\times10^{11}e^{-0.34AC}$

当 AC≥75 时，$R_{LLD}/SP \geq 4.2$

油水同层：当 AC<71.5 时，$R_{LLD}/SP \geq 5.337\times10^{10}e^{-0.33AC}$

当 AC≥71.5 时，$R_{LLD}/SP \geq 2.4$

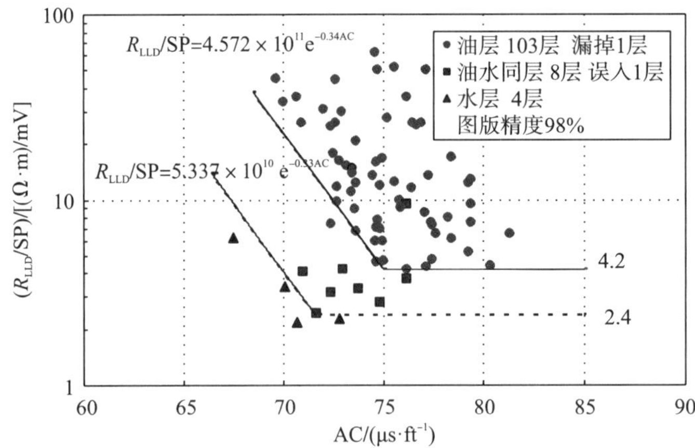

图 10　LX 地区 F 油层南部油水层识别图版

3 应用效果分析

应用上述油水层识别标准，对研究区内 183 口井进行了单井综合解释，其中试油验收 12 口井 67 层。通过统计，试油验收符合率达到了 98% 以上(表 2)。因此，建立的油水层识别标准为 LX 地区油藏评价部署及提交 F 油层探明储量提供了可靠的测井依据。

表 2 LX 地区 F 油层测井解释结论与试油验收对比表

	井名	层号	日产油/t	日产水/m^3	试油结论	解释结论	是否符合
1	T285-X4	39	4. 12	5. 4	中含水中产工业油层	差油层	是
2		43				差油层	否
3		46				差油层	是
4		50				差油层	是
5		51				差油层	是
6		54				差油层	是
7		60				差油层	是
8		62				差油层	是
…	…	…	…	…	…	…	…
56	GL242-161	37	7. 8		中产工业油层	差油层	是
57		38				差油层	是
58		39				差油层	是
59		47				差油层	是
60		49				差油层	是
61		50				差油层	是
62		52				差油层	是
63	T283-60-X52	20	24. 25		高产工业油层	油层	是
64		21				油层	是
65		24				油层	是
66		25				油层	是
67		28				油层	是

4 结论

(1)通过对 F 油层的岩性、物性、含油性和电性之间关系的深入研究，证实本区储层“四性”关系具有一定的相关性，为油水层识别及储量参数标准研究奠定了基础。

(2)在储层岩性、物性和含油性，以及油水分布规律研究基础上，根据油、水层测井响应特征和影响因素，分南、北两个区优选不同测井参数，建立了油水层识别图版，提高了油水层解释精度。

参考文献

[1]伍英. 龙西地区扶余油层致密砂岩储层特征[J]. 西部探矿工程，2017，10：31-35

[2]钟淑敏，刘传平，章华兵. 低孔低渗砂泥岩储层分类评价方法[J]. 大庆石油地质与开发，2011，30(5)：168-170.

[3]施尚明，关帅，韩建斌，等. 高台子油田FY油层油水层识别评价方法研究与应用[J]. 科学技术与工程，2011，11(13)：2897-2901.

[4]李坪东，陈守民，南力亚. 油水层识别因素探讨及其在油田开发中的应用[J]. 石油天然气学报，2006，28(06)：138-139.

[5]连承波，钟建华，渠芳，等. 松辽盆地龙西地区泉四段油气成藏主控因素及模式[J]. 中国地质，2011，38(1)：161-167.

[6]杨小磊. 含钙储层流体识别方法研究[J]. 长江大学学报(自科版)，2017，14(7)：45-49.

复杂砂泥岩储层有效层测井评价方法

谢　鹏

（大庆油田有限责任公司勘探开发研究院，黑龙江 大庆 163712）

摘　要：齐家地区G油层分布范围大，既有中孔中渗常规油藏，又发育有低孔特低渗油藏。常规油藏与特低渗油藏两者测井评价的方法及侧重点不同。以岩心及试油资料为基础，分析研究区储层岩性、物性、含油性及地层水性质等变化，总结了常规油藏与特低渗油藏特点。针对常规油藏油水识别难的问题优选测井参数，采用逐步判别法建立油水层识别标准，解释精度达90%以上。针对低渗透油藏储层品质评价难题，依据常规压汞和取心资料，研制岩心资料储层分类标准，采用岩心刻度测井技术，建立常规测井资料的测井储层分类标准，为低渗透储层水平井压裂选层提供依据，为低渗透储层合理有效开发提供技术支撑。

关键词：常规油藏；致密油；岩心分析；测井资料；油水识别；储层分类

引言

古龙地区G油层分布面积大，由北向南逐渐由常规油藏过渡到致密油藏。北部地区储层物性好，有效孔隙度平均为18.2%，渗透率平均为86.8mD，属于常规油藏，但砂体间连通性差，油水分布复杂，储层多发育油水同层、水层，近几年试油资料统计，共35口井试油85层，解释符合率仅为65.8%。南部储层埋藏深，物性较差，有效孔隙度平均为9.9%，渗透率平均为1.14mD，为低渗透致密油藏[1]，以油层为主。以往对南部致密储层认识不足，测井评价方面未考虑烃源岩特性、储层脆性、地应力等特征[2-4]，使得测井评价跟不上油藏开发的需要。

针对研究区既有常规油藏又有致密油藏的分布特征，为了更准确地进行储层有效性评价，在分析全区地质、岩性、物性和地层水矿化度的变化对测井曲线的影响基础上，分南、北区块确定其影响流体识别的主控因素，在减小和消除各种因素的影响的前提下，优选敏感的测井参数，分区建立流体识别图版。针对南部致密油层测井评价的特殊需求，即降低生产成本，提高生产效益，建立由岩心分类到测井分类的致密油层分类标准，为致密油层选层压裂、开发方案确定提供技术支持。

1　储层特征分析

1.1　地层水矿化度差异

根据测井理论可知，地层水矿化度是油水层测井解释的主要影响因素之一。应用试

作者简介：谢鹏，女，2009年毕业于大庆石油学院，硕士，工程师，从事测井资料综合处理与解释工作。

联系方式：xiepeng2@petrochina.com.cn，163712，黑龙江省大庆市大庆油田勘探开发研究院地球物理测井研究室。

油资料得到的地层水性分析资料绘制了全区地层水矿化度分布图(图1，彩图见附录)，从平面分布可见，Ja ~ Jb 井一线以北地区地层水矿化度较高，平均为8332mg/L，以南较低，平均为5368mg/L，可见南部和北部地区地层水性质差异较大。为了减小地层水矿化度变化的影响，将研究区以 Ja ~ Jb 井一线为界，分为南、北两个区块。

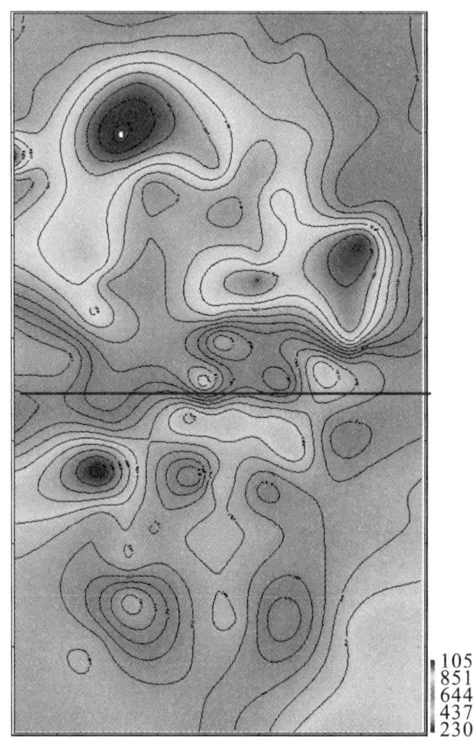

图1　古龙地区 G 油层地层水矿化度等值线分布

1.2　岩性、物性差异

1.2.1　岩性差异

应用全区18口井162块岩石薄片分析资料统计(表1)，储层岩性主要为细砂岩、粉砂岩、钙质粉砂岩和介屑灰岩等，以 Ja ~ Jb 井一线为界，分南、北二个地区统计，南部含钙质较重，含钙粉砂岩、钙质粉砂岩和介屑灰岩占58.1%。

表1　古龙地区 G 油层岩石薄片分析表

区块	细砂岩/%	粉砂岩/%	含钙粉砂岩/%	钙质粉砂岩/%	介屑灰岩/%
北部	20.0	62.9	5.7	10.0	1.4
南部	1.1	40.9	35.5	15.1	7.5

1.2.2　物性差异

全区 G 油层埋藏深度一般在1400 ~ 2300m，深度变化大。北部埋深较浅，储层深度主要变化范围为1400 ~ 1800m；南部较深，主要变化范围为1750 ~ 2300m。南、北地区储层物性随深度变化，差异也较大。

应用北部地区42口井2117块岩心分析资料点分别统计分析，有效孔隙度主要变化范围在 10% ~25%，平均有效孔隙度为 18.2%；渗透率主要变化范围在 1 ~ 1000mD，平均渗透率为 86.8mD，可见储层物性较好，属于常规油藏。

应用南部地区 33 口井 1809 块岩心分析资料点分别统计分析，有效孔隙度主要变化范围在 5% ~15%，平均有效孔隙度为 9.9%；渗透率主要变化范围在 0.1 ~ 1mD，平均渗透率为 1.14mD，渗透率小于 1mD 的占 89.5%，可见储层物性较差，大部分储层为致密油层。

以储层地质沉积分析为依据，进一步对地层水矿化度、储层岩性、物性综合分析可见，南部和北部地区储层地层水矿化度、储层岩性、物性都有较大差异，为消除或减小上述因素对测井曲线的影响，突出流体性质，因此，分南、北两个区域分别优选测井参数进行有效层测井评价。

2 有效层测井评价

这里，有效层测井评价包括储层流体识别评价，针对致密层还要进行致密油层分类评价。

利用测井资料识别流体基本原理都是依据阿尔奇公式发展而来的：

$$\left(\frac{1}{R_t}\right)^{\frac{1}{m}} = \left(\frac{S_w^2}{aR_w}\right)^{\frac{1}{m}} \cdot \phi \tag{1}$$

式中，S_w为原始含水饱和度；ϕ 为孔隙度；R_w为地层水电阻率，Ω · m；R_t为地层真电阻率，Ω · m；a 为岩性系数；m 为胶结指数。

在实际应用时可以有多种灵活的变化形式[5-7]。油水识别常用测井参数有：反映含油性的电阻率曲线、反映水性的自然电位曲线及反映物性的三孔隙度曲线。研究区地层水矿化度南部和北部地区差异较大，储层岩性在南部和北部地区也有很大不同，分区后水性和岩性变化范围减小，在一定程度上减弱了水性和岩性变化对测井曲线特征的影响，突出了流体性质对测井曲线的响应特征。

2.1 北部区油水层解释方法研究

北部地区为常规油储层区，油水分布和测井响应复杂，油水同层和水层发育，主要亟待解决的问题是油水识别问题。从 G 油层单层试油证实为油层、油水同层和水层的测井响应特征分析看，由于北部地层水矿化度较高，导致油层的自然电位负异常也较大，自然电位识别油水层的效果差；而储层物性相近的油层与水层相比，油层深侧向电阻率值与深感应电阻率值相当，而油水同层、水层深侧向电阻率值明显高于深感应电阻率，因此，优选深侧向与深感应电阻率比值为横坐标；油层含油饱和度较高，油水同层含油饱和度略低，因此含油饱和度也可以在一定程度上区分油层和油水同层，构建 $R_{LLD} \times AC^2$（R_{LLD}为深侧向电阻率，Ω · m；AC 为声波时差，μs/m）这个体现储层含油性的综合参数为纵坐标，建立古龙北部地区 G 油层油水层识别图版 A（图 2），其中试油 54 口井 68 层，油层 27 层，油水同层 22 层，水层 19 层，图版精度 95.3%。

在图版 A 基础上，针对油层与油水同层的待定区，进一步优选深侧向电阻率、声波时差两个参数，建立油层与油水同层识别图版 B（图 3），油层 6 层，油水同层 20 层，图版精度 100%。

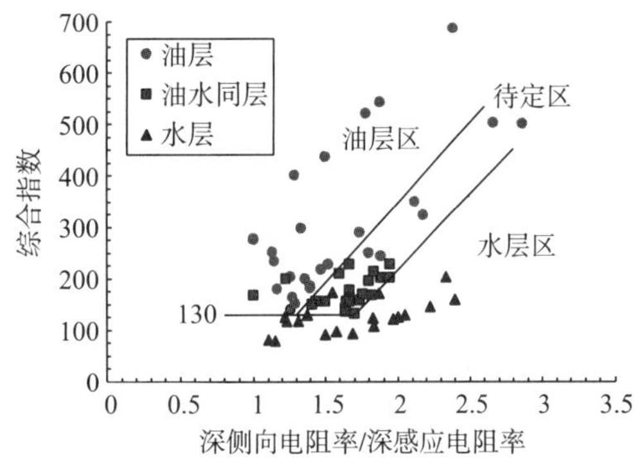

图 2 古龙北部地区 G 油层油水层识别图版 A

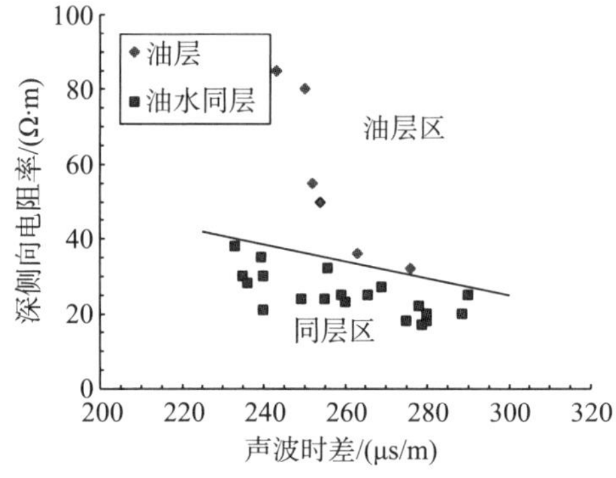

图 3 古龙北部地区 G 油层油水层识别图版 B

2.2 南部致密油储层有效层评价

南部致密油层区在油水识别基础上，亟待解决的问题是致密油层分类评价，为选层压裂提供依据。

2.2.1 油水层解释方法研究

对南部地区单层试油证实为油层、油水同层和水层的测井响应特征分析，储层物性相近的油层与水层相比，油层深侧向电阻率值表现为明显高值特征。自然电位曲线反映储层离子交换能力，相同物性储层，含油时比含水时自然电位幅度差小，自然电位负异常相对较低[8]。

在南部地区，自然电位曲线既可以反映储层渗透性，又能反映储层含水特征，应用反映含油性的综合参数 $R_{\mathrm{LLD}} \times \mathrm{AC}^2$ 为纵坐标，选用自然电位参数为横坐标，建立油水层识别图版，其中试油 32 口井 88 层，油层 78 层，油水同层 8 层，水层 2 层，图版精度 95.5%（图 4）。

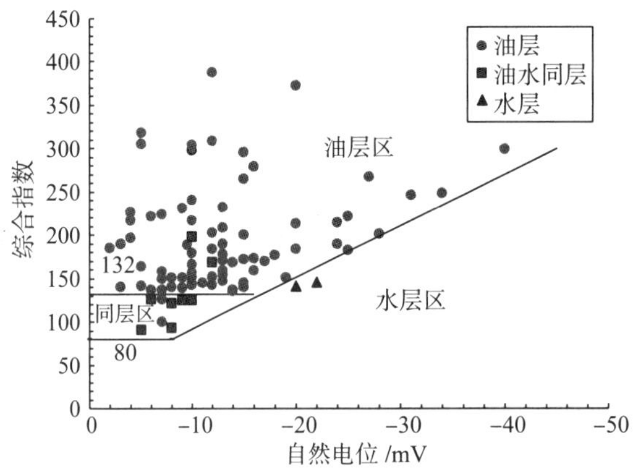

图 4 古龙南部地区 G 油层油水层识别图版

2.2.2 致密油层分类评价

致密油储层孔渗低，物性差，孔隙连通性不好。针对致密油有效层的测井评价关键是评价储层好、中、差，即进行储层分类研究，指导致密油的勘探开发和增储增产。储层分类评价方法很多，从定性到定量，从宏观到微观，古龙地区致密储层分类主要是由有效层定量的微观储层分类标准确定。

2.2.2.1 岩心资料分类评价

致密储层微观孔隙结构规律复杂，孔隙连通性与孔喉大小、分选性匹配不好。微观孔隙结构的评价直接影响着储层的储集和渗透能力，最终影响到油田的产能。根据古龙地区 G 油层的实际情况，分析认为岩心压汞资料能够很好反映储层微观孔隙结构。以古龙南部 8 口井 15 层试油资料为依据，优选岩心压汞资料分析的空气渗透率、平均孔隙半径和排驱压力构建孔隙结构指数参数，可较好反映储层孔隙结构；另优选电阻率、有效孔隙度构建储层含油指数，可反映储层含油性。应用多参数组合，考虑采油强度大小，把致密油层分为致密油Ⅰ、Ⅱ、Ⅲ三类[9,10]（图 5）。致密油Ⅰ储层采油强度大于 0.3t/(d·m)，致密油Ⅱ储层采油强度为 0.05～0.3t/(d·m)，致密油Ⅲ储层采油强度小于 0.05t/(d·m)。从产能上看，致密油Ⅰ储层压裂方式试油，产量可达工业油流；致密油Ⅱ储层压裂方式试油，产量达不到工业油流但对产能有较大贡献；致密油Ⅲ储层压裂方式试油，产量很低，基本偏干层。

$$孔隙结构指数 = K \cdot R_m / P_d \tag{2}$$

$$含油指数 = R_{LLD} \cdot \Phi^2 / 100 \tag{3}$$

式中，K 为空气渗透率，mD；R_m为平均孔隙半径，μm；P_d为排驱压力，MPa；R_{LLD}为深侧向电阻率，Ω·m；Φ 为有效孔隙度，%。

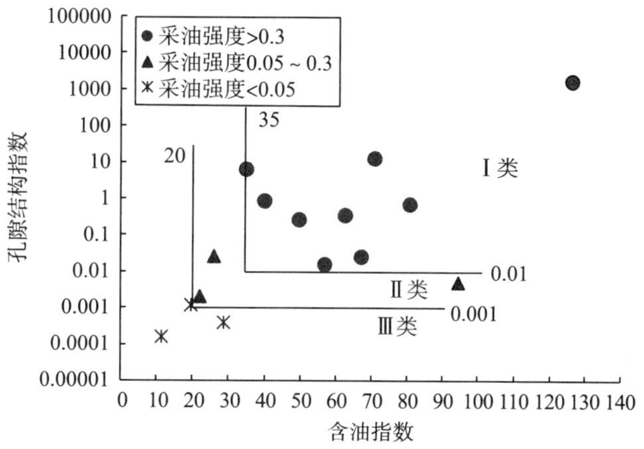

图 5　齐家南部地区 G 油层储层岩心分类标准图版

2.2.2.2 测井资料储层分类评价

有岩心压汞资料时，应用上述岩心储层分类标准进行储层分类评价。没有岩心压汞资料时，需要应用以常规测井资料为基础建立的测井储层分类标准进行测井评价。在测井储层分类评价中，孔隙结构指数和含油指数需要求解的参数有四个，即 Φ、K、R_m、P_d。有效孔隙度 Φ 利用声波时差和岩性密度参数，应用岩心刻度测井方法建立测井解释模型[式(4)]。空气渗透率 K 利用有效孔隙度和泥质含量参数，建立测井解释模型[式(5)]。参数 R_m/P_d应用 14 口井 52 层压汞资料及常规测井资料，优选声波时差、岩性密度及泥质、钙质含量，多参数建立测井解释模型[式(6)]，另外泥质含量、钙质含量测井解释模型如式(7)、式(8)所示。

$$\Phi = 0.208DT - 27.842DEN + 65.097 \tag{4}$$

$$\log K = -0.154\Phi - 0.027V_{sh} - 1.818 \tag{5}$$

$$R_m/P_d = \frac{1}{10^{-9.857+5.526\cdot DEN-0.046\cdot AC+0.046\cdot V_{sh}+0.002\cdot V_{ca}}} \tag{6}$$

$$V_{sh} = 43.361\Delta GR + 5.664 \tag{7}$$

$$V_{ca} = 15.236R_{xo}/DT - 2.765 \tag{8}$$

式中，Φ 为有效孔隙度，%；DT 为声波时差，μs/ft；DEN 为岩性密度，g/cm^3；K 为空气渗透率，mD；V_{sh}为泥质含量，%；ΔGR 为自然伽马相对值，即$\frac{GR - GR_{min}}{GR - GR_{max}}$；$V_{ca}$为钙质含量，%；$R_{xo}$为冲洗带电阻率，Ω · m。

应用上述储层测井分类方法及式(4)～式(8)，对南部致密油 21 口试油井，共 51 层数据解释，储层测井分类划分结果与试油产能情况吻合较好，符合率达到 93.9%(图 6)。

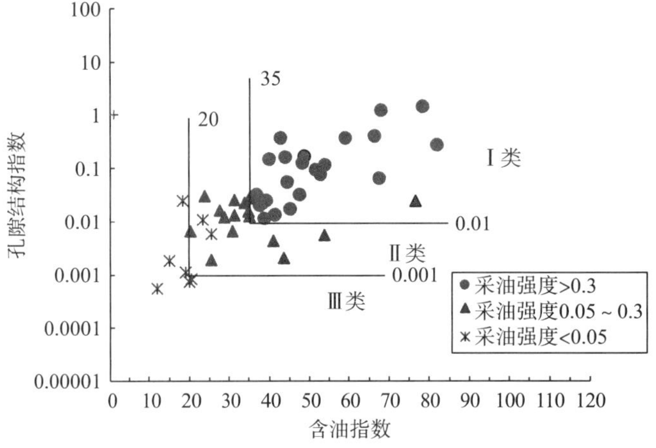

图 6　齐家南部地区 G 油层储层测井分类验证图版

3　应用效果

北部应用效果：应用上述北部地区油水层识别标准，对研究区 5 口新完钻井进行了解释，13 层通过试油资料验证，解释结果完全符合，较好地满足了生产开发的需要。图 7（彩图见附录）为 X 井单井综合解释成果图，该井 66 号层在油水识别图版(图 8)中解释为油水同层，同时试油资料也显示，66 层压后抽汲方式单独试油，日产油 3.424t，日产水 8m^3，与测井解释结果相符。

南部应用效果：应用上述南部地区油水层识别标准和储层分类标准，对研究区 6 口新完钻直井及 4 口水平井进行油水及分类解释，并对致密油Ⅰ、Ⅱ物性、含油性较好的储层提出重点压裂改造方案。6 口直井共解释致密油Ⅰ类层 10 层、致密油Ⅱ类层 18 层、致密油Ⅲ类层 81 层，试油资料验证，6 口井试油产量均在 4t 以上，达到工业油流。解释 4 口水平井，致密油Ⅰ类层 20 层 1984.2m，致密油Ⅱ类层 80 层 1710.6m，致密油Ⅲ类层 53 层 1093m。其中 Q 水平井，解释致密油Ⅰ类层 3 层 882.6m，致密油Ⅱ类层 3 层 192.8m，致密油Ⅲ类层 2 层 111.4m，试油方式为压后螺杆泵＋水力泵，日产油 31.96t，产量与测井分类解释结果相符，很好地满足了致密油储层提高产能效益的需要。

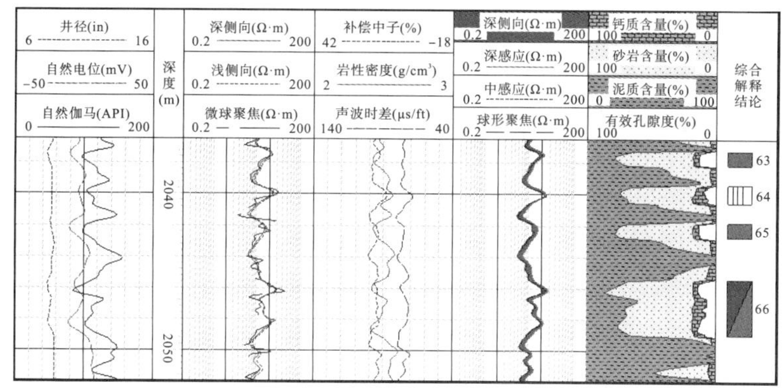

图 7　X 井单井综合解释成果图

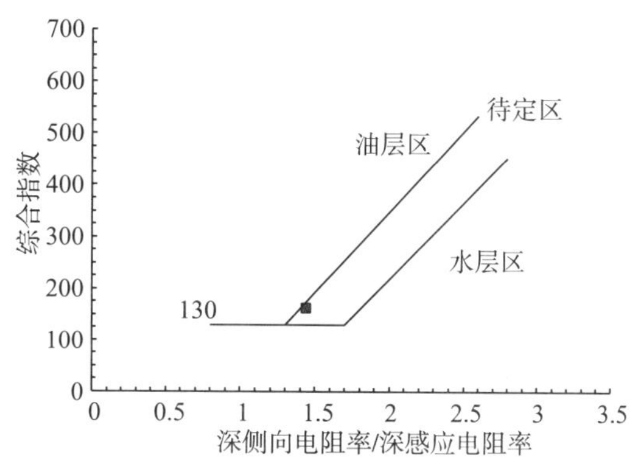

图 8　66 层图版解释结果

4　结论

（1）通过全区岩性、物性及地层水矿化度的对比，及油水分布规律的总结，将整个古龙地区划分为南、北 2 个区块，分别优选不同的测井参数进行油水识别，应用效果显著，解释精度均在 90% 以上。

（2）在考虑储层产能的条件下，建立由岩心分类到测井分类的致密油储层分类标准，能较好地对低渗、特低渗储层进行有效性评价，为生产开发方案的制定及储层经济效益的提高提供参考。

参考文献

[1] 赵政璋，杜金虎，等．致密油气[M]．北京：石油工业出版社，2012.

[2] 钟淑敏，谢鹏，刘传平．应用测井资料预测致密油有利区方法研究[J]．测井技术，2016，40(1)：85-90.

[3] 刘传平，钟淑敏，谢鹏，等．大庆油田高台子致密油测井评价方法研究[J]．断块油气田，2016，23(1)：46-51.

[4] 安纪星，刘静，罗安银．致密油储层测井有效性评价方法[J]．长江大学学报，2017，14(23)：33-38.

[5] 李波，吴小刚，耿小飞，等．王集地区油水层识别方法研究[J]．石油地质与工程，2016，30(02)：103-105.

[6] 王波力，赫文昊，王小锋，等．重叠图法在储层油水层识别中的应用[J]．应用能源技术，2016，2：7-9.

[7] 李金奉，钟淑敏．基于储层分类的低孔渗储层流体识别方法[J]．长江大学学报，2014，11(16)：81-85.

[8] 德莱赛公司．测井与解释技术[M]．北京：石油工业出版社，1991.

[9] 钟淑敏，刘传平，章华兵．低孔低渗砂泥岩储层分类评价方法[J]．大庆石油地质与开发，2011，30(5)：167-170.

[10] 马世忠，牛东亮，文慧俭，等．基于岩石孔隙结构的储层分类评价[J]．黑龙江科技大学学报，2016，26(04)：414-421.

向斜油气藏储层物性下限确定方法

殷树军　闫伟林　李郑辰

（大庆油田有限责任公司勘探开发研究院，黑龙江 大庆 163712）

摘　要：确定储层物性下限的方法很多，均是针对某一研究区域和层位，由多种方法综合确定某一固定值。本文针对向斜油气藏储层紧邻源岩、埋深跨度大的特点，基于达西渗流理论，建立了考虑压差的物性下限确定方法，其确定的动态物性下限更符合油田的实际情况，对于向斜油藏的开发，以及后续的储层评价方式都具有重要的意义。

关键词：向斜油藏；物性下限；埋深；理论公式法；含油产状法

引言

油层有效厚度是指在一定技术、工艺条件下具有产油能力部分的厚度，因此有效厚度物性下限标准的确定除了受储集层自身的岩性、岩石表面性质、孔隙结构等因素影响，还受流体性质、储层压力、采油工艺的影响。目前，确定有效厚度物性下限的方法有试油法、含油产状法、经验统计法、最小流动孔喉半径法、核磁共振法、渗流能力模拟法、分布函数法[1-5]，其中前四种方法是经常应用的方法。通常是多种方法综合确定，其确定的物性下限一般为某一固定值，但随着勘探技术的不断进步，油气勘探目标由构造油气藏转向斜坡区和凹陷区的隐蔽油气藏。传统的确定某一固定下限值的方法与埋深跨度较大的向斜油气藏存在认识矛盾或代表性不足的问题。因此本文基于达西渗流理论，分析了物性下限的影响因素，并提出了针对 Q 油田 G 油层的物性下限确定方法。

1　有效储层物性下限的影响因素

根据中石油集团公司企业标准，深度小于 2000m，产油量小于 0.1m^3/d 或产水量小于 0.5m^3/d 的储层可定义为干层。理想状态下，应用基于达西定律的平面稳态径向流公式[6]对有效储层物性下限的影响因素进行分析。

$$Q=\frac{2\pi\cdot K\cdot h\cdot(p_{e}-p_{wf})}{B_{o}\cdot\mu\cdot\ln\left(\frac{r_{e}}{r_{w}}\right)} \tag{1}$$

式中，Q 为流量，m^3/d；K 为渗透率，mD；h 为油层厚度，m；p_e为油层压力，MPa；p_{wf}为井底流压，MPa；r_e为供油面积半径，m；r_w为井眼半径，m；B_o为体积系数；μ 为黏度，mPa · s。

作者简介：殷树军(1979—)，男，高级工程师；2003 年毕业于大庆石油学院勘探系勘查技术与工程专业，从事测井资料处理解释工作，现在大庆油田勘探开发研究院地球物理测井室工作。地址：大庆市让胡路区勘探开发研究院测井室；电话：0459－5508279；E-mail：yinshujun@petrochina.com.cn。

本次研究分析了储层厚度、生产压差、黏度对渗透率下限的影响，以供给半径为200m、井筒半径为0.1m、体积系数1.1为基本条件，首先假设流体黏度为1mPa·s，生产压差为12MPa，考察不同储层厚度与渗透率下限的关系(图1)，从图中可知，随着厚度增大，渗透率下限减小，呈幂函数关系，当厚度大于4m时，渗透率下限变化趋势明显变缓；考虑到储层总厚度一般会大于5m，因此假设厚度为5m，生产压差为12MPa，流体黏度为1mPa·s，考察不同流体黏度与渗透率下限关系(图2)，从图中可知，随流体黏度的增大，渗透率下限增大，呈线性关系；假设厚度为5m，考察不同流体黏度在不同生产压差下与渗透率下限的关系(图3)，从图中可知，随生产压差的增大，渗透率下限减小，呈幂函数关系，当生产压差大于13MPa时，渗透率下限变化趋势明显变缓。对于向斜油藏，其埋深跨度达到600m时，压力变化达到6MPa，温度变化达到25℃，其对应的原油黏度变化达到3倍左右，其物性下限必会有很大的不同。

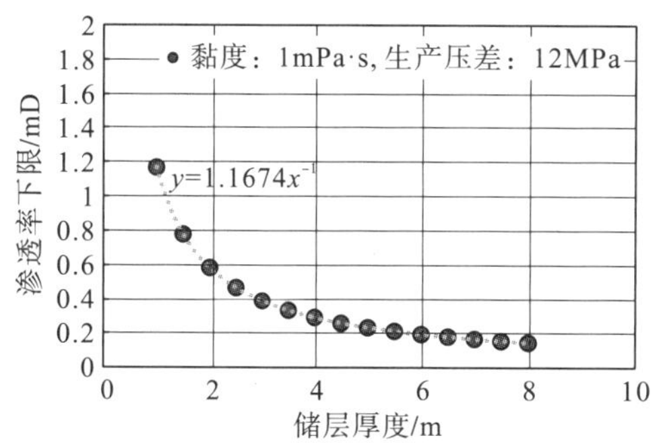

图1　储层厚度与渗透率下限关系

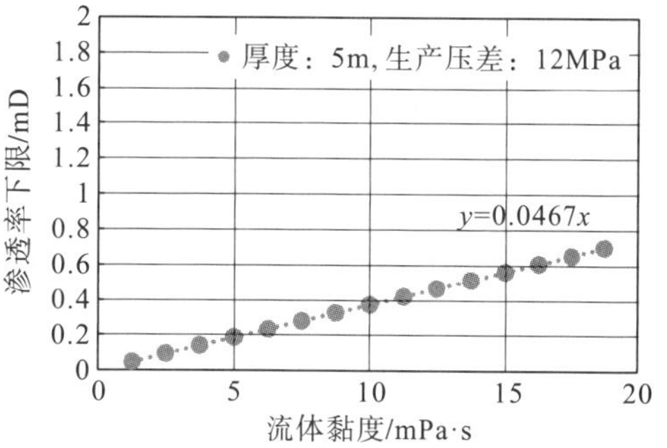

图2　流体黏度与渗透率下限关系

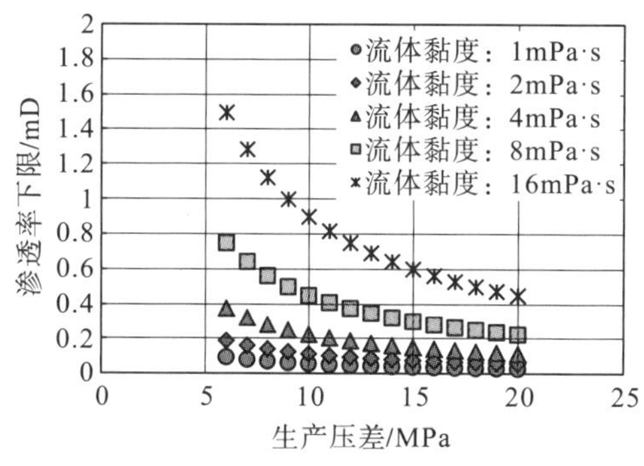

图3　不同黏度下生产压差与渗透率下限关系(厚度5m)

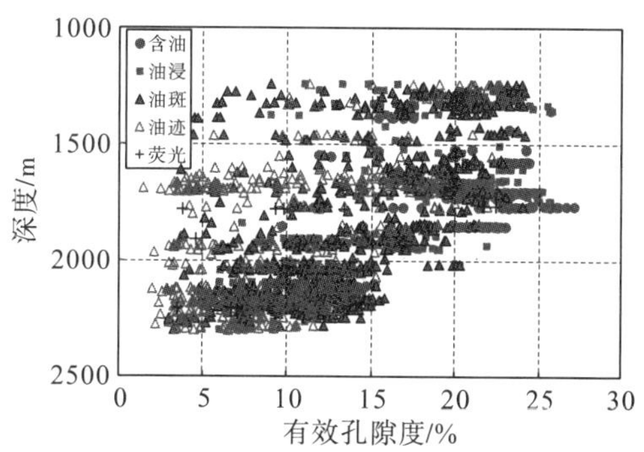

图4　不同含油产状样品深度与孔隙度关系图

物性下限的另一个重要影响因素就是成藏压力，因为成藏压力决定了油气运移进入储层的最小孔隙半径[7,8]。图4为Q油田G油层的不同级别含油产状的深度与孔隙度关系图，从图中可知，在相同埋深条件下，物性越好，其含油产状级别越高，但随着埋深增加，其物性逐渐变差，这就表明不同埋深的油层在成藏时，其成藏压力随着埋深增加而增大，因此其物性下限应该随着埋深的增加而减小。

综上所述，传统方法确定的某一固定的下限值与向斜油气藏的实际情况不符，存在代表性不足的问题，即确定的下限值可能是油田的最低下限值，也可能只是某一深度的下限值。

2 向斜油气藏储层物性下限确定方法

Q 油田位于松辽盆地北部中央拗陷区齐家－古龙凹陷常家围子向斜。其目的层 G 油层下部紧邻烃源岩青一段，该层顶面构造高部位海拔深度约－1100m，构造低部位海拔深度约－2000m，构造高差 900m，油层发育于盆地斜坡及盆地中心部位[9]，为典型的向斜油气藏，因此要考虑压差确定动态的储层物性下限。

2.1 理论公式法

Q 油田 G 油层 52 口取心井具有含油产状的储层厚度为 298.6m，其中油迹 146.5m，油斑 93.4m，油浸 58.7m，单井平均厚度 5.7m，原油黏度 2.3mPa · s(地层温度 83℃)，根据黏温指数 0.05，地温梯度 4.07℃/100m，得到不同埋深的原油黏度，将以上参数代入公式(1)，可得到 Q 油田的储层有效渗透率下限，以空气渗透率是有效渗透率 3 倍的经验值确定空气渗透率下限，见表 1。

表 1 理论公式法确定渗透率下限数据表

储层厚度 /m	生产压差 /MPa	供给半径 /m	井筒半径 /m	流体黏度 /(mPa · s)	埋深 /m	有效渗透率 /mD	空气渗透率 /mD
5.7	20	200	0.1	1.88	2200	0.046	0.139
5.7	18	200	0.1	2.3	2000	0.063	0.188
5.7	17	200	0.1	2.81	1900	0.081	0.244
5.7	16	200	0.1	3.43	1800	0.105	0.316
5.7	15	200	0.1	4.19	1700	0.137	0.412
5.7	14	200	0.1	5.12	1600	0.180	0.539
5.7	13	200	0.1	6.25	1500	0.236	0.709
5.7	12	200	0.1	7.63	1400	0.313	0.938

2.2 含油产状法

理论公式法仅仅考虑了储层的物性，含油产状法则考虑了储层的含油性，该方法用取心井试油结果与岩心含油级别、物性建立关系，确定含油产状的出油下限[4]，该油田在相同埋深条件下，物性越好，其含油产状级别越高，因此以埋深 100m 为梯度，应用含油产状法确定不同埋深的物性下限，建立深度与下限的关系。

经试油资料证实 Q 油田油斑粉砂岩能够产油，因此应用 Q 油田 G 油层的 1650 块样品分析资料，以油斑产状为界限，分别编制了渗透率、孔隙度的正负频率累积图，以频率累积的交点作为渗透率下限，图 5 为埋深 2100 ~ 2200m 样品确定的孔隙度和渗透率下限，各埋深段对应的渗透率下限见表 2。

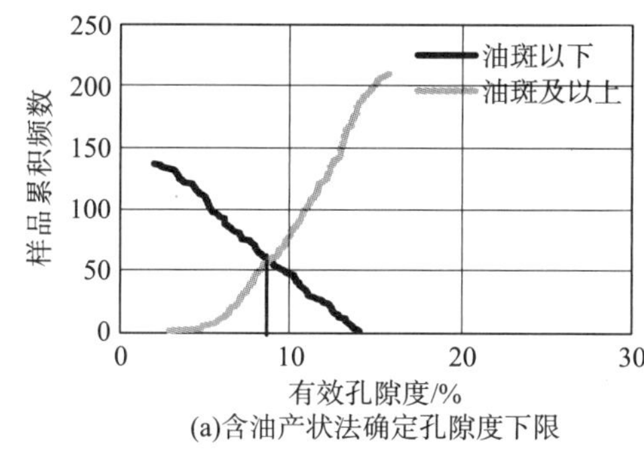

(a)含油产状法确定孔隙度下限

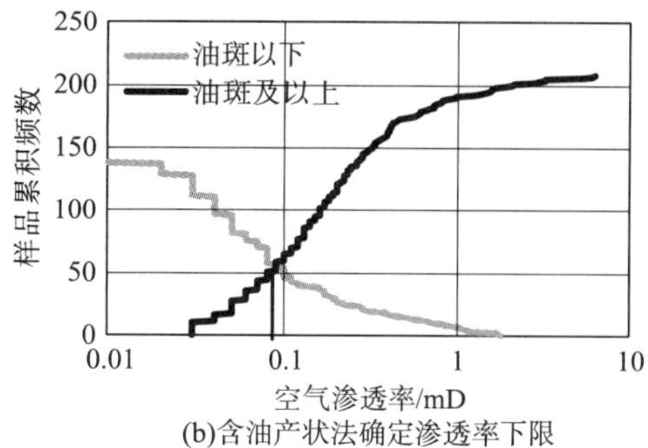

(b)含油产状法确定渗透率下限

图 5 Q 油田 G 油层含油产状法取定孔隙度和渗透率下限(2100 ~ 2200m)

表 2 Q 油田 G 油层不同深度储层物性下限统计表

深度/m	样品数/块	孔隙度下限/%	空气渗透率下限/mD
1200 ~ 1400	237	14.8	1.4
1400 ~ 1600	105	12.9	0.89
1600 ~ 1700	223	13.7	1.0
1700 ~ 1900	171	13.5	0.42
1900 ~ 2000	168	9.2	0.1
2000 ~ 2100	207	9.0	0.1
2100 ~ 2200	348	8.8	0.09
>2200	191	7.8	0.06

3 综合确定物性下限及试油验证

以上两种方法确定的渗透率下限随埋深的增加而减小，且具有较好的一致性(图 6)，图中上线为理论推导的渗透率下限，下线为含油产状法确定的渗透率下限，其值比上线略低，表明该区储层具有压裂改造空间，因此最终确定 Q 油田 G 油层的渗透率下限为

$$K_L = 127.43e^{-0.003H} \tag{2}$$

式中，K_L为空气渗透率下限，mD；H 为埋深，m。

孔隙度下限根据孔、渗关系确定即可，将该区的 14 层试油资料投放到图 6 中，图中数据标签为采油强度，从图中可知，随埋深增加，其渗透率逐渐减小，相应的采油强度也有逐渐减小的趋势，表明该方法确定的下限是合理的。

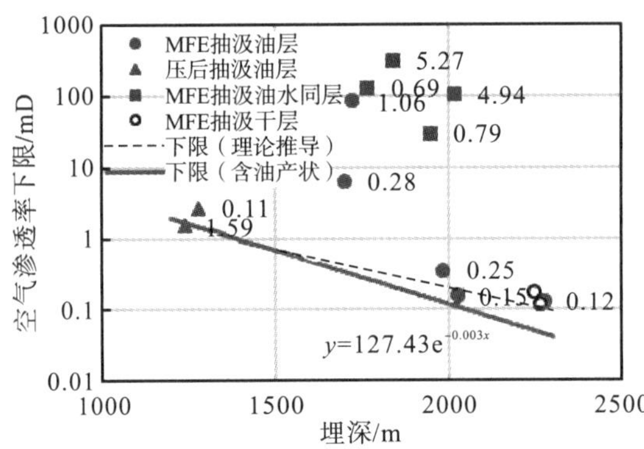

图 6　Q 油田 G 油层空气渗透率下限与埋深关系图

4　结论

（1）储层物性下限既受生产工艺的影响，也受储层厚度、生产压差、黏度等因素的影响，具体关系如下：①储层渗透率下限随储层厚度增大而减小，呈幂函数关系。②储层渗透率下限随流体黏度增大而增大，呈线性关系。③储层渗透率下限随生产压差增大而减小，呈幂函数关系。

（2）向斜油气藏的物性下限不是某一固定值，其受压力和黏度的影响，随着埋深增大而减小，可以应用理论公式法和考虑埋深的含油产状法综合确定，该方法可以进一步扩展应用到致密油储层的物性下限确定。

参考文献

[1]郭睿．储集层物性下限值确定方法及其补充[J]．石油勘探与开发，2004，31(5)：140-143.

[2]路智勇，韩学辉，张欣，等．储层物性下限确定方法的研究现状与展望[J]．中国石油大学学报(自然科学版)，2016，40(5)：32-39.

[3]崔永斌．有效储层物性下限值得确定方法[J]．国外测井技术，2007，22(3)：32-35.

[4]张春，蒋裕强，郭红光，等．有效储层基质物性下限确定方法[J]．油气地球物理，2010，8(2)：11-16.

[5]刘毛利，冯志鹏，蔡永良，等．有效储层物性下限方法的研究现状和发展方向[J]．四川地质学报，2014，34(1)：9-13.

[6]孙建孟，运华云，冯春珍．测井产能预测方法与实例[J]．测井技术，2012，36(6)：628-634.

[7]周立明．致密油藏有效储层物性下限及其形成的动力学机制与应用[D]．北京：中国石油大学，2016.

[8]臧起彪．齐家地区高三油层组有效孔喉下限研究[D]．大庆：东北石油大学，2018.

[9]施立志，王卓卓，张永生．松辽盆地齐家地区高台子油层致密油分布及地质特征[J]．天然气地球科学，2014，25(12)：1943-1949.

基于地震预测技术的河道砂体刻画方法研究
——以 H 油田 SP 油层为例

白宝玲

（大庆油田有限责任公司勘探开发研究院，黑龙江 大庆 163712）

摘　要：大庆长垣西部地区 SP 油层储集砂体主要为分流河道、河口坝和前缘席状砂，储层厚度薄，纵向上薄互层组合分布，平面上砂体分布零散，在地震资料上没有明显的响应特征，地震属性难以刻画薄储层的空间展布特征。为了提高河道砂体预测精度，本文根据 SP 油层砂体发育特征，有针对性地选取地震储层预测技术，根据储层地质特点不同，结合地震资料、完钻井资料开展储层综合预测，利用地层切片、多属性分析、地震波形指示反演、波组特征追踪等多技术多手段，精细刻画目的层位河道砂体平面分布范围和空间特征，进一步提高储层预测精度，为有利区优选及开发方案实施提供有力支撑，满足快速建产的需求。

关键词：河道砂体；波组特征；储层预测；多属性分析；波形反演

引言

随着外围油田勘探开发程度的提高，面临的评价开发对象越来越复杂，尤其是长垣西部的 SP 油层，储层厚度薄，纵向上薄互层组合分布，平面上砂体分布零散，在地震资料上没有明显的响应特征，油水关系复杂，地震属性难以刻画薄储层的空间展布特征[1]，提高这类储层地震预测精度对于推进 H 油田的增储上产具有重要意义。针对此问题，根据 SP 油层砂体发育特征，有针对性地选取地震储层预测技术，利用地震资料结合完钻井资料开展储层综合预测；为了更准确地落实储层的空间展布特征，根据不同层位的储层地质特点不同，利用地层切片、多属性分析、波形指示反演、波组特征追踪等多技术多手段，精细刻画目的层位储层砂体平面分布范围和空间特征，进一步提高储层预测精度，为有利区优选及开发方案实施提供有力支撑，满足快速建产的需求。

1　河道砂体的地震地质特征

1.1　沉积及砂体特征

H 油田 SP 油层是主要的含油层位，沉积时期主要受北部物源控制，发育三角洲平原－三角洲前缘亚相，以三角洲前缘亚相为主，储集砂体主要为分流河道、河口坝和前缘席状砂。通过油源对比研究，该区油气主要来自齐家－古龙凹陷的青山口组源岩，青山口组生油层具有厚度大、有机质丰度高、生油母质类型好的特点，为油气的大量生成提供了充足的物质基础[2]。

作者简介：白宝玲，1983 年生，女，高级工程师，一直从事开发地震解释及精细储层预测等工作。

SP 油层地层厚度整体上体现出东、南厚，西、北薄的特点，地层厚度差异较小，地层厚度 40 ~ 71m，砂岩分布具较明显的相带特征；发育条带状、透镜状富砂带，砂岩厚度 1.8 ~ 14.0m，平均砂岩厚度 11.6m，北部、东部砂岩发育区砂地比 30% ~ 50%，南部、西部地区砂地比较低，一般 10% ~ 30%，表现为北部物源的沉积特征。参考已开发区块密井网砂体精细解剖结果(图 1)，H 油田 SP 油层纵向上砂体发育层数较多，单砂体连续性差，具有条带状、透镜体、纵向砂体错叠连片分布的特点。

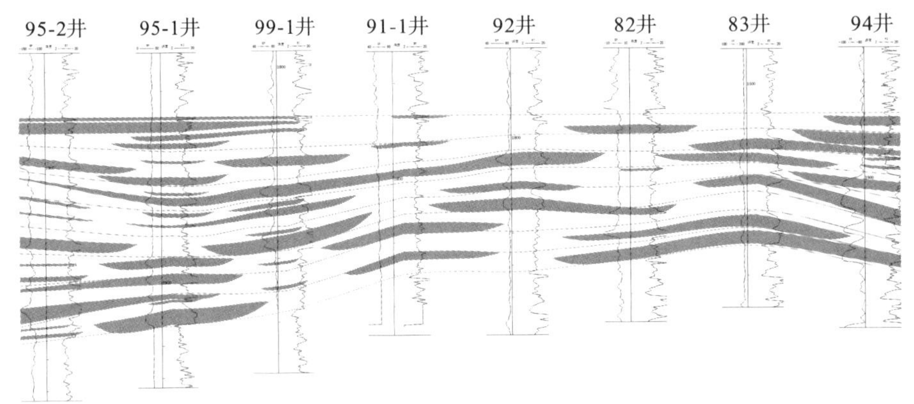

图 1　SP 油层砂体剖面图

1.2　地震资料及剖面特征

本次地震资料的采集、处理质量比较高，处理后的成果剖面的分辨率、信噪比明显提高，在剖面上反射层特征清楚，反射结构清晰、断点清楚，层间信息丰富可靠，为地震资料的精细储层预测提供了翔实可靠的基础资料。

研究区为三维地震资料，面元 20m × 20m，主频 45Hz，油层顶面反射能量强，连续性好，其上有一个强相位，下面为弱反射，易于追踪对比，视频率为 55 ~ 60Hz，反射时间在 1100 ~ 1450ms。开发井资料解剖显示，该区 SP 油层以河道沉积为主，砂体规模小，近南北向分布河道宽度在 150 ~ 500m，东部河道砂体规模较大，西部河道砂体规模较小，由于是砂泥岩薄互层，储层厚度与地震反射特征关系比较复杂。

1.3　井震联合地震地质统层

该区由于油田之间分层标准不统一，影响了区域储层展布特征及油水分布规律的认识，为了保证构造解释及储层研究层位统一，开展了井震联合统层工作。在对比统层时，需要保证分层数据具有区域一致性和可对比性的同时，保证构造解释、地震属性分析和地震反演结果具有等时可靠性[3,4]。具体做法是：第一，利用合成记录精细制作与标定，保证地质分层与地震特征的准确对应；第二，各界面地震响应特征分析，明确地质界面的反射特征；第三，连井地质与地震对比分析，总结各界面区域性的地质特征；第四，点 - 线 - 面 - 体井震联合对比，由疏到密，保证地质分层和地震解释层位可靠性，为后续地震储层预测工作奠定坚实基础。

2　基于地震预测的河道砂体刻画方法

SP 油层钻遇单层厚度小于 2m 的层占 61.4%，平面上砂体规模较小，现有地震资料难以准确识别，从地震剖面上看，砂岩发育区地震响应特征差异较大，影响了储层预测准确率。在对现有地震资料进行系列解释性目标处理基础上，通过平面分区、纵向分层，利用多属性分析[5]、波组特征追踪精细刻画河道砂体发育规模，利用地震波形反演技术纵向识别单砂体，综合指导 SP 油层储层有利甜点区预测，为整体开发方案的实施提供技术支撑(图 2)。

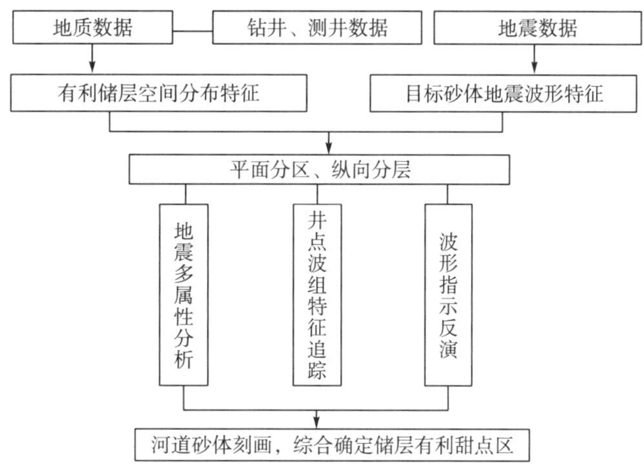

图 2　河道砂体预测流程框图

2.1　基于井点波组特征追踪刻画河道砂体

在砂泥薄互层的地层中，每一个砂层组包含一个或多个单砂层。地震反射同相轴是砂岩沉积韵律的反映，反射波振幅、频率、相位特性是每个单层相互干涉叠加的结果[6]，砂岩厚度变化等可以通过地震波形间接反映出来，地震反射波包含着各种岩性的厚度、速度、波阻抗等信息，波形的变化反映了这些信息的变化。

薄储层虽然在地震上无法分辨，但对波形样式会产生影响，下面是一个薄储层对地震调谐波形的影响分析正演模型(图 3)。模型中上面是一个 1 ~3m 变化的薄储层砂体，下面是个 3m 稳定的薄储层砂体，上面不发育 1 ~3m 薄层的地方是一个非常标准的波形，随着储层变厚，振幅逐渐拉长，直到达到一定厚度以后变成了复波。1 ~3m 的薄层在地震上是不可分辨的，但每一套层都对地震波形确有间接影响。

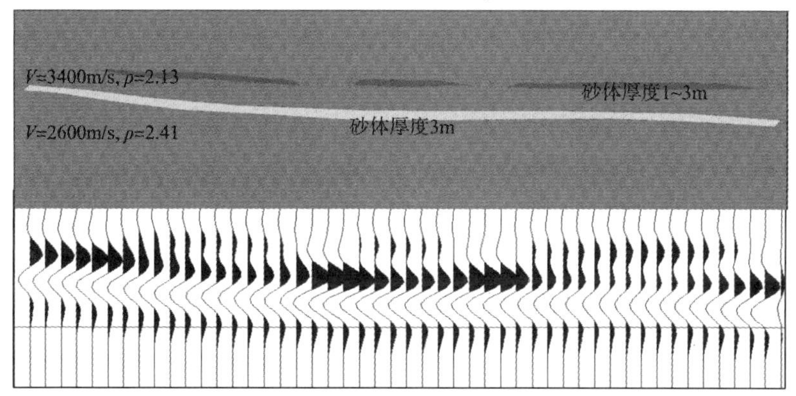

图 3　1 ~3m 薄储层砂体组合地震正演模型

通过正演分析，利用不同砂体地震响应的不同波形特征来刻画砂体发育是可行的。利用评价阶段相对较高的井控程度，井震结合，以钻井揭示的储层地震响应波组特征为基础，逐井逐道对砂体发育范围进行追踪和刻画，落实砂体边界(图4，彩图见附录)。

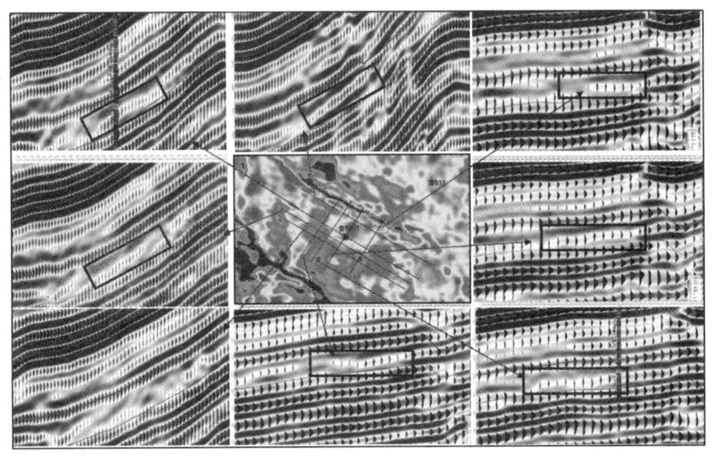

图4 99-1井中部砂体波组特征追踪砂体刻画图

2.2 地震多属性综合分析技术预测河道砂体展布

地震属性可以针对剖面、层位和体提取，提取的关键在于合理地选择时窗，时窗过大，则包含不必要的信息；时窗过小则可能导致部分有效成分丢失，使计算结果不能正确体现该层的特征[7]。时窗选取应该遵循以下原则：当目的层厚度较大时，准确追出顶底界面，并以顶底界面限定时窗，也可以内插层位进行属性提取；当目的层为薄层时，应以目的层顶界面为时窗上限，时窗长度尽可能地与目的层的时间厚度一致，目的层各种地质信息基本集中反映在目的层顶界面的地震响应中。

本文主要是利用主元素分析法中求特征向量的方法来求滤波因子，取一段地震剖面，各道提取的属性值用 x_{ik} 表示，下角码 $i=1,2,\cdots,M$ 为所提取的属性个数号，$k=1,2,\cdots,N$ 为剖面段的道序号。计算该剖面段的自相关矩阵或称为协方差矩阵 $\boldsymbol{Q}_x$，矩阵元素是

$$Q_{ij} = \frac{1}{N-1}\sum_{k=1}^{N}(x_{ik}-\bar{x}_i)(x_{jk}-\bar{x}_j) \tag{1}$$

式中，$i,j=1,2,\cdots,M$；$\bar{x}_i = \frac{1}{N}\sum_{k=1}^{N}x_{ik}$ 为记录样点对各道的平均值。将式(1)求出的 Q_{ij} 代入 $\boldsymbol{Q}_x$ 自相关矩阵式，得到协方差矩阵，它是一个正定实对称矩阵，主对角线的元素为方差。求解其本征方差组，系数行列式值为零下求解：

$$\begin{vmatrix} Q_{11}-\lambda & Q_{12} & \cdots & Q_{1M} \\ Q_{21} & Q_{22}-\lambda & \cdots & Q_{2M} \\ \vdots & \vdots & & \vdots \\ Q_{M1} & Q_{M2} & \cdots & Q_{MM}-\lambda \end{vmatrix} = 0 \tag{2}$$

求解该行列式可得到 M 个特征值 λ_i，$i=1,2,\cdots,M$；把它们按由大到小的顺序排列，并依次代入本征方程式，得到 $M\times M$ 个特征向量，选取最大特征值对应的特征向量作为我们所需的滤波因子。最后对输入的各道属性数据，按公式 $\sum_{l=1}^{L} x_{kl}h_l = y_k$（$k$ 为道号，$k=1,2,\cdots,K$；l 为属性个数号，$l=1,2,\cdots,L$）进行计算处理，得到综合输出 y_k。

虽然得到的综合输出本身已失去了各个属性参数原有的那样明确的物理意义，但它却代表了多项属性参数共性的变化，能够比较可靠地反映产生这些变化的地质因素，进而降低多解性，提高地震属性预测精度。

2.3 地震波形反演技术描述河道砂体发育特征

为了精细预测薄储层空间分布特征，精细刻画河道砂体纵向上发育特征，采用了地震波形指示反演技术，其核心在于井间预测，它是采用“基于地震波形指示马尔科夫链蒙特卡罗随机模拟”算法[8]，其基本思想是在统计样本时参照波形相似性和空间距离两个因素，在保证样本结构特征一致性的基础上按照分布距离对样本排序，实现“相控随机模拟”。地震波形可代表储层垂向岩性组合的调谐样式，其横向变化反映了储层空间的相变特征，与沉积环境相关。利用地震波形的横向变化代替变差函数表征储层的空间变异程度，更符合地质沉积，从而使反演结果在空间上体现了地震相的约束，平面上符合沉积规律，有效提高了河道砂体储层预测的精度和可靠性。关键过程如下：

(1)制作高精度合成记录，进行储层精细标定

在反演过程中，合成地震记录制作的质量好坏直接影响反演成果的质量。可以从制作的合成记录与地震记录的相关系数上分析其相关性、匹配程度，通过一系列的质量控制和技术手段的调整，使合成记录的精度尽可能高，进而实现储层精细标定，在地震剖面上落实目标砂体的纵向准确位置。

(2)测井曲线敏感性分析

对本区内的声波曲线、电阻率曲线、自然伽马曲线、自然电位曲线和密度曲线进行敏感性分析后认为，自然伽马曲线能更好地区分储层和非储层，声速曲线不能真实地反映砂体的厚度，主要表现在过渡岩性声速也比较高。从多种曲线对波阻抗直方图分析中可以看出，自然伽马曲线对砂层的敏感度要高于其他曲线，对于砂、泥岩的区分能力更强，经分析本次采用自然伽马曲线进行反演(图5，彩图见附录)。

(3)砂岩电阻率门槛值的确定

分层给定适当的自然伽马门槛值，门槛值的确定方法一般是经验值和区内钻井统计，并经实际调整反复试验，使反演出的砂岩值与多数井的砂岩厚度接近。最终经过去除异常值和合理编辑，使砂岩的平面分布符合区域沉积特点和地质规律，提高预测精度。

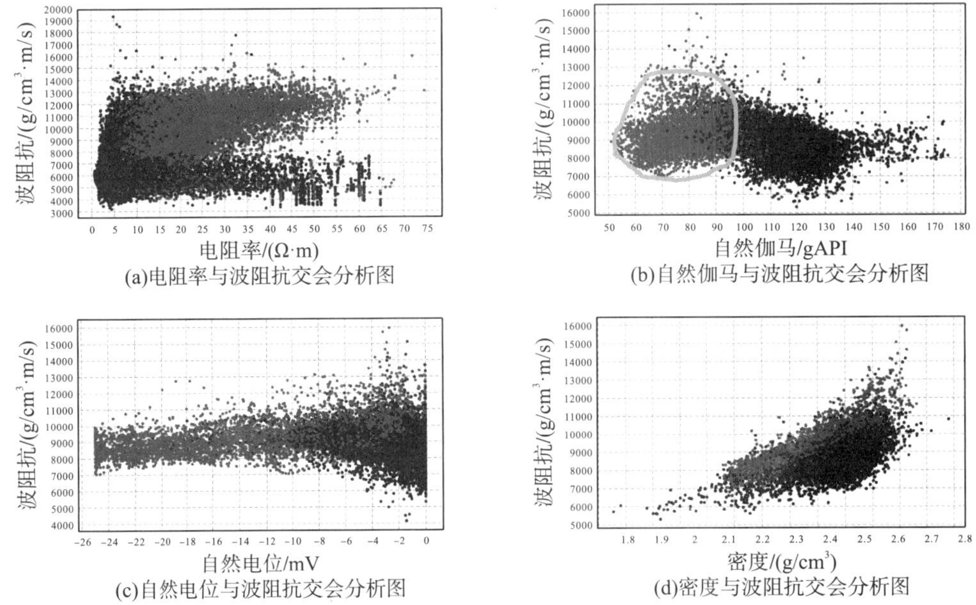

(a)电阻率与波阻抗交会分析图　(b)自然伽马与波阻抗交会分析图

(c)自然电位与波阻抗交会分析图　(d)密度与波阻抗交会分析图

图5　SP 油层多种曲线与波阻抗敏感性分析图

3　应用效果分析

H 油田 SP 油层按砂岩组进行属性与反演结合的储层预测主要是针对井控程度低的区域，而对于主力油层段，利用评价阶段相对较高的井控程度，井震结合进行分析，以钻井揭示的储层地震响应特征为基础，逐井追踪砂体范围，一般井上砂岩发育段在地震剖面上都会有明显的波阻响应特征，主要做法是针对目标砂体段开展地震属性分析和反演预测，预测砂体发育规模，基于井点原始地震剖面特征追踪验证砂体，使河道砂体边界得到准确刻画，进而更好地指导沉积相图的制作，指导有利区圈定及评价、开发井位实施。

图 6（彩图见附录）是本区 SP 油层 S0 组河道砂体刻画的典型例子。S0 组发育的南北向河道得到清晰刻画，波形指示反演和属性分析图中强振幅分布区主要表现为条带状及片状分布。据探井资料和沉积微相图揭示强振幅分布区的平面展布特征，窄条带状展布区为水下分流河道，弱振幅分布区为分流间湾。根据预测结果部署一口评价井 X98 井取得了很好效果，钻遇砂岩厚度 9.1m，有效厚度 6.8m，形成断层岩性油藏，储层发育

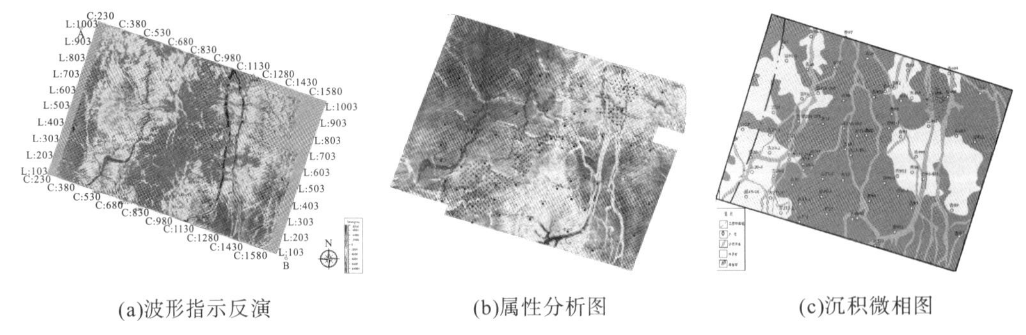

(a)波形指示反演　(b)属性分析图　(c)沉积微相图

图6　S0 组河道砂体刻画图

情况较好和试油高产，是有利的井位部署区块。结合河道砂体预测、成藏特征分析圈定有利区面积 $0.37km^2$，计算石油地质储量 21.52×10^4t。

4 结论

(1)根据不同储层地震响应差异，结合不同区域不同层位的地质特征，个性化优选储层预测方法可精细刻画油藏和砂体边界。

(2)精细化是目前储层预测的迫切需求，对于薄互层砂体综合分析砂体与地震波组特征的对应关系，多种地震预测技术结合，可以很好地提高储层预测精度。

(3)地质条件复杂，地震资料分辨能力有限，对于河道砂体的准确预测难度仍然很大，地震资料采集和保幅处理技术的提高仍是下一步要努力的方向。

参考文献

[1]秦月霜，陈友福，叶萍．薄窄砂体地震跟踪预测方法[J]．吉林大学学报(地球科学版)，2012，42(1)：270-274.

[2]朱筱敏，刘媛，方庆，等．大型拗陷湖盆浅水三角洲形成条件和沉积模式：以松辽盆地三肇凹陷扶余油层为例[J]．地学前缘，2012，19(1)：89-99.

[3]王文君．精细地震解释技术在垦东地区的应用[J]．油气地球物理，2011，9(2)：37-40.

[4]冯有良，鲁卫华，门相勇．辽河西部凹陷古近系层序地层与地层岩性油气藏预测[J]．沉积学报，2009，27(1)：57-63.

[5]张学娟，卢双舫，贾承造．基于沉积特征分区域的多元地震属性储层定量预测方法[J]．石油地球物理勘探，2012，47(1)：115-120.

[6]林军，邱争科，袁述武，等．地震储层预测技术在老区滚动勘探开发中的应用——以克拉玛依油田530井区克下组油藏为例[J]．新疆石油天然气，2012，8(4)：32-34.

[7]王宗家，林树喜，刘建军，等．渤南地区沙一段泥页岩储层叠后属性预测[J]．油气地球物理，2013，11(3)：12-15.

[8]高君，毕建军，赵海山，等．地震波形指示反演薄储层预测技术及其应用[J]．地球物理学进展，2017，32(1)：142-145.

复杂油藏储层精细刻画与潜力评价技术

齐家－古龙凹陷及周缘姚家组 P 油层物源体系分析

宿　赛　胡明毅　邓庆杰　刘　丹

（长江大学 地球科学学院，湖北 武汉 430100）

摘　要：根据长垣西部 20 多口井的岩心剖析及 1032 口井的测井和录井资料，结合重矿物组合、ZTR 指数、砂地比含量及古地貌恢复等多条分析，总结不同沉积体系岩石特征的多因素指标差异，明确长垣西部 P 油层沉积时期物源方向。研究表明：研究区 P 油层发育受北部齐齐哈尔水系与西部英台水系两大水系影响，不同沉积时期，受西部、东北部双物源控制，在研究区中部形成两个物源交汇。从供源角度对沉积体系识别划分，为下一步油气勘探提供依据。

关键字：齐家-古龙凹陷；P 油层；物源体系；重矿物组合

1　引言

传统的沉积相和储层构型分析都是对沉积环境的各类成因相砂体分布特征进行研究，但两者既有区别又有联系。传统沉积相主要是从岩心、单井及连井剖面方向，更多的是单井点或者研究区的独立研究，而随着国内外对露头、现代沉积以及密井网开发区更精细方向的研究进展，沉积研究更重视精细度和完善度。从精细角度来看，沉积相研究甚至达到了单砂体内部增生体等五级沉积界面研究，这对认识地下储层的沉积成因、空间演化及形态特征具有更准确的指导意义；从宏观上看，沉积相研究更重视从整个沉积体系出发，在研究区应用井与井近距离关系来总结沉积相纵向和平面的演化特征，利用岩心、地震等信息建立微相—相模式，因此现代沉积学的研究结合构型从微相—单砂体—内部物性变化—砂体内部构型系统分析，精细解剖不同成因相砂体，总结其几何参数，刻画定量或半定量化微相边界。

长垣西部地区位于松辽盆地北部凹陷区，P 油层作为主力含油层具有较大的勘探潜力[1]。但由于内部砂体分布规律不明确，油气参数分布差异较大，物源方向界定模糊，导致沉积体系划分不清，砂体从横向及纵向连通性及平面展布研究模糊不清，制约本研究区油气勘探的进程。因此，从供源角度对沉积体系识别划分，并在内部沉积微相展布刻画等方面系统地对本研究区进行沉积地质研究[2,3]，为下一步油气勘探提供依据。

2　区域地质背景

松辽盆地是目前世界上已发现油气资源最为丰富的非海相沉积盆地之一，主要发育有中、新生界沉积，沉积岩最大厚度超过 10 000m。目前有关松辽盆地发展阶段的研究，

作者简介：宿赛，1990 年生，女，博士，主要从事储层沉积学方面的研究。

学术界主要划分六个阶段——“两兴”、“两衰”以及“兴急衰缓”。“两兴”时期是指青一、二段和嫩一、二段的沉积时期，松辽盆地成了嫩江期和青山口期水域宽阔的松辽深水凹陷湖盆，遭受了2次大规模的海侵进而导致了湖盆的大面积增长现象。“两衰”是指青山口时期和嫩江组沉积的末期。对于嫩江组沉积末期来讲，它的湖盆衰退表现为上覆地层与嫩江组呈区域不整合关系。而对于青山口组，则表现为因自身构造的抬升，而海平面的下降所导致的湖平面的衰退。而对于“兴急衰缓”我们从字面意义上也不难理解，对于“两兴”来讲虽然供源时间迅速，导致湖面快速上升，然而这样的状态持续的时间很短。相反，对于“两衰”而言，虽然各种原因导致了湖面的下降，然而这个过程是一个极其缓慢的过程，持续的时间也相对更长，因此会对湖盆沉积产生一定的作用。

白垩纪中期，即泉头组至嫩江组沉积时期，松辽盆地已进入整体凹陷的鼎盛时期，盆地西部凹陷扩大，东部凹陷缩小，形成一个包括齐家、古龙、乾安、三肇等地区在内的统一大型湖盆(图1)。凹陷期湖盆内沉积范围逐渐扩大，各组段地层多向边缘超覆，中部分布着较大面积的深湖区，沉积了盆地区的主要生、储岩系。而这一时期湖盆沉积的基本特征包括几个方面：多物源、多沉积体系及多相带呈环带状展布。湖盆附近形成了诸多的沉积体系，每个沉积体系从物源向湖盆中心均以粉、砂砾、砂和泥等碎屑物质为主，依次会出现洪积相、泛滥平原相、三角洲平原亚相、三角洲前缘亚相和滨浅湖相，这些相带沿着湖盆周围围绕着半深－深湖相呈环带状展布，其中河道沉积体系则呈向东开口的“C”字形半环带状分布。

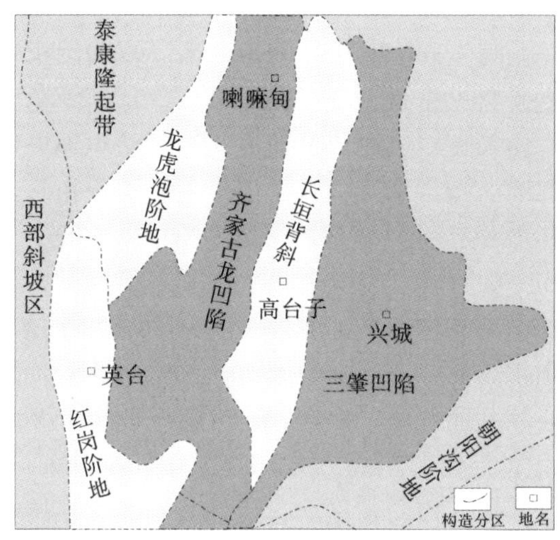

图1　研究区地理位置图

3　重矿物分布特征

3.1　重矿物组合分区

在对长垣西部姚一段的157口井247个重矿物样品统计分析的基础上，对同一段深度的重矿物百分比平均值与等效深度进行统计筛选，选取锆石、电气石、白钛石、石榴石等9种代表性较强的非自生重矿物，然后利用SPSS软件进行Q型聚类分析，将某一时期单井重矿物特征在平面分布上加以区分，划分出不同类型的重矿物组合类型，结合井位标记规律圈定不同类型物源组合的分布范围。根据重矿物 Q 型聚类分析的结果(图 2)，将姚一段沉积时期长垣西部地区依次划分为多个具有明显特征差异的重矿物组合分区，具体结果如下：

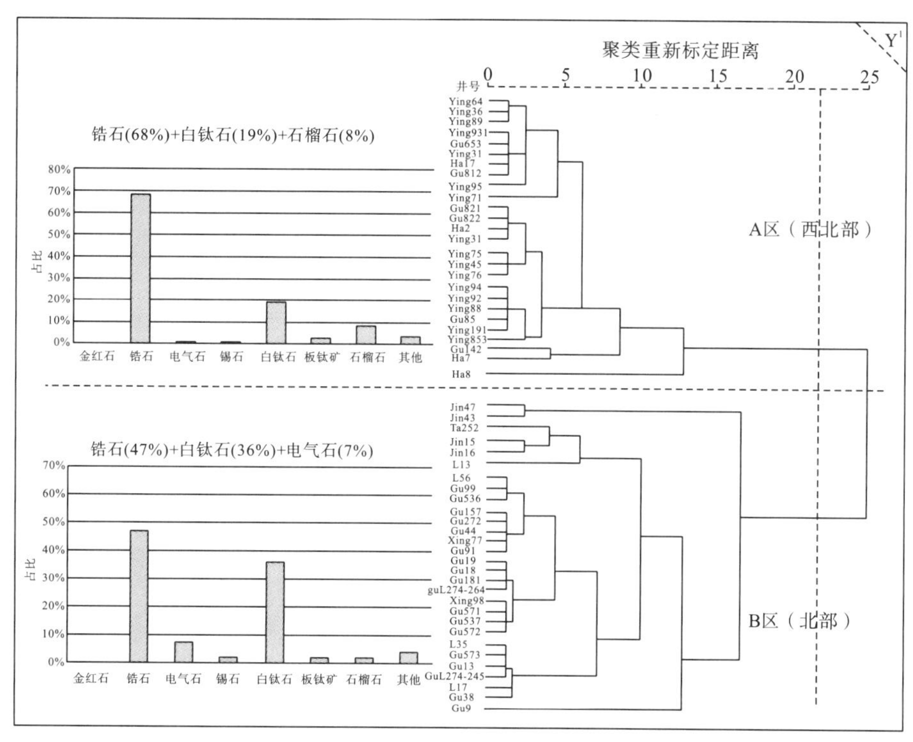

图 2 研究区 P 油层西北部(A)、东部(B)重矿物 Q 型聚类系谱图

研究区在 P 油层沉积时期，重矿物组合具有明显的两个分区，其中 Y^1-A “锆石 + 白钛石 + 石榴石” 重矿物组合，多出现在敖古拉、他拉哈等研究区西北部，锆石占绝对优势，其百分比为 42.4% ~76%，平均为 68%，其次为石榴石、白钛石，平均百分比分别为 8% 和 19%，同时还含有少量板钛矿、锡石，代表井以英 78 井、英 32 井及古 32 井为主；Y^1-B “锆石 + 白钛石 + 电气石” 重矿物组合整体多出现在杏西、哈尔温等研究区北部，以发育金 22、古 21 等井为代表，其中锆石占优势，其百分比为 26.5% ~59.7%，平均为 47%，其次为白钛石、电气石，平均百分比分别为 36% 和 7%，同时还含有少量的石榴石、锡石。两个重矿物组合分区的分界线在布木格 – 葡西至新肇一带。

不同类型母岩的重矿物组分不同，经风化搬运后会产生不同的重矿物组合。因此，可以利用重矿物组合来判别母岩的性质和来源[4,5]。研究区姚一段砂岩岩屑组分中岩浆岩岩屑 + 变质岩岩屑总百分比达 98.2%，几乎不含沉积岩岩屑，推断物源区母岩为岩浆岩与变质岩两种岩石类型。姚一段时期重矿物组合类型具有明显的两分性，物源来自西部和东北部两个方向，锆石占主要比重表示母岩中含有大量的中酸性火山岩，同样一定量白钛石、电气石以及锡石的赋存则指示物源区花岗岩、低级变质岩的存在，因此在明确 Y^1-A、Y^1-B 两个分区重矿物特征与平面展布相对位置的基础上，结合古水系分布格局，综合判定其分别为白城水系和齐齐哈尔水系。结合松辽盆地北部大区域的母岩分类，

可以看出 Y^1-A 区母岩类型以中酸性火山岩为主，含少量中高级变质岩；Y^1-B 区母岩类型以中酸性火山岩为主，含少量低级变质岩。

3.2 ZTR 指数分析

重矿物稳定系数 ZTR 是稳定的重矿物含量与不稳定的重矿物含量的比值，一般来说稳定重矿物抗风化能力强，分布广，所以重矿物稳定系数可以较好地反映沉积物搬运距离的远近。ZTR 指数由小到大的方向指示物源方向[6,7]。通过对研究区姚一段 ZTR 指数分析表明，不同时期区内重矿物 ZTR 指数存在明显的分区现象。姚一段沉积时期工区西部重矿物分区 ZTR 指数整体较低，其值介于 40% ~60%，平均为 55.4%；东北部重矿物分区 ZTR 指数整体较高，介于 45% ~70%，平均为 58.9%。平面上 ZTR 指数总体呈现出自北、西部向中部升高的特征(图 3、图 4，彩图见附录)。

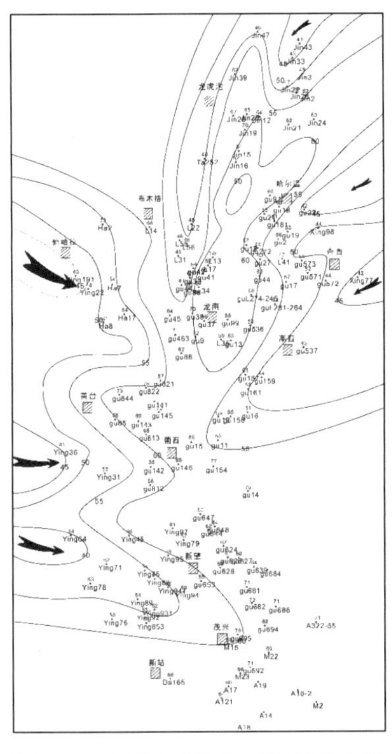

图 3　P 油层重矿物类型平面分布图

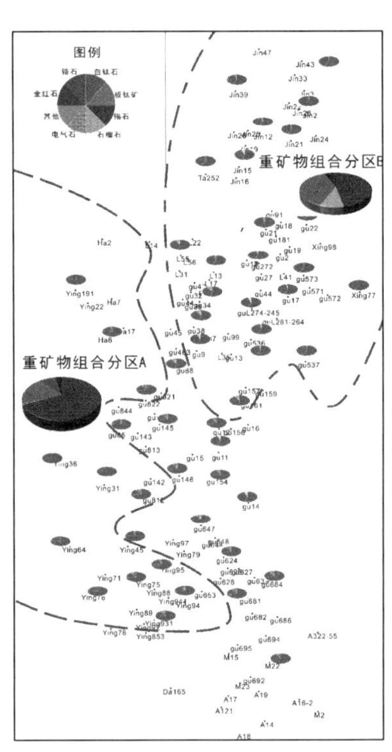

图 4　P 油层重矿物 ZTR 指数平面等值线图

4　古地貌特征

古地貌的形成是受构造运动、后期沉积充填及压实作用等因素作用的结果，古地貌更是对层序及沉积体系发育起参考作用。在基准面变化过程中古地貌直接决定了地层沉积时期在垂向和平面上的变化趋势及组合规律。因此，在开展沉积体系研究之前对古地貌进行恢复，更有助于准确识别和划分沉积体系的类型及展布。通过对古地貌的分析可以得到物源区的位置、物源方向和沉积区。

通过倾角校正及压实作用恢复方法对古厚度进行恢复，从而达到三维立体古地貌效果。研究区由齐家古龙凹陷、龙虎泡阶地及大庆长垣区组成，地层存在一定的倾角。从

P 油层底面的真倾角分布图中发现，研究区地层真倾角的范围在 1°～10°之间，而且以小于 3°的值居多，因此可以得知研究区 P 油层组底面地层的倾角较小，只有在二级构造带附近才有较大的倾角出现。

结合地层倾角校正和压实恢复，选择合适古地貌恢复方法和古地貌三维可视化成图技术重现姚一段沉积前的古地貌格局(图 5，彩图见附录)。研究认为，长垣西部姚一段的古地貌包括几个主要单元：隆起区、斜坡区、凹陷区、低隆起区，西部高隆起区周围斜坡古地貌等的突变往往形成较大的可容纳空间，因此导致沉积快速堆积或剥蚀。西部物源区地形起伏较大，隆起区西部表现为高隆地貌，向东侧斜坡过渡，在 P 油层时期发生快速沉降，三角洲前缘河口坝或者分流河道砂岩发育，并受湖浪的改造在凹陷区汇集，整体呈现西高东低的宏观地貌特征；东北部物源区为地势较为平缓的低隆起区，整体地貌较为平缓，在南北纵向上的差异明显缩小，挠曲坡折带消失，不再发生近源快速堆积事件，易发生“源远流长”的沉积，整体上呈现北高南低的宏观地貌特征，地形起伏平缓，向南东收敛倾没，南部凹陷区成为长垣西部地区沉积物汇集中心，接受西部、东北部两个方向的沉积物供给。

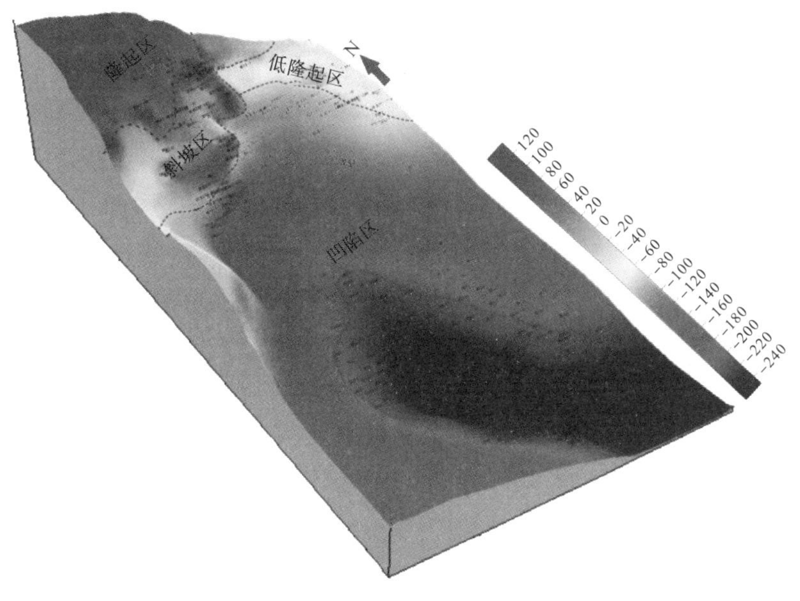

图 5　长垣西部 P 油层古地貌恢复图

5　砂体展布特征

通过对研究区钻井砂岩厚度、地层厚度数据统计，勾绘姚一段砂地比等值线图，结果表明姚一段沉积时期，砂岩百分比高值区主要位于研究区西部及东北部，平均百分比约为 60%，沿着研究区边缘向齐家古龙凹陷中部汇聚，砂地比整体呈现降低的趋势，逐渐过渡为滨浅湖相泥质沉积(图 6，彩图见附录)。以上砂体厚度及其含量变化特征清晰地解释了姚一段沉积时期研究区明显存在两支整体沿 NW-N 向中部推进的物源体系，由西、东北部至中部距近源沉积区越来越远，砂地比逐渐变小，交汇区等值线沿中线呈近似对称特征，从而形成两个方向多物源体系汇聚沉积格局。

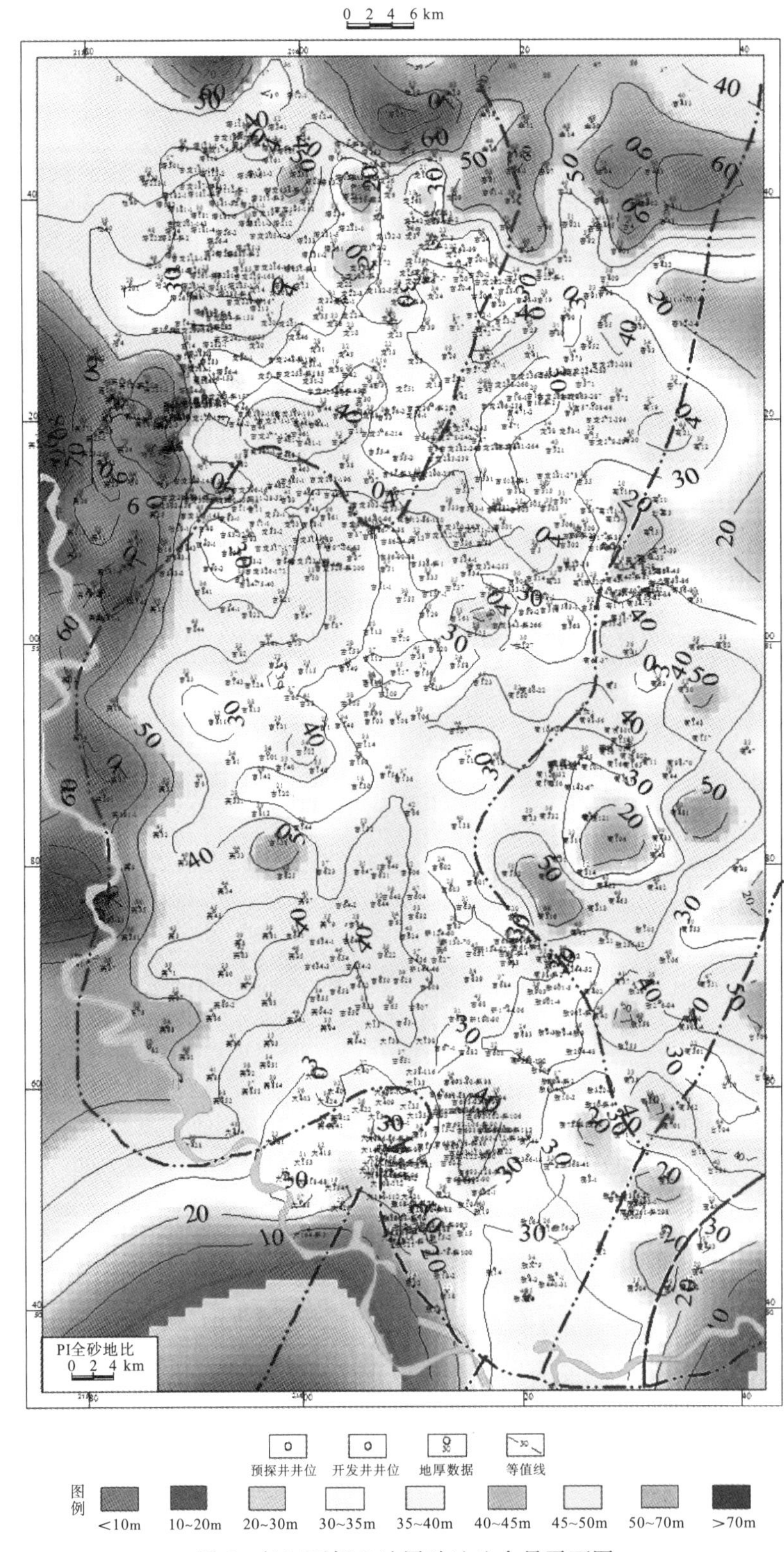

图6　长垣西部P油层砂地比含量平面图

综合上述特征分析可知，研究区 P 油层发育受北部齐齐哈尔水系与西部英台水系两大水系影响，不同沉积时期，受西部、东北部双物源控制，在研究区中部形成两个物源交汇。

6 结论

(1)重矿物类型含量及其在平面上的展布情况，将长垣西部姚一段重矿物划分出两个重矿物组合分区。

(2)研究区 P 油层发育受北部齐齐哈尔水系与西部英台水系两大水系影响，不同沉积时期，受西部、东北部双物源控制，在研究区中部形成两个物源交汇。

参考文献

[1]赵越. 古龙油田姚一段葡萄花油层沉积物源分析[J]. 内蒙古石油化工，2013，39(9)：147-149.

[2]赵红格，刘池洋. 物源分析方法及研究进展[J]. 沉积学报，2003(3)：409-415.

[3]邵磊，庞雄，陈长民，等. 南海北部渐新世末沉积环境及物源突变事件[J]. 中国地质，2007，34(6)：1022-1031.

[4]曹全斌，李昌，孟祥超，等. 准噶尔盆地南缘中段紫泥泉子组三段物源体系分析[J]. 中国地质，2010，37(2)：367-373.

[5]陶丽，张廷山，戴传瑞，等. 苏北盆地白驹凹陷泰州组一段沉积物源分析[J]. 中国地质，2010，37(2)：414-420.

[6]孙小霞，李勇，丘东洲，等. 黄骅拗陷新近系馆陶组重矿物特征及物源区意义[J]. 沉积与特提斯地质，2006，26(3)：61-66.

[7]赵俊兴，吕强，李凤杰，等. 鄂尔多斯盆地南部延长组长 6 时期物源状况分析[J]. 沉积学报，2008，26(4)：610-616.

长垣西部 P 油层沉积微相特征及其演化

邓庆杰　胡明毅　刘　丹　宿　赛

（长江大学 地球科学学院，湖北 武汉 430100）

摘　要：基于高分辨率层序地层学及储层沉积学理论，利用岩心、测井曲线、分析化验等资料，研究松辽盆地长垣西部 P 油层沉积特征及演化。通过对泥岩颜色、沉积构造、储层岩石学特征、沉积背景等分析，确定研究区 P 油层主要发育浅水三角洲前缘沉积和滨浅湖沉积。其中，浅水三角洲前缘亚相可进一步细分为水下分支河道、水下天然堤、支流间湾、河口坝、远砂坝和席状砂 6 种微相。并对研究区沉积相进行了单井岩心相分析、测井相分析、连井相对比和平面沉积微相研究，明确了研究区 PI8 ~ PI6 时期，水下分流河道较为发育，东北部、西部沉积体系相互交叉；PI5 ~ PI4 时期，水下分流河道数量及规模不断减少，交叉较少；PI3 ~ PI1 时期，以东北物源沉积为主。

关键词：松辽盆地；P 油层；浅水三角洲；水下分流河道；沉积构造

1　引言

从 Fisk[1] 于 1954 年在对密西西比河三角洲进行研究时提出“浅水三角洲”的概念以来，在国内外众多沉积地质学家的共同努力下，这种特殊背景下的沉积体已被勘探证实发育广泛。目前，我国浅水三角洲的研究主要集中在松辽盆地、鄂尔多斯盆地、渤海湾盆地、塔里木盆地、吐哈盆地和准噶尔盆地等。楼章华等[2,3]、朱筱敏等[4,5]、朱伟林[6]、邹才能等[7]及尹太举等[8]认为，浅水三角洲发育应满足以下地质条件：缓慢沉降古构造、盆广坡缓古地形、干旱炎热古气候、频繁多变湖(海)平面、动荡极浅古水深、大河充足古物源等。白垩纪沉积时期，研究区 P 油层发育受北部齐齐哈尔水系与西部英台水系两大水系影响，不同沉积时期，受西部、东北部双物源控制，在研究区中部形成两个物源交汇，形成以河道、河口坝、席状砂为主的储集层。本文通过单井相分析、连井剖面分析、平面沉积微相综合研究，初步查清松辽盆地长垣西部 P 油层浅水三角洲沉积特征与沉积相演化规律，有助于提高对研究区沉积特征的整体认识以及对比研究其他盆地浅水三角洲，乃至对探究陆相湖盆浅水三角洲的形成机理，都具有一定意义。

2　区域地质背景

长垣西部地区处于松辽西北部，横跨两市(齐齐哈尔和大庆)三县(肇源、泰康及泰来)，南北长为 130km，东西宽为 52km，面积约为 6800km^2(图 1，彩图见附录)。构造上位于齐家－古龙凹陷及龙虎泡－大安阶地北部，地势相对其他地方较为平坦，目前主要勘探开发 S 油层、P 油层等。

作者简介：邓庆杰，1988 年生，男，讲师，主要从事沉积学与层序地层学方面的研究。

当时的板块运动非常活跃，板块之间不断发生剧烈的碰撞和挤压，大规模的大洋缺氧事件、生物突变、大洋红层海底火山事件以及白垩纪超静磁带都开始出现。姚家组界面就是在这样的环境下形成的，在一开始的时候，也就是姚一段的发育初期，与之相关的太平洋板块的运动方向突然发生了转变，这个方向上的转变直接带来的影响就是板块边界力量比以往要来得更大和更强烈，而且这股挤压力直指盆地的内部，在这样的压力下使盆地形成了多个褶皱带。

P 油层集中发育在姚家组一段，主要为 12 ~ 74m 的砂泥岩薄互层，岩性以灰色粉砂岩、泥质粉砂岩和紫红、灰绿、黑色泥岩的不等厚互层为主，顶、底部为分布稳定的大段暗色泥岩。

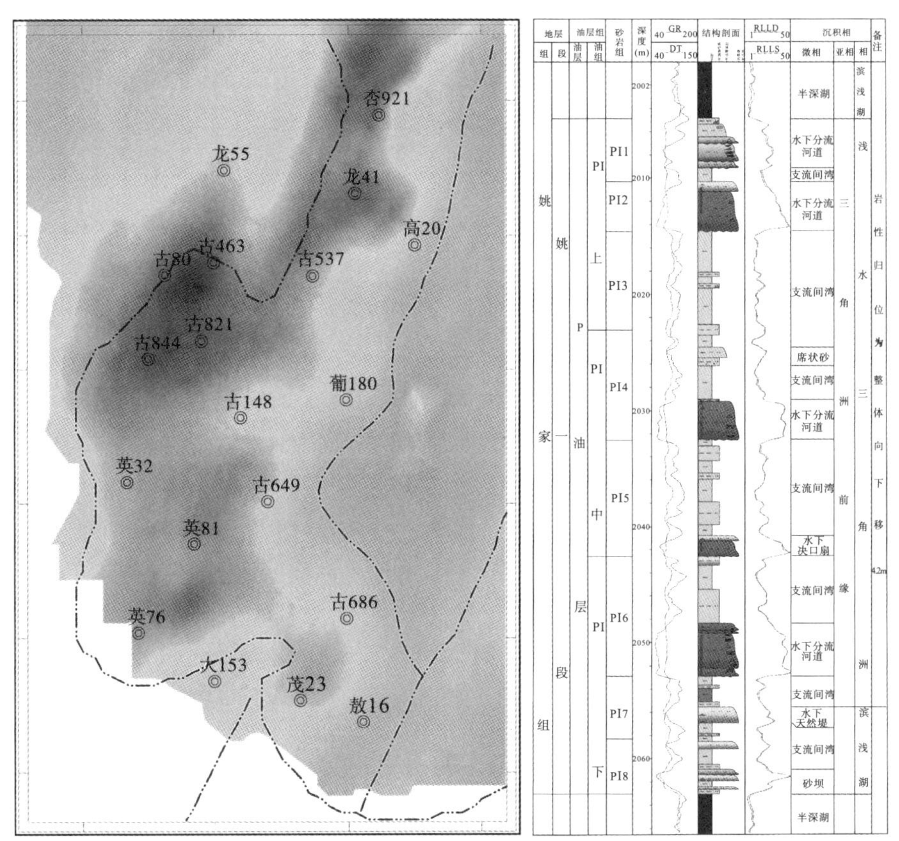

图 1　研究区地理位置

3　浅水三角洲沉积相判定依据

3.1　泥岩标志

根据取心段泥岩及录井资料观察统计，研究区 P 油层泥岩的颜色主要分为紫红色、杂色、灰绿色、灰黑色四大类。通过岩心观察及录井资料选取部分井姚一段的岩性资料，对姚一段时期泥岩颜色指数数据进行分析，将泥岩颜色依其氧化还原的程度进行相应比例的等加计算，越偏向 -100% 说明还原性越强，反之则氧化性越强。本区泥岩以灰紫色块状泥岩和灰绿色、灰色、黑灰色块状泥岩为主，夹杂零星紫红色泥岩，含钙质和铁质结核，可见大量变形层理，生物化石不发育，偶见有少量炭屑沿层零星分布。研究区紫红色泥岩分布在敖古拉地区 P 油层早期，灰绿色泥岩分布在整个研究区三角洲前缘，呈水下还原沉积环境；在南部新肇地区 P 油层中晚期可多处见灰黑色泥岩，发育滨浅湖沉积呈稳定具有一定深度的水下还原环境，由此也可以初步判别研究区域湖岸线分布位置；根据泥岩颜色指数的环境判别柱状图可明显区分出三角洲平原氧化环境和三角洲前缘及滨浅湖还原环境(图 2)。

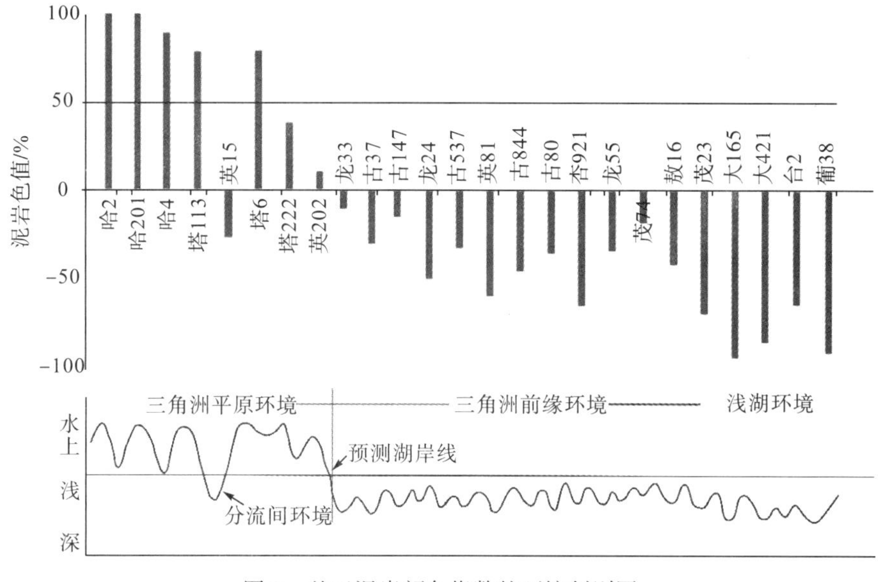

图 2　基于泥岩颜色指数的环境判别图

3.2　岩石学特征

岩相类型反映了单一沉积作用或沉积过程，而岩相间的组合则体现了沉积环境空间配置关系及其纵向演变。目的层由碎屑岩岩石类型组成，包括细砂岩相、粉砂岩相、泥质粉砂岩相、泥岩相四大类，砂岩类型以粉砂岩、泥质粉砂岩等细粒沉积为主。根据研究区葡萄花油层 19 口取心井岩心观察的颜色、组成、结构及沉积构造等特征，可以识别出 3 大类 21 小类岩相类型。

(1) 细砂岩相。细砂岩相可划分为含砾层理细砂岩相(Sg)、块状层理细砂岩相(Sm)、槽状交错层理细砂岩相(St)、板状交错层理细砂岩相(Sp)、平行层理细砂岩相(Sh)五类(图 3，彩图见附录)。

(2)(泥质)粉砂岩相。(泥质)粉砂岩相可划分为含砾块状层理粉砂岩相(Fg)、块状层理粉砂岩相(Fm)、交错层理粉砂岩相(Ft)、平行层理粉砂岩相(Fh)、波状层理泥质粉砂岩相(Fc)、沙纹层理泥质粉砂岩相(Fr)、变形层理泥质粉砂岩相(Fd)、生物扰动泥质粉砂岩相(Fb)共八种。含砾块状层理粉砂岩以浅灰色粉砂岩为主，夹 2 ~ 10mm 泥砾，多分布在河道底部呈定向排列；块状层理粉砂岩多形成于稳定快速沉积环境中，以浅灰色粉砂岩为主，常见于水下分流河道中下部；交错层理粉砂岩包括槽状、楔状、板状三类，以灰白色粉砂岩为主沉积于高流态水动力环境下，常发育在水下分流河道、决口河道或河口坝中；平行层理粉砂岩常发育在水动力较强的环境下，多出现在三角洲平原分流河道或前缘水下分流河道中下部；波状层理粉砂岩可见波状、脉状、透镜状层理，发育在三角洲前缘决口河道内部；沙纹层理泥质粉砂岩以泥质粉砂岩为主，水动力较弱，发育在水下分流河道中上部；变形层理泥质粉砂岩可见包卷层理、球枕构造等，多发育在水下决口河道或砂坝沉积环境中；生物扰动泥质粉砂岩常见垂直生物钻孔或扰动现象，可发育在砂坝中。

(a)含砾层理细砂岩，古649井，1672.4m

(b)平行层理细砂岩，龙41井，1976.1m

(c)槽状交错层理细砂岩，龙41井，1988.1m

(d)板状交错层理细砂岩，龙41井，1987.5m

图 3　研究区 P 油层细砂岩相特征

（3）（粉砂质）泥岩。（粉砂质）泥岩可划分为沙纹层理粉砂质泥岩相（Mr）、变形层理粉砂质泥岩相（Md）、生物扰动粉砂质泥岩相（Mb）、钙质泥岩相（Mc）、含黄铁矿泥岩相（Mpy）、灰绿色泥岩相（Mg）、杂色紫红色泥岩相（Mp）、深灰-灰黑色泥岩相（Ml）共八种（图 4，彩图见附录）。沙纹层理粉砂质泥岩多出现在弱水动力条件下，由于沙纹迁移而形成，泥岩颜色多为浅灰色、灰绿色，常发育在水下决口河道中；变形层理粉砂质泥岩反映出低能的还原性沉积环境，主要发育在水体相对较深的砂坝沉积微相中，泥岩颜色多为灰绿色、灰黑色；生物扰动粉砂质泥岩包括生物扰动、植根等遗迹，主要形成在气候潮湿的支流间湾或泥坪中；钙质泥岩、含黄铁矿泥岩一般呈紫红色、杂色，暴露在氧化沉积环境中，发育在三角洲平原洪泛沉积微相中。泥岩颜色的变化反映了沉积环境为还原或者氧化暴露，在前文有详细描述。

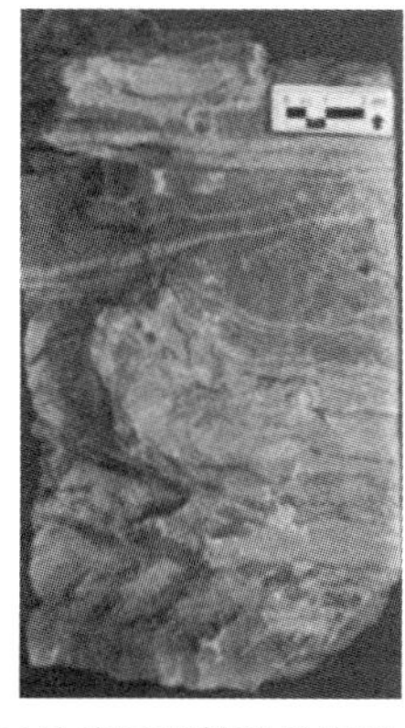
(a)沙纹层理粉砂质泥岩，大153井，1546.8m

(b)钙质泥岩，高20井，1401.8m

(c)变形层理粉砂质泥岩，古80井，2055.3m

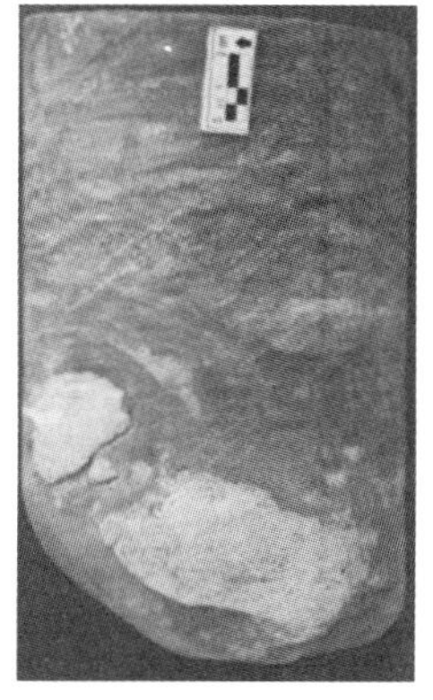
(d)生物扰动粉砂质泥岩，龙55井，1752.3m

图 4　研究区 P 油层细砂岩相特征

3.3 沉积水体环境

Sr/Ba 是判断沉积水体环境的重要指标，按照常见分类将 Sr/Ba 划分为三类：淡水、半咸水/混合水及海水。通过统计本区 P 油层样品测试结果表明，测试样品的 Sr/Ba 分布在 0.2 ~ 0.8，整体沉积环境介于淡水和半咸水之间，说明该研究区位于陆相湖盆的沉积环境内。但同时发现样品点有两个峰值，集中在 0.3 和 0.7 处，通过分辨发现，集中在 0.3 峰值的样品井大部分分布在研究区北部，集中在 0.7 峰值的样品井大部分分布在研究区西部(图 5)。

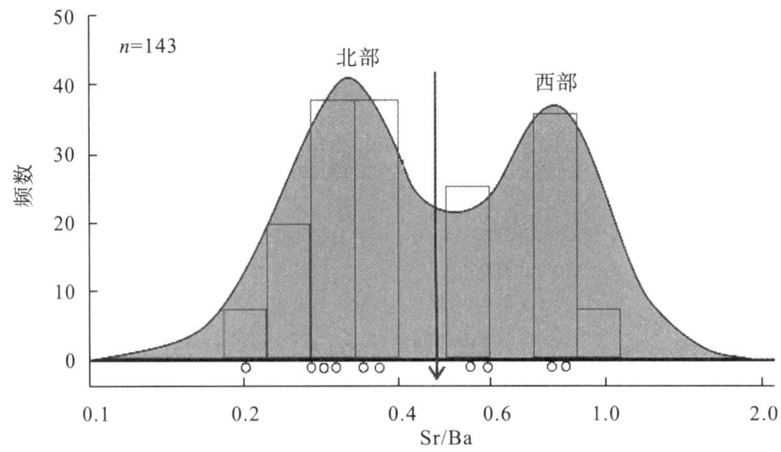

图 5　长垣西部 P 油层 Sr/Ba 分布特征

3.4 沉积构造标志

沉积构造特征是判别沉积相标志和沉积环境的重要标志，它的规模及组合方式都标志了区域构造背景、水动力波动等现象。依据研究区取心井精细的岩心观察，将研究区沉积构造类型归纳为 4 大类，其中层理构造发育丰富，多为槽状交错层理、平行层理、楔状层理等指示河流作用的沉积构造(图 6)。

依据研究区取心井精细的岩心观察，主要发育了 4 类层理类型。

(1)块状层理：主要由细砂岩、粉砂岩、泥质粉砂岩组成，凭肉眼难以观察到层理现象，多发育在三角洲平原、前缘分流河道底部，形成于水动力较为稳定的沉积环境中。

(2)交错层理：主要由细砂岩、粉砂岩、泥质粉砂岩组成，常发育在水动力较强的沉积环境中，包括中小型槽状交错层理、楔状交错层理、斜层理、板状交错层理四类，多发育在浅水三角洲平原分流河道、前缘河口坝、水下分流河道中。

(3)平行层理：主要由粉砂岩、泥质粉砂岩组成，常发育在水动力强且稳定的沉积环境中，P 油层平行层理纹层较薄，多发育在浅水三角洲平原分流河道、前缘水下分流河道中。

(4)复合层理：主要由粉砂岩、泥质粉砂岩组成，泥质含量较高，多处可见泥质条带，包括波状、脉状和透镜状层理，常发育在水体较浅，离湖泊较近，受湖浪作用比较明显的沉积环境中，常见于滨浅湖砂坝、三角洲前缘水下口河道中。

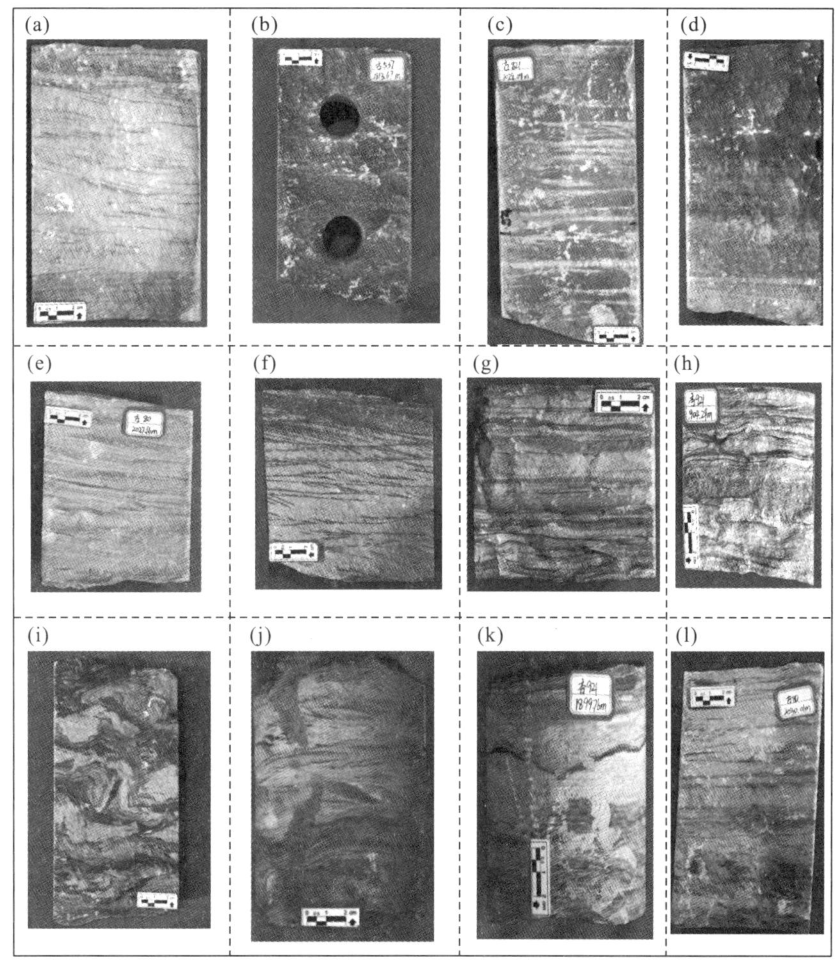

图6 研究区P油层沉积典型构造岩心照片

(a)浅灰色粉砂岩，可见槽状交错层理，古821，2004.24m；(b)深灰色粉砂岩，可见板状交错层理，古537，1813.67m；(c)灰色粉砂岩，可见板状交错层理，古821，2028.08m；(d)灰色泥质粉砂岩，可见平行层理，古821，2047.95m；(e)灰色粉砂岩，可见流水沙纹层理，古80，2027.16m；(f)浅灰色粉砂岩，可见楔状、槽状交错层理，英81，1901.89m；(g)深灰色粉砂岩，可见波状层理，古649，1718.23m；(h)浅灰色粉砂岩，可见波状、脉状交错层理，杏921，1904.29m；(i)浅灰色粉砂岩，可见包卷构造，龙41，1981.92m；(j)灰色粉砂岩，可见生物扰动痕迹，龙55，1762.5m；(k)浅灰色泥质粉砂岩，可见虫孔，杏921，1899.76m；(l)灰色泥质粉砂岩，可见平行层理，古821，2047.95m

4 沉积微相特征

通过大量岩心观察，结合泥岩颜色、层理构造、测井资料等信息，研究认为P油层主要发育浅水三角洲前缘沉积，形成以水下分支河道、水下决口河道、河口坝、席状砂、砂坝为主的储集层。此外，研究区P油层还发育湖泊沉积的滨浅湖亚相。

4.1 浅水三角洲前缘

浅水三角洲前缘是指三角洲处于洪水期湖岸线以下的部分，其上部地区间歇性出露于高低水位之间，下部靠近湖泊的部位则长期覆水。前者可进一步细分为水下分支河道、水下决口河道、河口坝、席状砂、支流间湾5种微相(图7)。

(1)水下分支河道。三角洲平原分流河道向湖盆方向的继续延伸，是构成研究区浅水三角洲前缘的骨架砂体，河道分岔频繁。该类型主要由粉砂岩组成，底部均可见块状层理细砂岩构成的冲刷面。岩相组合主要发育在近物源供给的三角洲前缘背景下，常伴有灰绿色泥岩。沉积构造多以板状交错层理(Fp)、中小型槽状交错层理(Ft)、平行层理(Fh)为主，多发育在块状层理之上。该组合类型发育2~4次河道旋回，旋回一般在2~3m互相叠置，底部可见清晰冲刷面，可见泥砾，整体呈现正旋回，泥质夹层多发育在组合中。电测曲线呈中高幅箱形、钟形或圣诞树形。

(2)水下决口河道。该类型主要由粉砂岩及泥质粉砂岩组成，底部多处可见块状层理粉砂岩构成的冲刷面，多发育为1~2次旋回，每个旋回为1~2m，呈正粒序，未见泥砾。顶部一般为槽状交错层理，该组合主要发育在三角洲前缘决口河道中。电测曲线特征为中等幅度值钟形。

(3)河口坝。该类型主要由粉砂岩及泥质粉砂岩组成，下部多为泥质粉砂岩，上部为粉砂岩，多发育为1~2次旋回，每个旋回为2~3m，反粒序特征相对明显。顶部常见生物扰动、块状层理，总体反映沉积水动力条件相对较强，此类岩相组合反映了三角洲前缘河口坝沉积特征。电测曲线特征为中等幅度值反旋回。

(4)席状砂。该类型岩相组合以粉砂岩为主，底部不可见冲刷面，厚度在1m左右，上下岩性多为灰绿色泥岩，多发育槽状交错层理，此类组合反映了三角洲前缘席状砂沉积特征。电测曲线特征为高幅度值指状。

(5)支流间湾。分流间湾为水下分支河道之间低能地区，以泥岩、粉砂质泥岩为主，常以泥岩夹层或薄透镜体出现，泥岩颜色多为灰色、灰绿色，生物扰动强烈，可见黄铁矿。电测曲线呈低幅微齿状或直线。

4.2 湖泊沉积

该类型岩相组合以粉砂岩与泥质粉砂岩为主，与深灰色、灰黑色泥岩相邻，顶部岩性较细，常发育块状层理、变形层理等受河流和湖浪共同作用的沉积构造，此类岩相组合反映了滨浅湖砂坝沉积特征。

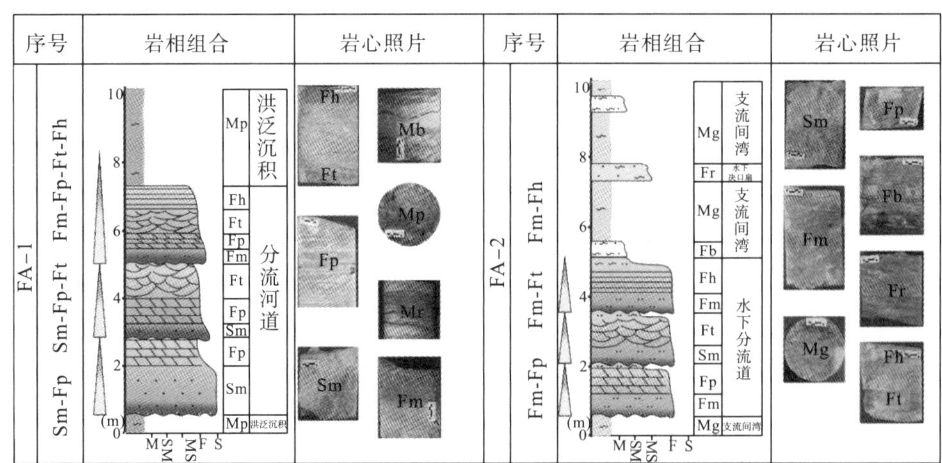

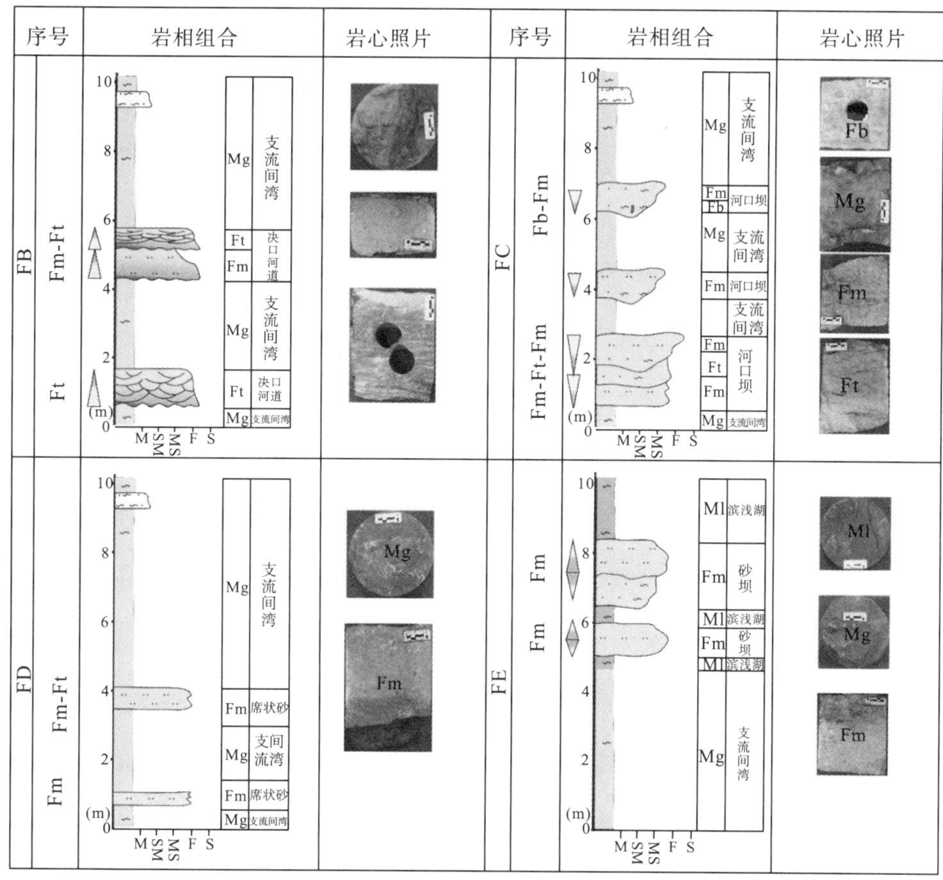

图 7　长垣西部 P 油层典型岩相组合与特征

5　沉积相平面展布与演化

本文主要通过单因素分析法，结合物源供给方向、取心井柱状图、单井及连井剖面沉积微相对比在横纵方向上的演化规律，以砂地比、砂体厚度、地层厚度等多因素平面图叠合为参考，编制短期基准面旋回地层时期沉积微相平面图。

Y1-SSC1 至 Y1-SSC3 沉积时期，泥岩颜色主要为灰绿色，西北部可见紫红色，南部可见灰黑还原色，反映研究区主要受两个沉积体系影响，齐家古龙地区受东北部长源缓坡物源影响发育浅水三角洲前缘亚相沉积，局部地区为湖泊相；龙虎泡阶地及古龙地区受到西部短轴陡坡物源影响发育正常三角洲相，包括三角洲平原及前缘亚相。两个沉积体系在齐家古龙凹陷中部葡西、新肇地区交汇，并在南部发育少量滨浅湖。研究区受东北部、西部物源影响，西部及西北部方向河道较宽，河道能量较强，呈网状向中部频繁迁移，规模逐渐变小分叉直至消失，最终河道砂体汇聚在齐家古龙中部葡西油田以及新肇北部区域(图 8，彩图见附录)。

Y1-SSC4 至 Y1-SSC6 时期，长期基准面迅速上升，主体为三角洲前缘亚相沉积，研究区仅东北部哈尔温构造北部－西北部敖古拉鼻状构造北部零星发育三角洲平原亚相，南部茂兴向斜及敖北斜坡南部发育滨浅亚相，此时东北部物源对研究区影响占主导因素，该沉积时期主体水系略有向北迁移的趋势，此时期河道砂体沉积稳定延伸，西部物源从北部向南逐渐汇聚，与北部沉积物在龙南地区汇聚后，向南部新肇等地区径流。西部沉积物延伸影响小，自葡西鼻状构造处汇入小型湖泊后消失殆尽(图9，彩图见附录)。

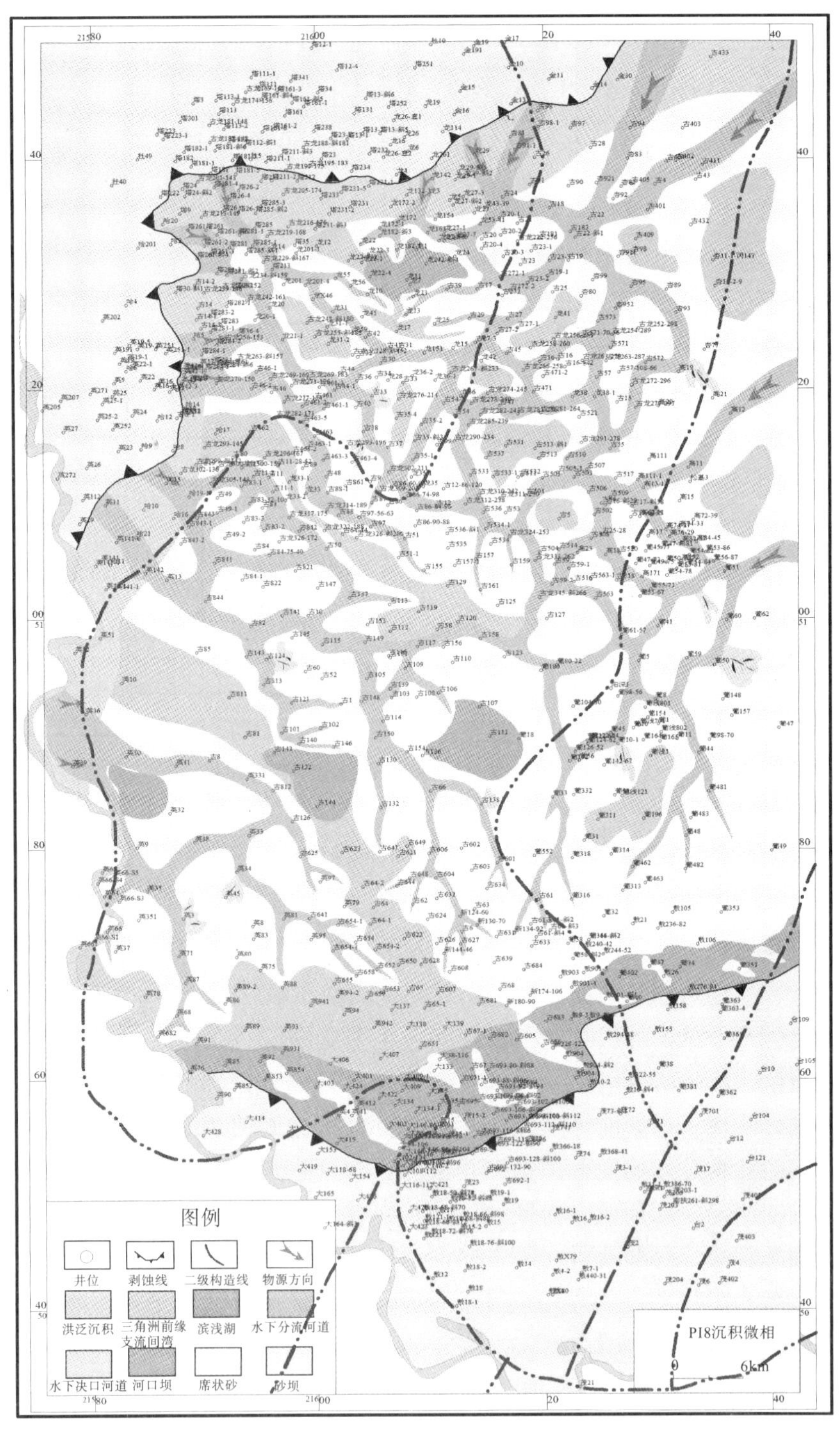

图8 研究区P油层Y1-SSC1时期层序格架内沉积相展布

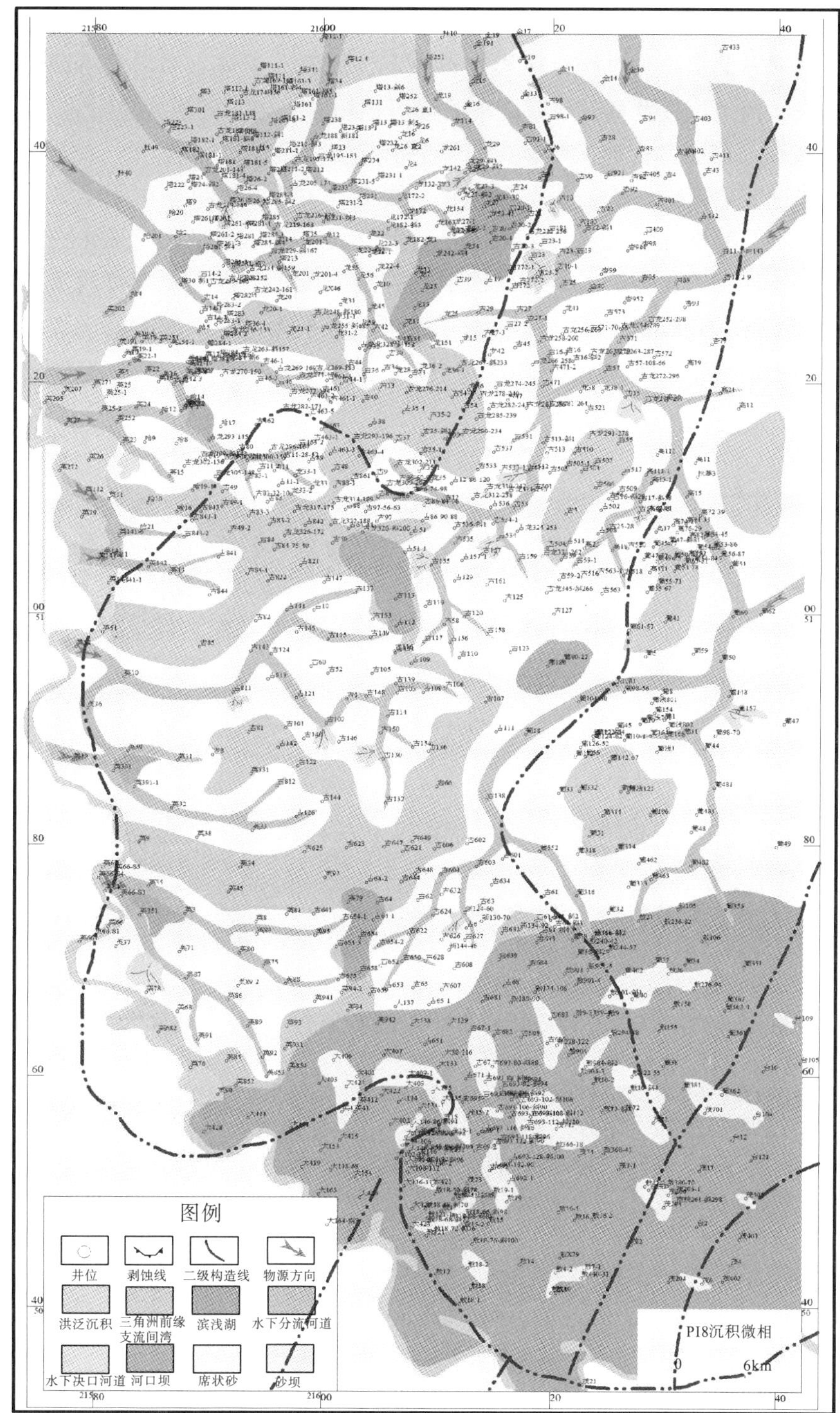

图9　研究区P油层Y1-SSC6时期层序格架内沉积相展布

Y1-SSC7至Y1-SSC8时期，基准面缓慢持续上升，整体发育为三角洲前缘亚相沉积，研究区泥岩颜色主体为灰绿色、灰黑色，未见杂色或紫红色泥岩，说明沉积环境均为水下，不发育三角洲平原亚相；南部湖泊范围进一步扩大，茂兴向斜及敖北斜坡南部发育滨浅亚相，此时东北部物源对研究区影响占决定性因素，主体水系向北不断迁移，西部物源供给消失，河道零星发育，研究区东北部沉积物占主导，向南齐家－古龙凹陷径流。研究区地震属性“高亮”区域大幅减少，呈弱反应，为多泥岩环境。

结合湖平面频繁波动现象，依据沉积相发育规律，P 油层早期由于全区处于湖区范围最小充填时期，基准面快速上升，全区主要发育浅水三角洲平原－浅水三角洲前缘交替沉积模式；中期湖区逐步扩大，基准面继续稳定上升，全区主要发育浅水三角洲平原－浅水三角洲前缘入湖沉积模式；晚期湖平面进一步扩大，中期基准面缓慢上升，全区发育浅水三角洲前缘－滨浅湖沉积模式。

6 结论

(1)基于岩相组合、沉积构造、分析化验资料等综合分析，认为研究区 P 油层主要发育三角洲－滨浅湖沉积体系，沉积环境主要有三角洲及滨浅湖两种类型，三角洲前缘沉积环境可划分为水下分流河道、水下决口河道、前缘席状砂、支流间湾等微相。

(2)明确了研究区 PI8～PI6 时期，水下分流河道较为发育，东北部、西部沉积体系相互交叉；PI5～PI4 时期，水下分流河道数量及规模不断减少，交叉较少；PI3～PI1 时期，两边沉积体系水下分流河道迅速萎缩，以东北物源沉积为主。

参考文献

[1] Fisk H N. Sedimentary framework of the modern Mississippi delta[J]. Journal of Sedimentary Petrology, 1954, 24(2): 76-99.

[2] 楼章华，蔡希源. 湖平面升降对浅水三角洲前缘砂体形态的影响[J]. 沉积学报，1998(4): 27-31.

[3] 楼章华，袁笛，金爱民. 松辽盆地北部浅水三角洲前缘砂体类型、特征与沉积动力学过程分析[J]. 浙江大学学报(理学版)，2004，31(2): 2-11.

[4] 朱筱敏，张义娜，杨俊生，等. 准噶尔盆地侏罗系辫状河三角洲沉积特征[J]. 石油与天然气地质，2008，29(2): 244-251.

[5] 朱筱敏，刘媛，方庆，等. 大型坳陷湖盆浅水三角洲形成条件和沉积模式：以松辽盆地三肇凹陷扶余油层为例[J]. 地学前缘，2012，19(1): 89-99.

[6] 朱伟林. 渤海新近系浅水三角洲沉积体系与大型油气田勘探[J]. 沉积学报，2008，26(4): 575-582.

[7] 邹才能，赵文智，张兴阳，等. 大型敞流坳陷湖盆浅水三角洲与湖盆中心砂体的形成与分布[J]. 地质学报，2008，82(6): 813-825.

[8] 尹太举，李宣玥，张昌民，等. 现代浅水湖盆三角洲沉积砂体形态特征——以洞庭湖和鄱阳湖为例[J]. 石油天然气学报，2012，34(10): 1-7.

长垣西部P油层高精度层序地层格架特征

胡明毅　邓庆杰　宿　赛　刘　丹

（长江大学 地球科学学院，湖北 武汉 430100）

摘　要：利用高分辨率层序地层理论分析方法，在长垣西部P油层三维地震资料及19口井岩心和1087口井测井资料综合研究的基础上，通过不同级次基准面旋回界面特征的识别，将研究区划分为1个长期、3个中期、8个短期旋回（C3 - C2 - A1 - C2 - C1 - A2 - C1 - A2）。通过单井和连井高精度层序地层划分和对比，提出P油层层序地层构型级次划分方案，明确西北部、东北部、南部存在地层缺失，建立研究区层序地层划分样式。

关键词：P油层；高分辨率层序；基准面；地层格架

1　前言

高分辨率层序地层学是以地层基准面升降旋回为沉积的主控因素的成因地层学，对于沉积物供应速率和可容纳空间变化大的陆相地层，开辟了新的研究思路[1,2]。这一理论不仅考虑了基准面旋回与储层结构层次性，而且强调了基准面旋回对砂体结构成因及沉积序列的控制作用，同时也明确了短周期旋回对较长周期旋回的影响及逐级对比的方法[3,4]。该理论以基准面为标志，将地层划分为基准面上升半旋回和下降半旋回，进行地层层序成因分析，建立地层对比框架[5]。

P油层为松辽盆地三级层序中低位体系域，这其中层序受构型沉降、气候及古地貌的控制作用，目前明确的只有P油层顶面层序界面划分，而针对其他层序界面的研究都争议颇多，重要的一个原因就是沉积相带上横向变化快。长垣西部P油层河道砂体的规模及发育厚度存在较大差异，而且跨越范围较大，而这些河道砂体规模都较小而且厚度并不大，横向上进行对比困难。我们通过单井测井资料发现大多都是泥多砂少，砂厚大多在1～5m，所以这就造成不同区域之间进行对比更加困难。因此采用高精度层序地层学对大型拗陷湖盆层序地层学开展研究，对关键层序边界进行识别，根据层序内部的湖平面变化或沉积堆砌样式，确定各级次基准面旋回的识别。在确定这些层序及内部结构划分方案的基础上，通过典型井层序划分，结合井震连井剖面划分对比，最终建立研究区层序地层格架。

2　区域地质概况

长垣西部地区处于松辽西北部，横跨两市（齐齐哈尔和大庆）三县（肇源、泰康及泰

作者简介：胡明毅，1965年生，男，教授，博士生导师，主要从事沉积学与层序地层学方面的研究工作。

来)，南北长为130km，东西宽为52km，面积约为6800km^2(见《长垣西部P油层沉积微相特征及其演化》中图1)。构造上位于齐家－古龙凹陷及龙虎泡－大安阶地北部，地势相对其他地方较为平坦，目前主要勘探开发S、P油层等。目前已初步探明原油地质储量3.00×10^{8}t，天然气储量60.8×10^{8}m^3。P油层是开发目的层，属于上白垩统姚家组姚一段，下伏青山口组青三段，上覆姚家组姚二段；储层为一套浅水三角洲沉积形成的砂体，研究区内分布广泛，油层埋藏深度1500m左右。长垣西部青山口组沉积期，松辽盆地为一个大型拗陷，分布面积大，盆地处于构造稳定的均衡沉降阶段。到姚一段沉积期，沉积物供给比较充足，盆地沉降速度减缓，处于充填时期，此时地形坡度平缓，水深较浅，湖水波浪能量较弱，但河流作用较强，波及范围大，对三角洲的建设起着控制作用[6]，是一个典型的浅水三角洲沉积，此阶段形成的砂体是长垣西部P油层的主要储层。

3 不同级别层序界面及类型特征

3.1 长期基准面旋回界面识别

3.1.1 顶部界面识别

从地震相关资料的角度识别，目的层的顶界属于T1-1反射轴，是频率中等、连续性较好的反射同相轴，而且它的反射波特征明显，单一强相位，局部出现复波，和上覆地层之间呈整合接触。此外该界面附近结构及岩石特征等存在明显的差异，位于T11界面之上的多为中等连续的地震波，反映出该岩性单一，并且表明水体能量较弱。而下部P油层的地震波多为强烈的反射波，只有部分是断续的。

从测井角度来看，盆地内部大多都处于高幅值过渡到低平曲线，AC曲线、RT曲线反应非常明显，多呈高幅值大幅度向低值、尖峰指状过渡。在盆地边缘可见明显旋回的界面，具体如图1（彩图见附录）所示。

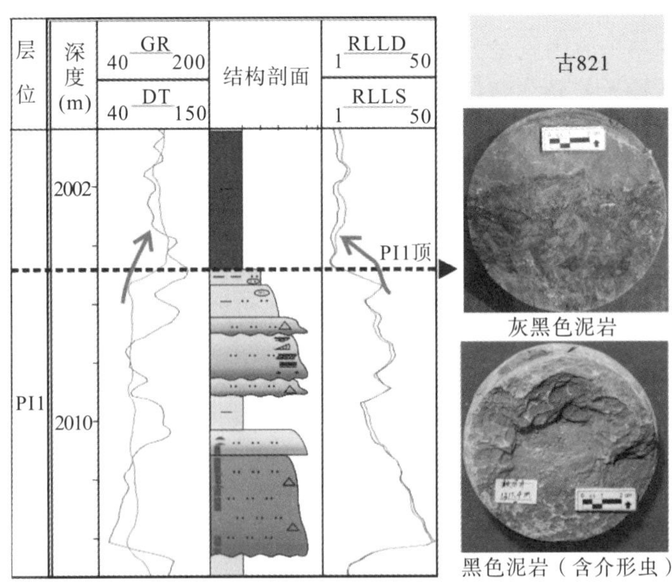

图1　古821井测井、岩心界面识别(姚一段顶部)

从综合录井资料及岩心上看，姚一段沉积时期，研究区已处于较深的水下沉积环境中，发育了三角洲前缘亚相，砂体岩性以灰绿色粉砂岩夹灰色泥岩为主，仅在研究区南部发育颜色为灰黑色泥岩的滨浅湖沉积。与此同时，姚一段作为层序XⅣ的低水位体系域，至姚二+三段沉积时期，湖泊水位也上升到高点，在SⅢ段底部形成了规模较大的湖泛面，沉积数十米厚的深湖-半深湖相黑色泥岩。因此P油层顶部通常都存在厚度稳定的SP泥岩，我们通过岩心资料观察发现泥岩内部还存在大量稳定较薄的介形虫层。该介形虫层通常都位于SP泥岩之上2m的地方，它的厚度通常在0.5m以内。

3.1.2 底部界面识别

P油层底部界面由于长垣西部地区构造类型复杂多样，需要结合坡折带及构造运动综合考虑划分，将研究区分区块、分方向进行说明。

从地震相关资料的角度考虑，目的层的顶界属于T1-1反射轴，这也和姚家组底界基本是吻合的，该反射轴是一负相位，而且界面上下的波阻抗是由高向低变化的。说明P油层底部由于遭受构造的严重削蚀，导致该底界被很大程度进行了改造，是公认的不整合面，可见下切谷、上超和削截现象。P油层顶底与黑色泥岩接触，PI1顶对应强轴波峰，PI2底对应零相位，PI5底对应波峰，PI8底对应波谷，此外层序由于受到构造、气候变换等因素的影响导致底部扩大出现逐层上超的现象，这也会造成湖盆面积不断增大。而根据供给物源距离的远近，将其划分为近端上超和远端上超。在盆地北部西缘、北部(大庆长垣)坡折带发育区近端上超尤为明显。而研究区北部古98井附近以西及南部敖南、茂兴地区姚一段(P油层)底面地震反射特征可见明显的上超现象(图2)。

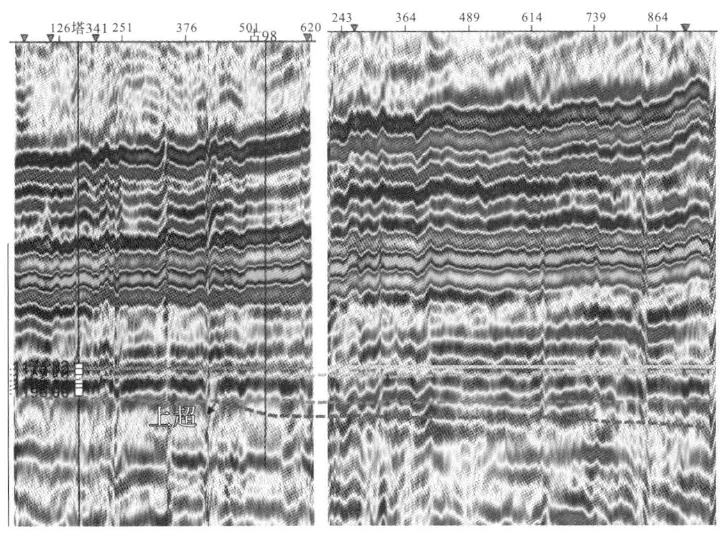

图2 长垣西部敖谷拉地区层序界面地震反射特征

从测井这个角度考虑，我们可以通过分析曲线坎值的变化来确定层序，也就是说当电阻率突然变高导致曲线突变呈箱状、钟型等形态时，自然伽马曲线的幅值增大，声波曲线表现在界面附近幅度变大；而盆地边缘处，通常尖峰状代表的都是界面之下，而箱形曲线一般表示的就是界面之下的情况，为一个明显双侧向低值凹点与自然伽马曲线尖峰高值同时出现，也是上下曲线包络线的转折点，对比性较强。

从综合录井资料及岩心上看，姚一段初期水浅且基准面刚开始上升，岩性以粉砂岩、细砂岩为主，组合厚度约10m，为灰色或灰绿色。而姚一段下部青三段顶部发育一套灰黑色泥岩，层序界面上下地层颜色不连续。界面之下可见大量介形虫，泥岩内可见碳化植物根系、干裂、冲刷、充填构造。盆地内部该界面基本稳定分布，但在研究区南部茂兴、敖南地区姚一段底部发育了一套稳定分布的红色古土壤层。其中齐家－古龙凹陷的敖16-2井红层发育最为典型。这是因为松辽盆地在青三段发生了多次板块构造运动学重组时大环境下的构造运动，因为地层抬升同时富氧湖水下渗等原因产生了众多的紫红色泥岩，在姚家组底界面之上(深度为1296m)的如图3所示的红色泥岩内部观察到青山口组深湖中才有的曲线女星介化石，这一发现表明P油层沉积初期经历过构造抬升剥蚀后又再次沉积的特征。因此姚一段底部的红色泥岩也可作为底界划分的岩性标志。

从古生物特征识别上看，前人在生物方面做出了大量的统计工作，针对研究区P油层，通过介形类化石标定，查明层序界面附近生物带缺失，或界面上下古生物组合特征迥然不同，P油层底界面下青山口组含有丰富的介形类生物化石，青山口组顶部繁盛的曲线女星介至姚一段沉积时绝大部分均已绝灭。因此曲线女星介可作为判断层序界面SB1的特征生物化石。编制连井对比剖面，寻找曲线女星介的分布范围界线，可以辅助或验证划分长期基准面旋回界面的底界(图3)。

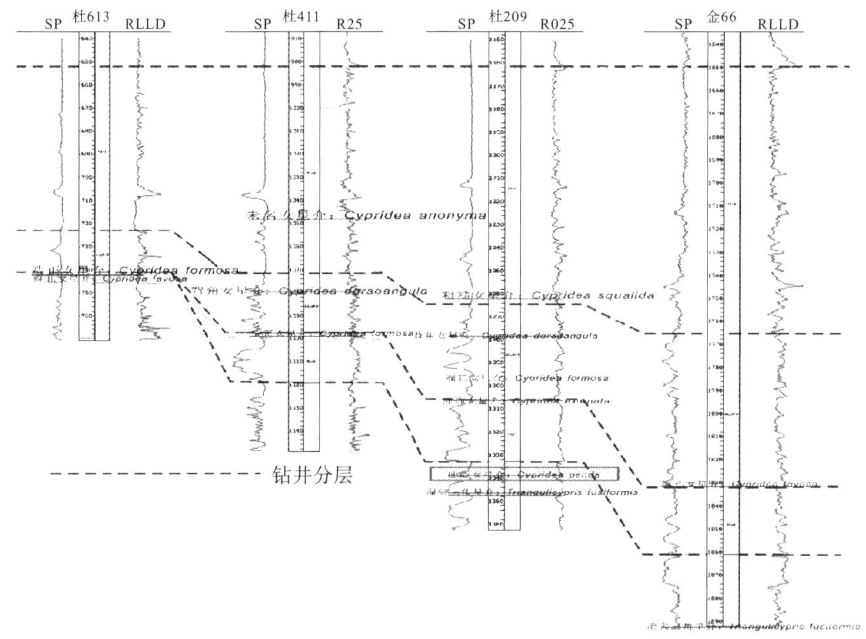

图3 长垣西部P油层杜613-萨5井生物地层对比剖面图

3.2 中期基准面旋回界面识别

本区通过总结短期基准面回旋的平均砂地比以及砂岩厚度统计结果，基于此结合长期旋回变化规律，对前人的研究成果和相关理论内容进行总结，明确研究目标区中期旋回的划分方式，具体划分为三个中期基准面旋回。自下而上分别是MSC1、MSC2、MSC3，结合油田区块命名又称之为PI下砂岩组、PI中砂岩组、PI上砂岩组。故中期基准面旋回界面的识别主要为MSC1与MSC2的界面、MSC2与MSC3的界面。

中期基准面旋回由一系列短期基准面旋回叠加而成。浅水三角洲沉积受湖平面升降影响，在内部容易形成稳定的泥岩标准层，确定该界面为一阶段性的湖泛面，而成为很好的等时界面。研究区内 P 油层的中期基准面旋回典型层序界面识别标志主要为大段灰绿色泥岩发育的湖泛面，湖泛面的识别反映在测井曲线上，除了 GR、SP 曲线表现为高值外，其他曲线均以低平为特征。MSC1 与 MSC2 的界面对应的 GR、RLLD 曲线存在明显的回返，为较大湖泛面，为层序对比标志；而 MSC2 与 MSC3 的界面对应的 GR、RLLD 曲线存在明显的回返，但回返程度较小，为次一级湖泛面。

3.3 短期基准面旋回界面识别

完整的短期基准面旋回对于岩石构成具有记录作用，受内部可容空间和沉积物供给速率比值(A/S 值)的影响，常发育为只代表上升或下降期的不对称半旋回。层序界面可以为无沉积作用面以及侵蚀不整合面，同时可以为与之相应的连续沉积界面，判断层序界面的主要标志为岩相组合和界面在垂向上为何种接触关系。长垣西部 P 油层在层序界面划分后共划分为八个短期基准面旋回，根据其形态和沉积动力学意义可将短期基准面旋回划分为两种不同的叠加样式，其一为向上“变深”的非对称型旋回；其二为对称型短期基准面旋回，前一种叠加样式的旋回记录了不同沉积微相的分布，后者则记录了 A/S 值变化状态的地层响应过程(图 4)。

3.3.1 向上“变深”的非对称型旋回(A 类型)

向上“变深”的非对称型旋回分布范围较广，主要在三角洲平原地区以及前缘亚相水下分流河道微相沉积区。向上“变深”的非对称型旋回集中于研究区西北部和北部，层序则主要以基准面上升半旋回组成为主，层序界面由底部冲刷面构成。这种层序样式形成条件为：具有充足的沉积物补充，且 A/S 值 <1，该情况属过补偿环境的沉积。

按照沉积物供给比和可容纳空间的变化可将可容纳空间分为两种类型，其一为低可容纳空间条件下的 A1 亚类，A1 亚类的主要特征如图 4 中所示，主要包含单个向上变细的粒度序列，由于河道下切，下降半旋回有所缺失，不发育泥质隔层。A1 亚类主要形成于中期基准面的上升过程之中，其 A/S 远小于 1。A1 亚类为低可容纳空间条件下的亚类，因此，物源注入的沉积物通常不具有良好的保存条件，而侵蚀作用也会逐步替代沉积作用，形成的河道砂体顶部细粒沉积物逐渐被后期的河道砂体切叠，因此其所保留的仅为部分砂体沉积，地质表现为砂岩垂向叠加，自下而上具有逐渐变薄的趋势。在该时期所形成的砂岩由于垂直方向相互切叠，因而具有良好的垂向和侧向连通性，是优势运移通道。该类型的旋回大多分布于研究区 PI 下时期近物源区。其二为高可容纳空间条件下的 A2 亚类，A2 亚类主要特征如图 4 中所示，A2 亚类旋回具有完整的低层旋回特性，底部为冲刷面，上部具有完整的二元结构，层序顶界面为富泥的支流间湾。层序基准面的上升可能会造成容纳空间有所增大，沉积物减少过程使 A2 亚类旋回出现，在这种情况下 A/S 值略小于 1。沉积速率由高向低形成进积—加积序列，当基准面下降，沉积物会间歇暴露于冲刷时期形成的储集层，此时沉积物具有较差的连通性，垂向沉积物的堆积会形成多套独立的储盖组合单元。这一类型的旋回大多分布于研究区 PI 上时期三角洲前缘及滨浅湖沉积等环境中。

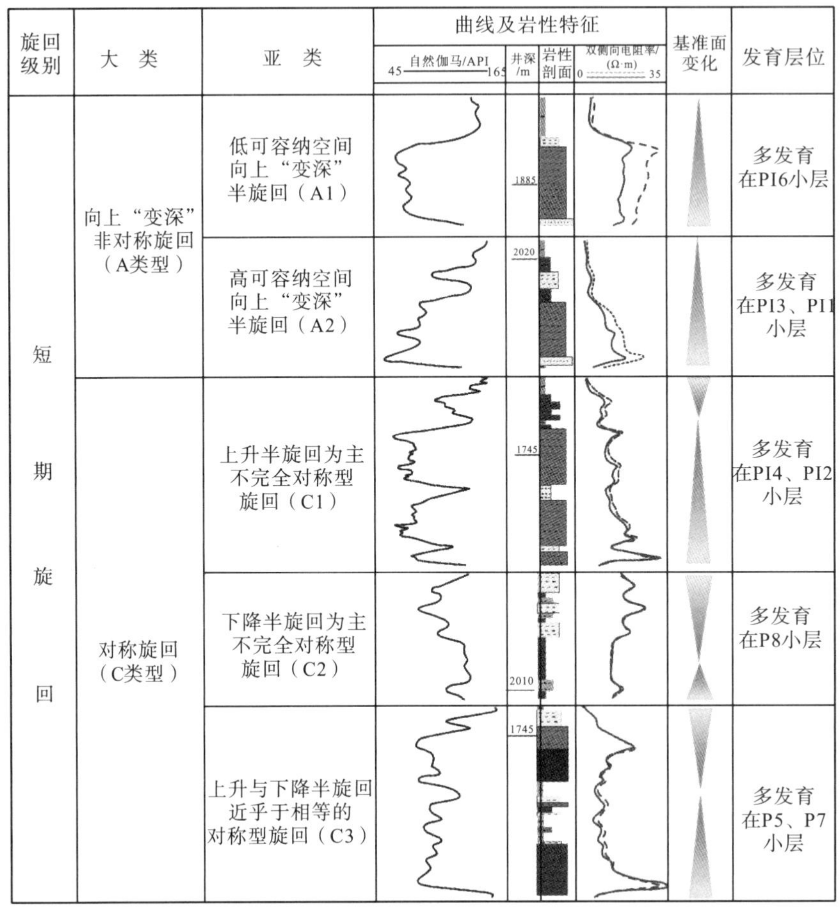

图4　P油层短期基准面旋回类型图

3.3.2　向上“变深”复“变浅”的对称型短期旋回层序(C型)

向上“变深”复“变浅”的对称型短期旋回层序在研究区三角洲前缘发育较为广泛，该层序类型在沉积物沉积速率等于可容纳空间的情形下，因此属弱补偿环境。保存完整的基准面下降旋回具有完整的水进和水退旋回性与单元分界线。但是该类型有利储层发育在旋回上部和下部，泥质隔层则主要发育在旋回中部。

根据上升和下降旋回所处地层厚度的变化情况可将其分为三个不同的亚型。①不完全对称型短期旋回层序，该层序以上升旋回为主(C1型)：该层序主要发育于PI2、PI4砂层组，旋回结构不完全对称，上升半旋回厚度相较于下降半旋回厚度而言显著较大，顶底面受不同程度冲刷，在层序中上部泥岩处通常含有湖泛面，为连续沉积面。②不完全对称型短期旋回层序，该层序以下降半旋回为主(C2型)：该层序发育于PI下PI8砂层组，其显著特征为相比于上升半旋回而言，下降半旋回的厚度明显增大，顶底界面为整合界面，湖泛面在层序的中下部，主要岩性为灰绿色或灰色泥岩，为连续沉积面。③完全－近完全对称型短期旋回层序(C3型)：该层序形成于沉积物供给量较大的条件下，主要发育于PI5、PI7砂层组，其显著特征为，下降半旋回厚度约等于上升半旋回厚度。底、顶主要为整合界面，或为冲刷面。湖泛面大多为连续沉积面。

4　高精度层序地层格架建立

在进行大剖面选择时应当依照下述原则：①应平行或垂直于水系方向；②对比尽可能全面覆盖的层段井和取心井；③有尽可能多的“标准等时面”或“参照等时面”进行对比；④经过断层应尽可能少；⑤跨越整个研究区；⑥整个研究区尽可能含纵横大剖面。根据以上原则，本文选取南北向 3 条、东西向 8 条大剖面，基于地震解释对区域层序地层格架进行分析。在对比骨架剖面建立的基础上，开展了 1087 口井 1 个长期基准面旋回层序 1087 井次对比、3 个中期基准面旋回层序 3261 井次的对比和 8 个短期基准面旋回层序 8613 井次的对比，在此基础上精细划分了 PI 下时期西北部和南部因构造运动形成的 P 油层地层缺失范围。

由于盆地周边环带状坡折带的出现，姚一段层序地层呈现出从盆地中心向外围相向超覆、削截的现象，从西向东、从北到南中期旋回地层厚度表现出薄－厚－薄的特征，高频单元则为少－多－少特征，在研究区西北部发现其地层有着明显的超覆减薄的情况。经过关键层序界面识别和典型单井、井震剖面的层序地层划分的对比研究，构建出研究区 P 油层层序地层格架。P 油层结构表现为长期基准面旋回为上升半旋回，底部属于局部削截，为构造坡折带作用而出现的不整合界面。在长期基准面旋回划分基础下，按照盆地边缘不整合面和旋回界面进一步划分为三个中期基准面旋回，自下而上分别是 PI 下、PI 中、PI 上，均为上升半旋回。根据短期基准面旋回对比划分为 PI1 ~ PI8 共 8 个短期旋回(图 5)。

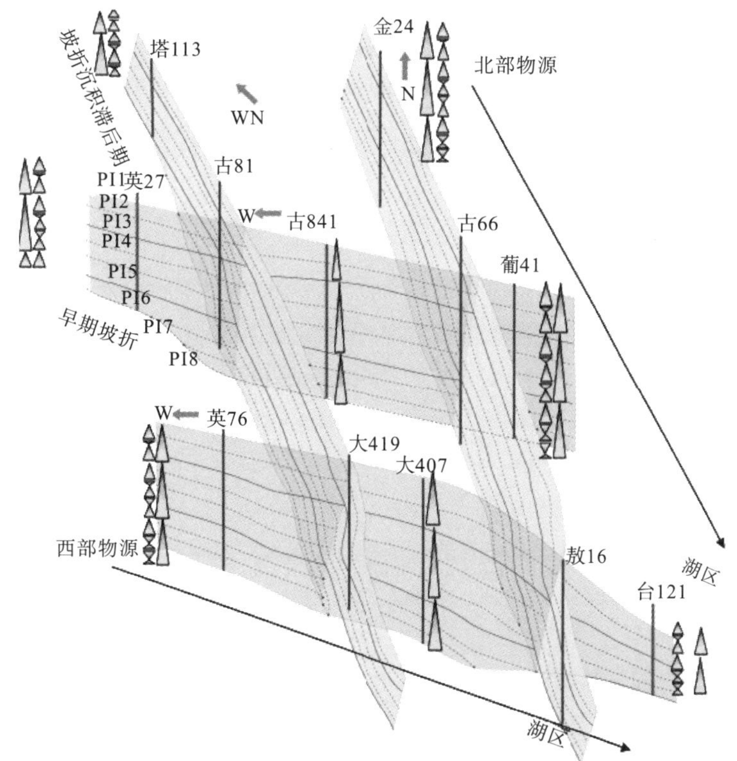

图 5　研究区 P 油层双物源层序地层模式

5 结论

(1)利用地震相识别标志，厘定了研究区内长期基准面旋回的边界，对于中期基准面旋回、短期基准面旋回边界，通过典型单井以及地震剖面对关键层序边界进行识别，确定不同级别层序的划分。

(2)P油层(姚一段)为一个上升半旋回组成的长期基准面旋回界面单元，其内部可划分为三个中期基准面旋回，自下而上分别是PI下、PI中与PI上，识别出研究区P油层8个短期基准面旋回(C3－C2－A1－C2－C1－A2－C1－A2)，从而明确了研究区P油层地层划分方案。

(3)开展单井和连井高精度层序地层划分和对比，提出了P油层层序地层构型级次划分方案；依据地层格架成果分析了P油层层序发育受到物源及构造活动的控制作用导致西北部、东北部、南部存在地层缺失，建立研究区层序地层划分样式。

参考文献

[1]Herrle J O，Kößler P，Friedrich O，et al. High-resolution carbon isotope records of the Aptian to Lower Albian from SE France and the Mazagan Plateau(DSDP Site 545)：a stratigraphic tool for paleoceanographic and paleobiologic reconstruction[J]. Earth & Planetary Science Letters，2004，218(1)：149-161.

[2]邓宏文. 高分辨率层序地层学应用中的问题探析[J]. 古地理学报，2009(5)：471-480.

[3]Wang T，Shao L，Tian Y，et al. Sequence stratigraphy of the Jurassic coal measures in northwestern China[J]. Acta Geologica Sinica，2012，86(3)：769-778.

[4]Zhu X M，Dong Y L，Yang J S，et al. Sequence stratigraphic framework and distribution of depositional systems for the Paleogene in Liaodong Bay area[J]. Science in China，2008，51(S2)：1-10.

[5]王训练. 露头层序地层学研究中定义和识别不同级别沉积层序的标准[J]. 中国科学(D辑：地球科学)，2003，33(11)：1057-1068.

[6]张世广，柳成志，卢双舫，等. 高分辨率层序地层学在河、湖、三角洲复合沉积体系的应用——以朝阳沟油田扶余油层开发区块为例[J]. 吉林大学学报(地球科学版)，2009，39(3)：361-368.

榆树林油田东部地区东13区块油气成藏主控因素分析

胡　峰

（大庆油田有限责任公司勘探开发研究院，黑龙江 大庆 163712）

摘　要：榆树林油田东部地区东13区块位于油源的远端，能否有效成藏是该区的研究重点。本文针对东13区块实际地质条件，逐一分析油气成藏控制因素，审视自身具备的优势与限制，明确油气运移条件和圈闭保存条件是制约该区油气能否有效聚集成藏的关键因素。指出断层在该区的重要作用，其封闭性研究是下步工作重点。

关键词：榆树林油田；FY油层；主控因素

1　概况

榆树林油田东13区块位于松辽盆地中央拗陷区三肇凹陷东部和东北隆起区绥化凹陷西南部，研究区面积333km^2，为一向西倾斜的单斜构造，整体呈西南低东北高的构造格局，断层非常发育，平面近南北向、北北西向展布。目的层为泉头组三、四段的F、Y油层，受北部物源控制，自下而上表现为水进特征，发育三角洲平原和三角洲前缘沉积，分流河道发育，近南北向展布。研究区内F、Y油层孔隙度一般在9%～15%之间，平均为11.4%；空气渗透率一般在0.1～3mD之间，平均为1.81mD，储层物性较差，为低孔特低渗储层。黏土矿物成分以伊利石和绿泥石为主，其次为伊利石-蒙脱石混合层和高岭石。

2　油藏控制因素分析

2.1　烃源岩及盖层条件

研究区西部三肇凹陷的青山口组一段、嫩江组一段烃源岩为FY油层的主要油源。青山口组一段为深湖、半深湖相暗色油页岩沉积，具有厚度大、有机质丰度高、类型好、生油能力强的特点，厚度在60～106m，有机碳平均含量为2.46%，氯仿沥青“A”平均含量为0.5956%，总烃平均含量0.045%，属于良好生油岩。油气沿储层、断层向东侧向运移，为本区提供了优越的油源条件。青一段泥岩不仅是优质烃源岩，也是良好的区域盖层，因此东13区块具有良好的油源及盖层条件。

作者简介：胡峰，工程师，1980年生，2009年毕业于东北石油大学，获得矿产普查与勘探硕士学位，现从事探明储量研究和储层综合评价工作。

2.2 储集层条件

2.2.1 储集层发育情况

东 13 区块 F、Y 油层砂岩发育，岩性以粉砂、细砂岩为主，砂岩厚度 20 ~ 62m。F 油层发育多套 1 ~ 5m 砂体，累计厚度大，最大可达 30m。Y 油层砂体更为发育，且单层厚度大，最大单层厚度 15m，累计厚度可达 33m。大规模发育的厚砂体为油气聚集成藏提供了强有力的基础保障。

2.2.2 储集层岩性特征

东 13 区块共有取心井 7 口，130 个薄片鉴定资料，统计分析可知该区 F、Y 油层储层的长石和岩屑含量较高，石英含量低，其中长石平均含量为 33.5%，岩屑(含云母)平均含量为 29.85%，石英平均含量为 27.39%，岩屑以火成岩岩屑为主，陆源碎屑平均总量为 92.15%，岩石类型以长石岩屑砂岩和岩屑长石砂岩为主，其次是岩屑砂岩。分选中等，近源特征明显，且物源供给比较稳定。

2.2.3 储集层物性条件

分析该区 2448 个孔渗样品数据可知，F、Y 油层平均孔隙度 11.4%，平均空气渗透率 1.81mD，储层物性相对较差。其中，F 油层的有效孔隙度在 9.0% ~ 18.2% 之间，平均 11.8%，渗透率在 0.1 ~ 35.4mD 之间，平均 2.53mD；Y 油层的有效孔隙度在 9.0% ~ 15.0% 之间，平均 11.2%，空气渗透率在 0.1 ~ 37.8mD 之间，平均 1.47mD，属于低孔特低渗透储层。

2.2.4 微观孔隙特征

(1)黏土矿物特征。据 X-衍射资料分析，东 13 区块 F、Y 油层储层岩样中黏土矿物的绝对含量以伊利石为主，平均含量 38.6%，绿泥石平均含量 27.8%，伊蒙混层平均含量 9.0%。

(2)储层微观孔隙结构特征。通过对薄片鉴定资料统计分析，东 13 区块储层孔隙结构主要为原生孔隙、混合孔隙和次生孔隙三种类型，其中次生孔隙主要是由长石等颗粒和填隙物溶蚀孔隙及构造活动形成的微裂隙组成。储层物性和结构有关，随着粒度变大，分选性越好，物性也越好，也与填隙物的含量有关，储层中胶结物和杂基的含量越高，物性越差，本区原生粒间孔极少。该区储层中常可以见到长石溶蚀，长石颗粒溶蚀形成铸模孔，部分溶蚀和残余原生孔隙形成混合孔，也可见少量石英和方解石的溶蚀。次生孔隙主要包括长石被溶蚀形成的铸模孔，方解石胶结物、杂基和碎屑颗粒溶蚀形成的粒内孔隙和微裂缝等。因此，该区主要发育混合孔隙和次生孔隙。

2.3 圈闭条件

东 13 区块主要包括岩性圈闭和断层遮挡圈闭两种类型圈闭[1-3]，其中岩性圈闭可分为三种形式：①岩性岩相带变化频繁，形成岩性圈闭；②Y 油层下部发育浊沸石，成岩后生作用形成岩性圈闭；③泛滥平原沉积的泥岩中局部发育决口扇砂体、席状砂体，被周围泥岩包裹形成透镜体状岩性圈闭。大规模的曲流河相、三角洲前缘相，沉积了较大规模的厚层砂体，因物性变化导致砂体连通性差，形成地区性遮挡或半遮挡条件，为岩性油藏的形成提供了必要的条件。

东 13 区块构造形态为一向西倾斜的单斜构造，发育大量的近南北向、北北西向展布断层，砂体在其延伸的上倾方向被大断层错断封堵，形成断层遮挡圈闭，从而为油气富集提供了圈闭条件。

2.4 运移条件

大庆长垣东部油气运移主要包括源内垂向运移和源外侧向运移两种模式[4,5]。嫩江组一段沉积时期，三肇凹陷青一段烃源岩开始有效排烃，随着地层压力的不断增大，逐渐形成高压系统，在异常高压的作用下，泥岩裂缝产生并使原来封闭的断层开启，油气沿活动的断裂或裂缝向下灌注到 F、Y 油层。这种储集层位于烃源岩下方后，油气通过断层垂直向运移的方式为源内垂向运移，是大庆长垣以东地区的主要运移模式。青一段生油岩与 F、Y 油层有不同厚度的泥质隔层，油气很难通过砂体运移，因此，沟通储层和生油层的断层是油气运移的唯一通道。油气垂直运移进入储集层后，通过储层砂体和断层进行距离不等的侧向运移。

东 13 区块位于三肇生油凹陷的边缘，处于单斜构造的高部位，是油气向东运移的必经之地，具有油气运移的先天优势。三肇凹陷生成的油气向下垂直运移至 F、Y 油层，形成了升平、永乐、徐家围子、榆树林等油田。东 13 区块位于榆树林油田东侧，属于有效烃源岩边部，油源供给不足，因此在断层、储集层合理匹配区聚集成藏。

但是，东 13 区块位于油源的远端，也给油气运移造成了障碍。油气从西部三肇凹陷向东运移的过程中，逐步受到断层的遮挡拦截、岩性尖灭、储层物性变化的影响，储量丰度逐渐递减。因此，东 13 区块油气主要在具有断层沟通、砂体连通的优势运移通道附近的圈闭内聚集成藏，优势运移通道及匹配的圈闭条件控制着油藏的分布。

3 结论

榆树林油田东 13 区块具有良好的生、储、盖条件，运移条件因远离油源而受到限制，因此，运移条件和与之相匹配的圈闭条件是该区油气成藏的主控因素。断层的沟通能够有效改善运移条件，同时，封堵断层能提供遮挡，形成有效圈闭，使油气聚集成藏。因此，该区断层的封闭性研究尤为重要，是下步工作的重中之重。

参考文献

[1]杨一鸣．榆树林油田尚 12 区块 FY 油层油气形成条件与成藏模式研究[D]．大庆：大庆石油学院，2008.

[2]刘强．榆树林东部 FY 油层成藏特征研究[J]．石油地质与工程，2012，25(2)：23-25.

[3]何志勇，吴世祥，易丹，等．宋辽盆地北部树 25－尚 2 区块断裂特征及其对成藏的控制作用[J]．资源与矿产，2011，17(3)：18-21.

[4]孙同文，吕延防，刘宗堡，等．大庆长垣以东地区扶余油层油气运移与富集[J]．石油勘探与开发，2011，14(3)：32-35.

[5]张春梅．大庆长垣高台子地区扶余油层油气成藏规律研究[J]．西部探矿工程，2016，23(2)：39-42.

X 区块倾角方差体井震结合小断层识别技术研究

杨桂南　吕金龙　唐振国　孙淑艳

（大庆油田有限责任公司勘探开发研究院，黑龙江 大庆 163712）

摘　要：X 区块位于朝阳沟背斜轴部，受构造倾角影响，地震属性平面图存在噪声，小断层解释精度低，为此开展基于倾角方差体井震结合小断层识别技术研究。充分利用密井网条件下的井资料，完成连井地层对比和断点解释，将成果数据进行深时转换，并投影到时间域的地震数据体中，便于井震结合解释断层工作。通过在倾角控制下的方差属性体提取沿层属性，确定小断层发育区，利用井断点在剖面上的投影确定断层的倾向及规模，然后通过井断点平面分布和倾角方差体沿层属性确定断层在构造图中的平面展布形态。对 X 区块重新落实一条断层呈近东西向展布，由原来的 0.26km 延伸为 1.45km，两侧分别与控制区域格局的大断层相交。该断层使得该区块扶一上砂岩组能够形成独立的油水系统，为该区块的油水井位调整提供了重要依据。

关键词：朝阳沟背斜；倾角方差体；井震结合；小断层识别

1　研究背景

1.1　地质背景

朝阳沟背斜轴向为北东－南西向，西翼陡，东翼缓。该构造为继承性发育的构造，各油层组顶面构造的轴向和形态基本一致[1]。断层主要呈南北向条带状延伸，断层多数为同生断层，均为正断层。受南北向断层的强烈切割形成以断鼻、断背斜、断块为主的圈闭类型，属被断层复杂化的层状背斜构造(图 1)。

朝阳沟油田开发的主要目的层为 F 油层，属白垩系泉头组泉三段中上部和泉四段。顶界埋藏深度为 700～1000m，地层厚度 240～260m。F 油层分属下白垩统泉头组三、四段地层。泉四段岩性主要为一套紫红、灰绿色泥岩夹灰色、绿灰色粉砂岩、泥质粉砂岩与灰棕、棕色含油粉砂岩不等厚互层，泉三段上部岩性主要为紫红、紫红杂灰绿色、灰绿色泥岩、泥质粉砂岩与棕、灰棕色含油粉砂岩组合[2]。

泉四段其上为青一段，其岩性为厚层深湖、半深湖相黑灰色泥岩、黑褐色油页岩。三组油页岩控制了 F 油层顶部，形成良好的盖层[3]。由于青一段与泉四段存在巨大的阻抗差异，地震剖面上形成高连续性强振幅反射，即 T2 反射层。T2 为松辽盆地标准层之一，相当于泉头组顶面反射，主要表现为一个强相位，具强振幅、高连续反射特征，全区品质都较好。F 油层组断层解释时将 T2 反射层的沿层属性作为最直观证据之一。

作者简介：杨桂南，男，1983 年生，工程师，从事地震资料解释及储层预测工作。

联系方式：E－mail：yangguinan@ petrochina. com. cn，电话：0459－5508492，15845897505，地址：黑龙江省大庆市让胡路区大庆油田勘探开发研究院开发研究二室。

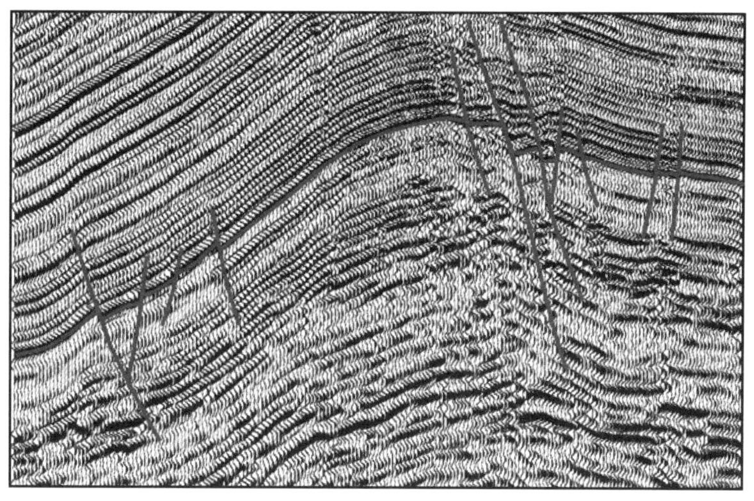

图1　朝阳沟背斜垂直走向地震剖面

1.2　区块概况

X区块位于朝阳沟构造的轴部，面积3.9km^2，区块内共有62口井，F油层初期采用300m×300m反九点面积井网注水开发，部分井区经过调整后，排距变为150m左右，井网密度进一步增大。东南高西北低，受断层及等高线控制，平面呈三角形[图2(a)]。东部为一条南北向断层，垂直断距为80~100m，西部为一条北西向断层，垂直断距为60~70m。构造高度为-650~-750m，构造幅度为100m[图2(b)]。

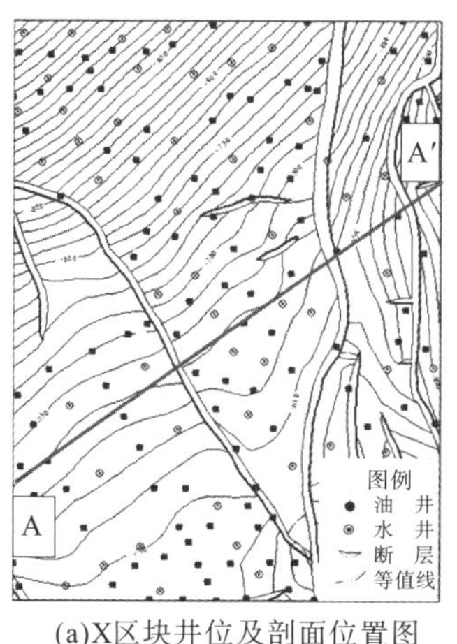

(a)X区块井位及剖面位置图

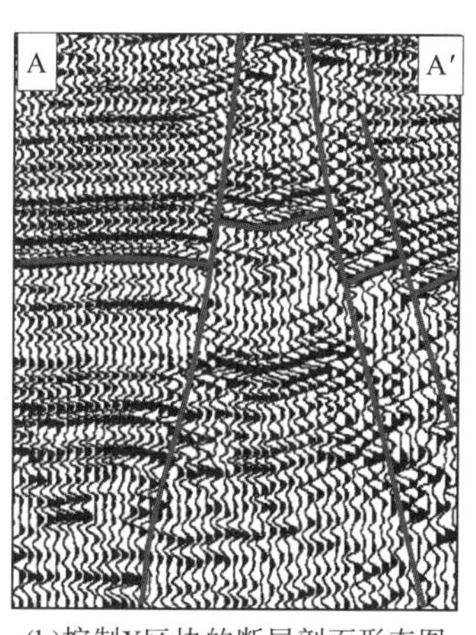

(b)控制X区块的断层剖面形态图

图2　X区块井位及断裂系统分布图

2　倾角方差体井震结合小断层识别

2.1　研究思路

基于倾角方差体的属性技术与密井网钻遇的断点数据相结合，开展井震结合小断层识别与精细解释。具体步骤如下(图3)：

(1)井断点准备工作。首先收集井资料信息，进行密井网条件下的连井对比，对地层分层及断点进行解释；其次由于解释成果为深度域数据，需要精细制作地震合成记录，并逐井进行地震—地质层位标定，获取深时对应关系；最后将解释成果转换到时间域，获得井断点数据在时间域的投影，以便与地震数据及属性进行对比分析，以及开展井震结合断层解释工作。

(2)倾角方差体属性提取。首先对地震数据进行加载，提取各种地震属性进而评价地震资料品质；其次提取倾角方差体属性，获得在倾角控制下的方差属性体，并进行沿层属性提取；最后利用倾角方差体属性提取中具有明显断层表现特征的大断层进行落实，控制区块内断裂系统格局及平面分布。

(3)联合应用井数据和沿层属性成果开展小断层特征描述。首先利用倾角方差体沿层属性确定可疑小断层发育区，其次利用井断点在剖面上的投影确定断层的倾向及规模，最后通过井断点平面分布和倾角方差体沿层属性确定断层在构造图中的平面展布形态。

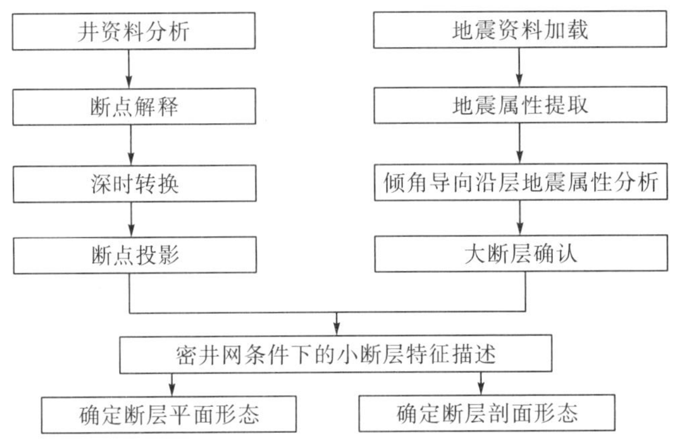

图3　倾角方差体井震结合小断层识别流程图

2.2　关键技术

2.2.1　方差属性

方差体技术是提取和检测地震数据横向差异的一种方法，其基本理论是误差分析，通过方差体计算后地震数据转化为能够体现局部差异性的属性体。该方法的优点是揭示并突出了与地质体变化有关系的横向变化，能够有效地识别地层、岩性的局部不连续性和横向非均匀性，特别是在识别断层以及其他异常地质体时能够表现出不同程度的异常，能够获得很好的效果。因此，计算同一时窗内相邻地震道间的方差属性就可以用于断层的横向展布规律以及组合分析[4,5]。

方差体技术的核心就是求取整个三维数据体所有样点的方差值[6,7]，即在时窗范围内通过该点与周围相邻地震道的所有样点计算出来的均值的方差。方差体的算法：首先求得当前样点与周围相邻道时窗内的平均值$\bar{x}_{ij}$，再计算该样点处的方差值D_{ij}。

$$\bar{x}_{ij} = \frac{1}{n \times L} \sum_{i=1}^{i=n} \sum_{t=-l}^{t=l} x_{i,j+t} \tag{1}$$

$$D_{ij} = \frac{\sum_{i=1}^{i=n} \sum_{t=-l}^{t=l} (x_{i,j+t} - \bar{x}_{ij})^2}{\sum_{i=1}^{i=n} \sum_{t=-l}^{t=l} x_{i,j+t}^2} \tag{2}$$

式中，D_{ij}为第 i 道第 j 个采样点方差值；L 为时窗长度；$l=(L-1)/2$，为 n 道计算某点方差值时用的相邻道数；x_{ij}为第 i 道第 j 个采样点的振幅值；$\bar{x}_{ij}$为 n 道 l 时窗长度内计算的平均振幅。

2.2.2 倾角属性

地质目标体在构造地质学上需要考虑倾向，如果地震解释不能有效合理地考虑这个方向属性，得到的解释结果将与实际地质情况有很大的出入。在地震解释领域，常常借助地层倾角和方位角属性进行地质体边界的刻画，断层和褶皱构造的描述，并且能够清楚地展示差异压实作用或者地震反射细微变化的特征[8]。

在几何地震学中，对于在三维地质体上的任意反射点 $r(t, x, y)$ 可以被看作一个时间标量 $u(t, x, y)$，u 的梯度表示沿反射表面不同方向的变化率，沿反射面法线方向的一阶导数，它表示的是该反射点的视倾角方向：

$$\mathrm{grad}(u) = \frac{\partial u}{\partial x}\vec{i} + \frac{\partial u}{\partial y}\vec{j} + \frac{\partial u}{\partial t}\vec{k} = p_x\vec{i} + q_y\vec{j} + r_t\vec{k} \tag{3}$$

其中，p_x、q_y、r_t分别代表沿 x、y、z 三个方向的视倾角分量。

目前，常用的倾角估算法包括基于复数道分析的相位对齐法、离散倾角扫描最大相关法与梯度构造张量法[9]。离散倾角扫描最大相关法就是选取分析点周围多个时窗进行扫描，求取相似度最大的窗口作为分析点处的倾角、方位角估算窗口，从而大大提高了分析点的倾角与方位角精度，对于识别小断层、小构造具有重要的意义[10]。

2.2.3 倾角方差体属性

倾角方差体属性是在倾角控制下的方差体属性(图 4)，方差体属性提取时主要考虑主测线、联络线及时间方向上参与计算的样点数。主测线、联络线计算参与的样点数过多会漏掉小断层的属性特征，样点数过少则会无法控制和消除噪声，时间方向上样点数则考虑地震资料的主频和分辨率等因素。倾角属性提取过程中也需要考虑主测线、联络线及时间方向上参与计算的样点数，并且增加置信因子，计算出的置信度高于所选置信度阈值的区域将应用倾角引导。置信度低于阈值的区域将恢复为标准水平方差(图 5)。

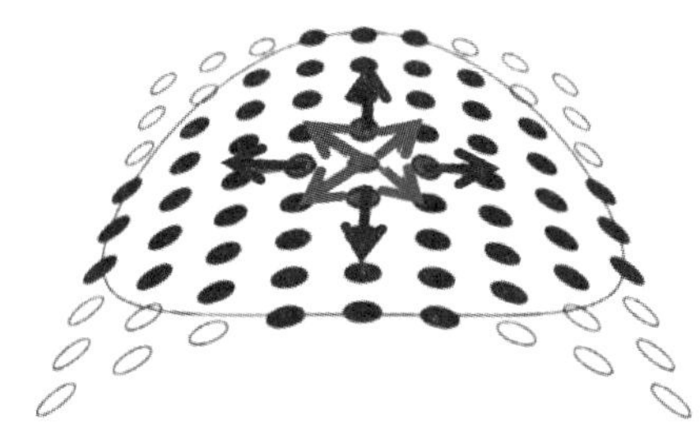

图 4 倾角控制下属性提取模式图

Inline range	3
Crossline range	3
Vertical smoothing	15
Dip correction	On
Inline scale	2.0
Crossline scale	2.0
Vertical scale	2.0
Plane confidence threshold	0.9

图 5 倾角控制下方差体属性参数设置

2.3 地层对比及断点解释

地层对比顺序应是由大到小，先进行油层组界面的对比，在其控制下，进行砂岩组界面对比；在以上等时界面控制下，依次进行小层、沉积单元界面的对比闭合。即实现“对比由大到小、剖面分级闭合”的对比方式。在对比过程中，当遇到断层、地层厚度变化、对比标志不清楚或不存在或很难对比时，可采取先避开该井或井组而选特征明显易于对比的折线剖面并闭合，通过其弄清该井组附近变化规律，最后对比该井或井组。所有对比界面最后都应实现闭合，否则，需进行重新对比，直至闭合[11]。

通过 WELL_A1 井和 WELL_A 井的地层对比，可知 WELL_A 井受到断层的削截缺失扶二上砂岩组地层，断失 F211 ~ F23 小层，其他地层沉积序列完整，断点深度为995m 左右[图6(a)]。通过 WELL_B1 井和 WELL_B 井的地层对比，可知 WELL_A 井受到断层的削截缺失扶二上、扶二下、扶三上砂岩组地层，断失 F171 ~ F351 小层，其他地层沉积序列完整，断点深度为1004m 左右[图6(b)]。对该区内井进行精细对比，获得全区的断层精细对比成果表(表1)。

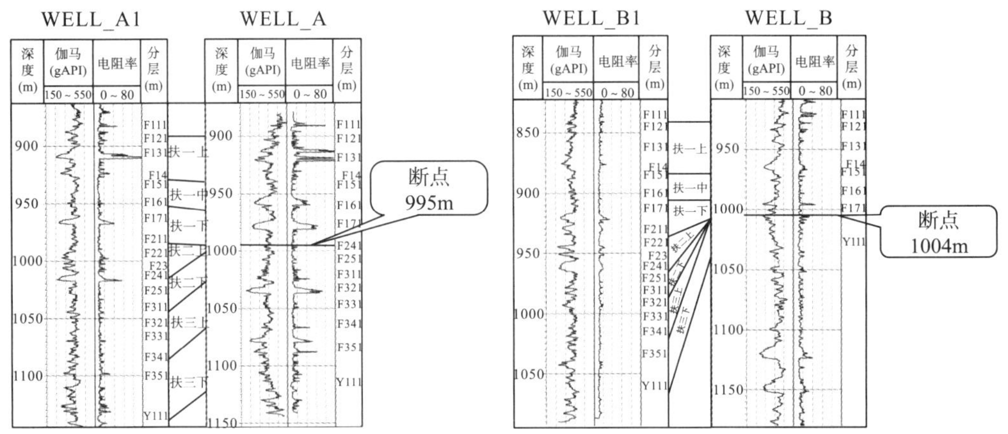

(a)WELL_A与WELL_A1连井地层对比及断点解释　(b)WELL_B与WELL_B1连井地层对比及断点解释

图6　连井地层对比及断点解释

表1　断点数据解释统计表

井号	断点深度/m	断失顶层位	断失底层位	对比井号	对比井顶深/m	对比井底深/m	断距/m
WELL_A	832.5	qn2 +3 下	qn1 上	WELL_A1	800.5	825.5	0
WELL_B	841	qn2 +3 下	qn1 上	WELL_B1	839	920.5	0
WELL_C	870	qn1 顶	qn1 上	WELL_C1	851	866	0
……	……	……	……	……	……	……	……
WELL_X	1073	F162	F17	WELL_X1	1072	1102	30
WELL_Y	1144	F31	F33	WELL_Y1	1124.8	1164	39.2
WELL_Z	1042.2	F222	F343	WELL_Z1	965	1055.2	90.2

2.4　深时转换及大断层断点组合

对全区所有井进行精细地震合成记录制作，逐井进行地震—地质层位标定，获取深时对应关系，将单井解释成果投影到地震数据体中，获得单井断点数据在地震数据中的空间位置。利用地震剖面与单井数据确定断层的走向、倾角和形态。

通过 WELL_A 井与 WELL_A1 井连井地震剖面，确认在两井之间存在一条规模较大的断层，断层向下延伸至 F 油层底部，剖面分析认为断距下大上小，是一条早期发育且同沉积断层，该断层控制断层附近地层的产状和形态[图7(a)]。通过 WELL_B 井与

WELL_B1 井连井地震剖面确认在两井之间存在一条规模较大的断层，向下延伸至 F 油层之下的地层，向上延伸至 P 地层。通过剖面分析认为该断层是一条长期发育的同沉积断层，该断层是控制该区块油气成藏的主要因素[图 7(b)]。

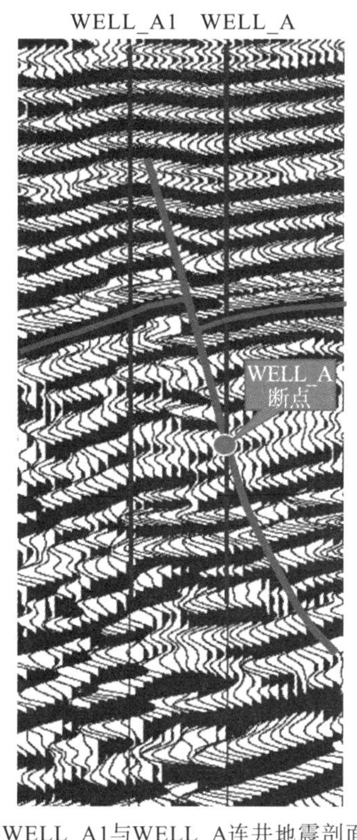

(a)WELL_A1与WELL_A连井地震剖面图　(b)WELL_B1与WELL_B连井地震剖面图

图 7　连井地震剖面图

2.5　倾角控制的方差体属性

在倾角体控制下计算得到的方差体能够充分考虑地质目标体的空间展布特征，在沿倾斜面方向上地震相位大致是连续的，在此面控制下进行方差体属性处理，可以突出地震信号由于地质原因(断裂、异常体)而形成的不连续性，提高目标体及断裂检测的精度。因此对倾角体进行控制可大大提高显示数据体的分辨率，减少乱真同相轴，提高属性的精确性和目标探测能力。倾角体控制下的方差体能够更清晰地反映断层裂缝的位置和走向，更有利于断层解释、提高信噪比、压制噪声，尤其是在大倾角的复杂断裂区域更具优势。

图 8(a)是未用倾角控制的沿层方差体属性，图 8(b)是倾角控制沿层方差体属性(彩图见附录)。倾角控制沿层方差体属性中消除了由于朝阳沟背斜西翼陡倾角地层影响造成的错误方差属性，更加有利于断层的识别和组合关系的确定。

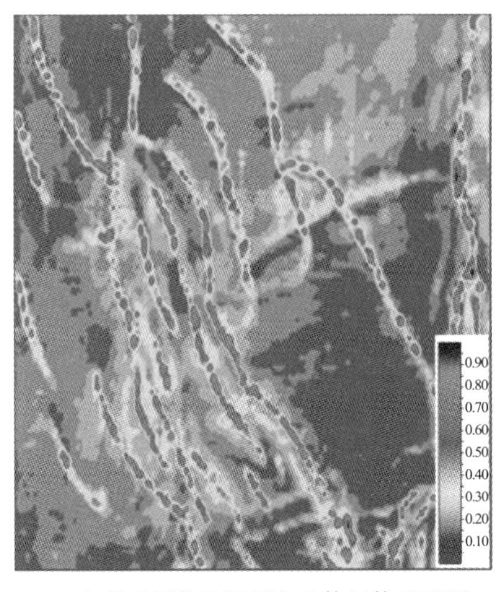

(a)未考虑倾角的沿层方差体属体平面图

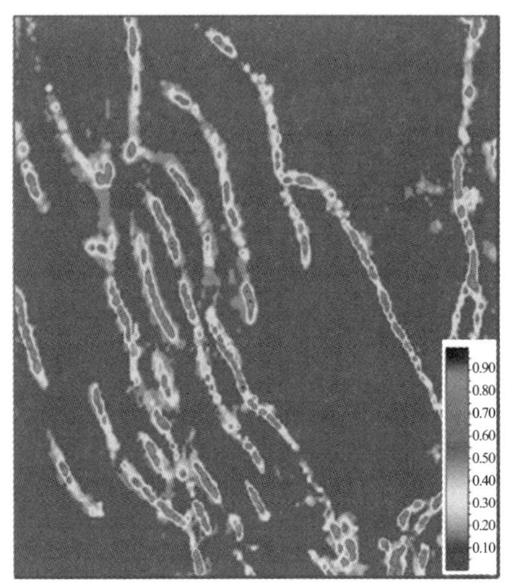

(b)倾角控制的沿层方差体属性平面图

图 8　沿层方差体属性平面图

2.6　井震结合小断层解释

2.6.1　小断层解释原则及方法

充分发挥密井网条件下井断点的作用，应用井断点引导地震解释，是实现小断层有效解释的关键。利用井断点信息确定所解释断层位置，原则是在断点准确深时转换的前提下，井点处断层位置严格遵循井断点信息。在剖面上小断层确认的具体依据为地震反射波同相轴扭曲、地层倾角突变、同相轴连续性、光滑程度及振幅发生强弱变化，后经过井数据进行校正和对比，确认为不是因岩性变化引起的。通过剖面识别，对疑似小断层进行确认，去伪存真。平面上对原始地震振幅体提取沿层倾角方差体属性切片，将井上断点平面投影到切片上。平面上将多个可组合的断点作为硬性数据进行断层位置和形态的修正。应用这套方法主要完成大断层末梢及地震可识别小断层的精细刻画（断距为5m 以上）。

2.6.2　当井断点与属性匹配时

当井资料解释成果和地震属性平面图均证实断层存在时，应充分应用两者信息。在剖面上，通过剖面反复对比核实，落实断层剖面规模和形态，达到地震资料解释断层与断点投影一致。在平面上，按照平面属性结果所展示的规模、形态及组合关系，与多井信息结合，确定断层的平面走向以及组合形态。

通过分析属性平面图与断点平面投影位置[图 9(a),彩图见附录]，发现在该区域 WELL_C 和 WELL_D 井存在断点数据，并且附近存在属性异常现象。通过井断点在剖面投影和剖面特征综合分析，在过 WELL_C 地震剖面存在一条小断层，该断层穿过 F 油层顶面。过 WELL_D 井地震剖面识别三条小断层，其中一条过 WELL_D 井，但未断穿 F 油层顶面；第二条断层倾向、断距、规模与过 WELL_C 断层基本一致，判定为同一条断层；第三条断层对应的异常为属性平面图中南部区域，剖面特征和平面特征明显且相符，判定该断层为区域内断穿 F 油层顶面的断层[图 9(b)，彩图见附录]。

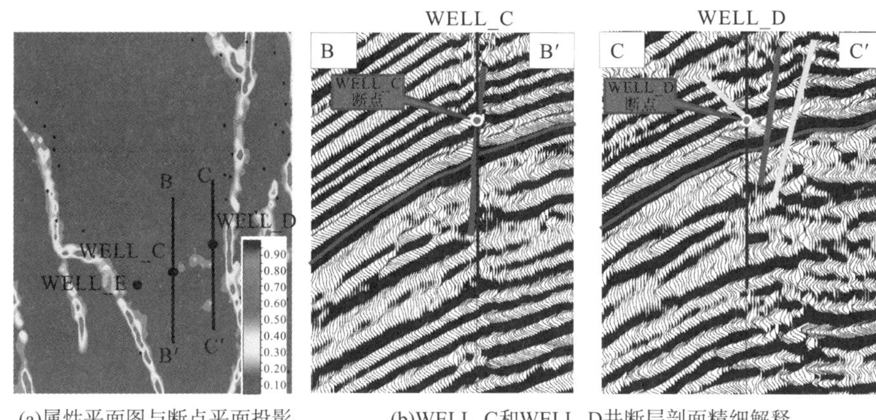

(a)属性平面图与断点平面投影　　(b)WELL_C和WELL_D井断层剖面精细解释

图 9　井震结合小断层精细对比

2.6.3　当井断点与属性不匹配时

当井资料解释显示存在断点数据，而地震属性平面未有明显异常时，应谨慎遵循井断点数据。在剖面上，通过剖面反复对比核实，查明是否地震反射波同相轴扭曲、分叉等现象，按照疑似断层解释的原则进行剖面解释。在平面上，通过密井网之间的邻井位置信息，确定断层的平面走向以及组合形态。

通过分析属性平面图与断点平面投影位置，发现在该区域 WELL_E 附近没有明显异常，但 WELL_E 存在井解释断点。通过 WELL_E 地震剖面断点投影数据分析，地震反射波同相轴存在扭曲现象，并且在 F 油层组顶面反射同相轴之下存在波组异常现象，兼顾井信息和地震剖面特征认为该区域存在一条断层，并且与过 WELL_C 的断层是同一条断层(图 10，彩图见附录)。

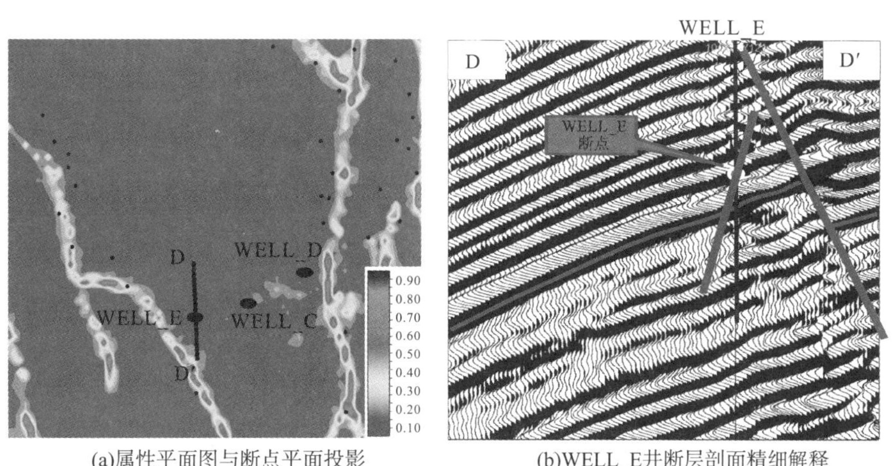

(a)属性平面图与断点平面投影　　(b)WELL_E井断层剖面精细解释

图 10　井震结合小断层精细对比

2.7　平面形态及组合

利用倾角控制的沿层方差属性平面图与井信息进行小断层精细解释，在 X 区块修正断层两条，其中北部一条断层呈近东西向展布，由原来的 0.26km 延伸为 1.45km，两侧分别与控制区域格局的大断层相交；南部一条断层呈北东向，由原来的 0.39km 延伸为

0. 58km，与右侧控制区块边界的大断层相交(图 11)。断层的延伸使得扶一上砂岩组能够形成独立的油水系统，为该区块的油水井位调整提供了重要依据。

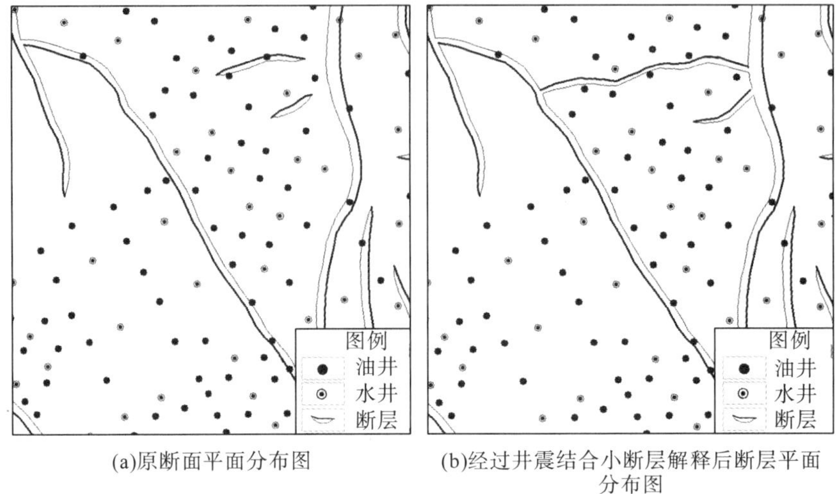

(a)原断面平面分布图　　(b)经过井震结合小断层解释后断层平面分布图

图 11　断层平面分布对比图

3　结论

(1)密井网条件下的井资料解释成果通过深时转换投影到时间域的地震数据体中，是开展井震结合小断层解释工作的关键步骤。

(2)基于倾角控制的方差体沿层属性，能够有效地提高陡倾角地层沿层地震属性质量，清晰反映断层展布特征。

(3)通过井断点数据在剖面上的投影位置和地震剖面特征对比，以及分析沿层地震属性和井断点位置的平面投影，开展井震联合小断层解释，能够有效地识别利用单一方法无法识别的小断层。

(4)对 X 区块重新落实一条断层呈近东西向展布，由原来的 0. 26km 延伸为 1. 45km，两侧分别与控制区域格局的大断层相交。该断层使得扶一上砂岩组能够形成独立的油水系统，为该区块的油水井位调整提供了重要依据。

参考文献

[1]陈昭年，陈发景. 松辽盆地反转构造运动学特征[J]. 现代地质，1996，10(3)：390-396.

[2]王丽丽. 朝阳沟—长春岭地区扶余油层油气成藏特征[J]. 新疆石油地质，2012(04)：456-458.

[3]李延平，陈树民，宋永忠. 大庆长垣及以东泉三、四段 FY 油层浅水湖泊 - 三角洲体系沉积特征[J]. 大庆石油地质与开发，2005，24(5)：13-16.

[4]覃思，赵宪生，成虢，等. 相干与方差裂缝检测算法机制研究[J]. 内蒙古石油化工，2007，12(12)：81-84.

[5]吴有信，方含珍. 相干体与方差体技术在全三维地震资料解释中的应用[J]. 安徽地质，2006，16(1)：47-51.

[6]林建东，王磊. 煤田三维地震资料解释中的方差体技术[J]. 中国煤田地质，2000，2(4)：57-59.

[7]赵牧华，杨文强，崔辉霞. 用方差体技术识别小断层及裂缝发育带[J]. 物探化探计算技术，2006，28(3)：216-218.

[8]张鹏，陆文凯. 利用局部倾角的地震成像研究[C]//中国地球物理学会年会、中国地震学会第十三次学术大会. 2010.

[9]王霞，汪关妹，刘东琴. 地震体属性分析技术及应用[J]. 石油地球物理勘探，2012，47(51)：382-389.

[10]蔡涵鹏，贺振华，李亚林. 基于多窗口相干性的倾角导向主分量滤波[J]. 石油地球物理勘探，2014，49(3)：486-494.

[11]林畅松，张燕梅，刘景彦，等. 高精度层序地层学和储层预测[J]. 地学前缘，2000，7(3)：111-117.

长垣外围 FY 油层储层分类评价方法研究及应用

王建凯　迟　博　李照永　付志国

（大庆油田有限责任公司勘探开发研究院，黑龙江 大庆 163712）

摘　要：长垣外围 FY 油层为河流－三角洲沉积，储层物性、发育规模差异较大，局部裂缝发育。随着油田开发逐步深入，不同储层构成对区块开发具有重要影响。为满足油田开发调整需求，在储层特征研究及储层定性分类前提下，研究储层定量分类评价方法，聚类分析优选储层定量分类评价参数，在权系数确定基础上，应用灰色关联分析法完成 FY 油层储层定量分类。研究结果表明，储层分类结果可准确反映不同储层间质量差异，与综合地质认识具有很好的一致性。通过实际区块应用表明，储层质量差异决定区块动用状况，其研究成果对于指导 FY 油层精细挖潜具有重要意义。

关键词：FY 油层；聚类分析；灰色关联法；储层分类

大庆长垣外围 FY 油层受西南、东北和北部多物源体系控制，主要是河流－三角洲沉积，沉积地层为泉头组三、四段，发育独具特色的浅水湖泊三角洲相[1]，其骨架砂体主要是曲流河、分流河道、河间薄层砂和席状砂。沉积环境的变化导致储层质量间存在差异，为了客观地对 FY 油层储层进行评价，提出储层定量分类方法，分类结果避免主观因素干扰，准确客观地反映了储层质量差异[2,3]。

1　储层发育特征

为了确定 FY 油层砂体组合结构及骨架砂体特征，在 C55 等 8 个区块开展了精细地质解剖。研究表明，在浅水湖泊三角洲沉积背景下，由于气候干旱，湖水对河道的改造作用十分有限，三角洲叶体中各种河道沉积构成了砂体骨架，是油气聚集成藏的主要载体。根据砂体沉积成因、骨架砂体类型、油层发育规模等的差异，FY 油层砂体可以定性划分为三种类型（表 1）。

大型河道砂：主要以大型分流河道为主，砂体发育规模最大，通常为 3 ~ 8m 厚的河道充填层序，河道宽度一般≥600m，平面分布比较稳定。

小型河道砂：以中、小型分流河道为主，多为水下分流河道，砂体发育规模较小，河道宽度一般 <600m。

薄层砂：以河间砂或席状砂体为主。

作者简介：王建凯，男，1986 年生，工程师，主要从事精细油藏描述工作。

表 1　FY 油层不同类型成因砂体特征汇总表

砂体类型	储层岩性	测井响应	岩心照片	沉积构造	平面形态	平面微相图
大型河道砂	细、粉砂岩	钟型、箱型 	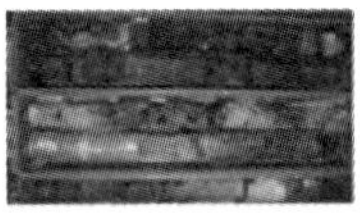	大型槽状交错层理	宽条带	
小型河道砂	粉砂岩	钟型 	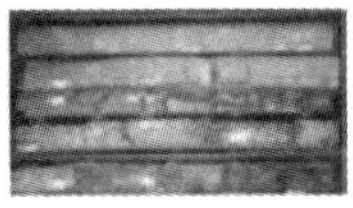	中小型槽状交错层理	窄条带	
薄层砂	粉砂岩、泥质粉砂岩	指状 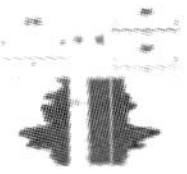		波状层理、平行层理	片状、坨状	

2　储层分类评价参数优选

依据 FY 油层地质特点，采用聚类分析法优选储层定量分类参数。聚类分析是按照客体性质上或者成因上的亲疏关系，对客体进行定量分类的一种多元统计分析方法[4-6]。

在储层成因砂体研究的基础上，首先对影响储层质量的主要因素及各评价参数的特点进行详细的研究，综合认为储层性质、孔隙结构特征、流体性质、骨架砂体发育规模等几个方面因素最能反映储层发育状况，对开发效果的影响较大，是进行分类评价的必要条件。初步选取如下参数：孔隙度、渗透率、有效厚度、砂岩厚度、平均孔喉半径、河道有效钻遇率、有效钻遇率、砂岩钻遇率、平面连通性质、原油黏度、裂缝频率、平面变异系数等。

在分类评价参数初选基础上，参数优选按照以下原则：①分类参数具有独特的物理意义，能够反映储层某一方面性质；②以地质参数为主，不考虑开发影响参数，目的在于分类结果能准确反映储层的原始条件和质量；③分类参数优选以现阶段油田资料条件为前提，尽量能够满足单层评价的要求。

由于各项储层参数的物理意义不同，不同参数间通常具有不同的量纲，为了便于分析运用，保证各项评价参数具有等效性和可比性，因此需要对原始数据进行处理，使之无量纲化和归一化，即数据的规范化处理。本次研究中采用极大值标准化法对储层参数进行标准化处理，即以单项参数除以同类参数的极大值，使每项评价参数在 0 ~ 1 之间变化[式(1)]。

$$x'_{ij} = \frac{x_{ij}}{\max\limits_{1 \leqslant k \leqslant 12}(x_{kj})} \qquad (i = 1,2,\cdots,12;\ j = 1,2,\cdots,58) \tag{1}$$

式中，x'_{ij}为变换后的数据；x_{ij}为变换前的数据；$\max\limits_{1 \leqslant k \leqslant 12}(x_{kj})$为第 j 个变量观测值中的最大者。

采用聚类分析的方法对参数进行优选，数据转换方式采用标准化转换，聚类距离采用相关系数，聚类方法采用最短距离法。经过计算得出下面的距离矩阵及聚类谱系图(图 1)。

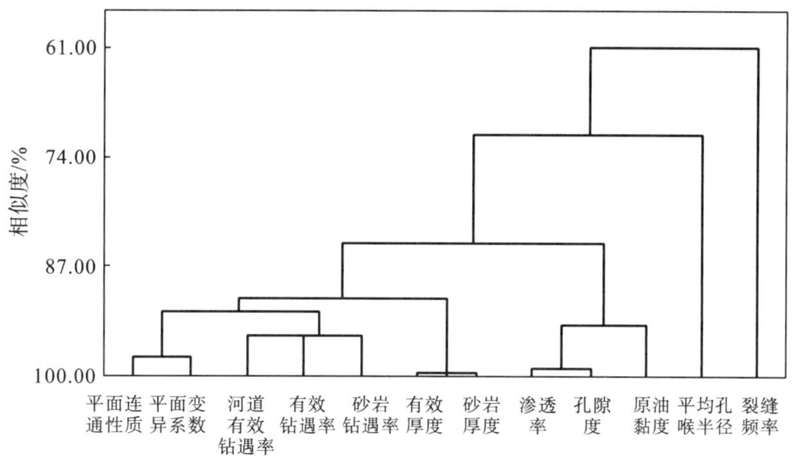

图1　聚类分析法优选储层分类评价参数

根据聚类结果，剔除同类参数，优选出7项地质参数：渗透率、河道有效钻遇率、裂缝频率、有效厚度、平面变异系数、平均孔喉半径、原油黏度(表2)。

表2　FY油层储层分类参数优选结果表

序号	参数类型	优选参数	物理意义	参数计算		精度
				资料	计算方法	
1	主要参数	渗透率	储层渗透性能	岩心、测井	加权平均	单层
2		河道有效钻遇率	油层分布稳定性	原始井网	算术平均	
3	次要参数	裂缝频率	裂缝发育状况	岩心、测井	统计分析	区块
4		有效厚度	油层丰度	测井解释	算术平均	单层
5	参考指标	平面变异系数	平面非均质性	测井资料	统计分析	
6		平均孔喉半径	孔隙结构条件	实验测试	统计分析	
7		原油黏度	流体流动能力	试油测试	实测数值	区块

3　储层定量分类评价

依据FY油层地质特点，综合评价国内外储层综合分类方法，选取灰色关联分析法开展FY油层储层定量分类。灰色关联分析法是通过综合各因素之间的相互影响及其在系统中的作用进行分类[7-10]。

3.1　储层分类评价原理

储层分类评价原理就是在储层评价参数优选的基础上，对储层的多个影响因素进行综合评价，最终得到一个综合评价指标，并依据它来对储层进行分类[11,12]。

本次研究选用的综合评价指标计算公式为

$$\mathrm{REI} = \sum_{i=1}^{n} \alpha_i X_i \tag{2}$$

式中，REI为储层综合评价指标；X_i为储层评价参数；α_i为储层评价参数的权系数；n为储层评价参数的个数。

由式(2)可以看出，X_i为已知参数，只有权系数α_i是未知数，只要求出权系数α_i，则综合评价指标REI就可以计算出来。

3.2 权系数的确定

权系数是某一评价因素在决定总体特性时所占有的重要性程度。计算综合评价时各指标的权系数，实际上是寻找事物内部各种影响因素之间的定量关系。因此确定各项指标的权系数是储层综合评价中所要解决的关键问题。

3.2.1 单向指标标准化

采用极大值标准化法，即以单项参数除以同类参数的极大值，使每项评价参数归一在0~1之间。

对于值越大，反映储层质量越好的参数，利用下列公式实现数据定量标准化：

$$E_i = X_i / X_{\max} \tag{3}$$

对于值越小，反映储层质量越好的参数，利用下列公式实现数据定量标准化：

$$E_i = (X_{\max} - X_i) / X_{\max} \tag{4}$$

式中，E_i为第i个样本的本项参数的标准化值；X_i为第i个样本的本项参数的实际值；$X_{\max}$为所有样本中本项参数的最大值。

3.2.2 母、子序列的选定

为了从数据信息的内部结构上分析被评判事物与其影响因素之间的关系，必须用某种数量指标定量反映被评判事物的性质。这种按一定顺序排列的数量指标，称为关联分析的母序列，记为

$$\{X_t^{(0)}(0)\} \qquad (t = 1,2,\cdots,n) \tag{5}$$

子序列是决定或影响被评判事物性质的各子因素数据的有序排列，考虑主因素的m个子因素，则有子序列：

$$\{X_t^{(0)}(i)\} \qquad (t = 1,2,\cdots,n; i = 1,2,\cdots,m) \tag{6}$$

确定了母、子序列后，可构成如下原始数据矩阵：

$$\boldsymbol{X}^{(0)} = \begin{bmatrix} X_1^{(0)}(0) & X_1^{(0)}(1) & \cdots & X_1^{(0)}(m) \\ X_2^{(0)}(0) & X_2^{(0)}(1) & \cdots & X_2^{(0)}(m) \\ \vdots & \vdots & & \vdots \\ X_n^{(0)}(0) & X_n^{(0)}(1) & \cdots & X_n^{(0)}(m) \end{bmatrix} \tag{7}$$

3.2.3 关联系数和关联度

若记变换后的母序列为$X_t^{(1)}(0)$，子序列为$X_t^{(1)}(i)$，则同一观测时刻各子因素与母因素之间的绝对差值为

$$\Delta_t(i,0) = \left| X_t^{(1)}(i) - X_t^{(1)}(0) \right| \tag{8}$$

同一观测时刻(观测点)各子因素与母因素之间的绝对差值的最大值为

$$\Delta_{\max} = \max_t \max_i \left| X_t^{(1)}(i) - X_t^{(1)}(0) \right| \tag{9}$$

同一观测时刻(观测点)各子因素与母因素之间的绝对差值的最小值为

$$\Delta_{\min} = \min_t \min_i \left| X_t^{(1)}(i) - X_t^{(1)}(0) \right| \tag{10}$$

母序列与子序列的关联系数 $L_t(i, 0)$ 为

$$L_t(i,0) = \frac{\Delta_{\min} + \rho\Delta_{\max}}{\Delta_t(i,0) + \rho\Delta_{\max}} \tag{11}$$

式中，ρ 为分辨系数，其作用是削弱最大绝对差数值太大而失真的影响，提高关联系数之间的差异显著性，$\rho \in (0, 1)$。

各子因素与母因素之间的关联度 $r_{i,0}$ 为

$$r_{i,0} = \frac{1}{n}\sum_{i=1}^{n} L_t(i,0) \tag{12}$$

子因素与母因素之间的关联度越接近于1，表明它们之间的关系越紧密，或者说该子因素对母因素的影响越大，反之亦然。

3.2.4 权系数的确定

通过上述计算求出关联度后，经归一化处理即可得到权系数 α_i：

$$\alpha_i = \frac{r_i}{\sum_{i=1}^{n} r_i} \tag{13}$$

根据上述灰色关联分析方法原理，将渗透率作为母序列因素，其他指标作为子因素，进行子因素与母因素之间的关联分析，计算各因素指标的关联度：

$$r = (1.0000, 0.68648, 0.47027, 0.46486, 0.44324, 0.42702, 0.38919)$$

然后按归一化处理，得出每个指标的权系数为

$$\alpha = (0.258, 0.177, 0.121, 0.120, 0.114, 0.110, 0.100)$$

各项指标归一化后的权系数表明，各指标对储层质量的影响存在一定差异。

3.3 储层定量分类评价

在储层精细分类评价参数优选基础上，应用灰色关联分析法计算典型区块沉积单元评价指标，概率累计分布具有“两段式”或“三段式”特点(图2)。应用概率累计截断值法，FY 油层储层可划分为2~3大类。

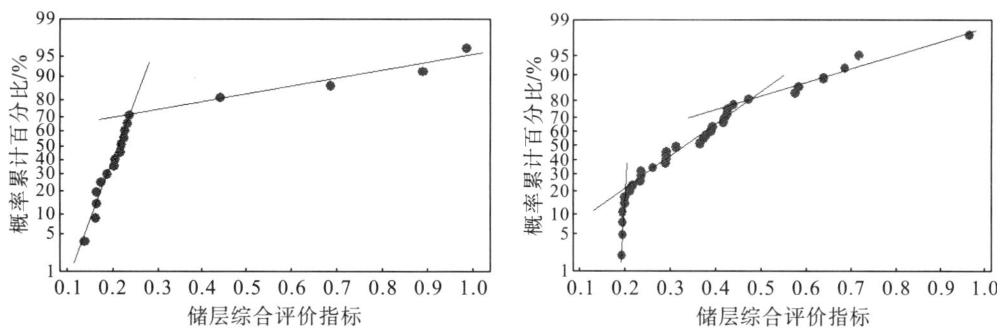

图2 典型区块沉积单元分类评价指标概率累计曲线分布图

应用上述方法对 F48 区块 F 油层进行储层综合分类研究，研究结果表明，该方法可以将不同类型储层进行准确的划分(表3、图3，彩图见附录)，分类结果与地质认识比较符合，与成因砂体分类结果一致。

Ⅰ类储层：综合评价指标高，代表河道发育规模大、物性好的层位，是区块的主力油层。

Ⅱ类储层：综合评价指标中等，代表河道规模和物性中等的层位。

Ⅲ类储层：综合评价指标低，代表物性差、河道规模小或席状砂的层位。

表3　F48区块F油层储层精细分类结果及参数表

沉积单元	骨架砂体		渗透率/mD	有效厚度/m	有效钻遇率/%	平均孔喉半径/μm	裂缝频率/(条/m)	黏度/(mPa·s)	平面变异系数	综合评价指标
	微相	类型								
$FI7_2$	大型分流河道	Ⅰ	2.40	2.70	64.4	0.4034	0.026	5.8	0.3357	0.975
$FI4_1$	小型分流河道	Ⅱ	1.12	1.80	20.0	0.3203	0.026	5.8	0.2541	0.641
$FI2_1$	席状砂	Ⅲ	0.81	0.65	4.4	0.2275	0.026	5.8	0.0422	0.444

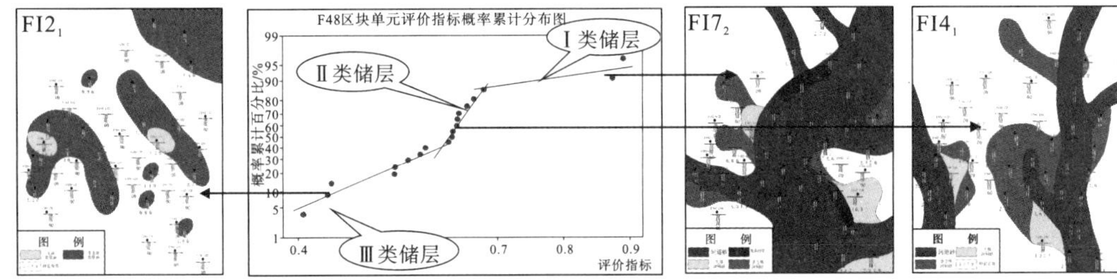

图3　F48区块F油层储层精细分类成果图

通过典型区块实际应用，储层分类结果与地质认识基本一致，证明此方法适用于长垣外围FY油层储层分类评价。

4　储层分类评价方法应用分析

以CYG油田为例，应用上述方法开展F油层储层精细分类评价。重点搞清CYG油田各区块不同类型储层的构成特点及其动态响应和开发特点，夯实地质基础，为今后油田开发调整，改善开发效果提供地质依据。

4.1　储层精细分类评价方法应用

根据CYG油田地质条件，在同一沉积、成藏背景下，CYG油田影响储层类型的参数主要为渗透率、有效钻遇率及裂缝发育频率，其他参数影响作用较小，不作为主要评价参数。

应用上述储层综合分类评价方法，对CYG油田F油层21个已开发区块进行分类研究，统计分析3012口井、765个沉积单元基础数据。根据分类结果，CYG油田F油层可以划分为三大类、六亚类储层(图4)。

Ⅰ类储层：储层发育规模较大，为辫状河或曲流河形成的大型砂体。单层有效钻遇率较高，平均有效钻遇率67.1%，单层有效厚度平均2.3m。储层综合评价指标在0.4以上。

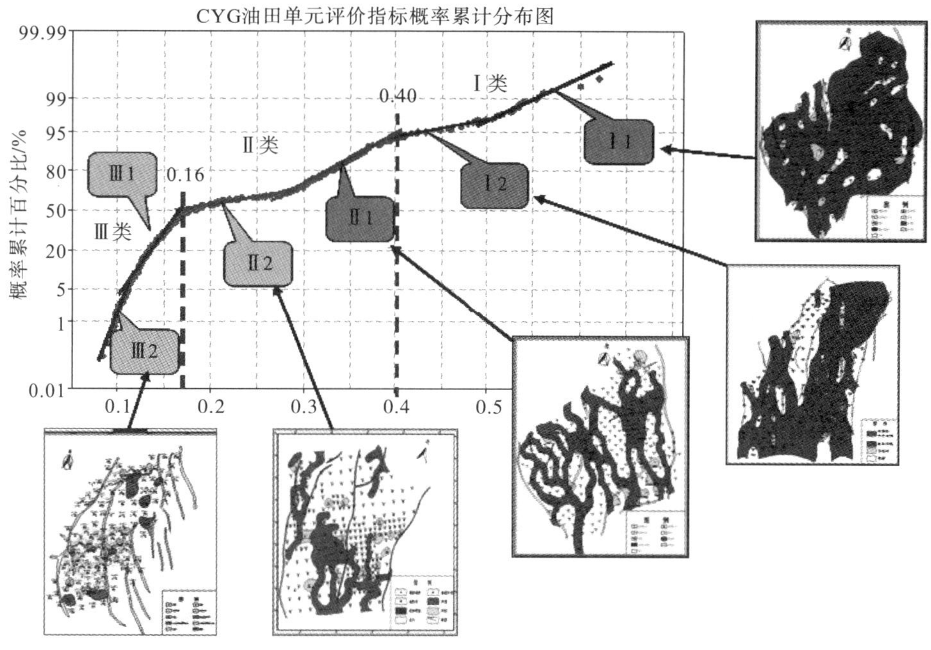

图 4　CYG 油田 F 油层储层精细分类成果图

Ⅱ类储层：储层骨架以中、小型分流河道为主。有效钻遇率较低，平均有效钻遇率 10% ~60%，单层有效厚度平均 1.5 ~2.0m。储层综合评价指标在 0.16 以上。

Ⅲ类储层：单层有效钻遇率低，平均有效钻遇率小于 10%，单层有效厚度平均小于 1.5m。储层综合评价指标在 0.16 以下。

4.2　储层构成差异对开发影响分析

根据 9 个区块，共 127 口井动态测试资料统计结果，在 2005 年油田加密调整以后，各类储层的动用厚度比例都得到一定提高，尤其是Ⅰ、Ⅱ类储层增幅明显，其中Ⅰ类储层由于注采系统的完善，动用厚度比例增加了 17.1%；Ⅱ类储层由于井网控制程度的提高、注采系统的完善，动用厚度比例得到大幅增高，增加了 25.2 个百分点；而Ⅲ类储层由于砂体分布零散，储层渗透性较差，动用效果并没有明显提高。由此可见，油田开发效果的改善根源在于Ⅰ、Ⅱ类储层动用状况得到大幅提高(图 5)。

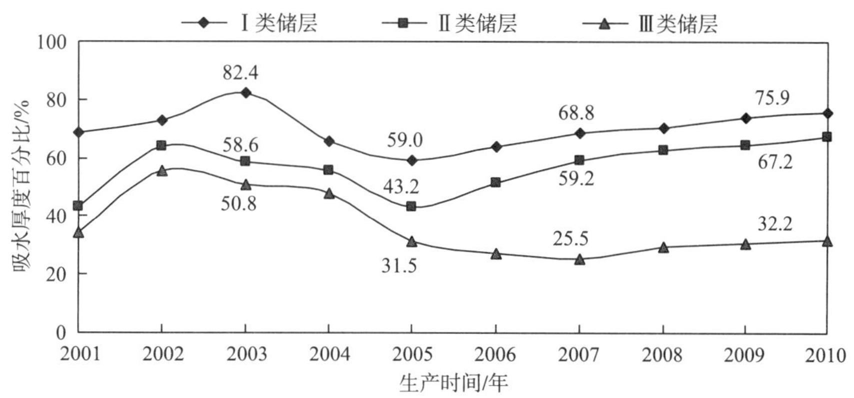

图 5　CYG 油田各类储层油层动用状况分析图

5 结论

(1)根据砂体沉积成因、骨架砂体类型、油层发育规模等的差异，FY 油层砂体可以定性划分为大型河道砂、小型河道砂及薄层砂三种类型。

(2)依据 FY 油层特点，在初选参数基础上，按照参数优选原则，运用聚类分析法优选出渗透率、河道有效钻遇率、裂缝频率、有效厚度、平面变异系数、平均孔喉半径、原油黏度等 7 项分类评价参数。

(3)应用灰色关联分析法确定分类评价权系数，能客观、定量地反映出所选各指标在储层评价中的重要性，其分类结果与地质认识有很好的一致性，证明此方法适用于外围 FY 油层储层分类评价。

(4) Ⅰ类储层质量明显好于Ⅱ、Ⅲ类储层。Ⅰ类储层综合评价指标高，为区块的主力油层，Ⅰ类储层吸水量和产液量占区块总量的 90% 左右，其油层动用状况对区块动用情况具有控制作用。

参考文献

[1]李延平，陈树民，宋永忠，等. 大庆长垣及以东泉三、四段 FY 油层浅水湖泊－三角洲体系沉积特征[J]. 大庆石油地质与开发，2005，24(5)：13-14.

[2]晁会霞，姚卫华，杨兴科，等. 储层综合评价方法在白豹油田中的应用[J]. 西安石油大学学报(自然科学版)，2010，25(6)：1-7.

[3]孙洪志，刘吉余. 储层综合定量评价方法研究[J]. 大庆石油地质与开发，2004，23(6)：8-10.

[4]谭锋奇，李洪奇，许长福，等. 基于聚类分析方法的砾岩油藏储层类型划分[J]. 地球物理学进展，2012，27(1)：246-254.

[5]杨波，高清祥，杨杰. 聚类分析法在城壕油田西 259 井区长 32 储层分类评价中的应用[J]. 石油天然气学报(江汉石油学院学报)，2010，32(6)：22-26.

[6]余伟，屈泰来. 聚类分析法与多级评判法在储层分类评价中的应用——以英台油田姚一段为例[J]. 西部探矿工程，2016，28(12)：47-50.

[7]赵金玲. 灰色关联分析法在板桥中区储层分类评价中的应用[J]. 内蒙古石油化工，2017，27(8)：88-90.

[8]涂乙，谢传礼，刘超，等. 灰色关联分析法在青东凹陷储层评价中的应用[J]. 天然气地球科学，2012，23(2)：381-386.

[9]操应长，杨田，王艳忠，等. 济阳拗陷特低渗透油藏地质多因素综合定量分类评价[J]. 现代地质，2015，29(1)：119-130.

[10]黄迎松. 胜利油区整装油田非均质油层分类及评价[J]. 石油勘探与开发，2007，34(6)：729-733.

[11]徐艳梅，刘兆龙，张永忠，等. 塔里木盆地克拉 2 气田储层综合定量评价[J]. 石油地质与工程，2018，32(6)：59-63.

[12]殷代印，项俊辉，王东琪，等. 大庆油田长垣外围特低渗透 FY 油层综合分类[J]. 岩性油气藏，2018，30(1)：150-154.

低/特低渗裂缝性 FY 油层剩余油预测方法研究及应用

李照永　付志国　曹　洪

（大庆油田有限责任公司勘探开发研究院，黑龙江 大庆 163712）

摘　要：大庆外围 FY 油层受成岩作用影响，储层随埋藏深度的增加，物性变差。在低/特低渗透多重介质中，受启动压力梯度和部分区块裂缝的影响，存在注采井距过大而形成的井网控制不住Ⅱ型剩余油和裂缝干扰而形成的平面干扰Ⅱ型剩余油。利用坐标转换将天然裂缝性油层转化为等效各向同性油层，建立基于裂缝及非达西的油水两相渗流方程；基于流管法油水两相前缘推进理论，通过单管前缘推进方程可计算某一时间的含水率导数和含水饱和度，同时建立了产量与时间关系。结合油田实际井网形式和裂缝发育状况，建立了不同渗透率级别和井网形式的渗流模板，形成了长垣外围低/特低渗透裂缝性 FY 油层剩余油快速预测方法，可以快速量化不同类型剩余油。

关键词：低/特低渗透；裂缝性；FY 油层；剩余油预测

大庆外围油田 FY 油层经过长时间的注水开发，投产较早区块已进入中高含水开发阶段，开采难度越来越大[1]。受裂缝和储层非均质的影响，剩余油分布十分复杂，措施和挖潜难度大[2-4]。因此需要开展 FY 油层剩余油预测方法研究，深化开发后期剩余油分布特征认识。

目前，剩余油描述方法主要以油藏数值模拟和动静综合分析为主[5]。油藏数值模拟法是现阶段剩余油定量描述的主要方法，通过多学科精细油藏描述建立三维地质模型，结合油田实际生产数据开展油藏数值模拟，从而定量评价剩余油[6]。应用中运算量较大，工作周期长，无法满足油田级别或大区块级别的剩余储量评价，同时该方法不能按照剩余油成因类型劈分剩余储量，难以准确揭示油田开发中面临的主要矛盾；动静综合分析法应用静态精细地质描述成果、产液吸水测试与生产动态资料，人机交互描述剩余油分布，能够按照剩余油成因类型劈分计算剩余储量，但是工作中存在人工分析工作量大、工作效率低的问题；此外对低渗、特低渗储层存在非达西现象在定量计算剩余油中也无法表征。因此，需要开展 FY 油层剩余油快速计算方法研究，全面评价剩余储量潜力，为油田精细挖潜和规划部署提供依据。

1　大庆外围 FY 油层地质特征

大庆外围 FY 油层属于松辽盆地大规模凹陷前期沉积的一套地层，为下白垩统泉头组

作者简介：李照永，男，1980 年生，高级工程师，硕士，从事油藏地质方面研究工作。

联系方式：E-mail：lizhaoyong@ petrochina. com. cn，电话：0459－5508124，13936741768，地址：黑龙江省大庆市让胡路区大庆油田勘探开发研究院开发二室。

三、四段沉积地层。储层受成岩作用影响，随油藏埋藏深度增加，物性逐渐变差[7]。朝阳沟、尚家和榆树林的部分地区埋藏深度较浅（800～1400m），孔隙度为12.0%～16.0%，渗透率为(0.84～4.0)×$10^{-3}\mu m^{-2}$；肇州、肇源和葡南的部分地区埋藏深度较深（1400～2200m），孔隙度为10.0%～12.0%，渗透率为(0.38～0.84)×$10^{-3}\mu m^{-2}$。结合大庆长垣外围油田岩心实测数据分析，在低/特低渗透多孔介质中，压力梯度要高于启动压力梯度，流体才能克服渗流阻力而发生流动[8,9]，见图1。

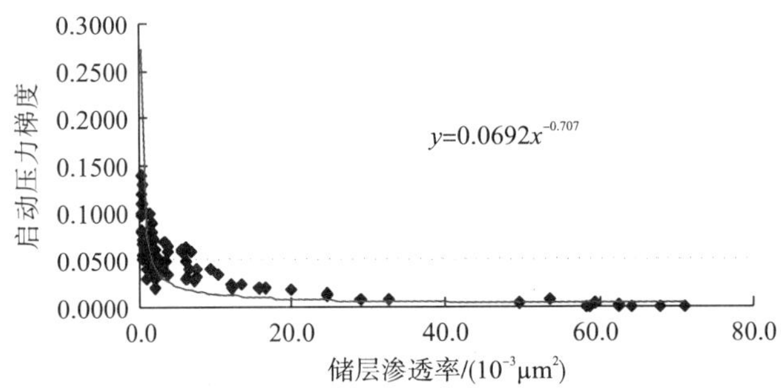

图1　大庆长垣外围油田启动压力梯度与渗透率关系曲线

另外，FY油层沉积后主要发生了青山口组沉积末期、嫩江组末期、依安组沉积末期三次大的构造运动[10]，不同时期的构造运动可以形成不同方向的构造裂缝。采用电成像测井、电导率异常检测等技术分析，FY油层以近东西向裂缝为主[11]，见图2。

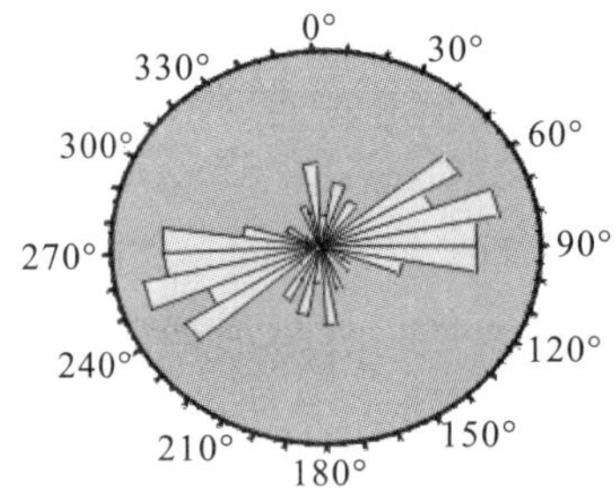

图2　东部FY油层裂缝方位玫瑰花图

2　细化FY油层剩余油类型

针对FY油层地质特点，在原有八种剩余油类型基础上，新增两种类型剩余油：平面干扰Ⅱ型和井网控制不住Ⅱ型(表1)。

表1　FY油层主要剩余油类型及成因表

已有剩余油成因分类		本次研究剩余油成因分类		
序号	成因类型	序号	成因类型	备　注
1	注采不完善型	1	注采不完善型	
2	单向受效型	2	单向受效型	

续表

已有剩余油成因分类		本次研究剩余油成因分类		
序号	成因类型	序号	成因类型	备　注
3	平面干扰型	3－1	平面干扰Ⅰ型	相变物性变化
		3－2	平面干扰Ⅱ型	裂缝干扰
4	井网控制不住型	4－1	井网控制不住Ⅰ型	砂体规模小，无法钻遇
		4－2	井网控制不住Ⅱ型	注采井距大于有效驱动距离
5	层内未水淹	5	层内未水淹	
6	微型构造型	6	微型构造型	
7	断层遮挡型	7	断层遮挡型	
8	层间干扰型	8	层间干扰型	

平面干扰Ⅱ型剩余油是指天然裂缝发育区块，当井排方向与裂缝方向存在一定夹角时，裂缝方向油井含水上升快，垂直裂缝方向的油井无法有效动用，从而形成剩余油[12]（图3，彩图见附录）。井网控制不住Ⅱ型剩余油是指井网能够钻遇砂体，但注采井距大于有效驱动距离，导致无法建立有效驱动而形成的剩余油（图4）。

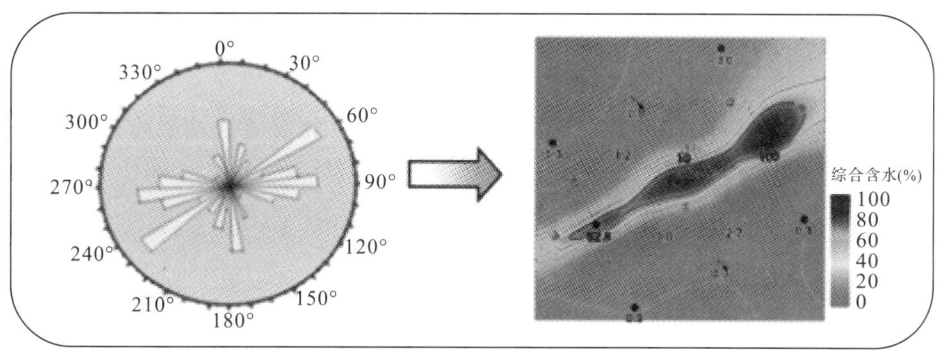

图3　平面干扰Ⅱ型剩余油成因

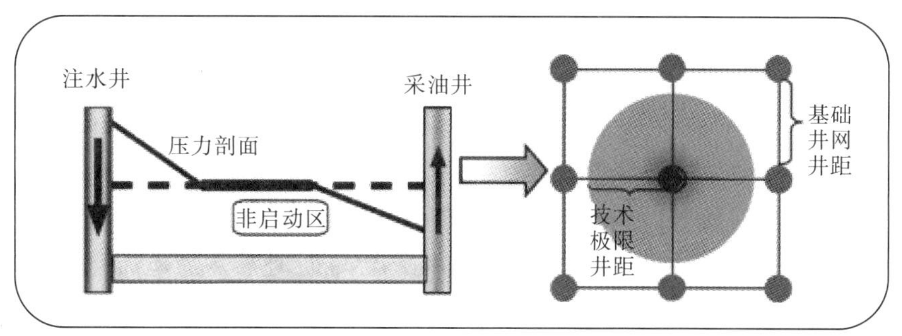

图4　井网控制不住Ⅱ型剩余油

3　建立FY油层基于裂缝与非达西的油藏工程方法

针对低/特低渗透FY油层存在裂缝、启动压力的地质特点，建立基于裂缝与非达西的油水两相渗流模型，结合油田实际建立不同井网形式与渗透率级别的渗流模板。

3.1 建立基于裂缝与非达西的油水两相渗流模型

(1)建立裂缝性油层等效介质模型

低/特低渗透裂缝性油层可以简化成发育裂缝的裂缝区域和不发育裂缝的基质区域，a 为某断面裂缝长度，b 为某断面基质长度，b_d为油层厚度(图 5)。应用等效连续介质理论，将低渗透裂缝性油层转化为渗透率各向异性的连续介质油层[13]。

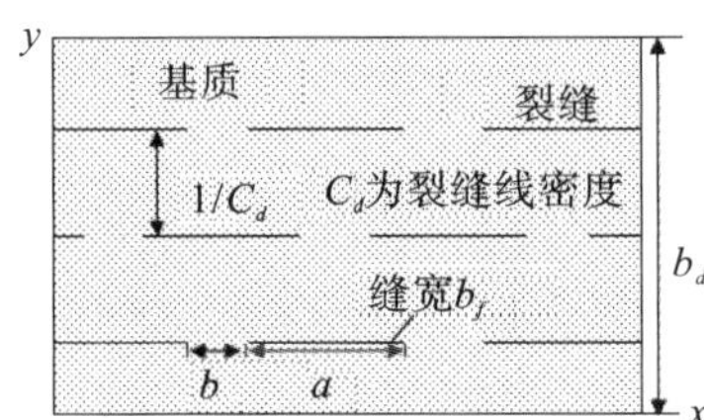

图 5　裂缝性油层简化模型

为建立裂缝发育油层等效介质模型，首先引入裂缝的线连续性系数 C_l，即

$$C_l = \frac{\sum a}{\sum a + \sum b} \tag{1}$$

式中，$\sum a$ 为油层中某断面内任一直线上裂缝面各段长度之和；$\sum b$ 为油层中某断面内任一直线上完整岩石各段长度之和；C_l 数值变化于 0 ~ 1 之间，C_l 越大，说明裂缝的连续性越好，C_l =1 时，裂缝为贯通裂缝。

利用基质渗透率、裂缝渗透率和裂缝线密度等参数，将裂缝性油层简化成 x、y 两个方向渗透率的各向异性的等效介质油层。

$$K_x = K_m + (C_l K_t - K_m) C_d b_f \tag{2}$$

$$K_y = \frac{C_l K_t K_m}{C_l K_t - (C_l K_t - K_m) C_d b_f} \tag{3}$$

式中，K_t为裂缝渗透率，μm^2；K_m为基质渗透率，μm^2；b_f为裂缝开度，μm；C_d为裂缝的线密度，1/m。

(2)建立等效连续介质各向同性模型

天然裂缝性油层 x 方向的渗透率为 K_x，y 方向的渗透率为 K_y。对于各向异性储层($K_x > K_y$)，通过坐标转换可以将天然裂缝性油层转化为等效各向同性油层。以五点法井网为例，首先将原大地坐标系转换为以平行和垂直于裂缝方向为主轴的坐标系。x、y 表示在天然裂缝性油层坐标系中某井的横纵坐标，x'、y'表示在各向异性油层坐标系中某井的横纵坐标，$\bar{x}$、$\bar{y}$ 表示在各向同性油层坐标系中某井的横纵坐标。通过渗流速度与渗流距离关系的求解，获得各向异性油层转换为各向同性油层时某井的坐标[14](图 6)，坐标转换公式如下：

$$\begin{cases} K_{\bar{x}} = K_{x'}\sqrt{\dfrac{K_e}{K_x}} = \sqrt{K_x^2 + K_y^2}\cos\left(\arcsin\dfrac{y}{\sqrt{x^2 + y^2}} + \theta\right) \cdot \sqrt{\dfrac{K_e}{K_x}} \\ K_{\bar{y}} = K_{y'}\sqrt{\dfrac{K_e}{K_y}} = \sqrt{K_x^2 + K_y^2}\cos\left(\arcsin\dfrac{y}{\sqrt{x^2 + y^2}} + \theta\right) \cdot \sqrt{\dfrac{K_e}{K_y}} \end{cases} \tag{4}$$

式中，等效各向同性油层渗透率 $K_e = \sqrt{K_x K_y}$。

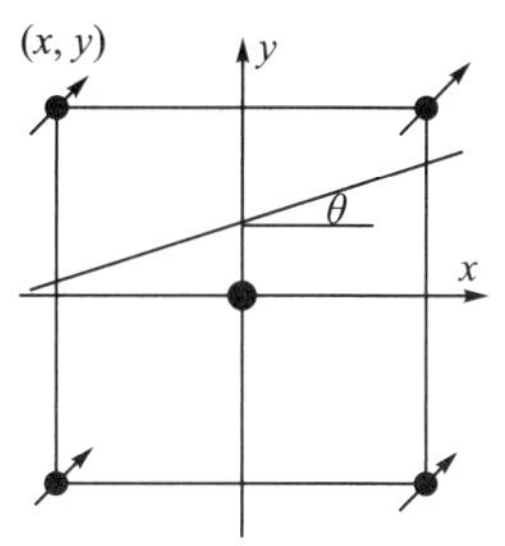

(a)天然裂缝性油层五点法井网

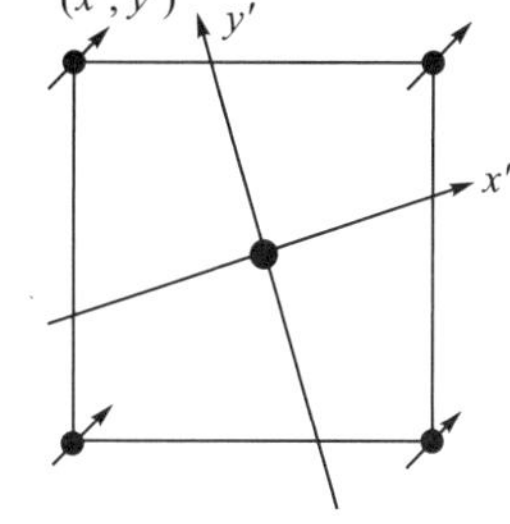

(b)等效变换各向异性油层

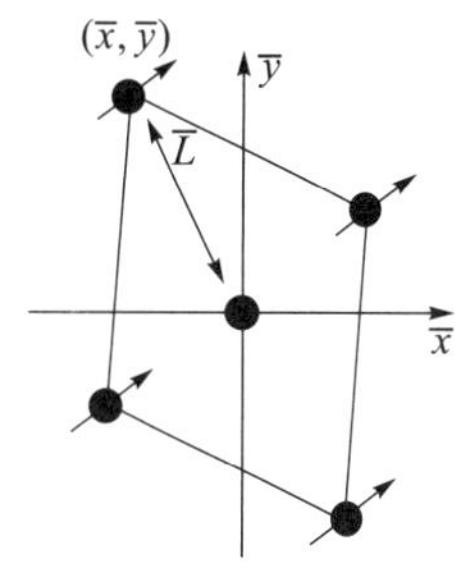

(c)等效变换各向同性油层

图6　天然裂缝性油层向等效各向同性油层转换图

3.2　非达西油水两相渗流方程的建立

依据达西定律，对应于两相流的情况[15,16]，在线性驱替过程中压力降是恒定的，假设油水两相的压力梯度相等，则在 t 时的总流量可表示为

$$q_{\mathrm{t}} = -\lambda_{\mathrm{r}} K_{\mathrm{b}} A \frac{\mathrm{d}p}{\mathrm{d}x} \tag{5}$$

其中，

$$\lambda_{\mathrm{r}} = -\left(\frac{K_{\mathrm{ro}}}{\mu_{\mathrm{o}}} + \frac{K_{\mathrm{rw}}}{\mu_{\mathrm{w}}}\right) \tag{6}$$

式中，λ_{r}为总的相对流动度，$\mathrm{Pa^{-1} \cdot s^{-1}}$；$q_{\mathrm{t}}$为总的注入速度，$\mathrm{m^3/s}$；$K_{\mathrm{ro}}$为油相相对渗透率，小数；$K_{\mathrm{rw}}$为水相相对渗透率，小数；$\mu_{\mathrm{w}}$为地层水黏度，Pa·s；$K_{\mathrm{b}}$为有效渗透率，$\mathrm{\mu m^2}$；$\mu_{\mathrm{o}}$为油黏度，Pa·s。

在等效各向同性油层基础上，引入油水两相启动压力梯度参数，建立基于裂缝及非达西的油水两相渗流方程：

$$q_{\mathrm{t}} = \frac{KK_{\mathrm{ro}}A(p_{\mathrm{i}} - p_{\mathrm{p}} - G_{\mathrm{o}}L)}{\mu_{\mathrm{o}}L} + \frac{KK_{\mathrm{rw}}A(p_{\mathrm{i}} - p_{\mathrm{p}} - G_{\mathrm{w}}L)}{\mu_{\mathrm{w}}L} \tag{7}$$

式中，p_{i}为注入端注入压力，Pa；p_{p}为采出端采油压力，Pa；L 为注采井井距，m；G_{o}为油相的启动压力梯度，MPa/m；G_{w}为水相的启动压力梯度，MPa/m；A 为截面积，$\mathrm{m^2}$；K 为等效渗透率，$\mathrm{\mu m^2}$。

3.3　建立油水两相渗流模板

在流管法的基础上，假定单元井网注采井间的驱替过程都是非混相驱替过程，采用多孔介质中均质流体稳定渗流时的流线表示单元井网的流线。利用流线模型划分相应注采井网间的流管，以五点法和反九点法井网为例流线分布(图7)。在建立流管模型模拟井网注水井间单元渗流模型时，在划分好流管的基础上，将单根流管分成 n 个体积相等的网格(图8)。

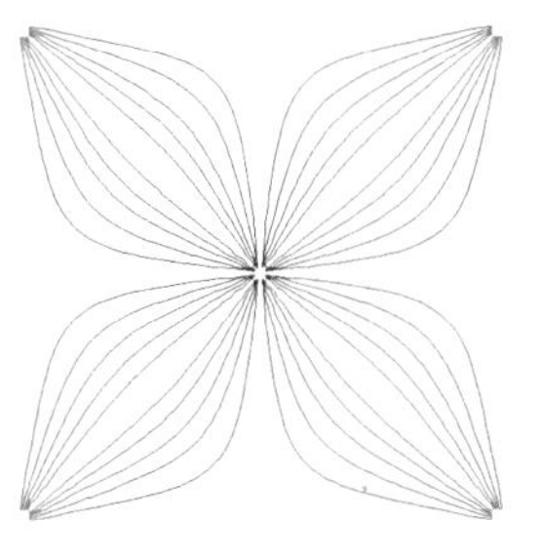

(a)五点法井网

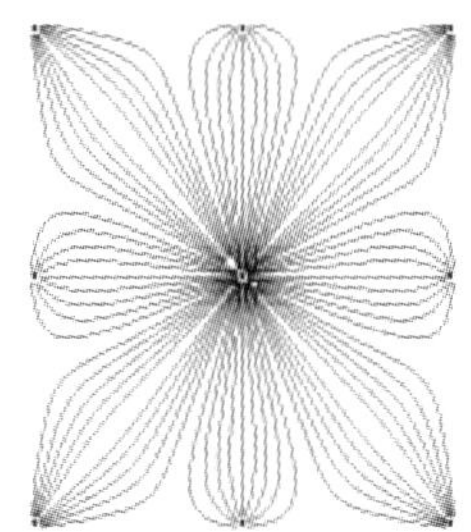

(b)反九点法井网

图7　五点法和反九点法井网流线分布图

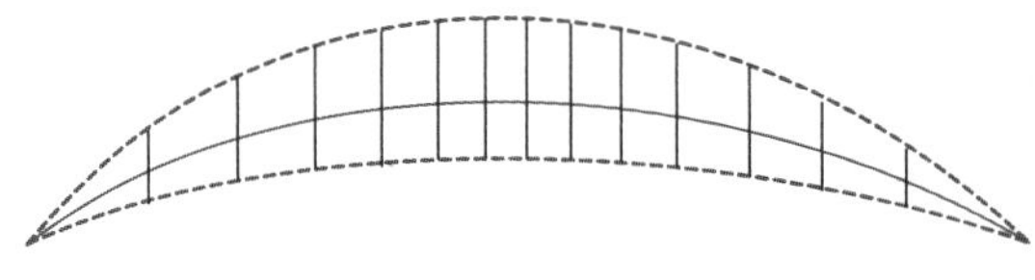

图8　单根流管划分示意图

通过建立注采井间的流管模型以及单根流管的网格划分模型，将原本注采井间的二维混相驱替过程进行相应的简化处理，注采井间混相驱替过程转化为沿一系列流管的一维驱替过程，即沿单根流管的驱替前缘不断移动直至第 n 格水窜的过程。

(1)单管含水饱和度 S_w 和含水率 f_w 的求解

根据单管前缘推进方程，某一时间 t 时某饱和度 S_w 的位置：

$$V_{pS_w} = V_{pT} Q_i f'_w \tag{8}$$

式中，Q_i 为注入流管的流体的孔隙体积倍数；V_{pS_w} 为对应某含水饱和度 S_w 所在位置对应的流管体积，m^3；V_{pT} 为流管的孔隙体积，m^3；f'_w 为对应于某一含水饱和度时的含水率导数。

当 Q_i 固定时，可求得每一个 $V_p(0 \leqslant V_p \leqslant V_{pT})$ 位置上的含水饱和度，从而建立流管饱和度剖面。

发生水窜前，假设注采平衡，注入体积等于驱出油的体积。发生水窜后，根据前缘推进方程可以获得某一确定注入体积倍数 Q_i 任意位置 ξ 处对应的含水率导数值，对整根流管体积范围内进行积分计算，求解出流管对应于某一确定注入体积倍数时的含水饱和度值 S_w。对应求出发生水窜前与发生水窜后的含水饱和度值后，可根据含水饱和度与含水率的关系求解出对应于某一确定注入体积倍数时的流管的含水率值 f_w[16]。发生水窜前，对应于注入端的某一确定的注入体积倍数时，采出端采出为纯油相，流管的整体含水率为0，发生水窜后可以根据上述方法获得水窜后的含水率值。

(2)单管视平均黏度的求解

对于两相流情况，不同注入体积倍数下渗流阻力是不同的，可以用平均视黏度来表示。在线性驱替系统中，从前沿推进方程可得发生水窜前视平均黏度的表示为

$$\bar{\lambda}^{-1} = \bar{\lambda}_{ro}^{-1} + (\bar{\lambda}_{S_{wf}}^{-1} - \bar{\lambda}_{ro}^{-1}) Q_i f'_{S_{wf}} \tag{9}$$

发生水窜之后的视平均黏度表示为

$$\bar{\lambda}^{-1} = \frac{\int_0^{V_{pT}} \lambda_r^{-1} dV_p}{\int_0^{V_{pT}} dV_p} \tag{10}$$

(3)单管总流量与时间关系求解

在流管法计算线性驱替系统时，总流量与累计注入体积倍数有如下关系：

$$Q_i = \frac{\int_0^t q_t dt}{V_p} \tag{11}$$

令 t^n 和 t^{n+1} 分别代表两个连续时间，并假设 q_t 可用 $(q_t^n + q_t^{n+1})/2$ 逼近表示，可以得到：

$$t^{n+1} = t^n + \frac{2(Q_i^{n+1} - Q_i^n)V_p}{(q_t^{n+1} + q_t^n)} \tag{12}$$

如果 $n=0$，那么 $t^n=0$，且 $Q_i=0$。在这种情况下，可以用下式估算 t^1：

$$t^1 = \frac{2Q_i^{n+1}V_p}{(q_t^1 + q_t^0)} \tag{13}$$

其中，q_t^0 是油藏原始状态下油的流量。

在进行多管综合时，将相同注入时间下各个流管的结果综合起来，就可以得到在起终点都是相同的注采井间区域各流管汇集在一起的总动态。综合求解的步骤是：用单相流确定流线及流管分布；对每个流管给定一累计注入倍数 Q_i，计算各流管对应的饱和度分布和平均视黏度分布；计算流管中的总流量；计算相应的时间值；将相等时间值下各个流管的结果汇总，得到总的流动动态。

3.4 建立 FY 油层不同物性条件和井网形式的渗流模板

根据大庆长垣外围油田开发井网及渗透率级别和天然裂缝的发育情况，建立不同渗透率级别和井网形式的渗流模板。另外，根据 FY 油层已经获得的启动压力梯度与渗透率关系曲线，可计算启动压力梯度与渗透率的关系式。因此，基于流管法计算注入体积倍数与饱和度分布、含水率变化规律，建立时间与注入体积倍数关系，依据渗流模板结果，实现含油饱和度与含水率的快速求解。例如，渗透率为(5～10)×$10^{-3}\mu m^{-2}$，裂缝夹角为 22.5 °时，建立了反九点与线性井网条件下的渗流模板(图 9，彩图见附录)。

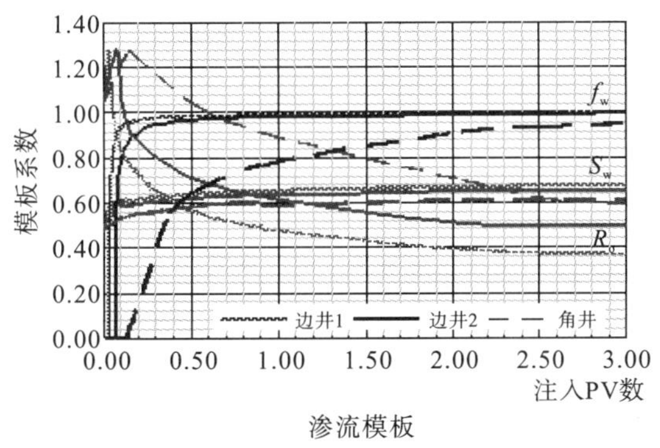

渗流模板

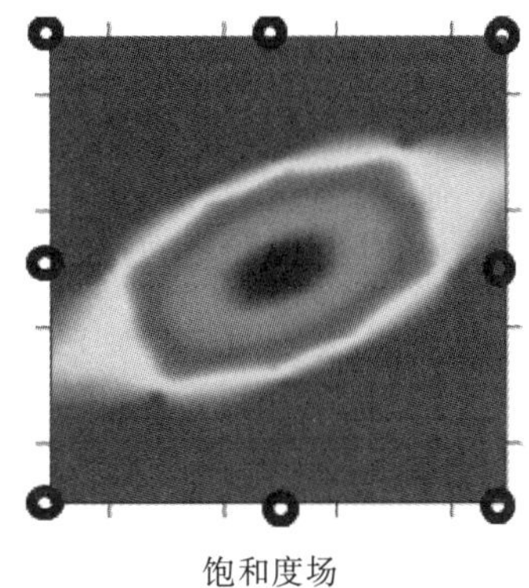

饱和度场

(a)反九点井网

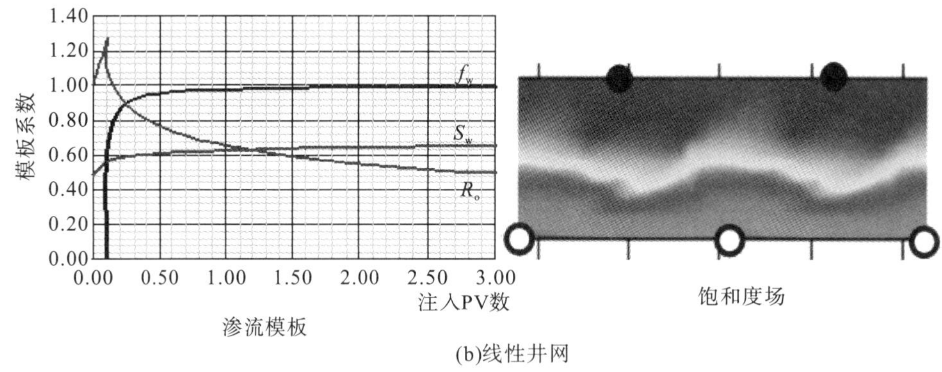

图9 不同井网条件下渗透率及裂缝渗流模板

4 应用举例

在FY油层基于裂缝与非达西的油藏工程方法的基础上，编制完成了基于裂缝与非达西两个计算模块，可以快速计算各种类型剩余储量潜力，及时搞清剩余油分布规律及主要剩余油类型，揭示油田的开发矛盾。

C55区块位于CYG油田的轴部，空气渗透率$8.7\times10^{-3}\mu m^2$，有效孔隙度16.0%，地层原油黏度11.8mPa·s。天然裂缝发育，裂缝主要发育方向为近东西向，即NE85°，裂缝渗透率$1500\times10^{-3}\mu m^2$，裂缝线密度0.065条/m，裂缝宽度0.9mm，裂缝连续性系数0.9。1992年5月投入开发，初期采用300m×300m反九点面积井网布井，井排方向相对裂缝方向错开22.5°，平均单井日产油4.86t。1999年采用“3, 2, 1”方式加密，加密后井网为223m×134m。目前共有油水井186口，其中油井124口，生产油井88口，平均单井日产油0.64t，年产油2.05×10^4t，综合含水59.86%；注水井62口，生产水井57口，平均单井日注水$12m^3$，年注水$19.28\times10^4m^3$。原剩余油类型主要以层内和注采不完善型为主。通过剩余油定量计算，细化后剩余油是以注采不完善型和平面干扰Ⅱ型为主，占区块62.9%。

S2区块空气渗透率$1.02\times10^{-3}\mu m^2$，有效孔隙度12.3%，地层原油黏度3.6mPa·s，启动压力梯度0.0869MPa/m。1998年9月投入开发，初期采用300m×300m反九点面积井网布井，平均单井日产油2.28t，2002年开始局部加密。目前共有油水井157口，其中油井121口，生产油井89口，平均单井日产油0.56t，年产油1.75×10^4t；注水井36口，生产水井26口，平均单井日注水$5m^3$，年注水$4.55\times10^4m^3$，综合含水30.9%。由于储层致密，难以建立有效驱动，原剩余油类型主要以层内和注采不完善型为主，细化后剩余油是以井网控制不住Ⅱ型和注采不完善型为主，占区块70.0%(表2)。

表2 典型区块FY油层剩余油类型细化前后剩余油储量比例对比表

区块	认识程度	层内/%	注采不完善/%	层间干扰/%	平面干扰Ⅱ型/%	断层遮挡/%	井网控制不住Ⅱ型/%	平面干扰Ⅰ型/%
C55	原认识	43.6	32.2	9.1		12.3		2.8
	目前认识	12.9	32.2	9.1	30.7	12.3		2.8

续表

区块	认识程度	层内/%	注采不完善/%	层间干扰/%	平面干扰Ⅱ型/%	断层遮挡/%	井网控制不住Ⅱ型/%	平面干扰Ⅰ型/%
S2	原认识	45.9	41.5	3.8		8.3		0.5
	目前认识	11.6	39.1	1		13.9	30.9	3.5

5 结论

(1)FY 油层储层物性差，受启动压力梯度和部分区块裂缝的影响，剩余油类型可新增井网控制不住Ⅱ型和平面干扰Ⅱ型。

(2)应用等效介质模型把天然裂缝性油层转换为各向同性油层，从而建立基于裂缝和非达西的油水两相渗流模型。

(3)通过低/特低渗透 FY 油层剩余油计算模块在典型区块的实际应用，可以快速量化不同类型剩余油。裂缝发育区块剩余油以注采不完善型和平面干扰Ⅱ型为主；储层致密、存在启动压力梯度的区块剩余油以注采不完善型和井网控制不住Ⅱ型为主。

参考文献

[1]刘之的，陈犁，王珺，等. 扶余油田剩余油分布特征精细研究[J]. 西北大学学报(自然科学版)，2016，3：429-437.

[2]邓新颖，殷旭东，尹承棣，等. 特高含水期剩余油分析方法[J]. 断块油气田，2004，5：54-56，92.

[3]严科. 三角洲前缘储层特高含水后期剩余油分布特征[J]. 特种油气藏，2014，21(5)：20-23.

[4]Zhu L H，Du Q L，Guo J H. Water-out characteristics and remaining oil distribution pattern of different types of channel sands in Lasaxing Oilfield[J]. IPTC12482，2008.

[5]姜天良，陆陈，黄金林. 江苏小断块油藏剩余油成因和挖潜调整对策[J]. 中外能源，2009，24：62-66.

[6]王志章，韩海英，刘月田，等. 复杂裂缝性油藏分阶段数值模拟及剩余油分布预测[J]. 新疆石油地质，2010，6：604-606.

[7]朱世发，朱筱敏，刘振宇，等. 准噶尔盆地西北缘克－百地区侏罗系成岩作用及其对储层质量的影响[J]. 高校地质学报，2008，2：172-180.

[8]汪伟英，陶杉，田文涛，等. 稠油非线性渗流及其对采收率的影响[J]. 石油天然气学报，2010，5：115-117，404.

[9]杨正明，杨清立，郝明强，等. 低渗透油藏非线性渗流规律研究及应用[C]//中国石油学会油气田开发技术大会暨中国油气田开发科技进展与难采储量开采技术研讨会. 2005.

[10]雷裕红，罗晓容，潘坚. 大庆油田西部地区姚一段油气成藏动力学过程模拟[J]. 石油学报，2010，2：204-210.

[11]王秀娟，杨学保，迟博，等. 大庆外围低渗透储层裂缝与地应力研究[J]. 大庆石油地质与开发，2004，5：88-90，125.

[12]孙晓瑞. 安塞油田王窑区裂缝分布特征及改善开发效果研究[D]. 荆州：长江大学，2013.

[13]冯金德，程林松，李春兰. 裂缝性低渗透油藏等效连续介质模型[J]. 石油钻探技术，2007，5：94-97.

[14]任宗孝，吴晓东，何晓君，等. 各向异性油藏倾斜裂缝水平井非稳态压力模型[J]. 断块油气田，2017，1：74-78.

[15]杜庆龙，计秉玉，王元庆，等. 用多层次模糊综合评判法确定单层剩余油分布[J]. 石油学报，2003，2：57-60.

[16]杜庆龙. 多层非均质砂岩油田小层动用状况快速定量评价方法[J]. 大庆石油地质与开发，2016，4：43-48.

特低丰度油藏井网与水平井穿层压裂一体化设计技术

松辽盆地北部古龙南地区勘探开发一体化实践与认识

王永卓　周永炳　刘国志　樊晓东　张　威　蔡　敏

（大庆油田有限责任公司第九采油厂，黑龙江 大庆 163712）

摘　要：松辽盆地北部古龙南地区勘探开发一体化实践取得了显著成绩，积累了丰富经验。通过对古龙南地区历经30多年的勘探开发一体化实施过程的分析，总结出古龙南地区实现产量高峰和产量递减期间大幅回升的主要经验和做法，对石油企业的勘探与开发一体化工作起到重要借鉴作用。

关键词：古龙南地区；勘探开发一体化；穿层压裂；低丰度储量；低阻油层

引言

古龙南地区位于黑龙江省肇源县，南起新站油田，北至新肇油田，东与大庆长垣P油田相接。构造位置处于古龙凹陷区南部，勘探面积1180km^2。区内发育新站和新肇两个北北东向鼻状构造。沉积类型为受西部和北部物源双重控制的三角洲前缘相沉积。储层类型主要有砂岩、泥质粉砂岩、泥岩裂缝。主要含油气层位为白垩统姚家组一段的P油层和下白垩统嫩江组三段的H油层。油气藏类型为构造-岩性油气藏。

1　勘探历程

1.1　“点片结合”勘探方针，实现凹陷区含油大连片场面

“七五”到“八五”期间，向斜区找油理论勘探与实践，对古龙凹陷及周边的认识有了历史性飞跃。高含泥、高含钙储层油气水层的识别技术，试油及油层改造技术等低渗透薄互层油藏的勘探技术系列进一步完善，勘探部署由“东部找片、西部找点”，逐渐发展成为“东部找片要扩大成果，西部找点要点片结合”。1985年新肇鼻状构造先后钻探了古601、古62、古63等一批探井，有5套工业油层(H、P、G、F、Y)获得了工业油流，形成错叠连片的含油特征。估算石油储量超过4000万t；1993年新站鼻状构造首先钻探了英41井，该井于H油层获得工业气流，嫩五段获含水工业油流，P油层解释两层差油层厚度为1.4m；后续钻探了大401、大402、大403等10口探井，发现了H、P 2套工业油气层，含油面积近200km^2，估算石油储量将超过7000万t，使薄互层储层的勘探出现了含油连片的场面。

1.2　勘探开发一体化评价，实现储量和产量双高峰

1995年实施勘探开发一体化评价程序，先后优选出P油层储量丰度相对高、产能相

作者简介：王永卓，男，1965年4月出生，教授级高工，一直从事油藏评价、低渗透油田开发管理工作。

对高的新站油田大401区块和新肇油田古634区块作为生产试验区，开展先导性开发试验。新站油田大401区块设计试验井49口，其中，代用井2口，实际钻井47口，报废1口。新肇油田古634区块设计试验井104口，实际钻井103口。试验结果表明，新站油田和新肇油田具有较好的经济效益。1997年至2003年按照大庆外围油田坚持以经济效益为中心，评价勘探与开发产能建设一体化的开发方针，进一步开展油藏评价和产能建设工作，完钻评价井27口，获工业油流井9口，提交石油探明储量7131万t。完钻开发井916口，油田年产油于2002年产量达到高峰，为35.73万t。

1.3 水平井穿层压裂技术开发的低丰度储量，实现年产油回升20%

随着古龙南地区新站鼻状构造和新肇鼻状构造两个正向构造区持续开发，2002年达到年产油高峰后，逐年递减，至2011年降至10万t。而此时油田剩余储量已由构造高部位转移至构造低部位，这部分储量动用难度较大，主要是油藏埋藏深，平均埋深1800m；油层厚度薄，平均单井有效厚度2.7m左右；储层物性差，平均孔隙度13.7%，平均渗透率3.1mD；储量丰度低，平均丰度$15\times10^4t/km^2$。属于中浅层低渗透特低丰度储量，类似的油田开发实践表明，直井开发单井产量低，经济效益差。为了探索这部分储量经济有效动用途径，按照“典型示范引领，超前介入试验”的原则，优选茂15-1区块为示范区，“充分利用水平井技术优势，通过井网井型以及井距的优化，最大限度降低井网密度，通过射孔和压裂方案优化，进一步提高单井产量和储层动用程度”，实现了特低丰度薄油层储量经济有效动用。2012年开辟茂15-1试验区，完钻开发试验井77口(油井43口，其中水平井16口，水井34口)，初期单井产量高，平均单井日产液7.4t，单井日产油6.9t，含水6.7%，其中水平井平均单井日产油10.6t，直井平均单井日产油3.6t。此后，试验规模不断扩大，至2016年共完钻开发试验井356口(其中水平井89口)，动用地质储量885×10^4t，年产油两次由10×10^4t回升到12×10^4t，回升了20%，有效延缓了油田产量递减，同时，新增特低丰度探明储量3029×10^4t。

2 经验与做法

2.1 向斜成藏找油理论与实践，发现两个亿吨级含油气区

在向斜成藏理论的指导下，借助东部三肇向斜区找油的思想，深化古龙南地区沉积、成藏规律认识，认为P油层局部构造高点油气富集，且构造高点间易形成大面积岩性油藏。主要具备如下三个条件：

(1)大面积岩性背景上正向构造带对油气运移起诱导作用，油气相对富集。主要依据：一是古龙南地区发育有大安鼻状构造和大庆长垣西部边缘的新肇鼻状构造及其相关的构造带。二是北北东、北东东正向构造带的形成期与烃源岩的生、排烃期相匹配，成为油气运移的主要指向。三是正向构造砂体发育，储层物性好，含油丰度高。

(2)三角洲前缘相砂体纵向错叠连片，具备了形成大面积岩性油藏的地质条件。P油层低水位体系域三角洲前缘河道砂、席状砂和透镜状砂伸入古龙凹陷，直接覆于青山口组烃源岩之上，从而决定了大面积下生上储岩性油藏的形成。

(3)生储盖组合关系，决定了大面积岩性油藏的形成。在古龙地区P油层三角洲外

前缘砂体上下的S、G油层为半深-深湖沉积，建造了非常有利的生储盖组合，从而决定了大面积岩性油藏的形成。

在上述认识的基础上，坚定“点片结合”的勘探方针，不断实践认识，再实践再认识，先后在新站和新肇两个鼻状构造及周边发现了2个储量上亿吨的含油气区，并形成了点片结合的局面。

2.2 攻克复杂油水层测井解释技术，发现一批低阻油层

针对古龙南地区含泥高、含钙高、储层薄、地层水矿化度变化大，加上油水分异差，常形成高阻水层和低阻油层，油水层识别难的问题，研制了高含泥、高含钙、薄油层识别技术。消除或减小高含泥、高含钙对储层电性响应的影响，在分区和分层位建立了油水层解释标准，提高了新井解释符合率，解放了老井油气层。根据已试油的12口井41层的资料验证，含钙砂泥岩薄互层测井解释成功或符合的35层，综合解释符合率达到了85.4%。低电阻率油层测井解释16口井，有可参加统计的试油资料9口井36层，符合33层，解释符合率为91.7%。同时应用新标准开展老井复查，找回了老井中由于受当时工艺技术条件和地质认识局限，而被漏失的部分油气层。如：古64井P油层42~45号、补3号层，原解释均为干层，经含泥、含钙、薄层校正后，42~45号层复查改判为差油层，该段压后获得了日产2.46t工业油流。

2.3 创新水平井穿层压裂技术，形成低丰度储量有效开发模式

2.3.1 低丰度储量储集层基本特征

P油层可分成8个小层，单井钻遇砂岩厚度平均为7.4m/3.5层，单井钻遇有效厚度平均为2.8m/2.4层，有效厚度以小于1m的薄差层为主，占总有效层数的47.22%，占总有效厚度的26.41%。其中，PI1~PI6主要发育水下分流河道砂和席状砂，PI1、PI3、PI4号小层砂体发育稳定，规模较大，PI7~PI8主要发育前三角洲小片席状砂和浅湖泥岩。油水分布整体呈现大面积连片含油特征，油水同层呈环带状零星分布在茂兴向斜周围的斜坡部位，布井区优选在油水分布相对比较简单、大面积连片含油区块。

2.3.2 完善薄层水平井随钻导向技术，提高砂岩钻遇率

针对储层薄、微幅度构造变化大、随钻测录井信息滞后影响钻井效果的实际，在水平井钻井过程中，不但要钻前精细设计水平井轨迹，而且钻进过程中尤其注重水平井随钻导向预测，及时调整水平钻井轨迹。主要做法：一是搭建水平井着陆对比模型，钻井过程中，实时校正随钻测井曲线并加入对比模型，逐个“沉积旋回”进行对比，实现了由以往的单一标志点对比向连续对比转变，确保水平井精确着陆。二是建立水平井前导模型，在随钻测井响应机理研究的基础上，开展完钻水平井与周围斜直井电性特征关系分析研究，结合已完钻井资料和地震资料，建立目标区电性模型，模拟水平井设计轨迹在模型中的电性响应特征，钻井过程中，实时将随钻信息与电性模型对比，判断钻头位置，实现预判的超前性。同时，为解决导向过程中人工计算效率低的问题，建立了水平井导向模式识别及计算系统，实现了由“手工计算、设计”向“计算机智能识别、设计”转变，提高水平井轨迹计算的精度和工作效率。通过水平井精细导向，薄层水平井钻遇率达到了82.4%。

2.3.3 创新薄层水平井穿层压裂开发技术，提高油田储量动用率和采收率

(1)穿层压裂优化设计，单井储量动用程度由56.5%提至78.3%。通过优化裂缝在纵向的整体布置，对压裂位置、压裂工艺、施工参数进行了优化，实现储量动用程度的最大化。一是为了提高井筒附近的导流能力，依据水平井实钻情况，优选岩性纯、物性好、含油性好的位置压裂，测井显示自然伽马值≤142API，中子密度≤2.57g/cm^3。同时，考虑纵向上砂体叠合关系，为了实现储量动用最大化，按照“纵向上兼顾各小层”的原则，优化压裂位置，正对注水井投影部位100m内不射孔。二是增强造缝功能，前置液比例由30%提高到50%，采用段塞式加砂。三是为保证缝宽，形成有效支撑，根据不同穿层方式采取针对性的工艺对策。对于裂缝穿透下部储层的压裂方式，压后采取延时扩散使支撑剂下沉；对于裂缝穿透上部储层的压裂方式，使用纤维压裂液和密度较小的支撑剂，防止支撑剂沉降；对于裂缝穿透上下储层的压裂方式，采用大排量段塞式加砂，压后强制闭合，确保各层段全部有效支撑。

(2)平直联合、缝网匹配的井网优化，使井网密度由13.1口/km^{2}下降到6.6口/km^2。一是针对低渗透油藏水平井压裂投产的特点，调研并优选了压裂投产水平井产能计算公式，对水平段长度与产量及经济效益的关系进行了研究，确定合理水平段长度。水平段越长，产量越高。但从经济效益看，水平段长度为500~700m时，效益最好。最终确定水平段长度为700m。二是考虑裂缝半缝长，将以往井与井之间建立有效驱替转变为井与裂缝之间建立有效驱替，通过缝网结合，实现拉大井距、降低井网密度的目的，最终确定井排距为300m×300m(图1)。三是考虑水平井方位与人工裂缝的匹配关系，设计了六套井网形式(图2，彩图见附录)，应用地质建模和数值模拟技术进行对比分析上述六套井网，数值模拟结果表明：采用此井网形式开发，含水率为85%时，采出程度18.5%，效益最好。

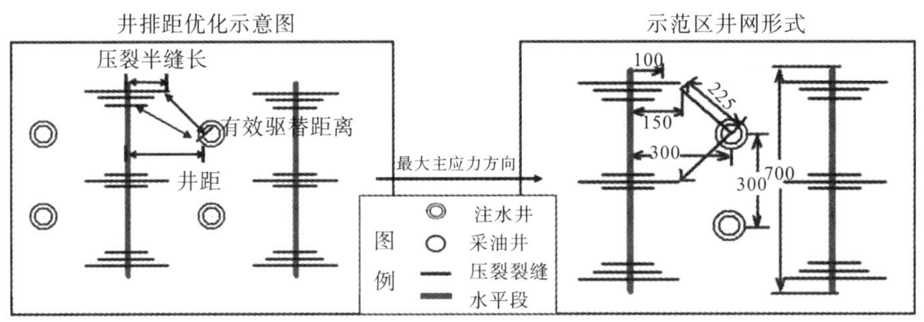

图1 平直联合、缝网匹配设计井网形式图

(3)实施精细注水，减缓油田递减速度。采取“分阶段、分层、按砂体”精细注水方式。分阶段——即通过数值模拟研究，优选受效前低强度温和注水、受效后不均衡灵活注水、见水后平面对角交替周期注水的注水方式，对受效前后及见水等不同阶段进行优化；分层——即优化目的层和沟通层的注水强度；按砂体——依据注水井与水平井砂体接触关系，优化水量匹配，强化水平井均衡动用。通过实施“分阶段、分层、按砂体”精细注水，改善了注水井吸水能力，提高了井网水驱动用程度，保证了储层厚度大的主力产油层产出效率，使产量递减速度得到了有效控制，月递减率由4.0%降到2.8%，地层压力由21.3MPa略降到20.2MPa，地饱压差12.7MPa，地层压力保持水平为86.0%。

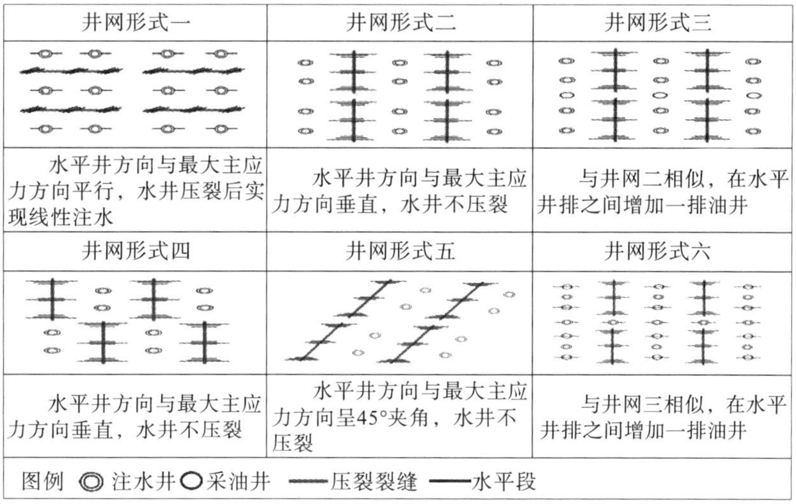

井网形式一	井网形式二	井网形式三
水平井方向与最大主应力方向平行，水井压裂后实现线性注水	水平井方向与最大主应力方向垂直，水井不压裂	与井网二相似，在水平井排之间增加一排油井
井网形式四	井网形式五	井网形式六
水平井方向与最大主应力方向垂直，水井不压裂	水平井方向与最大主应力方向呈45°夹角，水井不压裂	与井网三相似，在水平井排之间增加一排油井
图例 ◎注水井 ○采油井 ——压裂裂缝 ——水平段		

图 2　水平井穿层压裂试验井排、井距优化示意图

2.3.4　优化地面工艺和劳动组织，降低投资生产成本

(1)地面工艺技术优化，地面建设投资降低 34.4%。采取“丛、简、合、利”优化简化技术，降低投资。丛：即丛式布井，针对地面条件复杂的实际，量化投资与平台数及平台井数之间关系，依托道路进一步优化布井方式，减少占地、道路及各类线路。简：简化工艺，将三相分离处理工艺及多台设备进行整合，采用“四合一”处理流程简化站内流程，较常规工艺减少工程投资 35%，占地面积减少 70%。合：即三线合一、岗位合一，将原来的钻井、试油、基建分别征地、征路等多线并行模式，整合为一线运行，减少重复征路、征地；将油岗、水处理岗、注水岗三岗合一，建立统一的中控室，降低劳动强度，减少人员配置。利：即利用老站剩余能力，建设转油站将产液外输至老联合站进行处理，充分利用老站内设备剩余能力，减少新建站脱水设备的同时，提高老站运行负荷率。通过“丛、简、合、利”地面工艺优化技术，地面建设投资降低 34.4%。

(2)劳动组织优化，单井综合用人由 0.5 降至 0.24 人。按照“大工种、复合型、协作化、自主式”模式，优化劳动组织。大工种：将采油、测试、夜巡、资料、计量、维修 6 个工种整合为一个“大工种”，由“流水线”作业变为采油工独立完成一整套作业。复合型：一人多能，单元内每名员工都胜任 3 个以上工序的技术操作，实现多工序一体化作业。协作化：油水井日常管理保持 4 到 5 人的“短平快”配合，变单兵作战为协同工作，形成高效执行团队，降低安全风险。自主式：适度授权，使单元成为油田生产的运转核心和责任主体，充分释放管理能量。通过劳动组织优化，单井综合用人由 0.5 降至 0.24 人。

3　结论与认识

(1)解放思想，转变观念是低丰度油藏效益开发的根本。按照传统思维，示范区这类低丰度储量难以经济有效开发，还需长期搁置。随着水平井压裂技术的发展，尤其是穿层压裂技术取得突破后，带来了开发理念的转变。通过水平井规模化应用，辅以纵向穿层压裂，能够使低丰度难采储量得到经济有效动用。

(2)研究的精细化是低丰度油藏效益开发的基础。通过实施“两提一降”的做法，有效降低了井网密度，增加了储量动用程度，降低了产能建设投资，提高了劳动效率，在油田开发、管理和效益等方面切实发挥了示范作用。

(3)精心组织和精细管理是低丰度油藏效益开发的重要保障。在示范区建设过程中，面对时间紧、任务重的实际，油田公司从管理、技术、实施三个层面整体联动，一体化组织，建立了例会制度，研究解决生产和技术难题，充分发挥了多方优势，保证了示范区建设顺利实施。

穿层压裂水平井产能计算方法

陈相君[1]　穆朗枫[2,3]　吴忠宝[1]　阎逸群[1]　张　洋[1]　商琳琳[4]

（1. 中国石油勘探开发研究院数模与软件中心，北京 100089；2. 北京大学，北京 100089；
3. 中国地质科学研究院，北京 100032；4. 大庆油田有限责任公司勘探开发研究院，大庆 163712）

摘　要：水平井穿层压裂是低品位难动用油藏的有效开发方式，本研究的目的在于对穿层压裂水平井各层、各缝的产量进行定量评价，对裂缝的位置进行优化设计。基于穿层压裂水平井的开采机理，运用复势叠加方法，充分考虑薄互层油藏穿层压裂时井筒和缝间干扰，推导出分段、多簇、穿层压裂水平井产能公式，定量计算出主力层和非主力层各段、各簇的产量，分析缝间距和簇间距对产能的影响。研究认为簇间距的影响要大于段间距的影响，从理论上阐明了水平井穿层压裂是提高低渗透、薄互层油藏经济效益的有效开发方式。该方法可用于多层分段多簇压裂水平井的产能计算以及压裂参数优化设计。

关键词：薄互层油藏；穿层压裂；水平井；稳态产能预测；裂缝影响

引言

中国石油经过几十年的勘探开发，资源劣质化加剧，低品位油田逐渐成为油田开发的主体，低丰度低渗透的薄互层油藏占比也逐年加大。由于油层厚度小，单井产量低，直井开发效率低，甚至无效；而采用水平井开发，井控储量损失大，也难以实现有效开发。在开发实践中，提出了水平井穿层压裂技术，即用压裂裂缝打通具有隔层的薄层渗流通道，理论上可以有效提高油田的采收率，在维持合理井网密度的条件下最大程度地动用薄层储层的储量。但如何在理论上计算其产能，并且对穿层压裂裂缝进行优化设计，以达到最好的开发效果，是水平井穿层压裂迫切需要解决的难题。

国内外学者已经对水平井产能问题进行了诸多研究[1-19]。例如，Giger[1]在 1985 年利用等值渗流阻力法，推导出水平井与直井的产能比。Soliman[2]在 1990 年将水平井渗流分为地层向裂缝薄片的线性流和裂缝薄片向井筒的径向流，并得到解析解。Larsen 等[3]在 1991 年将直井裂缝渗流模型用于水平井，得到无限大地层均匀流量环形裂缝和矩形裂缝的半解析解。Zerzar[8]在 2003 年推导出有限导流能力裂缝井的产能方程。Guo 等[11]在 2008 年利用保角变换方法推导出压裂水平井产能公式。李龙龙等[13]在 2014 年运用位势理论和叠加原理，推导出水平井产能线性方程组，数值求解出每簇裂缝的产量。这些方法主要针对单层发育的油藏，尚未考虑多层油藏的实际情况。针对薄互层油藏进行研究，主要考虑了缝间干扰和井筒干扰，推导出水平井穿层压裂产能计算方法，并讨论了缝间距对产能的影响。该方法为此类油藏水平井压裂缝设计提供了理论依据。

作者简介：陈相君，男，1993 年生，在读硕士，从事油藏数值模拟与压裂优化设计研究。
E-mail：chenxiangjun1@petrochina.com.cn

1 渗流数学模型建立

根据研究区薄互层储层的特点，假设裂缝的缝高足够全部穿过 1 号层(主力层)和位于 1 号层上方的 2 号层(非主力层)，裂缝为无限导流能力裂缝，两个层都是定压边界稳态渗流，且原油物性相同，如图 1 所示。

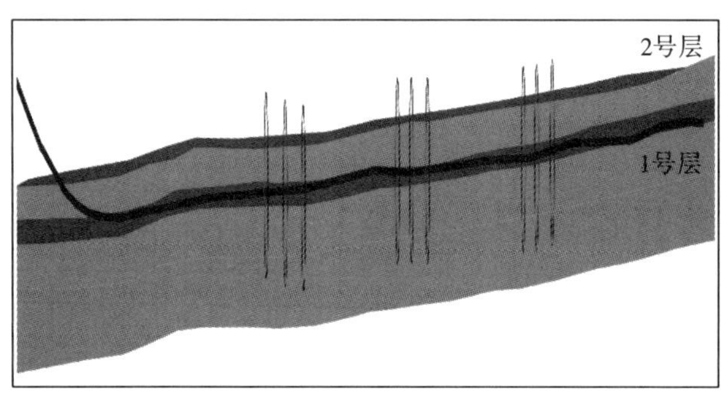

图 1 数学模型示意

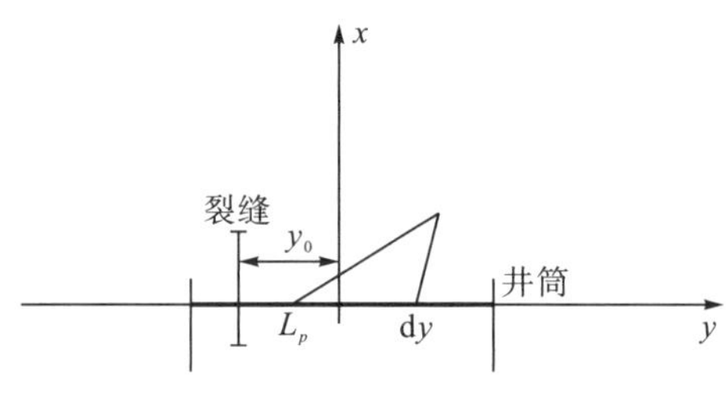

图 2 坐标系示意

在图 2 所示的坐标系中，无限大地层产量为 q_f 的水平井单条裂缝的势函数[15]为

$$\varphi_f(x,y)=\frac{q_f}{2\pi}\operatorname{arcosh}\frac{1}{\sqrt{2}}\left\{1+\frac{y^2}{L_f^2}+\left(\frac{y_0}{L_f}-\frac{x}{L_f}\right)^2+\sqrt{\left(1+\frac{y^2}{L_f^2}+\frac{(y_0-x)^2}{L_f^2}\right)^2-4\frac{x^2}{L_f^2}}\right\}^{\frac{1}{2}}+C \quad (1)$$

式中，$\varphi_f(x,\ y)$为裂缝处势函数；q_f 为裂缝产量，m^3/s；L_f 为裂缝缝高，m；C 为积分常数。

对于水平井穿过的主力层，其渗流场不但受到裂缝的影响，还受到地层向射孔孔眼处渗流的影响 。在平面内，假设射孔方位与井筒垂直。在图 2 坐标系中，产量为 q_t 的水平井，设射孔孔眼段长度为L_p，将此微元段视为均匀流量的线汇，任取的射孔段一微元段长度为 dy，其坐标为$(0,\ y_p)$，由该孔眼流入水平井筒的流量为 q_p，其在地层中任一点$(x_0,\ y_0)$的势函数为

$$\varphi(x,y)=\frac{q_p}{2\pi}\ln\sqrt{x_0^2+(y_0-y)^2}\,\mathrm{d}y+C \quad (2)$$

将式(2)在射孔段在区间$\left(y_p-\frac{L_p}{2},\ y_p+\frac{L_p}{2}\right)$上进行积分，该射孔段在地层任意一点$(x,\ y)$处的势函数为

$$\varphi(x,y)=\frac{q_p}{4\pi}\left\{y_p\ln\frac{x^2+\left(y_p+\frac{L_p}{2}-y\right)^2}{x^2+\left(y_p-\frac{L_p}{2}-y\right)^2}+\frac{L_p}{2}\ln\left[x^2+\left(y_p+\frac{L_p}{2}-y\right)^2\right]\left[x^2+\left(y_p-\frac{L_p}{2}-y\right)^2\right]\right.$$

$$\left.-2L_p+(2x-y)\arctan\frac{xL_p}{x^2+\left(y_p+\frac{L_p}{2}-y\right)\left(y_p-\frac{L_p}{2}-y\right)}\right\}+C \tag{3}$$

式中，$\varphi(x, y)$为射孔段势函数；q_p 为射孔段流量，m^3/s；L_p 为射孔段长度，m。

1.1 非主力层计算

对单条裂缝，设供给边界的位置为$(0, r_e)$，以井筒所在的直线为 y 轴，采用图 2 所示的坐标系进行建模计算。设压裂段数为 m，每段有 n 簇裂缝。每条裂缝等间距，其间距为 y_0，每段间距 d，地层厚度为 h，如图 3 所示。

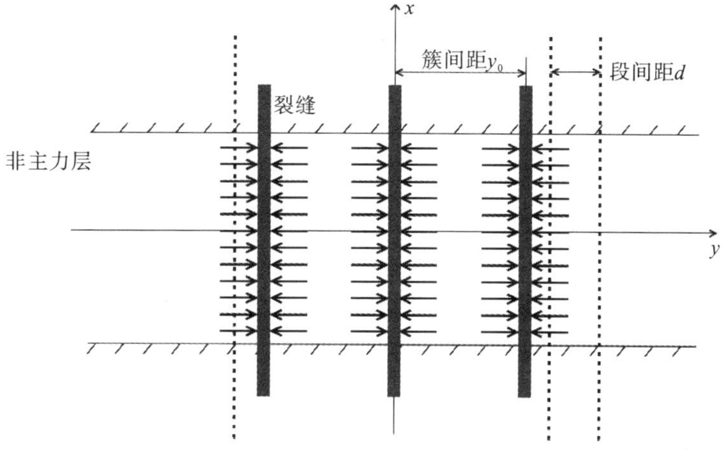

图 3　基础计算模型(非主力层)

对非主力层，由于不考虑井筒干扰，只需要对裂缝的势进行叠加。

边界在第 i 段第 j 条裂缝处的势为

$$\varphi_e+C=\frac{q_{i,j}}{2\pi}\operatorname{arcosh}\sqrt{1+\left(\frac{y_{0i,j}-r_e}{L_{fi,j}}\right)^2} \tag{4}$$

根据势的叠加原理，将式(4)进行代数叠加可得式(5)：

$$\varphi_e+C=\sum_{i=1}^{m}\sum_{j=1}^{n}\frac{q_{i,j}}{2\pi}\operatorname{arcosh}\sqrt{1+\left(\frac{y_{0i,j}-r_e}{L_{fi,j}}\right)^2} \tag{5}$$

同样的，第 i 段第 j 条裂缝在第 k 段第 s 条裂缝$(0, y_{0k,s})$处的势函数为

$$\varphi_f+C=\frac{q_{i,j}}{2\pi}\operatorname{arcosh}\sqrt{1+\left(\frac{y_{0i,j}-y_{0k,s}}{L_{fi,j}}\right)^2} \tag{6}$$

叠加可得势函数式为

$$\varphi_f+C=\sum_{i=1}^{m}\sum_{j=1}^{n}\frac{q_{i,j}}{2\pi}\operatorname{arcosh}\sqrt{1+\left(\frac{y_{0i,j}-y_{0k,s}}{L_{fi,j}}\right)^2} \tag{7}$$

式(5)~式(7)联立可得式(8)：

$$\frac{2\pi kh}{\mu B}(p_e - p_w) = \sum_{i=1}^{m}\sum_{j=1}^{n} q_{i,j}\left[\operatorname{arcosh}\sqrt{1+\left(\frac{y_{0i,j}-r_e}{L_{fi,j}}\right)^2} - \operatorname{arcosh}\sqrt{1+\left(\frac{y_{0i,j}-y_{0k,s}}{L_{fi,j}}\right)^2}\right] \tag{8}$$

考虑 $\operatorname{arcosh}\sqrt{1+u^2}=\ln\left(u+\sqrt{1+u^2}\right)$，式(8)可以改写为

$$\frac{2\pi kh}{\mu B}(p_e - p_w) = \sum_{i=1}^{m}\sum_{j=1}^{n} q_{i,j}\ln\frac{|y_{0i,j}-r_e| + \sqrt{L_{fi,j}^2 + (y_{0i,j}-r_e)^2}}{|y_{0i,j}-y_{0k,s}| + \sqrt{L_{fi,j}^2 + (y_{0i,j}-y_{0k,s})^2}} \tag{9}$$

解 n 个由式(8)构成的方程组，可求出非主力层每条裂缝的产量。设

$$A_{i,j}(k,s) = \ln\frac{|y_{0i,j}-r_e| + \sqrt{L_{fi,j}^2 + (y_{0i,j}-r_e)^2}}{|y_{0i,j}-y_{0k,s}| + \sqrt{L_{fi,j}^2 + (y_{0i,j}-y_{0k,s})^2}}$$

则式(8)可以简化为

$$\frac{2\pi kh}{\mu B}(p_e - p_w) = \sum_{i=1}^{m}\sum_{j=1}^{n} q_{i,j}A_{i,j}(k,s) \tag{10}$$

式中，φ_e 为边界处势函数；r_e 为供给半径，m；$q_{i,j}$为 i 段 j 簇裂缝产量，m^3/s；φ_f 为裂缝势函数；k 为基质有效渗透率，μm^2；h 为地层厚度，m；μ 为原油黏度，mPa·s；B 为原油体积系数，m^3/m^3；p_e 为供给边界压力，MPa；p_w 为井底流压，MPa。

1.2 主力层计算

主力层：考虑井筒干扰作用，在进行势的叠加时，应同时考虑射孔段流动的势和裂缝的势。仍然沿用图 2 所示的坐标系进行建模计算，如图 4 所示。

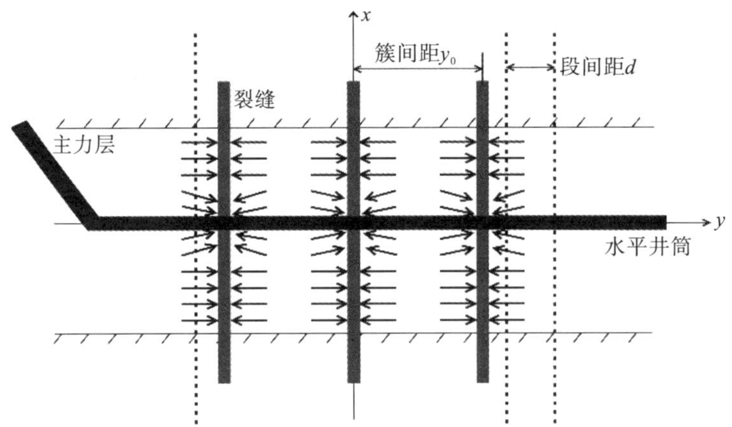

图 4　基础计算模型(主力层)

在边界(0，r_e)处，射孔段的势函数为式(11)：

$$\varphi_e = \frac{q_{pi,j}}{4\pi}\left[y_{0i,j}\ln\frac{\left(y_{0i,j}+\frac{L_p}{2}-r_e\right)^2}{\left(y_{0i,j}-\frac{L_p}{2}-r_e\right)^2} + \frac{L_p}{2}\ln\left(y_{0i,j}+\frac{L_p}{2}-r_e\right)^2\left(y_{0i,j}-\frac{L_p}{2}-r_e\right)^2 - 2L_p\right] + C \tag{11}$$

式中，$q_{pi,j}$为最终流入该射孔段的流量，m^3/s。

$q_{pi,j}$包括3部分，该裂缝在2号层的产量$q'_{i,j}$，在以上计算中已经给出；该裂缝在主力层的产量$q_{i,j}$以及基质流向射孔段的产量，由于此模型假设为无限导流能力裂缝，裂缝渗透率远大于基质渗透率，故基质流向射孔段的产量忽略不计，即

$$q_{pi,j} = q'_{i,j} + q_{i,j}$$

在第i段第j条裂缝$(0,\ y_{0i,j})$处的射孔段对第k段第s条裂缝$(0,\ y_{0k,s})$处的射孔段的势函数为式(12)：

$$\varphi_w = \frac{q_{pi,j}}{4\pi}\left[y_{0i,j}\ln\frac{\left(y_{0i,j}+\dfrac{L_p}{2}-y_{0k,s}\right)^2}{\left(y_{0i,j}-\dfrac{L_p}{2}-y_{0k,s}\right)^2}+\frac{L_p}{2}\ln\left(y_{0i,j}+\frac{L_p}{2}-y_{0k,s}\right)^2\left(y_{0i,j}-\frac{L_p}{2}-y_{0k,s}\right)^2-2L_p\right]+C \tag{12}$$

在边界处，主力层的势函数叠加结果为式(13)：

$$\begin{aligned}\varphi_e + C = \sum_{i=1}^{m}\sum_{j=1}^{n}&\left\{\frac{q_{i,j}}{2\pi}\operatorname{arcosh}\sqrt{1+\left(\frac{y_{0i,j}-r_e}{L_{fi,j}}\right)^2}\right.\\&\left.+\frac{q_{pi,j}}{2\pi}\left[y_{0i,j}\ln\frac{\left(y_{0i,j}+\dfrac{L_p}{2}-r_e\right)}{\left(y_{0i,j}-\dfrac{L_p}{2}-r_e\right)}+\frac{L_p}{2}\ln\left(y_{0i,j}+\frac{L_p}{2}-r_e\right)\left(y_{0i,j}-\frac{L_p}{2}-r_e\right)-L_p\right]\right\}\end{aligned} \tag{13}$$

在裂缝与水平井交点$(0,\ y_{0k,s})$处，势函数叠加结果为式(14)：

$$\begin{aligned}\varphi_f + C = \sum_{i=1}^{m}\sum_{j=1}^{n}&\left\{\frac{q_{i,j}}{2\pi}\operatorname{arcosh}\sqrt{1+\left(\frac{y_{0i,j}-y_{0k,s}}{L_{fi,j}}\right)^2}\right.\\&\left.+\frac{q_{pi,j}}{2\pi}\left[y_{0i,j}\ln\frac{\left(y_{0i,j}+\dfrac{L_p}{2}-y_{0k,s}\right)}{\left(y_{0i,j}-\dfrac{L_p}{2}-y_{0k,s}\right)}+\frac{L_p}{2}\ln\left(y_{0i,j}+\frac{L_p}{2}-y_{0k,s}\right)\left(y_{0i,j}-\frac{L_p}{2}-y_{0k,s}\right)-L_p\right]\right\}\end{aligned} \tag{14}$$

令式(13)－式(14)，结果为

$$\begin{aligned}\frac{2\pi kh}{\mu B}\Delta p = \sum_{i=1}^{m}\sum_{j=1}^{n}&\left[q_{i,j}\ln\frac{|y_{0i,j}-r_e|+\sqrt{L_{fi,j}^2+(y_{0i,j}-r_e)^2}}{|y_{0i,j}-y_{0k,s}|+\sqrt{L_{fi,j}^2+(y_{0i,j}-y_{0k,s})^2}}\right.\\&+q_{pi,j}y_{0i,j}\ln\frac{\left(y_{0i,j}+\dfrac{L_p}{2}-r_e\right)\left(y_{0i,j}-\dfrac{L_p}{2}-y_{0k,s}\right)}{\left(y_{0i,j}-\dfrac{L_p}{2}-r_e\right)\left(y_{0i,j}+\dfrac{L_p}{2}-y_{0k,s}\right)}\\&\left.+q_{pi,j}\frac{L_p}{2}\ln\frac{\left(y_{0i,j}+\dfrac{L_p}{2}-r_e\right)\left(y_{0i,j}-\dfrac{L_p}{2}-r_e\right)}{\left(y_{0i,j}+\dfrac{L_p}{2}-y_{0k,s}\right)\left(y_{0i,j}-\dfrac{L_p}{2}-y_{0k,s}\right)}\right]\end{aligned} \tag{15}$$

式(15)可以简写为式(16)：

$$\frac{2\pi kh}{\mu B}\Delta p = \sum_{i=1}^{m}\sum_{j=1}^{n}\left[q_{i,j}A_{i,j}(k,s)+q'_{i,j}B_{i,j}(k,s)\right] \tag{16}$$

其中，

$$A_{i,j}(k,s)=\ln\frac{\left|y_{0i,j}-r_e\right|+\sqrt{L_{fi,j}^2+(y_{0i,j}-r_e)^2}}{\left|y_{0i,j}-y_{0k,s}\right|+\sqrt{L_{fi,j}^2+(y_{0i,j}-y_{0k,s})^2}}+y_{0i,j}\ln\frac{\left(y_{0i,j}+\frac{L_p}{2}-r_e\right)\left(y_{0i,j}-\frac{L_p}{2}-y_{0k,s}\right)}{\left(y_{0i,j}-\frac{L_p}{2}-r_e\right)\left(y_{0i,j}+\frac{L_p}{2}-y_{0k,s}\right)}$$

$$+\frac{L_p}{2}\ln\frac{\left(y_{0i,j}+\frac{L_p}{2}-r_e\right)\left(y_{0i,j}-\frac{L_p}{2}-r_e\right)}{\left(y_{0i,j}+\frac{L_p}{2}-y_{0k,s}\right)\left(y_{0i,j}-\frac{L_p}{2}-y_{0k,s}\right)}$$

$$B_{i,j}(k,s)=y_{0i,j}\ln\frac{\left(y_{0i,j}+\frac{L_p}{2}-r_e\right)\left(y_{0i,j}-\frac{L_p}{2}-y_{0k,s}\right)}{\left(y_{0i,j}-\frac{L_p}{2}-r_e\right)\left(y_{0i,j}+\frac{L_p}{2}-y_{0k,s}\right)}+\frac{L_p}{2}\ln\frac{\left(y_{0i,j}+\frac{L_p}{2}-r_e\right)\left(y_{0i,j}-\frac{L_p}{2}-r_e\right)}{\left(y_{0i,j}+\frac{L_p}{2}-y_{0k,s}\right)\left(y_{0i,j}-\frac{L_p}{2}-y_{0k,s}\right)}$$

同样的，求解由 n 个式(16)构成的方程组，即可得到主力层各缝的产量。

2 算例分析

根据研究区实际情况，选定相关参数，见表1。假设裂缝有3段，每段3簇裂缝，等间距。先计算非主力层产量，根据几何关系，3段9簇裂缝在坐标系中的位置为(0, y_0)，见表2。

表1 基础参数

量名称	符号	单位	数值
1号层渗透率	k_1	mD	3.2
2号层渗透率	k_2	mD	2.1
1号层厚度	h_1	m	1.7350
2号层厚度	h_2	m	0.8
射孔段长度	L_p	m	0.4
生产压差	(p_e-p_w)	MPa	20
簇间距	d_1	m	10
段间距	d_2	m	30
供给半径	r_e	m	400
水平段长度	L	m	1500
地下原油黏度	μ	mPa·s	1.84
原油体积系数	B		1.204
原油密度	ρ	t/m³	0.7093

表 2　压裂裂缝位置(y_0值)　　(单位：m)

	1 簇	2 簇	3 簇
1 段	60	50	40
2 段	10	0	-10
3 段	-40	-50	-60

将表 1 和表 2 的数据代入式(10)，可得到式(17)：

$$\frac{2\pi kh}{\mu B}(p_e - p_w) = \sum_{i=1}^{3}\sum_{j=1}^{3} q_{i,j}A_{i,j}(k,s) \tag{17}$$

根据数值计算结果，非主力层各裂缝产量见表 3。

表 3　非主力层压后各段簇产量计算结果　　(单位：t/d)

(段，簇)	(1，1)	(1，2)	(1，3)	(2，1)	(2，2)	(2，3)	(3，1)	(3，2)	(3，3)
产量	0.1075	0.1048	0.1061	0.1054	0.1036	0.1054	0.1061	0.1048	0.1075

再计算主力层产量，式(16)可改写为

$$\frac{2\pi kh}{\mu B}\Delta p - \sum_{i=1}^{m}\sum_{j=1}^{n} q'_{i,j}B_{i,j}(k,s) = \sum_{i=1}^{m}\sum_{j=1}^{n} q_{i,j}A_{i,j}(k,s) \tag{18}$$

式中，$q'_{i,j}$为 i 段 j 簇非主力层裂缝的产量，在上面计算中已给出了结果。

根据式(17)，列类似非主力层的方程组，可求得主力层各裂缝产量见表 4。可计算出总产量为 4.3t/d，其中非主力层贡献产量占比为 20% ~25%。将 3 簇裂缝的产量进行汇总，可得图 5。

表 4　主力层压后各段簇产量计算结果　　(单位：t/d)

(段，簇)	(1，1)	(1，2)	(1，3)	(2，1)	(2，2)	(2，3)	(3，1)	(3，2)	(3，3)
产量	0.3633	0.3473	0.3555	0.352	0.3409	0.3519	0.3555	0.3473	0.3633

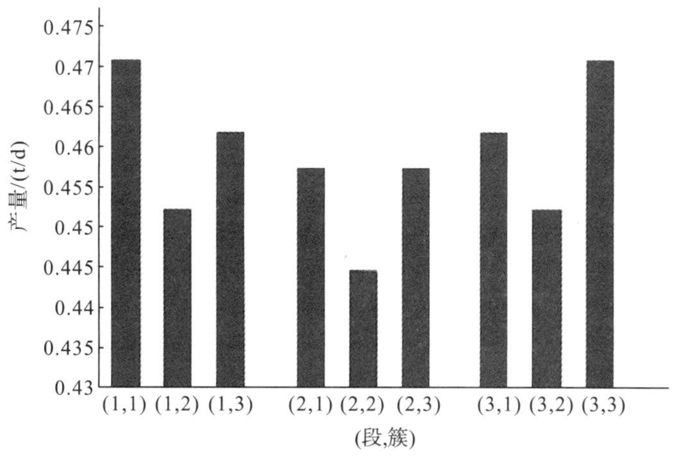

图 5　裂缝产量柱状图

可以看出，在各段裂缝内部，两端的裂缝对中间的裂缝具有“屏蔽”作用。因此，通过改变缝高、缝间距、簇间距可以减缓屏蔽作用。鉴于缝高控制的实现具有一定难度，因此主要讨论缝间距、簇间距的控制作用。在计算产量时，发现式(18)的井筒干扰项 B 为负数，说明井筒流动对地层渗流场产生干扰，使产量略有下降。

3 裂缝参数对产能的影响

3.1 簇间距的影响

同样的，采用上述算例的3簇3条缝。段间距不改变，将各簇裂缝的间距增加5m，重新计算裂缝坐标，产量为图6中深色柱状图。与簇间距10m的结果进行对比，可绘制柱状图(图6)。

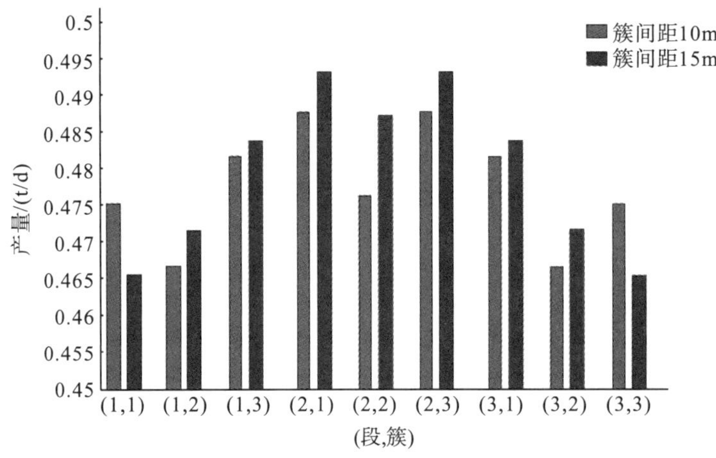

图6 优化前后产量对比柱状图

可以看到，除了两侧的两簇裂缝由于接近边界而导致产量减少，其余裂缝产量均有上升。由于两侧的段受边界影响，重点研究第二段裂缝。把第二段裂缝中间簇(2,2)与该段边簇(2,1)和(2,3)的产量的相对大小定义为干扰因子 α，则干扰因子越小，代表裂缝之间的干扰越小。

$$\alpha = \left(\frac{q_{21}}{q_{22}} - 1\right) \times 100\% \tag{19}$$

将裂缝簇间距无因次化，代入式(18)和式(19)，计算干扰因子 α。将计算结果绘制在对数坐标系中，可得图7。

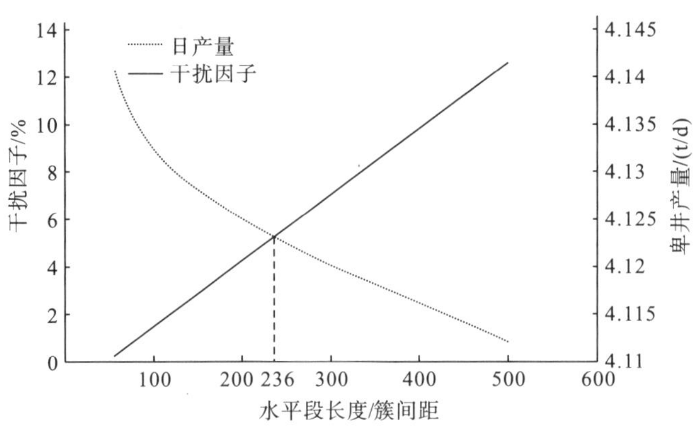

图7 各簇裂缝间干扰因子曲线

由图 7 可以看出，在水平段长度与簇间距比值为 50 左右时，各簇裂缝之间的影响几乎可以忽略不计。而水平段长度与簇间距比值为 500 时，各簇裂缝之间的影响比较明显。因此在裂缝缝高相同的情况下，在设计裂缝簇间距时，不应将裂缝簇间距设计得过于紧密，否则会出现缝间干扰，降低经济效益。在实际压裂过程中，考虑缝间距更小时可以有利于形成缝网，改善压裂施工效果，根据图 7，水平段长度与合理簇间距的比值为 236，即该实例中，对长度 1500m 的水平井段，其合理簇间距为 6. 36m。

3. 2　段间距的影响

根据上例结论，优选簇间距为 6. 36m。由于各段之间也存在干扰，类似上例中的优化，也应当存在最小段间距。借用上例中干扰因子的定义，将各段裂缝的产量作为参考值，分别给段间距取值。将干扰因子和产量的计算结果绘制在坐标系中，如图 8 所示。

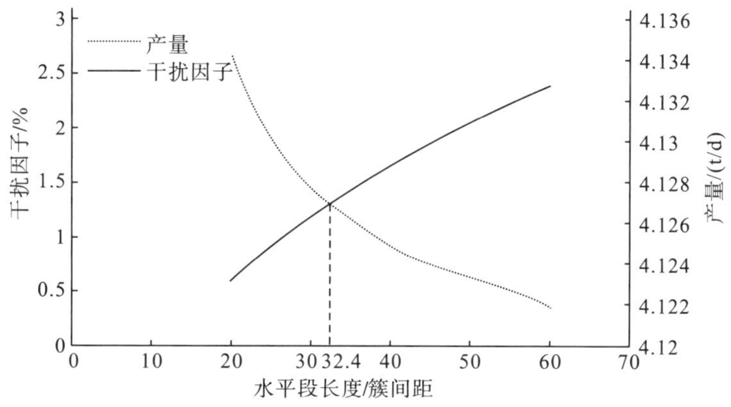

图 8　各段裂缝间干扰因子曲线

可以看出，相比簇间距，干扰因子数值明显小于上例，表明其对段间距的减少敏感度低。同样考虑缝间距较小时有利于形成缝网，改善压裂施工效果，因此水平段长度/段间距的合理值为 32. 4。即 1500m 的水平段长度，合理段间距为 46m，在实际设计中，水平段长采用钻遇砂体长度，计算结果更符合油田实际。

4　实例

研究区为大庆外围 P 储层，主要发育 PI3 油层，其余的 6 个小层分布比较零散。主力油层 PI3 号层平均渗透率 2 ~ 3mD，平均厚度 1 ~ 2m，其余非主力油层平均渗透率 1 ~ 2mD，平均厚度小于 1m。

选择研究区一口实际水平井(X-P13 井，表 5)进行计算，取射孔厚度为 0. 4m，坐标为实际射孔井段坐标，绘制实际射孔位置于图 9。

如图 9 所示，在该例中，第 7 段射孔位置位于 PI1 层，其余 6 段射孔均位于 PI3 层。其中，有 5 段压开两簇裂缝，2 段只压开 1 簇裂缝。

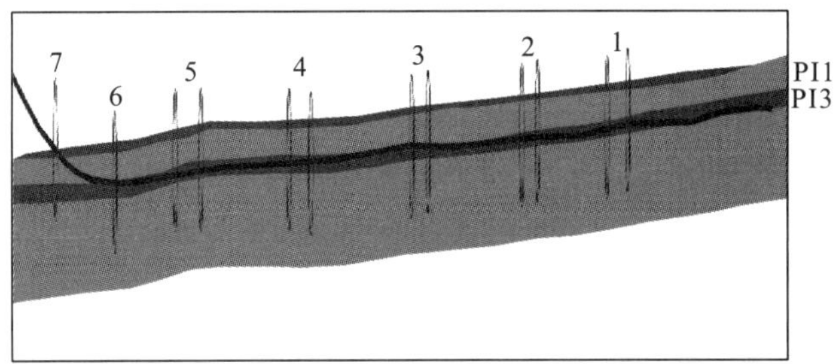

图9　X-P13 井射孔位置示意

表5　X-P13 井基础参数

物理量	符号	数值	单位
PI3 号层渗透率	k_1	3.2	mD
PI1 号层渗透率	k_2	2.1	mD
PI3 号层厚度	h_1	2.5	m
PI1 号层厚度	h_2	1.5	m
射孔段长度	L_p	0.4	m
生产压差	(p_e-p_w)	25	MPa
供给半径	r_e	600	m
水平段长度	L	1016	m
地下原油黏度	μ	1.84	mPa·s
原油体积系数	B	1.204	
原油密度	ρ	0.7093	t/m³

在计算时，由于第7段只有1簇缝，为了简化计算，忽略第7段井筒干扰影响，以第1段压裂缝第1簇缝为 y 轴原点。

经过计算，两层各裂缝产量见表6。

表6　X-P13 井穿层压裂产量计算结果　（单位：t/d）

(段,簇)	(7,1)	(6,1)	(5,1)	(5,2)	(4,1)	(4,2)	(3,1)	(3,2)	(2,1)	(2,2)	(1,1)	(1,2)
PI1 层	0.1849	0.1834	0.183	0.1833	0.1835	0.1825	0.1815	0.1814	0.1821	0.1825	0.1819	0.1832
PI3 层	0.6151	0.5382	0.934	1.1686	1.3902	1.3772	1.1407	0.8824	0.6691	1.047	0.2876	0.2784

统计2层合计产量，为12.5217t/d。该井实际初期日产量13.0842t/d。

采用同样方法对研究区其他几口水平井进行计算，计算结果如表7所示。

表7　理论计算与实际水平井产量对比

井号	计算产油量/(t·d⁻¹)	平均产油量/(t·d⁻¹)
X-P13	12.5217	13.0824
X-P24	7.4138	8.8783
X-P28	5.8968	5.5282
X-P10	6.7163	7.3478

理论计算值与实际计算值基本吻合，且计算出非主力层产量贡献占总产量的10%～30%，与生产中的实际认识比较相符。

5 结论

(1)基于复势叠加原理，建立了穿层压裂水平井产能数学模型，该方法可用于计算各层各段各簇裂缝产量及水平井总产量，也可用于压裂参数优化设计。

(2)提出了穿层压裂水平井裂缝间干扰因子的概念，可定量表征两个裂缝之间的干扰程度以及合理的段间距和簇间距。

(3)薄互层穿层压裂水平井设计时，要抓住主力油层，兼顾上下的非主力层，最大限度地增加缝控储量，提高单井产量和整体开发效益。

参考文献

[1] Giger F M. Horizontal Wells Production Techniques in Heterogeneous Reservoirs[R]. SPE 13710, 1985.
[2] Soliman M Y. Fracturing Aspects of Horizontal Wells[R]. SPE 18542, 1990.
[3] Larsen L, Hegre T M. Pressure-Transient Behavior of Horizontal Wells with Finite-Conductivity Vertical Fractures[R]. SPE 22076, 1991.
[4] Chico L. Transient Pressure Behavior for a Well with a Finite-Conductivity Vertical Fracture[R]. SPE 6014－PA, 1978.
[5] Hegre T M, Larsen L. Productivity of Multifractured Horizontal Wells[R]. SPE 28845, 1994.
[6] Cvetkovic B. A Multiple Fractured-Horizontal Well Case Study[R]. SPE 65503, 2000.
[7] Furui K. A Rigorous Formation Damage Skin Factor and Reservoir Inflow Model for a Horizontal Well[R]. SPE 74698, 2002.
[8] Zerzar A. Interpretation of Multiple Hydraulically Fractured Horizontal Wells in Closed Systems[R]. SPE 84888, 2003.
[9] Mukherjee H , Economides M J. A Parametric Comparison of Horizontal and Vertical Well Performance[R]. SPE 18303, 1991.
[10] Raghavan R, Joshi S D. Productivity of Multiple Drainholes or Fractured Horizontal Wells[R]. SPE 21263, 1993.
[11] Guo B Y, Yu X C. A Simple and Accurate Mathematical Model for Predicting Productivity of Multifractured Horizontal Wells[R]. SPE 114452, 2008.
[12] Li H J. A New Method to Predict Performance of Fractured Horizontal Wells[R]. SPE 37051, 1996.
[13] 李龙龙，姚军. 分段多簇压裂水平井产能计算及其分布规律[J]. 石油勘探与开发，2014，41(4)：457-461.
[14] 丁一萍，王晓冬. 一种压裂水平井产能计算方法[J]. 特种油气藏，2008，15(2)：64-69.
[15] 郎兆新，张丽华，程林松. 压裂水平井产能研究[J]. 石油大学学报(自然科学版)，1994，18(2)：43-46.
[16] 刘如俊. 大庆长垣外围油田水平井初期产能预测[J]. 大庆石油地质与开发，2016，35(04)：74-77.
[17] 郑爱玲，刘德华. 应力敏感对低渗透致密气藏水平井压裂开采的影响[J]. 大庆石油地质与开发，2016，35(1)：53-57.
[18] 齐士龙. 海拉尔油田薄差储层细分多层压裂技术[J]. 大庆石油地质与开发，2015，34(05)：81-86.
[19] 马庆利. 东营凹陷多薄层低渗透滩坝砂储层分层压裂工艺优化[J]. 油气地质与采收率，2017，24(02)：121-126.

分层抽样方法在岩心柱取样中的应用

吕 洲[1] 王玉普[2] 李 莉[1] 吉伟平[3]
侯秀林[1] 刘达望[1] 葛政廷[3] 李 扬[3]

（1 中国石油勘探开发研究院，北京 100083；2 中国工程院，北京 100088；
3 中国石油长庆油田公司，陕西 西安 710018）

摘 要：通过储层岩心实验得到的数据是地质研究、测井解释和油气藏工程计算的基础。样品柱样品的选择是储层岩心实验的第一步，其取样精度对实验结果具有重要的影响。在岩心柱样品取样数量受限的情况下，传统的简单随机抽样方法难以满足测量精度的要求。针对传统抽样方法的局限性，本文阐述了分层抽样方法的原理，并探讨了分层抽样参数的选取标准。在实测数据的基础上，使用 Visual Basic. NET 语言编程实现蒙特卡罗算法，对随机抽样和分层抽样的测量精度进行了比较。结果表明：在相同的抽样数量的前提下，分层抽样的数据精度明显优于简单随机抽样。因此，根据不同岩心实验的要求，提出了基于分层抽样的岩心柱样品的选择方法。该方法可以预估取样精度并据此设计合理的样品数量，当实验样品数量受限时，可以有效地提升取样精度。

关键词：储层实验；岩心；取样；分层抽样

取心的主要目的就是通过对岩心样品进行储层实验分析，尽可能全面精确地获取油气储层的各种特征参数。这些储层特征参数是认识油气藏的关键数据，可以运用于油气藏勘探开发中多个学科和全部过程。目前的岩心样品分析项目一般包括：常规物性测试、粒度分析、全岩矿物组分分析、常规压汞、恒速压汞、核磁共振、CT 扫描、相对渗透率测试和岩电实验等室内实验项目。这些实验所获得的结果，直接影响了地质研究、测井解释和油气藏工程计算等油气藏勘探开发的关键工作内容。以储量计算为例，有效孔隙度这一关键参数直接受控于岩心实测孔隙度，即岩心实测孔隙度的精确性会直接影响储量计算的精确性。因此，实验数据的精确性和代表性既关系到岩心样品分析的可靠性，又影响着其他油气藏勘探开发工作的数据基础[1]。

钻井取心所获得的岩心样品，本身是“一孔之见”，用于代表整个油气藏时，不可避免地具有局限性。而大量的储层岩心实验采用的是岩心柱样品，以标准岩心柱样品为例，其直径为 2.54cm，长度通常在 5cm 到 10cm 之间。储层岩心实验的研究尺度与油气藏的研究尺度有着明显的差异。此外，受限于实验方法、实验条件及经费周期，岩心样品分析也不可能完全地获取储层的各种信息。因此，合理有效地选取代表性样品，保证样品数据在统计规律上尽量接近真实的储层特征，是保证岩心实验数据的精确性和代表

作者简介：吕洲，男，1990 年 9 月生，现就读于中石油勘探开发研究院，博士研究生在读，主要从事油气田开发地质研究。E-mail：lvzhou827@163.com

性的先决条件[2]。

现行的岩心分析国家标准或行业标准中，对于岩心样品的取样要求相对简单，通常只是规定了岩心的取样密度[3]。而在实际操作中，因为样品可钻性和实验设计的要求，岩心取样往往是基于人为判断的简单随机抽样，并未充分考虑控制实验误差与实验单元处理的随机化[4]，且取样数量的确定也通常基于现场经验。这就造成了岩心实验数据的人为误差，影响了实验数据的精确性和代表性。

针对岩心取样，前人的研究成果主要集中在三个方面：一是提高岩心取样技术与岩样制备方法[5-7]，其核心研究目的是保证岩心的收获率并制备合格的岩心柱样品；二是根据超声波或CT扫描等仪器辅助，预估岩心的储层性质[1,8]，保证岩心柱取样位置的代表性；三是根据油藏工程理论推导，保证合理的岩心柱样品数量满足油藏工程计算要求[2,9]。本文在前人研究的基础上，探讨了分层抽样方法在岩心柱取样中的适用性及其与传统取样方法的差异。

统计学研究表明，分层抽样是比简单随机抽样更为高效、更能反映数据整体特征的抽样方式[10]。该方法适用于数据总体复杂、样品点之间差异较大、非均质性较强的情况，运用于岩心柱样品选择可充分发挥其特点，以获得更高精度、更具代表性的实验数据。故本文提出了基于分层抽样方法的代表性岩心柱样品选择方法，并对分层抽样参数和选取及其标准进行了探讨。在此基础上，使用Visual Basic. NET语言编程实现蒙特卡罗算法，利用实测数据对分层抽样和简单随机抽样的测量精度进行比较，结果显示：在相同的抽样数量的前提下，分层抽样的数据精度优于简单随机抽样。

1 岩心柱选样中的分层抽样方法

1.1 分层抽样原理

分层抽样是一种复合的抽样技术，又称分类抽样或类型抽样。根据预先定义的分层特征参数将总体分成互不重叠且穷尽的若干个子总体，即每个个体必属于且仅属于某一个子总体，称这样的子总体为层。抽样在每一层中独立进行，总的样本由各层样本组成，根据各层样本汇总对总体参数做出评估[10]。

分层抽样适用于总体基本单位特征差异大，且分布不均的情况。这一特点与岩心的非均质性相适应。

1.2 分层抽样参数的选取标准

分层抽样中的关键参数包括：分层特征参数、层数、分层边界、样本分配方法、层内抽样策略等[11]。其中分层特征参数是抽样前对总体进行分层时的依据；层数即分层的数目；分层边界为分层区间的边界值，决定子层区间的大小；样本分配方法是层内样本与总样本之间的分配关系；层内抽样策略为分层内所采取的抽样策略。下面将详细阐述岩心柱选样中这些参数配置及理论依据。

1.2.1 分层特征参数

确定合理的分层特征参数是提高分层抽样精度的首要环节。测井曲线是获取连续的储层特征参数的主要手段，同样也是地层划分的重要依据。故选取取心段的测井曲线参数作为抽样过程中的分层参数，既符合储层特征参数的分布规律，又可以利用测井曲线特征推断出各层的储层特征参数大致分布。

1.2.2 分层边界与分层层数

以碎屑岩岩心取样为例，从砂岩到泥岩的岩性变化是最基本的分层边界，在此基础上，通过测井信息反映出的储层物性差异同样可以成为分层边界的划分依据。

前人研究表明，分层抽样中，随着分层层数的增加，抽样的精度增加。但当分层层数大于4时，抽样精度增加的幅度将不断减小[12]。在抽样设计时，应考虑到样品总数和储层非均质性，设定合理的分层层数。

1.2.3 样品数量的分配方式

分层抽样中样本数在各分层的分配数量同样是决定抽样精度和代表性的关键因素，通常包括四种分配方式，即常数分配、比例分配、按各层的方差分配和奈曼分配。

常数分配是将样品量平均分配到各分层中，该分配方式既没有考虑到各层样本量的差异，也未考虑各层方差的不同，抽样效果较差。

比例分配是使各层的样本量与层内的元素总数呈正比，该分配方式在储层非均质性较强的情况下不能很好地反映样品数据的总体趋势。

按各层的方差分配样本是使各层的样本量与层方差呈正比，该分配方式考虑到了储层非均质性，并保证每层的统计结果都达到相近的精度。但存在的问题是，当不同层之间非均质性差异较大的情况下，该分配方式给予非均质性较低的层较少的样本量，但这类非均质性较低的层通常对应物性较好的储层段，这就使得抽样结果偏离了储层实际情况。

奈曼分配是对各层的标准差与层边界所包含的区间大小均进行了考虑，如公式(1)所示：

$$n_h = n\frac{N_h S_h}{\sum_{n=1}^{L} N_h S_h} \tag{1}$$

式中，n_h为各层样本容量；n为样品总数；N_h为某一层内的元素总数；S_h为某一层内的样本标准差；L为分层层数。

在本次研究中，选用测井解释孔隙度作为奈曼分配的数据来源，各层的标准差即各层测井孔隙度数据的标准差。而层边界所包含的区间大小即各层岩心的实际长度。

奈曼分配既适用于非均质性较强的岩心，又充分考虑了各层之间样本分配的权重。在利用测井曲线数据预估各层标准差的前提下，奈曼分配明显优于其他的样品数量分配方式。

1.2.4 层内抽样策略

在确定了以测井曲线参数为分层特征参数，以岩性及物性界面为分层边界，以奈曼分配为样品数量的分配方式的前提下，最后要考虑的是层内的抽样策略，为确保层内抽样的样本的独立性，拟采用随机抽样策略。

2 实例分析

2.1 实测数据

为评价本文提出的基于分层抽样方法选择代表性岩心样品的可行性与实际效果，选取了渤海湾盆地某油田一口系统取心井主力储层段的岩心实验数据作为实例。该段岩心总长13.08m，总钻取实验用岩心柱144块，分别完成了常规物性、恒速压汞、储层敏感性、核磁共振、岩电实验，共5类实验项目。

根据本文阐述的分层抽样步骤，首先进行测井-岩心归位；以取心段测井解释孔隙度为分层特征参数；将取心段分为3层；分层界限为岩性和物性的突变界面，分别为3798.96m处与3802.91m处；样本分配方法为奈曼分配，各层的标准差通过测井曲线值进行预估，在计算过程中结合岩性特征，将泥岩段扣除；层内抽样策略为随机抽样（图1，彩图见附录）。

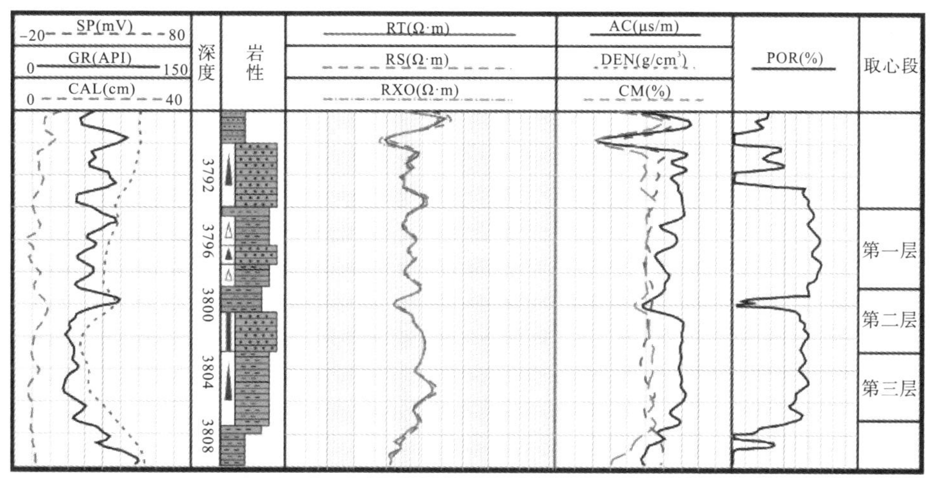

图1　某油田取心井测井曲线图

2.2　算法编程

根据实验设计，取心段常规物性实验样品的取样密度达到了11块/m以上，在本次研究中认为该取样密度所得实验数据分布可以代表取心段岩心真实孔隙度的分布情况。在此基础上分三步实现数据抽样：①对实测孔隙度数据进行线性插值，间距为0.01m，得到连续的孔隙度分布数据；②对该数据分别进行简单随机抽样和分层抽样，样本数分别为100、90、80、70、60、50、40、30、20、10、5；③将两种方法的抽样结果同样进行线性插值，间距为0.01m。

基于Visual Basic. NET语言完成上述步骤的编程，运用蒙特卡罗原理[13]，将步骤②、③重复输出结果1000次，比较不同样品数量下，简单随机抽样和分层抽样所得结果与原始数据的相似性，并以概率的形式得出合理的样品数量。

2.3　简单随机抽样与分层抽样的比较结果

为了比较简单随机抽样和分层抽样所得结果的数据精度，引入相关系数这一参数。相关系数是指对抽样结果插值后所得的数据与实测数据插值所得数据首先做Z分数处理之后，然后将两组数据的乘积和除以样本数，其中Z分数处理是指抽样数据偏离原始数据的距离，即等于抽样数据减掉原始数据再除以标准差。相关系数用于反映数据之间相关关系的密切程度，该数值越接近1，数据间的相关性越强。在本次研究中，相关系数大于0.8为界限，满足以上条件可认为抽样结果精度在允许范围内。

利用前面所述算法，对实测数据进行简单随机抽样和分层抽样，并比较抽样结果与实测数据的相关系数。结果如表 1 所示。

表 1　分层抽样与简单随机抽样测量精度对比

样品数	分层抽样结果的相关系数	简单随机抽样结果的相关系数
5	0. 732(0. 541 ~0. 786)	0. 706(0. 452 ~0. 783)
10	0. 746(0. 638 ~0. 816)	0. 738(0. 604 ~0. 815)
20	0. 774(0. 654 ~0. 824)	0. 765(0. 637 ~0. 817)
30	0. 787(0. 692 ~0. 828)	0. 781(0. 646 ~0. 833)
40	0. 798(0. 717 ~0. 834)	0. 793(0. 675 ~0. 833)
50	0. 806(0. 724 ~0. 836)	0. 801(0. 723 ~0. 840)
60	0. 813(0. 733 ~0. 838)	0. 807(0. 726 ~0. 842)
70	0. 815(0. 741 ~0. 839)	0. 813(0. 726 ~0. 844)
80	0. 821(0. 747 ~0. 840)	0. 818(0. 750 ~0. 845)
90	0. 822(0. 752 ~0. 844)	0. 821(0. 753 ~0. 846)
100	0. 826(0. 746 ~0. 847)	0. 825(0. 761 ~0. 847)

* 表中数据为：平均值(最小值 ~ 最大值)。

结果表明：①两种抽样方式下，随着样品数量的增加，抽样结果的测量精度均不断提高，但是测量精度增加的幅度越来越小；②相同样品数的条件下，分层抽样的相关系数均大于简单随机抽样，即数据精度较高；③随着样品数量的减少，分层抽样与简单随机抽样的精度差异越大，当样品数量仅有 5 个或 10 个时，分层抽样的数据精度明显高于简单随机抽样。

在表 1 的基础上，以相关系数大于 0. 8 为满足精度要求的界限，计算不同样本数量下两种抽样方式满足条件的概率。结果如表 2 所示。

表 2　分层抽样与简单随机抽样满足精度要求的概率

样品数	分层抽样满足精度要求的概率	简单随机抽样满足精度要求的概率
5	0	0
10	0. 5%	0. 2%
20	17. 6%	5. 6%
30	40. 3%	26. 5%
40	58. 3%	49. 9%
50	68. 4%	60. 2%
60	78. 7%	66. 8%
70	81. 4%	75. 6%
80	88. 5%	79. 2%
90	90. 0%	82. 6%
100	92. 5%	87. 0%

结果表明：①两种抽样方式下，随着样本数量的增加，抽样结果的测量精度满足相关系数大于0.8的精度要求的概率均不断提高，但是概率增大的幅度不断减小；②相同样本数的条件下，分层抽样满足精度要求的概率均大于简单随机抽样。

以上结果可以作为制定合理取样数量的依据：①使用分层抽样时，当样品数量大于70时，抽样结果具有80%以上的概率满足精度要求，再增加样品数，对数据精度的提高贡献不大，因此可将70个样品作为研究实例的合理样本数量上限；②使用分层抽样时，当样品个数小于35左右时，抽样结果满足精度要求的概率不足50%，再减少样品数，数据精度显著下降，因此可将35个样品作为研究实例的合理样本数量下限；③同理，使用简单随机抽样时，合理样品数量上限为80个，下限为40个。

2.4 实例应用效果

根据前文的分析结果，针对实测数据，在相同数据精度的前提下，分层抽样所需的样品数量比简单随机抽样少10%～15%，即可以节约10%～15%的实验经费与周期。

3 分层抽样在不同类型储层岩心实验中的应用

根据本文实例分析的结果，在常规物性实验中，分层抽样的测量精度明显优于简单随机抽样。但相比于常规物性实验，压汞、核磁共振、储层敏感性、岩电实验等在实验费用和周期上均较高，制约了这些实验的样品数量。因此，本文基于实验原理及实验数据的处理方法[14-20]，探讨了压汞、核磁共振、储层敏感性、岩电实验这四类实验取样的要求。运用分层抽样方法，选择合理的分层特征参数，以期在样品数量较少的情况下获得尽可能高的测量精度。

3.1 利用孔隙度与渗透率参数提高恒速压汞实验取样精度

恒速压汞实验所得的喉道半径与储层的储集性和流动性密切相关[14]。在毛细管模型的假设前提下，根据泊稷叶方程和达西定律可知[15]：

$$K = \frac{\varphi r^2}{8\tau^2} \tag{2}$$

式中，K的单位为μm^2，当K的单位为$10^{-3}\mu m^2$时，将公式(2)变形得

$$\mathrm{RQI} = 0.0316\sqrt{\frac{K}{\varphi}} = \frac{r}{2.83\tau} \tag{3}$$

式中，RQI为储层质量指数[15]，μm；K为(克氏)渗透率，$10^{-3}\mu m^2$；φ为孔隙度,%；r为喉道半径，μm；τ为迂曲度，无因次。

在沉积环境与成岩作用相近的情况下，迂曲度τ可以认为是定值，故储层质量指数与喉道半径呈线性关系。因此可以将实测孔隙度与渗透率数据作为抽样的分层特征参数，提高恒速压汞实验取样的精确性。

3.2 利用孔隙度与渗透率参数提高核磁共振实验取样精度

根据核磁共振实验原理，氢原子核在多孔介质中主要发生横向弛豫，弛豫时间既与岩石的弛豫率ρ呈反比，还与孔隙体积V与表面积S的比值有关，而V/S与孔隙半径r呈正比[17]。因此，横向弛豫时间T_2可表达为

$$T_2 = \frac{1}{\rho}\frac{V}{S} = \frac{1}{\rho}\frac{r}{c} \tag{4}$$

式中，T_2为横向弛豫时间，ms；ρ 为弛豫率，μm/ms；V 为孔隙体积，μm^3；S 为孔隙表面积，μm^2；r 为孔喉半径，μm；c 为孔喉形状因子，无因次。

由该公式可知，核磁共振实验测得的 T_2频谱与孔喉半径 r 正相关。在样品的岩石矿物组分无明显差异的情况下，可以认为弛豫率ρ 为定值。c 为孔喉形状因子，与前文提及的迂曲度 τ 相类似。在沉积环境与成岩作用相近的情况下，同样可以认为是定值。故认为核磁共振实验测的 T_2频谱与喉道半径 r 呈线性关系。结合本文之前研究喉道半径 r 与储层质量指数呈线性关系，即可得核磁共振实验测得的 T_2频谱与储层质量指数呈线性关系。因此同样可以通过实测孔隙度与渗透率数据作为抽样的分层特征参数，提高核磁共振实验取样的精确性。

3.3 利用孔隙度参数提高岩电实验取样精度

根据阿尔奇公式可知：

$$F = \frac{R_0}{R_w} = \frac{a}{\varphi m} \tag{5}$$

式中，F 为地层因素；R_0为 100% 含水的岩心电阻率，Ω · m；R_w为地层水电阻率，Ω · m；a 为岩性系数，无因次；m 为胶结指数，无因次；φ 为孔隙度，%。

因为阿尔奇公式本身即属于实验数据所得的回归方程，式中孔隙度 φ 与地层因素 F 呈负相关关系[18]。当岩电实验所取岩心的孔隙度分布与储层孔隙度总体分布越趋近一致时，阿尔奇公式中各项参数也越具有代表性。因此可以通过岩电实验样品孔隙度与岩心实测孔隙度的数据相关性来判别岩电实验测试取样的精确性和代表性。

3.4 利用渗透率参数提高储层敏感性实验取样精度

储层敏感性实验通常涉及水敏、压敏、酸敏、碱敏、盐敏这五项实验。其基本原理均为在不同敏感性损害情况下，测试岩心渗透率的变化情况[19]。当储层敏感性实验所取岩心的渗透率分布与储层渗透率总体分布越趋近一致时，储层敏感性参数也越具有代表性。

3.5 实验数据平均值的求取

在实验结果处理上，针对取样数量较少的实验项目，可以采用加权平均，而非简单的算术平均[20]。借鉴本文 1.2.3 节所述的奈曼分配的概念，对不同取心位置的岩心样品赋予权重值，通过加权平均的方式计算储层特征参数。由此取得的实验数据平均值既考虑了储层非均质性，又保证计算结果与真实情况尽量接近。

4 结论

(1)在储层非均质性较强，岩心取样数量受限的情况下，分层抽样所得结果的测量精度和所需样本容量方面均优于传统的简单随机抽样。在保证实验精度的前提下，可以有效地控制实验数量，从而节约实验经费与实验周期。

(2)分层抽样参数选择标准选择时，建议遵循以下原则：以取心段测井曲线为分层特征参数；依据测井曲线特征进行分层，分层界限为岩性和物性的突变界面；样本分配方法为奈曼分配，各层的标准差通过测井曲线值进行预估；层内抽样策略为随机抽样。

(3)进行岩心柱取样前，应以测井曲线和岩心观察结果为依据，预估取样数量和取样位置。根据分层抽样原理，确定取样数量的合理范围和相应的取样位置。

(4)压汞、核磁共振、岩电实验等实验经费高，实验周期长，导致实验数量受限。在进行这些实验之前，应该先测试岩心常规物性，再依据物性实验结果进行样品数量及取样位置设计，并采用分层抽样方式，提高实验数据的精度。

(5)当实验样品数量较少时，实验数据的处理应考虑借鉴奈曼分配的概念，对不同取心位置的岩心样品赋予权重值，通过加权平均的方式计算储层特征参数。这样既考虑了储层非均质性，又保证计算结果与真实情况尽量接近。

参考文献

[1]Siddiqui S, Okasha T M, Funk J J, et al. Improvements in the selection criteria for the representative special core analysis samples[J]. SPE Reservoir Evaluation & Engineering, 2006, 9(06): 647-653.

[2]Mohammed K, Corbett P. How many relative permeability measurements do you need? A case study from a North African reservoir[J]. Petrophysics, 2003, 44(04): 262-270.

[3]SY/T 5336—2006. 岩心分析方法[S]. 国家发展和改革委员会, 2006: 28-29.

[4]奥特 R L, 朗格内克 M. 统计学方法与数据分析引论[M]. 张忠占, 译. 北京: 科学出版社, 2003.

[5]Swanson R G. Sample examination manual[M]. Gsw Books, AAPG, 1981.

[6]Park A, Devier C A. Improved oil saturation data using sponge core barrel[J]. SPE 11550, 1983.

[7]Worthington A E, Gidman J, Newman G H. Reservoir petrophysics of poorly consolidated rocks. Part i: Well-site procedures and laboratory methods[J]. Transactions of the Twenty, 1987.

[8]刘向君, 王森, 刘洪. 等. 一种岩心选样的方法: 201110056396. 8[P]. 2012-07-11.

[9]Corbett P W M, Jensen J L. Estimating the mean permeability: how many measurements do you need? [J]. First Break, 1992, 10(3): 89-94.

[10]梁小筠, 祝大平. 抽样调查的方法和原理[M]. 上海: 华东师范大学出版社, 1994.

[11]张峰, 雷振明. 基于分层抽样的高速网络吞吐率测量[J]. 吉林大学学报(信息科学版), 2004, 22(6): 557-563.

[12]Zseby T. Stratification strategies for sampling-based non-intrusive measurements of one-way delay[J]. CiteSeer, 2003.

[13]盛骤, 谢式千. 概率论与数理统计及其应用[M]. 杭州: 浙江大学出版社, 2004.

[14]何顺利, 焦春艳, 王建国, 等. 恒速压汞与常规压汞的异同[J]. 断块油气田, 2011, 18(2): 235-237.

[15]Purcell W R. Capillary pressures—their measurement using mercury and the calculation of permeability therefrom[J]. Journal of Petroleum Technology, 1949, 1(2): 39-48.

[16]Amaefule J O, Altunbay M, Tiab D, et al. Enhanced reservoir description: using core and log data to identify hydraulic (flow) units and predict permeability in uncored intervals/wells[C]//Society of Petroleum Engineers. 1993.

[17]肖佃师, 卢双舫, 陆正元, 等. 联合核磁共振和恒速压汞方法测定致密砂岩孔喉结构[J]. 石油勘探与开发, 2016, 43(6): 961-970.

[18]Archie G E. The electrical resistivity log as an aid in determining some reservoir characteristics[J]. Transactions of the AIME, 1942, 146(01): 54-62.

[19]于兴河. 油气储层地质学基础[M]. 北京: 石油工业出版社, 2009.

[20]赖锦, 王贵文, 郑新华, 等. 大北地区巴什基奇克组致密砂岩气储层定量评价[J]. 中南大学学报(自然科学版), 2015(6): 2285-2298.

孔喉半径对松辽盆地南部青一段特低－超低渗透储层质量的控制作用

吕　洲[1]　王玉普[2]　李　莉[1]　张文旗[1]
顾　斐[1]　张　洋[1]　于利民[3]　林晓海[3]
（1. 中国石油勘探开发研究院，北京 100083；2. 中国工程院，北京 100088；
3. 中国石油吉林油田公司，吉林 松原 138000）

摘　要：为了解特低－超低渗储层质量的主控因素(目的)，利用常规压汞、核磁共振、孔渗测定、粒度分析和X-衍射等实验方法(方法)，对松辽盆地南部青一段特低－超低渗储层特征参数进行定量表征。结果表明：松辽盆地南部青一段特低－超低渗透储层平均孔喉半径主要分布于0.3～1.7μm之间；大于1.5μm的孔喉半径对应常规低渗透储层，以细粒长石岩屑砂岩为主；0.5～1.5μm孔喉半径对应特低渗透储层，以极细粒长石岩屑砂岩和粗粉砂岩为主，可动流体饱和度大于65%；0.1～0.5μm孔喉半径对应超低渗透储层，以粗－细粉砂岩为主，可动流体饱和度介于50%～60%之间(结果)。孔喉半径决定了储层物性和流体饱和度特征，并在宏观上受控于沉积相带，应作为特低－超低渗储层评价的重要参数(结论)。

关键词：孔喉半径；特低－超低渗透储层；松辽盆地；青一段

引言

当前油气资源劣质化和油价长期低迷的现状下，特低－超低渗油藏的效益开发面临巨大的挑战。特低－超低渗砂岩储层通常受沉积、成岩作用的影响，具有物性差、含油饱和度低、储层流体流动性差及微观孔隙结构复杂等特征，这些特征往往制约了特低－超低渗油藏的效益开发。借助岩心室内实验手段，如常规压汞、核磁共振、粒度分析等，获取并分析相关储层特征参数，是认识特低－超低渗储层特征的直接手段[1]，可以为破解特低－超低渗油藏的开发难题提供地质基础。

松辽盆地南部大情字井油田作为特低－超低渗油藏开发的典型，前人研究已经取得了良好的进展。但针对其青山口组一段特低－超低渗储层的开发，仍然存在储层认识程度低的问题。其中，明确特低－超低渗储层物性、含油性及流动性的主控因素是亟待解决的重要问题。前人研究表明，孔喉半径及微观孔隙结构是特低－超低渗透储层质量的重要控制因素，是特低－超低渗透储层特征研究和分类评价的核心参数[2-4]。其研究方法主要分为毛管压力曲线法[5]、图像分析法[6]和数字岩心模拟法[7]。本文利用常规压汞、

作者简介：吕洲，男，1990年生，工程师，主要从事油气田开发地质研究，ORCID：0000-0002-9371-6205。E-mail：lvzhou827@163.com。

核磁共振、孔渗测定、粒度分析和 X-衍射测试等实验方法，对松辽盆地南部青山口组一段特低－超低渗透储层的孔隙结构特征进行定量表征，并讨论孔喉半径的分布范围及其与岩石粒度、物性、流体饱和度特征之间的相关性，旨在为提高特低－超低渗储层的勘探开发提供基础资料与地质依据。

1 地质背景

20 世纪 50 年代至今，松辽盆地南部勘探开发的主要目标已经从常规中高渗构造油藏转为特低－超低渗岩性油藏[8]。大情字井油田是松辽盆地南部典型的特低－超低渗油藏，而青山口组一段是大情字井油田主要的开发层系。

大情字井油田位于松辽盆地南部中央拗陷区长岭凹陷中部。南部为黑帝庙次凹陷，北部为乾安次凹陷。大情字井构造位于南北两个次凹陷间相对隆起部位。构造形态总体表现为轴向北北东、东缓西陡不对称的向斜（图 1）。大情字井油田地层发育较全，钻遇的地层自下而上为白垩系泉头组、青山口组、姚家组、嫩江组、四方台组、明水组，古近系的大安组，新近系的泰康组和第四系。青山口组地层形成于松辽盆地凹陷期的快速沉降阶段[9]。青山口组早期沉积期水体较深，沉积了较厚的暗色泥岩，随着青山口组一段沉积末期基准面下降，三角洲自南西向北东方向推进，在大情字井地区形成三角洲前缘砂体，在与青山口组一段优质烃源岩紧密接触的条件下，形成了大规模超低－特低渗透岩性油藏。

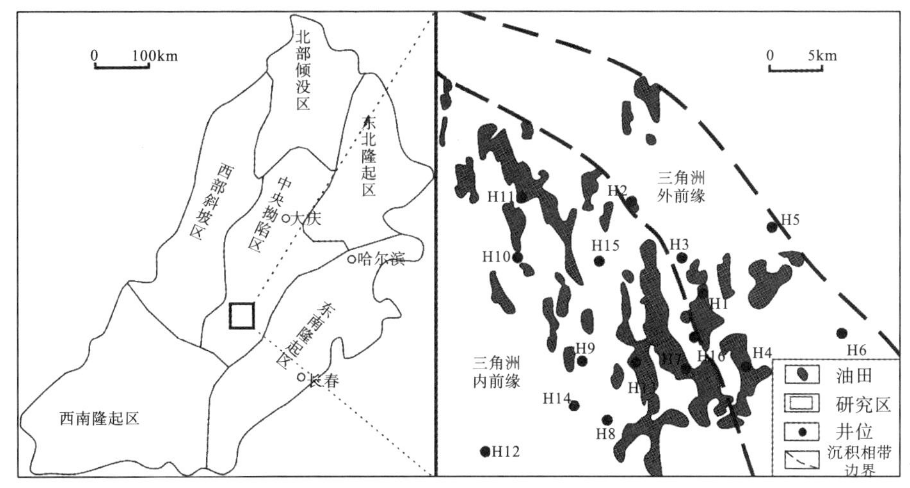

图 1 松辽盆地构造分区图及取心井位置[10]

2 样品与实验方法

2.1 样品

本次实验样品来自大情字井油田 16 口探井的钻井取心，总计 46 块岩心栓塞样，样品岩性以极细粒长石岩屑砂岩和粗粉砂岩为主。

2.2 实验条件

常规压汞实验依据行业标准《岩石毛管压力曲线的测定》（SY/T 5346－2005），于中国石油辽河油田分公司勘探开发研究院试验中心，使用HD-505高压孔隙结构仪检测设备，测定岩心孔隙结构参数。实验步骤包括：①岩心栓塞样高温蒸馏抽提除油后烘干待检；②称量样品长度、直径并记录，设备标块标定之后，测量样品的孔隙度、渗透率；③上机进行压汞退汞实验，测定求取各项孔隙结构参数。

核磁共振实验依据行业标准《岩样核磁共振参数实验室测量规范》（SY/T 6490－2007），于中国石油辽河油田分公司勘探开发研究院试验中心，使用RecCore-04型低磁场核磁共振岩心分析仪，测定岩心储层及流体参数。实验步骤包括：①对待测岩心进行烘干，80℃下烘干24h；②测量岩心干重、长度、直径、气测渗透率；③使用真空加压饱和装置对岩心进行饱和模拟地层水，抽真空30min，使用模拟地层水进行饱和，在30MPa的压力下饱和24h；④取出饱和好的岩心，测湿重，计算孔隙体积 V_p，并测量此状态下的核磁 T_2 谱；⑤选取重量接近的岩心进行离心实验，离心时间1h；⑥离心结束后测量离心状态下的核磁 T_2谱。

其他实验内容包括测定孔隙度、空气渗透率、激光法粒度，全岩X-衍射均按照行业标准进行实验。保证每块压汞样品在测试前完成孔隙度和渗透率测试，并将其两端各截取一段岩心栓塞样品用于粒度和X-衍射测试，以减少不同实验参数进行相关性分析的系统误差。

2.3 统计分析方法

采用SPSS26.0软件，对样品的储层特征参数进行相关因素分析。单因素分析采用线性回归和非线性回归。多因素分析采用多重线性回归分析，$P<0.05$ 具有统计学意义。为了确认对因变量影响最大的因素，故采用逐步回归方法，使回归模型中的所有自变量都具有统计学意义，而未引入模型的自变量很可能与因变量的相关性较弱或与其他自变量相关。

3 实验结果

3.1 孔喉半径

实验所得孔隙结构参数如表1所示。实验结果显示：①本次实验所取青一段压汞岩心样品孔隙度介于3.8%～18.6%，渗透率介于 $0.01\times10^{-3}\sim16.2\times10^{-3}\mu m^2$，涵盖了研究区低渗－特低渗－超低渗－致密储层的物性序列。②本次实验排驱压力介于0.138～8.362MPa，平均1.300MPa。最大孔喉半径介于0.088～5.311μm，平均2.463μm。中值孔喉半径介于0.031～1.541μm，平均0.650μm。平均孔喉半径介于0.037～1.738μm，平均0.828μm。

不同物性样品典型毛管压力曲线见图2。从样品Ⅰ到Ⅲ，孔隙度和渗透率逐渐降低。相应的，排驱压力增大，毛管力曲线平直段变短，曲线整体向右上方偏移。通过毛管压力曲线计算所得的最大、中值、平均孔喉半径均随之减小，孔喉半径非均质性随之增强。

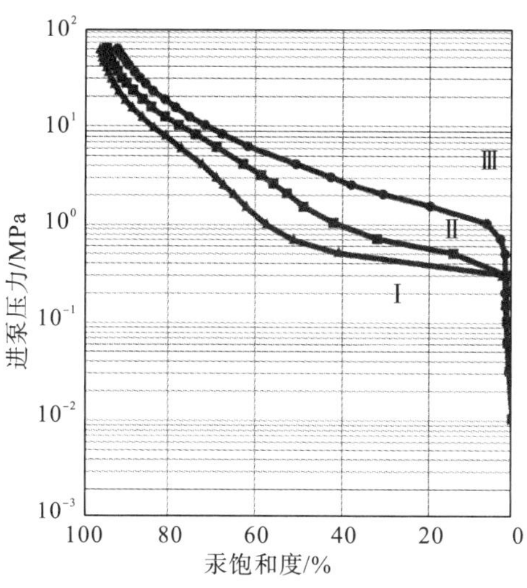

图2　典型毛管压力曲线特征

图中，（Ⅰ）$\varphi=14.50\%$，$K=9.44\times10^{-3}\mu m^2$，排驱压力 $P_c=0.209MPa$，中值孔喉半径 $R_{50}=1.541\mu m$，平均孔喉半径 $R_p=1.474\mu m$，H11 井，样品深度 2374.15～2374.23m；（Ⅱ）$\varphi=12.9\%$，$K=2.54\times10^{-3}\mu m^2$，排驱压力 $P_c=0.206MPa$，中值孔喉半径 $R_{50}=0.626\mu m$，平均孔喉半径 $R_p=1.114\mu m$，H12 井，样品深度 2417.40～2417.50m；（Ⅲ）$\varphi=9.1\%$，$K=0.82\times10^{-3}\mu m^2$，排驱压力 $P_c=0.345MPa$，中值孔喉半径 $R_{50}=0.272\mu m$，平均孔喉半径 $R_p=0.454\mu m$，H9 井，样品深度 2457.47～2457.57m。

3.2　孔喉半径与岩石粒度

粒度实验结果显示，粒度中值介于 12～83μm，平均 34μm，粒度级别从细粉砂到粗粉砂再到极细砂；粒度分选系数（粒度累计曲线上 25% 和 75% 处所对应的颗粒直径的比值）介于 1.350～4.590，平均 2.449，该参数表示粒度分布的均匀程度，本次实验样品的粒度分析相对较好。

综合常规压汞实验结果和粒度实验结果，选取最大、平均、中值孔喉半径代表孔喉半径的分布规律，选取粒度中值代表岩石粒度特征，建立相关性图版，见图 3。实验样品总计 40 块，每块样品均截取为两段，分别进行压汞实验和粒度实验，据此认为其实验数据的系统误差在合理范围内。矩形状实验数据点来自 A1～A6 井，平面位置上均位于三角洲外前缘相带。圆圈状实验数据点来自 A7～A15 井，平面位置上均位于三角洲内前缘相带。

结果显示：总体上，孔喉半径与岩石粒度呈正相关关系，随着粒度中值的增大，最大、平均、中值孔喉半径均增大。不同沉积相带的样品参数有着明显的区别。三角洲外前缘岩心样品的孔喉半径明显小于三角洲内前缘岩心样品。三角洲外前缘岩心样品数据点位于孔喉半径/岩石粒度（1∶100）的趋势线的左侧，而三角洲内前缘岩心样品数据点位于孔喉半径/岩石粒度（1∶100）与（1∶5）两条趋势线以内。说明在相同粒度中值条件下，三角洲外前缘岩心孔喉半径显著小于三角洲内前缘岩心样品。

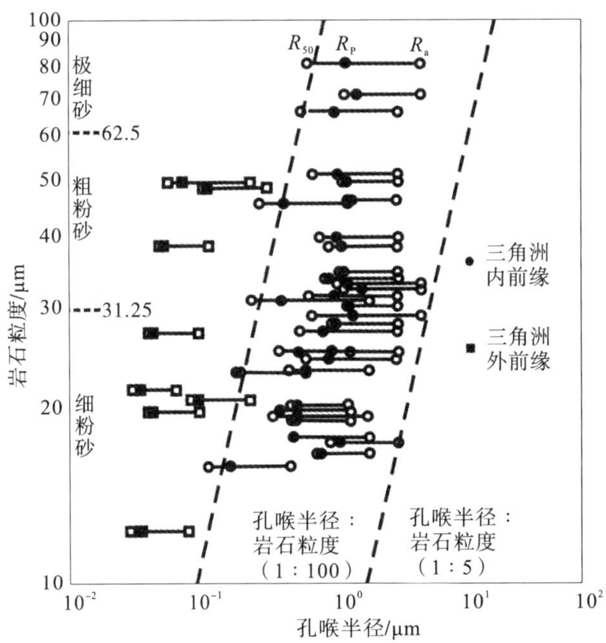

图3　孔喉半径与岩石粒度关系图

R_a为最大孔喉半径，R_p为平均孔喉半径，R_{50}为中值孔喉半径

3.3　孔喉半径与矿物组分

全岩X-衍射实验结果显示，样品黏土矿物含量介于2%～13.9%，平均5.3%；石英含量介于8.1%～18.3%，平均14.4%；钾长石含量介于49.4%～72.0%，平均63.0%；钠长石含量介于4.9%～17.9%，平均12.7%。

建立平均孔喉半径与黏土矿物含量的相关关系图(图4)，结果显示，平均孔喉半径与黏土矿物含量并没有明显的相关性，仅在平均孔喉半径小于0.4μm时，两者具有一定的负相关性，即平均孔喉半径减小，黏土矿物含量增加。

建立平均孔喉半径与石英-长石含量比值的相关关系图(图5)，结果显示，平均孔喉半径与石英-长石含量比值并没有明显的相关性。

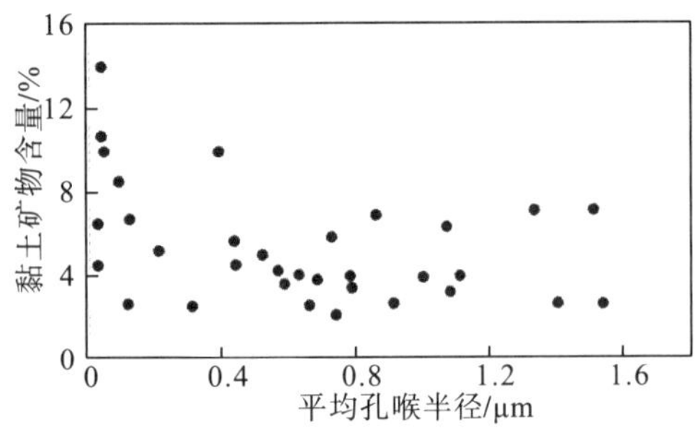

图4　平均孔喉半径与黏土矿物含量关系

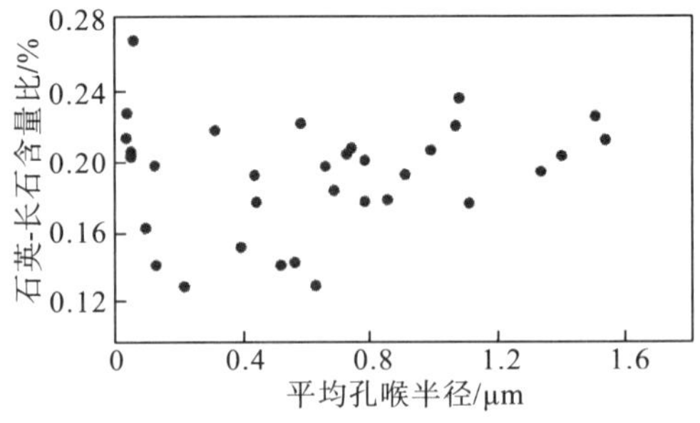

图5　平均孔喉半径与石英-长石含量比值关系

3.4　孔喉半径与物性

综合常规压汞实验结果和孔渗测试结果，分别建立平均孔喉半径与渗透率、孔隙度的关系图(图6、图7)。结果显示：平均孔喉半径与渗透率具有较好的相关性，随着样品

平均孔喉半径从 0.036μm 增加至 1.868μm，样品渗透率也从 $0.01\times10^{-3}\mu m^2$增加至 $16.2\times10^{-3}\mu m^2$。而平均孔喉半径与孔隙度同样具有正相关的趋势，但是相关性较差，随着平均孔喉半径的增加，样品孔隙度也从 3.8% 增加至 18.6%。

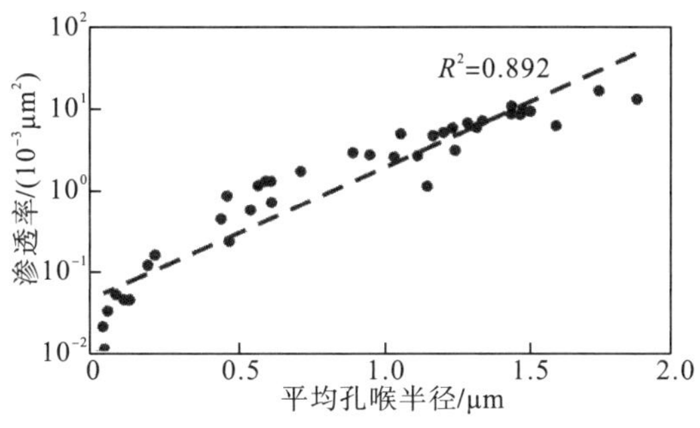

图 6　平均孔喉半径与渗透率关系图

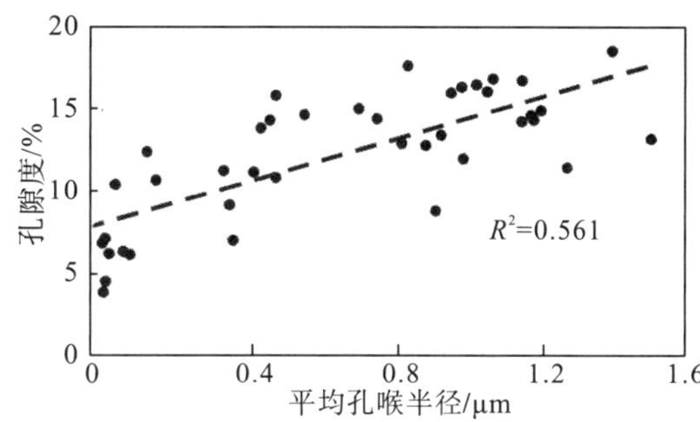

图 7　平均孔喉半径与孔隙度关系图

为了利用单一参数表征储层物性，选择储层质量指数(RQI)作为物性表征参数。Amaefule 等[11]提出该参数可用于表征储层质量，当 K 的单位为 $10^{-3}\mu m^2$时，储层质量指数的定义为公式(1)，并可用于划分储层流动单元。一般来说，储层质量指数越大，储层的储集性与流动性越好。

$$RQI = 0.0316\sqrt{\frac{K}{\varphi}} \tag{1}$$

式中，RQI 为储层质量指数，μm；K 为(克氏)渗透率，$10^{-3}\mu m^2$；φ 为孔隙度，%。

建立平均孔喉半径与储层质量指数的相关关系图(图 8)，结果显示，平均孔喉半径与储层质量指数具有很强的相关性，储层质量指数随着平均孔喉半径的增加而增加。

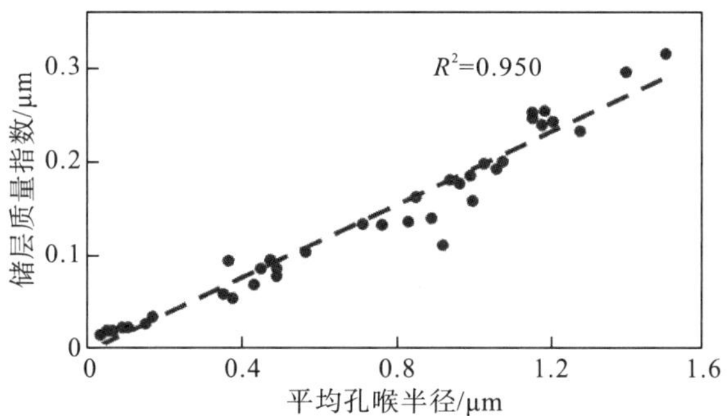

图 8　平均孔喉半径与储层质量指数关系图

3.5　孔喉半径与可动流体饱和度

根据核磁共振测定可动流体 T_2谱特征，计算可动流体饱和度参数(表 2)。结果显示：样品的 T_2平均值介于 7.127 ~38.703ms，对应平均孔喉半径介于 0.105 ~0.561μm。计算所得束缚流体饱和度介于 31.27% ~48.29%，平均 40.36%，对应的可动流体饱和度介于 51.71% ~68.73%，平均 59.64%。

根据实验结果，建立 T_2平均值与储层质量指数及可动流体饱和度的关系图(图 9、图 10)，结果显示：T_2平均值与储层质量指数具有很强的相关性，储层质量指数随着 T_2

平均值的增加而增加。T_2平均值与可动流体饱和度也具有很强的相关性，可动流体饱和度随着T_2平均值的增加而增加。

建立T_2平均值对应平均孔喉半径与可动流体饱和度的关系图(图11)，结果显示：T_2平均值对应平均孔喉半径与可动流体饱和度同样具有很强的相关性。可动流体饱和度随着T_2平均值对应平均孔喉半径的增加而增加。

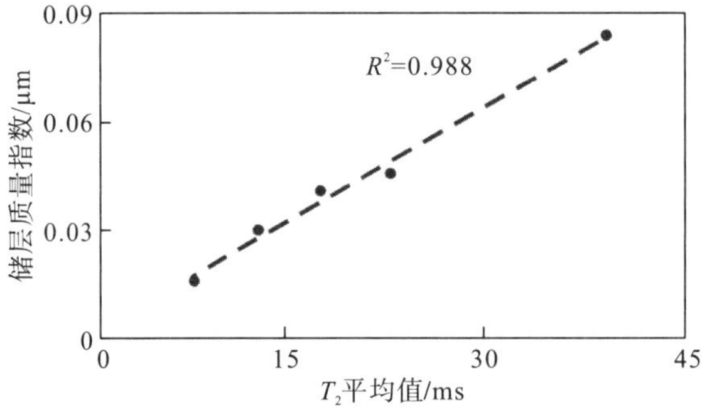

图9　T_2平均值与储层质量指数

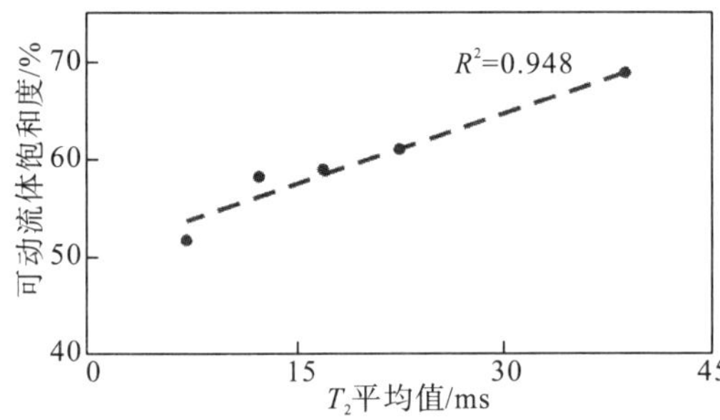

图10　T_2平均值与可动流体饱和度关系

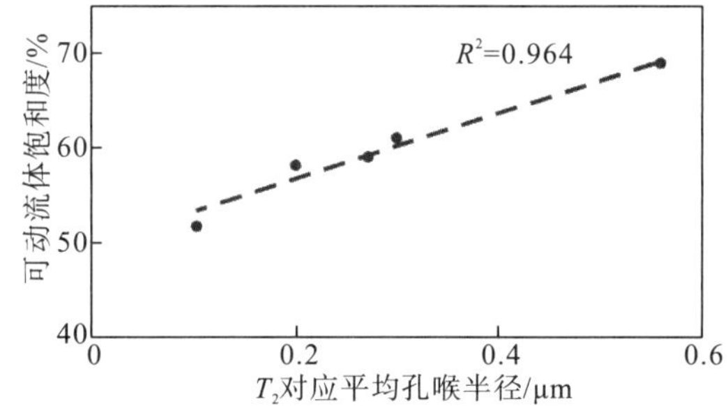

图11　平均孔喉半径与可动流体饱和度关系

3.6　统计学综合分析

通过以上实验结果分析，可以定性地认为孔喉半径与物性具有相关性，随着孔喉半径的减小，储层物性出现变差的趋势。但是，储层物性同时受控于储层矿物组分、结构、粒度、成岩作用等一系列因素的影响。为了明确孔喉半径与物性的定量关系，选择储层质量指数(RQI)作为因变量，选取排驱压力、粒度中值、粒度分选系数、石英含量/长石含量、泥质含量，与最大、中值及平均孔喉半径，共计八项参数作为自变量。

首先对以上参数进行单因素分析，结果如表3所示，排驱压力、最大孔喉半径、平均孔喉半径及中值孔喉半径具有较好的拟合度，且具有统计学意义。

表3　单因素分析结果

因素	R^2	P
排驱压力	0.918	0.000
最大孔喉半径	0.887	0.000
平均孔喉半径	0.950	0.000
中值孔喉半径	0.827	0.000

然后对全部参数进行多因素分析，结果显示，平均孔喉半径每增加1μm，储层质量指数的估计值增加0.150μm(表4)。由于平均孔喉半径的回归系数对应的P值小于0.05，具有统计学意义，故认为平均孔喉半径和储层质量指数间存在线性回归关系，说明平均孔喉半径可以显著影响储层质量指数。而其他七项参数的P值均大于0.05(表5)，无法进入相关性方程，故认为平均孔喉半径对储层质量指数的影响最大。

表4　多因素分析结果

参数	回归系数	P值	95%可信区间
平均孔喉半径	0.150	0.000	0.137~0.163

表5　多因素分析中被排除的参数

参数	P值
排驱压力	0.062
最大孔喉半径	0.569
中值孔喉半径	0.182
粒度中值	0.061
粒度分选系数	0.165
石英含量/长石含量	0.302
泥质含量	0.100

4　讨论

4.1　孔喉半径的分布范围

压汞实验结果中，能够描述孔喉半径大小的参数主要为最大孔喉半径、中值孔喉半径和平均孔喉半径。这三个参数的计算方法各不相同，在表征孔喉半径大小时也存在差异。为了优选能够更准确表征孔喉半径的参数，现讨论如下。

最大孔喉半径计算的是汞开始进入样品时的孔喉半径，表征样品孔喉半径分布区间中的最大值。虽然本次研究所取岩心样品裂缝并不发育，但是受控于储层非均质性，在孔喉分选较差的情况下，最大孔喉半径与孔喉半径的主要分布区间仍有较大差异。如图2所示Ⅰ号样品和Ⅱ号样品，这两个样品的排驱压力十分接近，因此计算所得的最大孔喉半径也基本一致。但随着汞饱和度的不断增加，可以发现Ⅰ号样品的注入压力明显小于Ⅱ号样品，即Ⅰ号样品的孔喉半径明显大于Ⅱ号样品，相应的孔渗测试也表明Ⅰ号样品的物性好于Ⅱ号样品。由此可以说明，最大孔喉半径这一参数在表征非均质性较强样品的孔喉半径时具有一定的偏差。

中值孔喉半径计算的是汞饱和度达到50%时对应的孔喉半径，表征样品孔喉半径分布区间的中位数。该参数若能准确地表征孔喉半径分布特征，需要满足两个假设条件：①孔喉半径满足正态分布；②孔喉半径分布区间的中位数对应汞饱和度50%对应的孔喉半径。显然，假设①为理想状况。而假设②受限于实验条件，无法将汞注入所有孔喉之中，在计算过程中只能人为地忽略那部分极小的孔喉半径。因此，中值孔喉半径表征孔喉半径分布同样存在一定偏差。但相较于最大孔喉半径，中值孔喉半径减小了非均质性带来的影响。

平均孔喉半径根据孔喉半径对汞饱和度的权重求出，如公式(2)所示：

$$R_p = \frac{\sum (r_{i-1} + r_i)(s_i - s_{i-1})}{2\sum (s_i - s_{i-1})} \tag{2}$$

式中，R_p为平均孔喉半径，μm；r_i为某点的孔喉半径，μm；s_i为某点的汞饱和度，%。

该参数表征孔喉半径的加权平均值，计算过程中涉及样品的全部测试数据点，考虑了不同孔喉半径所占的比例。因此，在表征孔喉分布特征上，平均孔喉半径所表征的数据范围与合理性均高于其他两个参数。当然，该参数也存在一定的缺陷，即与中值孔喉半径同样忽略了汞无法注入的那部分孔喉。综合判断，平均孔喉半径是压汞实验所得孔喉半径参数中能够较合理表征孔喉半径分布特征的参数。

实验结果显示，本次研究实验样品的平均孔喉半径介于 0.037 ~ 1.738μm，平均 0.828μm。如何对孔喉半径分级评价则取决于选择何种分级方案。目前已有的孔喉分级评价主要有以下两个特征：①不同学科之间孔喉分级差异大，由于研究对象与研究尺度存在巨大差异，孔隙分级方案也存在明显差别；②不同孔喉分级方案基于的实验方法不同，即使采用相同的实验方法，所采用的孔喉参数也有所不同。本文的目的是研究孔喉半径对特低－超低渗透储层质量的控制作用，故需确认所选的孔喉分级方案满足以下条件：①研究范围属于石油地质领域，研究方法包括本研究所涉及的实验手段，研究尺度涵盖本次实验所得的数据；②所选的孔喉分级能够反映储层质量特征，包括储层的储集性与流动性。综合上述条件，选择中国石油勘探开发研究院朱如凯教授等[12]提出的分级标准，将孔喉分为 4 个级别，分别为毫米级（大于 1mm）、微米级（1 ~ 1000μm）、亚微米级（100 ~ 1000nm）与纳米级（2 ~ 100nm），其中微米孔进一步可划分为微米大孔（62.5 ~ 1000μm）、微米中孔（10 ~ 62.5μm）与微米小孔（1 ~ 10μm）。根据此标准，松辽盆地南部大情字井油田特低-超低渗储层的平均孔喉半径属于亚微米孔到微米小孔级别。其中特低渗储层孔喉半径分布以微米小孔为主，毛管力作用明显大于重力作用，且影响到储层流体的渗流作用。超低渗储层孔喉半径以亚微米孔为主，在该孔喉半径范围内，毛细管作用会显著影响储层流体的渗流作用。

4.2 岩石粒度与矿物组分对孔喉半径的影响

岩石的粒度与矿物组分特征主要取决于沉积作用，该作用构成了储层孔隙结构的物质基础与原始状态。早期沉积物在此基础上经历了不同类型和程度的成岩作用的改造，进而形成了现今的储层孔隙结构，并具有相应的孔喉半径大小及分布特征。

如图 3 所示，不同粒度的样品具有不同的孔喉半径，随着粒度逐渐变小，孔喉半径呈减小的趋势，且不同沉积相带样品具有显著的差别。由于粒度大小直接受控于沉积过程中的水动力大小，从三角洲内前缘向三角洲外前缘过渡，水动力逐渐减弱，粒度逐渐减小，相应的孔喉半径也随之减小。此外，孔喉半径均小于粒度中值，即实验数据点均在 1∶5 线左侧，即便是最大孔喉半径也远小于粒度中值，说明样品中不发育大于碎屑颗粒半径的特大孔，总体孔喉特征以小孔、细喉道为主。说明从三角洲内前缘向三角洲外前缘过渡，不仅粒度逐渐减小，相应的原生孔隙也变小，加上近源快速沉积的特点，颗粒分选性变差，结构成熟度低。孔喉半径受控于沉积作用，呈现随粒度减小而减小的趋势。

研究区典型铸体薄片样品显示见图12。孔隙类型以粒间孔为主，并发育部分粒内孔和铸模孔，喉道类型呈缩颈状、片状或弯片状。碎屑颗粒间以线接触为主，分选性中等，磨圆度为次棱－次圆状，石英多具次生加大，方解石胶结。说明压实作用与胶结作用使原生粒间孔隙大量减少，同样影响了孔喉半径。

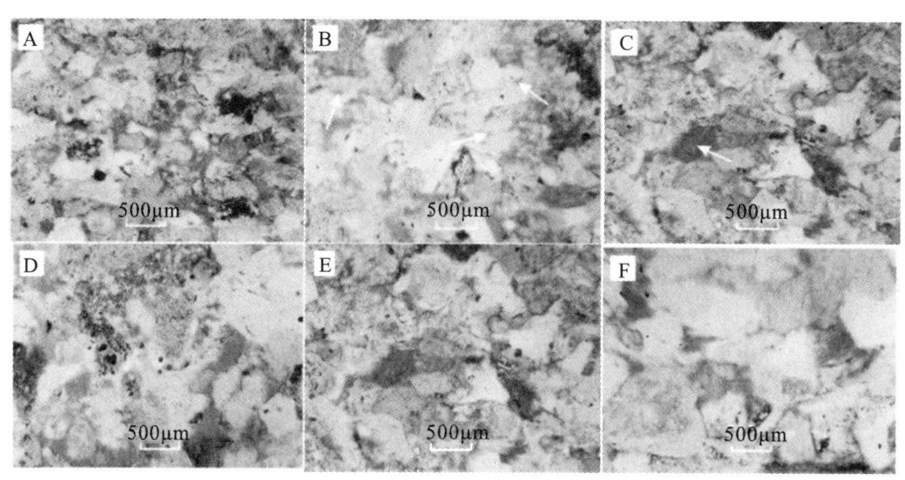

图12　典型铸体薄片镜下照片

如图4、图5所示，孔喉半径与矿物组分并没有显著的相关性，主要体现在两个方面：首先，孔喉半径与黏土矿物含量没有明显相关性，仅在平均孔喉半径小于0.4μm时，两者具有一定的负相关性；其次，孔喉半径与石英/长石含量比值同样没有明显相关性。出现以上现象的原因主要有两点：一是取心井在平面上最大的间距不超过10km，远小于沉积物搬运的距离，物理风化与化学风化程度相近，使得实验样品在矿物组分上均十分相近；二是沉积相带上虽然有内前缘与外前缘之分，但总体上均属于三角洲前缘亚相，相应的沉积环境差异不大，并未对矿物组分产生明显影响。

4.3　孔喉半径对物性的控制作用

如图6、图7所示，孔喉半径与孔隙度和渗透率均呈正相关关系。其中孔喉半径与渗透率的相关性较高，说明随着孔喉半径的增大，渗透率相应增大。为了进一步说明孔喉半径对物性的影响作用，引入储层质量指数（RQI）。相比其他的物性表征参数，储层质量指数具有两项优势：①结合储层孔隙度与渗透率参数，同时表征储层的储集性与渗透性；②该参数可用于划分储层流动单元，可以通过岩心标定测井进行储层评价。因此选择储层质量指数作为表征储层物性乃至储层质量的关键参数。通过统计分析和理论分析，对储层质量指数的控制因素进行分析。

首先，通过统计分析，见本文3.6节多因素分析的结果，随着平均孔喉半径的增大，储层质量指数也增加。相关性分析参数显示，平均孔喉半径与储层质量指数在统计学上具有显著的线性相关关系。

其次，理论分析根据泊稷叶方程和达西定律可知：

$$K = \frac{\varphi r^2}{8\tau^2} \tag{3}$$

原公式中 K 的单位为 μm^2，当 K 的单位为 $10^{-3}\mu m^2$时，将公式(1)变形得

$$RQI = 0.0316\sqrt{\frac{K}{\varphi}} = \frac{r}{2.83\tau} \tag{4}$$

式中，RQI 为储层质量指数，μm；K 为(克氏)渗透率，$10^{-3}\mu m^2$；φ 为孔隙度，小数；r 为平均孔喉半径，μm；τ 为迂曲度，无因次。

在沉积环境与成岩作用相近的情况下，迂曲度 τ 可以认为是定值，故储层质量指数与平均孔喉半径呈线性关系，理论分析结果与统计分析结果相一致。

4.4　孔喉半径与可动流体饱和度的关系

根据核磁共振实验原理，氢原子核在多孔介质中主要发生横向弛豫，弛豫时间既与岩石的弛豫率 ρ 呈反比，还与孔隙体积 V 与表面积 S 的比值有关，而 V/S 与孔隙半径 r 呈正比[13]。因此，横向弛豫时间 T_2可表达为

$$T_2 = \frac{1}{\rho}\frac{V}{S} = \frac{1}{\rho}\frac{r}{c} \tag{5}$$

式中，T_2为横向弛豫时间，ms；ρ 为弛豫率，μm/ms；V 为孔隙体积，μm^3；S 为孔隙表面积，μm^2；r 为孔喉半径，μm；c 为孔喉形状因子，无因次。

由该公式可知，核磁共振实验测得的 T_2频谱与孔喉半径 r 正相关。弛豫率 ρ 与岩石矿物组分相关，根据本文 3.3 节的实验结果与 4.2 节的讨论结果，本研究区样品的岩石矿物组分并无明显差异，故认为弛豫率 ρ 为定值。c 为孔喉形状因子，与前文提及的迂曲度 τ 相类似，在沉积环境与成岩作用相近的情况下，同样可以认为是定值。故认为核磁共振实验测得的 T_2频谱与孔喉半径 r 呈线性关系，理论上可利用 T_2平均值表征平均孔喉半径。

$$T_2^{p} = \frac{\sum T_2^i f^i}{2\sum f^i} \tag{6}$$

式中，T_2^p 为平均横向弛豫时间，ms；T_2^i 为某点的横向弛豫时间，ms；f^i 为某点的频率，%。

图 9 与图 10 显示，T_2平均值与储层质量指数及可动流体饱和度均呈线性正相关关系。结合本文 3.6 节的统计分析结果和 4.3 节孔喉半径与物性关系的讨论结果，平均孔喉半径与储层质量指数呈线性正相关关系，故认为 T_2平均值与平均孔喉半径具有统计学上的相关性，进而可以得出平均孔喉半径与可动流体饱和度的关系，如图 11 所示。结果显示，0.5～1.5μm 孔喉半径对应可动流体饱和度大于 65%，0.1～0.5μm 孔喉半径对应可动流体饱和度介于 50%～60%。

4.5　储层质量与生产动态的关系

上述讨论根据室内实验数据说明了孔喉半径对储层质量的控制作用。在此基础上，通过生产动态数据进行验证。因为单井生产动态受到的影响因素较多，为了尽可能排除射孔段长度、储层改造程度、生产压差、油井工作制度等与储层质量关系不大的因素的影响，选择了研究区六口评价井的试油数据。这六口井的试油时间均早于研究区正式投

产时间，井间距3km以上，避免了相邻井生产的干扰；试油阶段的储层改造措施均为压裂投产，压裂规模与工作制度基本一致；射孔段地层深度差别在100m以内，地层压力基本相同。此外，为了避免射孔段长度差异带来的影响，选择采油强度作为衡量单井产能的参数，即单井射孔段每米储层每天所产原油量。建立取心段储层质量指数和试油阶段采油强度关系图，见图13。随着储层质量指数的增大，采油强度上升，即储层质量与单井产能呈正相关关系。

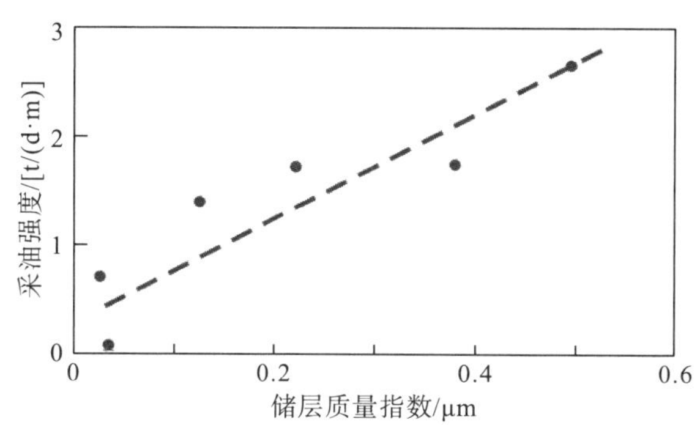

图13 储层质量指数与采油强度的关系

5 结论

综合以上实验结果与讨论，本次研究取得了如下结论：

(1)松辽盆地南部青一段特低－超低渗透储层孔喉半径主要分布于0.3～1.7μm，是控制储层储集性和流动性的独立主控因素。其中大于1.5μm的孔喉半径对应常规低渗储层，储层的岩石类型以细粒长石岩屑砂岩为主；0.5～1.5μm孔喉半径对应特低渗透储层，岩石类型以极细粒长石岩屑砂岩和粗粉砂岩为主，可动流体饱和度大于65%，主要分布于三角洲内前缘亚相中；0.1～0.5μm孔喉半径对应超低渗透储层，岩石类型以粗－细粉砂岩为主，可动流体饱和度介于50%～60%，主要分布于三角洲外前缘亚相中。

(2)相对于最大孔喉半径和中值孔喉半径，平均孔喉半径更适用于表征孔喉半径与储层物性之间的关系。

(3)储层质量指数(RQI)是表征储层质量的重要参数，通过该参数与孔喉半径之间的关系，可以建立压汞实验结果和核磁共振实验结果之间的相关性，进而得出孔喉半径与可动流体饱和度之间的关系。

(4)孔喉半径决定了储层物性和流体饱和度特征，反映了储层岩性、储集性，流体饱和度及流动性特征，并在宏观上受控于沉积相带，应作为特低－超低渗透储层评价的重要参数。

参考文献

[1]Lai J, Wang G W, Fan Z Y, et al. Insight into the pore structure of tight sandstones using NMR and HPMI measurements[J]. Energy Fuels, 2016, 30: 10200-10214.

[2]李海燕，岳大力，张秀娟．苏里格气田低渗透储层微观孔隙结构特征及其分类评价方法[J]．地学前缘，2012，19(2)：133-140.

[3]王改云，刘金萍，简晓玲，等. 北黄海盆地下白垩统致密砂岩储层特征及成因[J]. 地球科学，2016，41(3)：523-532.

[4]杨正明，张英芝，郝明强，等. 低渗透油田储层综合评价方法[J]. 石油学报，2006(2)：64-67.

[5]Purcell W R. Capillary pressures—their measurement using mercury and the calculation of permeability therefrom[J]. Journal of Petroleum Technology，1949，1(2)：39-48.

[6]Knackstedt M A，Arns C H，Limaye A，et al. Digital core laboratory：properties of reservoir core derived from 3D images[J]. SPWLA Annual Logging Symposium，2004，56(5)：66-68.

[7]杨永飞，王晨晨，姚军，等. 页岩基质微观孔隙结构分析新方法[J]. 地球科学，2016，41(6)：1067-1073.

[8]李群. 松辽盆地长岭凹陷隐蔽油气藏勘探研究[J]. 地球科学，2002，27(6)：770-774.

[9]赵艳军，鲍志东，王志强，等. 松辽盆地南部大情字井油田青二段低渗透储层成因[J]. 石油天然气学报，2011，33(7)：32-36.

[10]Feng Z，Jia C，Xie X，et al. Tectonostratigraphic units and stratigraphic sequence of the nonmarine songliao basin，northeast China[J]. Basin Research，2010，22(1)：79-95.

[11]Amaefule J O，Altunbay M，Tiab D. et al. Enhanced reservoir description：using 402 core and log data to identify hydraulic(flow) units and predict permeability in uncored 403 intervals/wells[J]. SPE 26436，1993.

[12]朱如凯，吴松涛，崔景伟，等. 油气储层中孔隙尺寸分级评价的讨论[J]. 地质科技情报，2016，35(3)：133-144

[13]肖佃师，卢双舫，陆正元，等. 联合核磁共振和恒速压汞方法测定致密砂岩孔喉结构[J]. 石油勘探与开发，2016，43(6)：961-970.

表 1　松辽盆地南部大情字井油田青一段储层特征参数表（包含压汞、粒度、X-衍射、物性实验结果）

井号	沉积相带	深度/m	排驱压力/MPa	最大孔喉半径/μm	平均孔喉半径/μm	中值孔喉半径/μm	粒度中值/μm	分选系数	黏土矿物含量/%	石英含量/长石含量	RQI/μm
H1	外前缘	2337.05～2337.13	5.740	0.128	0.056	0.053	39.555	2.600	9.800	0.268	0.022
H2	外前缘	2453.09～2453.19	8.362	0.088	0.037	0.031	12.430	2.870	4.400	0.227	0.016
H2	外前缘	2457.93～2458.03	2.059	0.357	0.125	0.122	50.067	2.100	2.600	0.197	0.026
H3	外前缘	2427.80～2427.90	6.908	0.106	0.046	0.043	27.776	2.630	10.600	0.202	0.015
H4	外前缘	2569.85～2569.95	2.771	0.265	0.080	0.061	51.119	2.310			0.022
H5	外前缘	2262.82～2262.90	10.360	0.071	0.036	0.033	22.097	2.850	6.400	0.213	0.017
H6	外前缘	2410.87～2410.99	2.774	0.265	0.105	0.092	21.197	2.830	8.400	0.161	0.025
H7	外前缘	2415.30～2415.40	6.926	0.106	0.046	0.043	20.193	1.880	13.900	0.205	0.021
H8	内前缘	2352.10～2352.20	0.138	5.311	1.435	0.729	83.043	2.410	5.700	0.204	0.250
H9	内前缘	2457.47～2457.57	0.345	2.132	0.455	0.272	31.686	2.260			0.095
H9	内前缘	2460.42～2460.52	0.487	1.510	0.591	0.536	20.761	2.460			0.095
H9	内前缘	2463.02～2463.12	1.374	0.535	0.186	0.127	16.176	2.590	6.700	0.141	0.030
H9	内前缘	2467.02～2467.12	0.345	2.130	0.708	0.519	23.848	2.430	4.900	0.140	0.105
H9	内前缘	2469.32～2469.44	0.211	3.481	1.057	0.684	25.033	2.380	3.700	0.183	0.162
H10	内前缘	2421.80～2421.90	0.345	2.131	0.889	0.858	16.980	2.610	6.800	0.177	0.135
H10	内前缘	2427.50～2427.60	0.481	1.528	0.539	0.584	19.505	2.570	3.500	0.221	0.070
H10	内前缘	2435.30～2435.40	0.207	3.550	1.033	0.995	34.674	2.450	3.800	0.205	0.138
H10	内前缘	2436.65～2436.75	0.207	3.559	1.199	1.113	28.756	1.580	3.900	0.176	0.178
H10	内前缘	2441.00～2441.10	0.207	3.544	1.282	1.082	17.824	1.350	3.100	0.236	0.198
H11	内前缘	2370.54～2370.62	0.482	1.524	0.468	0.312	47.039	3.600	2.500	0.217	0.055
H11	内前缘	2373.95～2374.05	0.139	5.304	1.868	1.376	33.262	3.190			0.314
H11	内前缘	2374.15～2374.23	0.209	3.525	1.474	1.541	47.696	1.850	2.600	0.212	0.255
H11	内前缘	2374.31～2374.40	0.139	5.306	1.466	1.225	33.960	1.980			0.240
H11	内前缘	2374.47～2374.55	0.207	3.553	1.433	1.317	51.474	2.950			0.246
H11	内前缘	2375.10～2375.18	0.139	5.307	1.589	0.784	29.770	3.120	3.900	0.200	0.231

续表

井号	沉积相带	深度/m	排驱压力/MPa	最大孔喉半径/μm	平均孔喉半径/μm	中值孔喉半径/μm	粒度中值/μm	分选系数	黏土矿物含量/%	石英含量/长石含量	RQI/μm
H11	内前缘	2406.65~2406.75	0.208	3.540	1.168	0.661	68.393	2.090	2.500	0.196	0.182
H11	内前缘	2436.08~2436.16	0.208	3.538	1.241	0.788	52.922	1.770	3.300	0.177	0.159
H12	内前缘	2360.40~2360.50	0.208	3.530	0.950	0.616	27.970	1.580			0.133
H12	内前缘	2363.80~2363.90	0.208	3.533	1.148	0.740	32.352	2.790	2.000	0.207	0.111
H12	内前缘	2413.40~2413.50	0.482	1.526	0.610	0.440	25.737	2.450	4.400	0.176	0.079
H12	内前缘	2417.40~2417.50	0.206	3.566	1.114	0.626	25.737	2.360	4.000	0.129	0.140
H13	内前缘	2423.20~2423.30	0.207	3.556	1.318	1.071	39.555	4.590	6.200	0.220	0.191
H13	内前缘	2438.00~2438.10	0.351	2.093	0.611	0.389	19.777	2.810	9.800	0.151	0.088
H13	内前缘	2436.42~2436.53	0.208	3.530	1.336	1.336	35.649	2.380	7.000	0.194	0.201
H13	内前缘	2437.92~2438.04	0.483	1.521	0.437	0.437	20.333	2.220	5.600	0.192	0.062
H13	内前缘	2441.22~2441.32	1.038	0.708	0.213	0.213	23.683	2.110	5.100	0.129	0.036
H13	内前缘	2442.20~2442.30	0.346	2.126	0.562	0.562	18.199	2.710	4.200	0.142	0.088
H14	内前缘	2439.45~2439.55	0.208	3.540	1.234	0.912	40.950	1.850	2.600	0.192	0.186
H14	内前缘	2450.62~2450.75	0.139	5.306	1.738	1.404	73.302	1.570	2.600	0.202	0.295
H15	内前缘	2486.60~2486.70	0.206	3.566	1.499	1.510	31.034	2.810	7.000	0.225	0.242

表 2 核磁共振可动流体饱和度测定结果

井号	深度/m	岩性	长度/cm	直径/cm	岩石密度/(g/cm^3)	渗透率/(10^{-3}μm^2)	孔隙度/%	可动流体饱和度/%	束缚流体饱和度/%	RQI/μm	T_2平均值/ms	对应孔喉平均半径/μm
H16	2327.56~2327.68	褐色粉砂岩	7.52	2.526	2.41	0.2072	9.96	60.87	39.13	0.046	22.409	0.304
	2332.26~2332.45	褐色粉砂岩	7.95	2.526	1.59	0.0062	2.5	51.71	48.29	0.016	7.127	0.105
	2335.97~2336.08	褐色粉砂岩	7.932	2.526	2.47	0.0622	6.88	58.08	41.92	0.030	12.235	0.200
	2336.73~2336.83	灰褐色粉砂岩	5.234	2.526	2.35	0.9391	13.24	68.73	31.27	0.084	38.703	0.561
	2373.89~2374.05	灰褐色粉砂岩	7.592	2.528	2.31	0.2362	13.98	58.83	41.17	0.041	16.932	0.274

基于水平井开发效果评价体系的压裂优选方法研究

黄小璐

（大庆油田有限责任公司第七采油厂，黑龙江 大庆 163712）

摘　要：目前随着水平井压裂选井难度逐渐增大，压裂效果维持时间短等问题的出现，确定压裂井，避免无效低效井出现，对提高油井产能尤为重要。本文以敖南油田A区块内水平井为研究对象，建立水平井开发效果评价体系，应用水平井开发效果评价体系对水平井进行分类，确定各类水平井在开发中存在的问题，从而有目的地进行水平井二次压裂选井。该方式克服了以往选井盲目性，有效提高了措施有效性，具有较好的实际应用价值。

关键词：水平井压裂；开发效果；评价体系

引言

近年来，敖南油田开展了水平井开发试验，经过多年的试验攻关，技术水平不断提高，应用规模不断扩大，其中A区块共投产水平井29口，平均单井水平段长度459.4m，含油砂岩长度287.1m，钻遇率62.5%，初期平均单井日产液5.8t，日产油5.8t，不含水；目前平均单井日产液2.7t，日产油2.6t，综合含水4.8%。为了进一步提高低渗透油藏水平井开发水平，增加经济效益，水平井压裂是有效的措施之一[1]，压裂成功的关键是找出潜能最大的候选井。目前的选井方法一般都是以定性分析结合经验判断来选择，这样做受主观和经验评价的影响很大，很难准确反映客观生产实际，因此建立一套较为完善的水平井开发效果评价指标体系对于认识水平井开发效果和改善技术对策是至关重要的。

1　评价指标体系的选取

水平井开发效果受地质和开发等多种因素的影响而存在较大的差异，这种开发效果差异程度需要用一套合理的技术指标来衡量。建立一套较为完善的开发效果评价指标体系对于认识水平井开发效果和改善技术对策是至关重要的。本体系研究涉及的水平井开发效果评价指标体系主要包括初期日产油量、与周围直井增产倍数、递减率、后期日产液量、与周围直井增产倍数变化率、水驱控制长度、注采比、储量控制程度等8项指标，这些指标又组合为水平井初产状况、水平井稳产状况、水平井注水受效特征和水平井储量控制程度四大类[2]。

2　水平井开发效果评价体系的建立

2.1　水平井初产评价

由于油层厚度、地层系数、流度比等因素的差异，水平井初期产能大小不一样。提

作者简介：黄小璐，1985年生，女，工程师，一直从事油藏动态分析、油气田开发等工作。

出与周围直井增产倍数为水平井初产评价的参考参数。以水平井初产为 X 轴，与周围直井增产倍数为 Y 轴，建立平面直角坐标系(图1)。

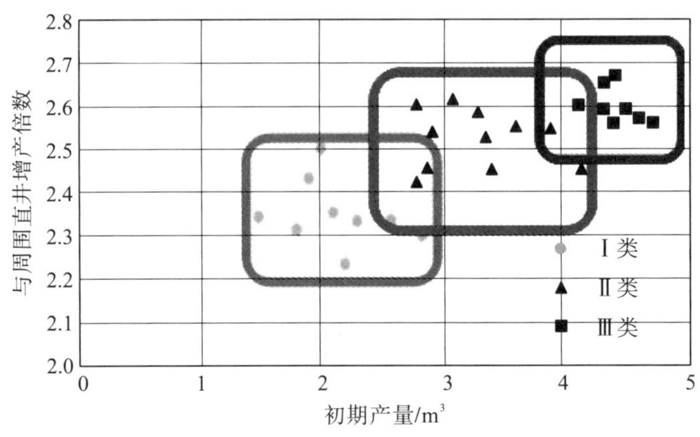

图1　水平井初产评价

根据区块内29口水平井的实际开发效果并利用统计学原理，将水平井初产评价分为三类(表1)。

表1　水平井初产评价分类

分类	第一年平均初产/m^3	与周围直井增产倍数(数值)
Ⅰ类	4.1～4.7	2.56～2.67
Ⅱ类	2.8～3.8	2.56～2.67
Ⅲ类	1.6～2.4	2.23～2.50

2.2　水平井稳产评价

影响水平井稳产的因素很多，如油藏地质条件、油藏类型和流体性质等。选取水平井递减率、与周围直井增产倍数变化率、水平井后期产液量三个参数，以水平井递减率为 X 轴，与周围直井增产倍数变化率为 Y 轴，水平井后期产液量为 Z 轴，建立三维直角坐标系(图2)。

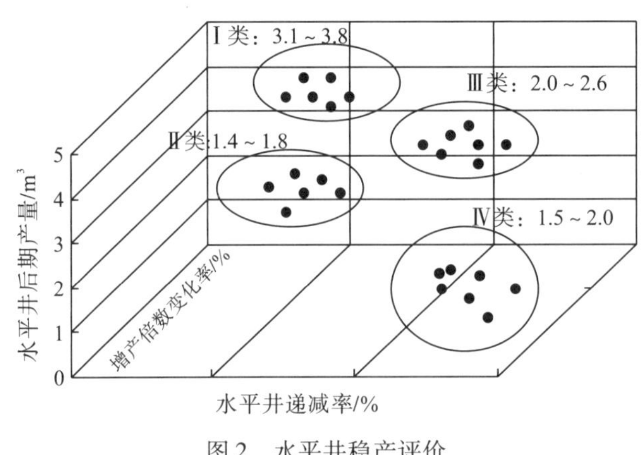

图2　水平井稳产评价

根据本区块水平井稳产评价所选参数统计结果，将其分为四类(表2)。

表2　水平井稳产评价分类

分类	递减率/%	与周围直井增产倍数变化率/%	最后一年平均日产液量/m^3
Ⅰ类	0 ~ 3.3	12.2 ~ 18.9	3.1 ~ 3.8
Ⅱ类	0 ~ 6.7	5.3 ~ 12.1	1.4 ~ 1.8
Ⅲ类	8.5 ~ 12.9	20.4 ~ 30.1	2.0 ~ 2.6
Ⅳ类	11 ~ 16.3	31.4 ~ 43.3	1.5 ~ 2.0

2.3　水平井注水受效评价

水平井的注水受效特征直接关乎水平井的稳产状况及储量控制程度，本区块绝大多数水平井未见水，故以水平井水驱控制长度比例为 X 轴，以注采比为 Y 轴，建立平面直角坐标系(图3)。

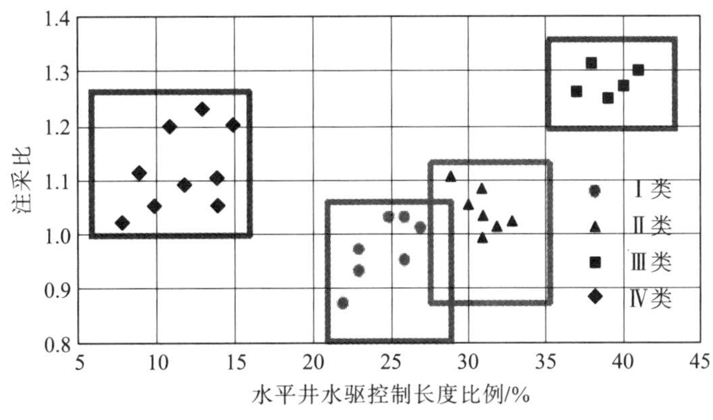

图3　水平井注水受效评价

根据本区块实际效果并利用统计学原理，将水平井注水受效评价分为四类(表3)。

表3　水平井注水受效评价分类

分类	水驱控制长度比例/%	注采比(比值)
Ⅰ类	37 ~ 40	1.25 ~ 1.31
Ⅱ类	30 ~ 35	1.01 ~ 1.10
Ⅲ类	22 ~ 28	0.83 ~ 1.03
Ⅳ类	8 ~ 17	1.05 ~ 1.23

2.4　水平井储量控制程度评价

准确认识水平井储量控制程度，对于制定水平井合理生产制度(采油速度、生产压差等)以及针对水平井不同生产阶段应采取相应的措施具有十分重要的指导意义[3]，将水平井储量控制程度评价分为三类(表4)。

表4　水平井储量控制程度评价分类

分类	水驱储量控制程度/%
Ⅰ类	>80
Ⅱ类	50 ~ 80
Ⅲ类	<50

2.5 水平井开发效果评价分类

根据水平井初产评价、产量稳定评价、储量控制程度评价、注水效果评价结果，将水平井分为四种类型。A 区块水平井划分为一类 5 口，二类 8 口，三类 9 口，四类 7 口(表5)。

表5 水平井开发效果评价分类

类别	特征	初产评价	稳产评价	注水受效评价	储量控制程度评价
一类	“初产高递减慢”型	Ⅰ类	Ⅰ类	Ⅰ类	Ⅰ类
二类	“稳产差递减快”型	Ⅰ类	Ⅲ类	Ⅱ类	Ⅰ类
三类	“产量波动大”型	Ⅱ类	Ⅱ类	Ⅲ类	Ⅱ类
四类	“持续低产”型	Ⅲ类	Ⅳ类	Ⅳ类	Ⅲ类

2.6 不同类型水平井开发效果特征

2.6.1 “初产高递减慢”型

这类水平井注水效果好，水驱控制长度比例大，初期产量高，递减慢，产量稳定，储层水驱储量动用程度高，注采比稳定在 1.2 以上，压裂后效果好，但这类水平井一般产量较高，不选取这类水平井实施压裂(表6、图4～图6)。

表6 第一类注水受效特征表

类别	水驱控制长度比例/%	年平均递减率/%
一类	37	2.5

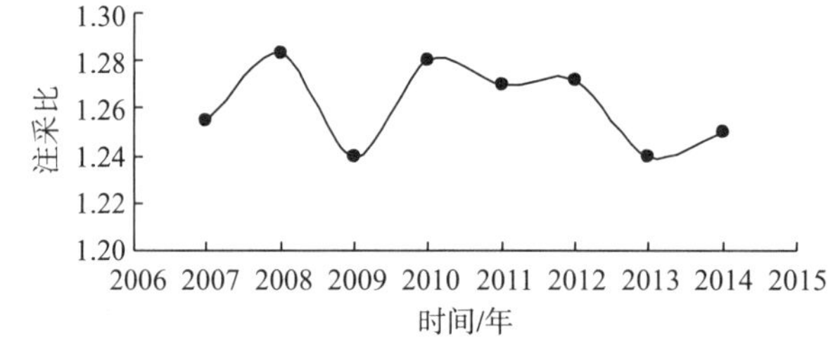

图4 注采比随时间变化

图5 产量随时间变化

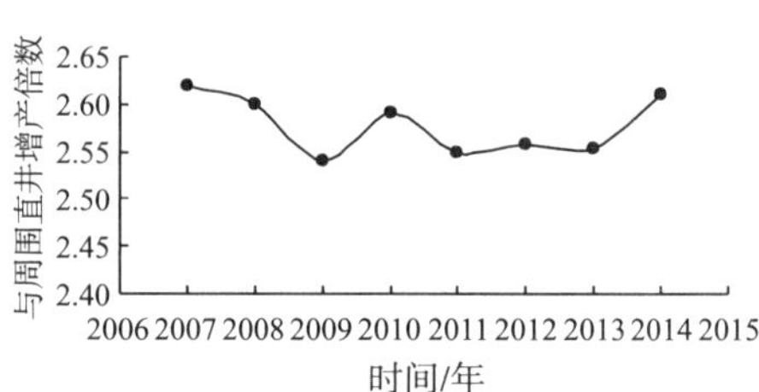

图6 与周围直井增产倍数随时间变化

2.6.2 “稳产差递减快”型

这类水平井注水效果一般，由于注水剖面不均匀导致水驱储量动用程度低，水平井稳产情况差，产量递减快，注采比波动也较大。这类水平井可以通过压裂改善注水受效状况，提高水平井产量(表7、图7～图9)。

表7　第二类注水受效特征表

类别	水驱控制长度比例/%	年平均递减率/%
二类	30	12.5

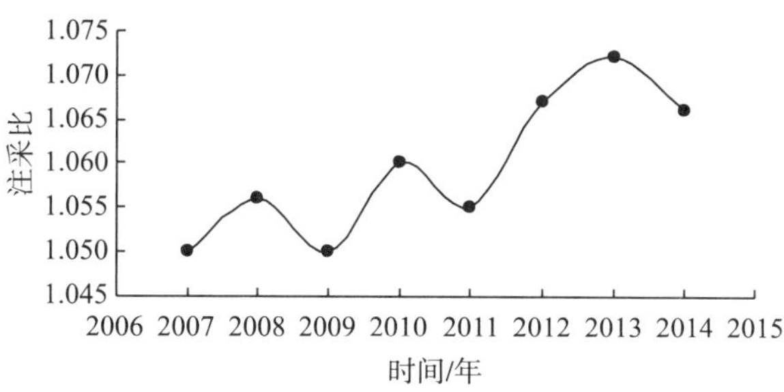

图7　注采比随时间变化

图8　产量随时间变化

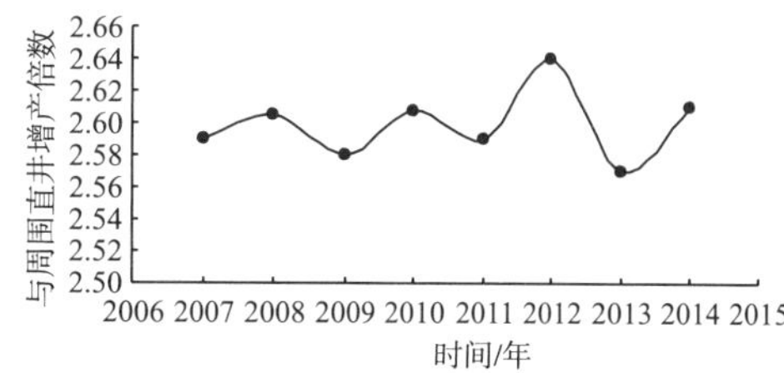

图9　与周围直井增产倍数随时间变化

2.6.3　“产量波动大”型

这类水平井注水效果一般，由于储层平面非均质性强导致地层能量补充不足，水平井与周围直井增产倍数变化大，增产措施后稳产时间短，产量波动大，注采比偏低。这类水平井可通过压裂改造薄差层，提高水平井产量(表8、图10～图12)。

表8　第三类注水受效特征表

类别	水驱控制长度比例/%	年平均递减率/%
三类	23	11.5

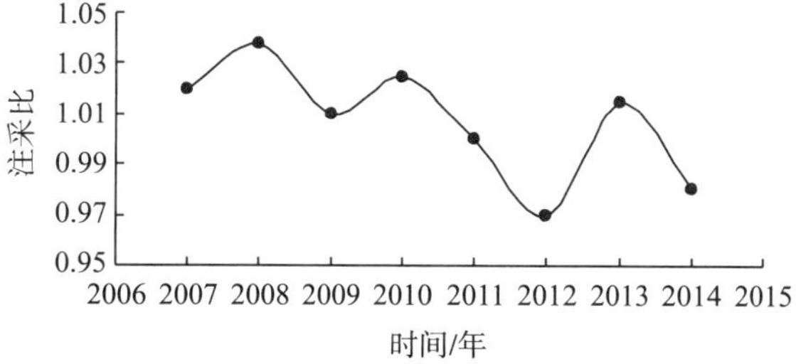

图10　注采比随时间变化

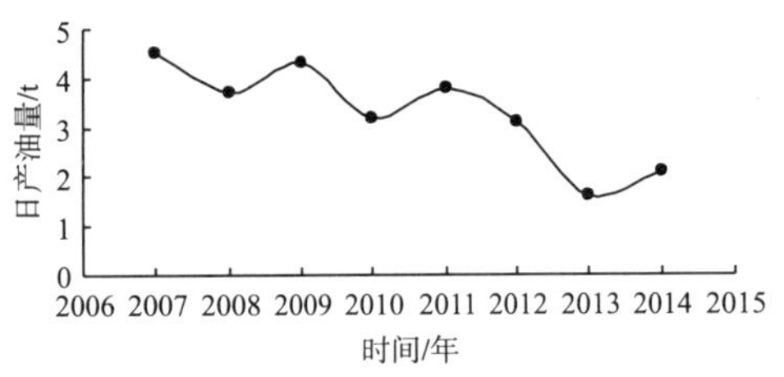

图 11　产量随时间变化

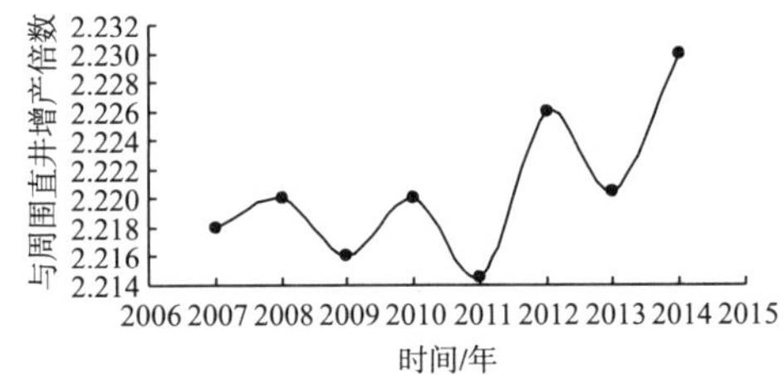

图 12　与周围直井增产倍数随时间变化

2.6.4　“持续低产”型

这类水平井注水效果差，水平井水驱控制长度比例低，注水井和水平井连通程度差，导致水驱控制地质储量低，水平井产量一直处于低产状态，注采比也偏低，这类井地层能量补充不足不适合压裂作业(表 9、图 13 ~ 图 15)。

表 9　第四类注水受效特征表

类别	水驱控制长度比例/%	年平均递减率/%
四类	16	5.5

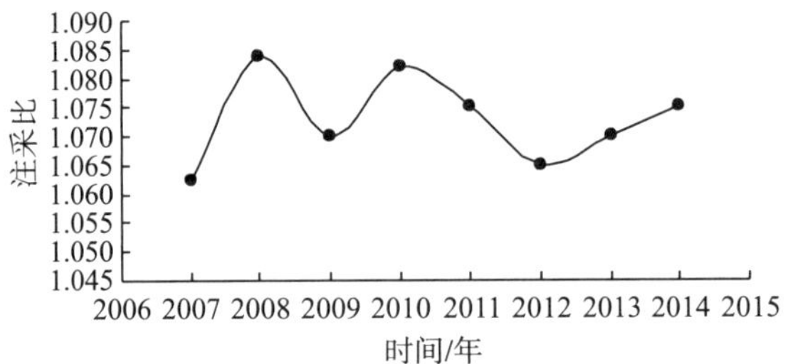

图 13　注采比随时间变化

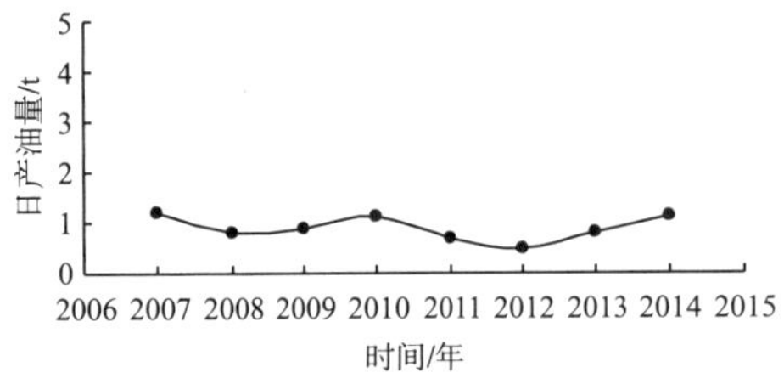

图 14　产量随时间变化

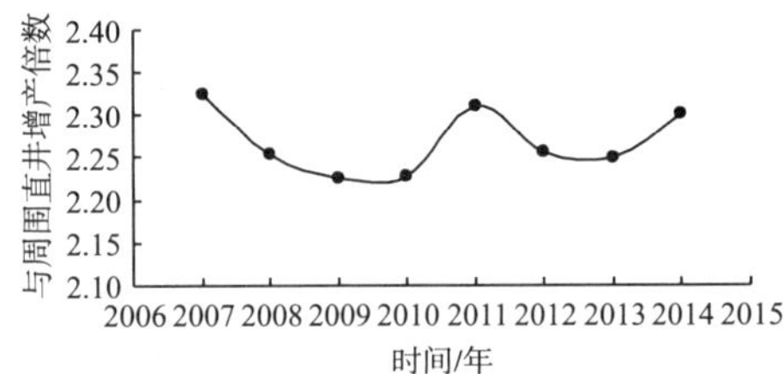

图 15　与周围直井增产倍数随时间变化

3　实例应用

结合 2016 ~2018 年 A 区块 8 口压裂水平井的综合数据，选取这 8 口压裂油井的压裂效果来验证水平井开发效果评价体系的适应性，从表 10 可以看出，第二类井压裂措施效果较好，措施增油量大，第三类井次之，第四类水平井压裂效果差。

表10 敖南油田A区块水平井压裂效果表

井号	水平井类别	压裂时间/(年.月)	措施前					措施后			
			产液/(t/d)	产油/(t/d)	含水/%	累计产油/t	采出程度/%	产液/(t/d)	产油/(t/d)	含水/%	累计增油/t
1号井	第二类	2015.11	0.8	0.8	0	8500	23.74	7.2	7.2	0	3224
2号井	第二类	2015.12	1	1	0	10765	26.17	10.6	10.6	0	3878
3号井	第二类	2016.10	1.1	0.9	18.2	10470	20.94	8.2	6.1	26	2163
4号井	第二类	2016.10	1.4	1.4	0	3839	25.59	6.5	6	8	2801
5号井	第三类	2015.12	1.6	1.6	0	6766	23.24	5.8	5.8	0	1226
6号井	第三类	2015.12	1.4	1.4	0	4660	8.8	5.8	5.8	0	1442
7号井	第四类	2015.06	0.8	0.8	0	2310	5.63	2.3	2.3	0	276
8号井	第四类	2015.11	0.5	0.4	25.8	2034	5.67	0.8	0	100	0

4 结论与认识

（1）利用水平井初产评价、稳产评价、注水受效评价、储量控制程度评价建立完善的水平井开发效果评价体系，使得水平井开发效果评价更为科学合理。

（2）利用水平井开发效果评价体系，将敖南油田A区块29口水平井进行了分类，并选取各类水平井实施二次压裂，通过对各类水平井压裂结果进行验证，总结出敖南油田水平井压裂选井标准。

（3）水平井初产大于2.5t，年平均递减率5%～11%，水驱控制长度比例大于25%，储量控制程度达到50%以上的井压裂效果好，以此指导P油田水平井重复压裂选井，保障措施的有效率。

参考文献

[1]曾凡辉．压裂水平井产能影响因素[J]．石油勘探与开发，2007，34(4)：474-477.

[2]聂彬．特低丰度薄层油藏水平井开发效果评价体系研究[J]．油气井测试，2013，22(5)：14-17.

[3]冉永良．辽河油田水平井开发的适应性研究与评价[J]．化工管理，2014(30)：173.

低渗油田水平井来水方向及见水层位识别研究

——以敖南水平井区为例

谭　跃

（大庆油田有限责任公司第七采油厂，黑龙江 大庆 163712）

摘　要：水平井以泄油面积大、生产井段长、产量高等特点，对有效开发低渗透油田有明显优势，在各油田应用规模不断扩大。但在水平井见水后，其综合含水上升较快，产量递减大，准确判别来水方向及见水层位对指导水平井后期开发调整有着重要意义。本文结合大庆敖南油田水平井区地质特征及开发效果，从动、静态参数中优选油水井受效判定指标，应用模糊综合评判法，建立油水井受效分析判定数学模型，形成来水方向及见水层位判断方法，实现水平井来水方向及见水层位的无监测识别，以指导水平井区见水后综合调整，改善开发效果。

关键词：低渗油田；综合判别；水平井；来水方向；见水层位

敖南油田水平井区处于敖南油田南部，被 6 条南北向大断层切割，形成茂 71、敖 362－98 和敖 344－14、敖 416－67 四个区块，构造总体趋势是西高东低、北高南低的构造形态，含油面积 155km^2，地质储量 2794.39×10^4t。储层主要以三角洲前缘席状砂沉积为主，砂层薄，水平井平均单井砂岩钻遇率 62.5%，有效钻遇率 35.4%；油水分布关系较为简单，基本为纯油区。敖南油田水平井投产初期平均单井日产油 6.3t，取得了较好的开发效果。但是随着开发时间的延长，由于水平井渗流特点的复杂性以及油藏自身特殊性，逐渐暴露出稳产时间短、产量递减快、见水后含水上升快、地层能量供应不足等问题，目前水平井注水开发跟踪调整技术还处于摸索阶段，这在一定程度上影响了外围油田水平井开采效果的改善。为了进一步改善水平井区开发效果，本文针对水平井区地质特征及开发效果，从动、静态参数中优选油水井受效判定指标，应用模糊综合评判法，建立油水井受效分析判定数学模型，形成水平井来水方向及见水层位判断方法，实现水平井来水方向及见水层位的无监测识别，以指导水平井区见水后综合调整，改善开发效果。

1　来水方向指标判定体系

1.1　油水井受效的判定指标

在对油水井受效进行判定时，根据水驱影响因素及在开发中表现的特征，结合所研究区块的实际数据情况进行各项参数的筛选。各指标参数的筛选遵循以下原则：

（1）以能大量、方便录取，信息来源充足为原则，选取油水井日常生产过程中大量录

作者简介：谭跃，男，1985 年 1 月生，本科，油气藏工程师，从事油田开发工作。

取的动、静态资料。

(2)选取的参数要与油水井受效有直接的相关性。

(3)形成的判别方法以适用性强，能大范围推广应用为目标。

1.1.1 静态参数的选取

静态因素是影响水驱效率的先天性因素。对于一个低渗透油藏，影响水驱受效的静态因素有很多，但是对于我们所要研究的某一个特定区块来说，诸如裂缝、油水黏度差等因素对每一口井的影响都是一样的，而孔隙度的影响可以在渗透率上得到一定程度的体现[1]。根据以上指标参数筛选原则，针对现场静态数据库的实际数据情况，选取全井渗透率、有效厚度和单层突进系数作为判断油水井受效的静态参数。

1.1.2 动态参数的选取

结合实际区块中油水井井史数据，选定油水井受效判定所需的动态指标。对于注水井，选取日注水量、注水油压、视吸水指数和单位厚度累计注水量四项指标；对于采油井，选取日产液量、单位厚度累计产液量两项动态指标进行受效采油井的判定，如图 1 所示。

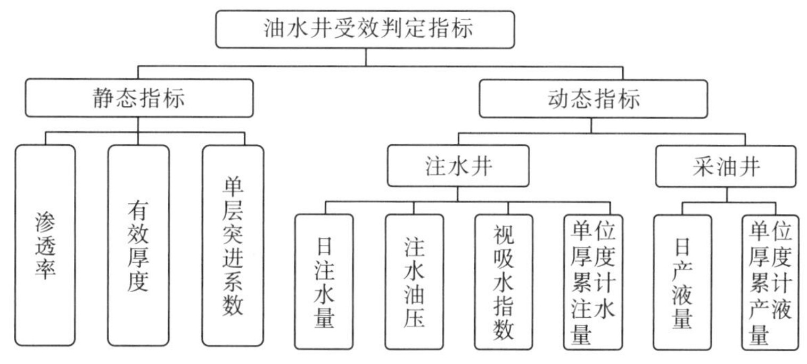

图 1 油水井受效评判指标示意图

1.2 见水层位的判定指标

对见水层位的判定，仍然需要油水井的一些动态和静态指标。从沉积相带图上来看，同一个层中的井所处的沉积微相各不相同，而同一口井在不同的层位也有不同的沉积特征。因此，对于相互连通的油水井，其连通情况的好坏就取决于各井所处的沉积微相情况。油水井间的距离也会影响受效方向的形成，油水井井距越小，注入水在地层中运移的距离越短，所波及的面积也越小，单向受效越严重。另外，油水井射开有效厚度和渗透率也不相同，很明显地，注入水会优先在有效厚度大、渗透率高的层中突进，受效强烈。以上是影响见水层位形成的静态因素，也是见水层位判定所选用的参数。由于天然裂缝的存在，会导致注入水在该层裂缝方向突进，随着生产时间的延续，水井在该层的累计注入孔隙体积倍数远大于其他层位，而油层的驱油效率也大大提高，剩余油饱和度大大减小[2]。综上所述，选取见水层位分析判定指标为：油水井间小层砂体连通关系、油水井间距离及注水井静态参数(单层有效厚度和渗透率)、分层生产动态参数(油井：单层驱油效率，水井：注入 PV 数，即单层累计注入孔隙体积倍数)。

见水层位判定指标，如图 2 所示。

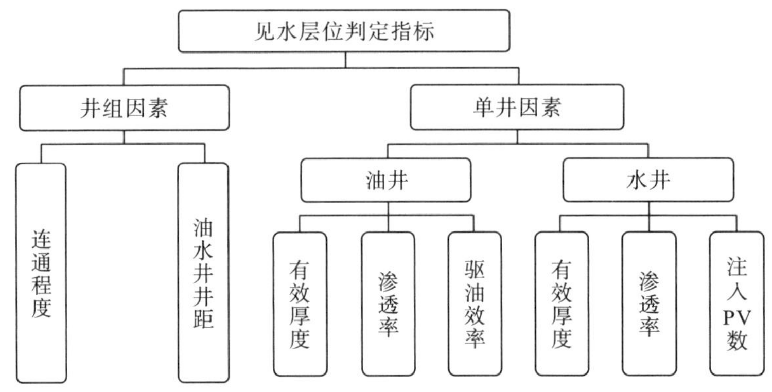

图2　见水层位判定指标示意图

2　来水方向分析判定数学模型

2.1　模糊综合评判的基本原理

模糊综合评判法就是应用模糊变换原理和最大隶属度原则，考虑与评价事物相关性较大的各个因素，对其所作的综合评价。该方法是建立在模糊数学基础上的一种模糊线性变换，它的优点是将评判中有关的模糊概念用模糊集合表示，以模糊概念的形式直接进入评判的运算过程，通过模糊变换得出一个对模糊集合的评价结果。模糊综合评判法是模糊数学中最主要的方法之一，以其严密的科学性和良好的适应性而被广泛应用于各个领域，尤其是受多因素影响的目标评判方面具有广泛的应用[3]。常用于实际工程技术问题的模糊综合评判分为单级和多级模糊综合评判两类。

单独对一个影响因素进行评判，以确定评价对象对评价集中各元素的隶属程度，称为单因素模糊评判。首先确定评判对象，并确定评语集 $V=\{v_1,v_2,\cdots,v_m\}$，分析并确定因素集 $U=\{u_1,u_2,\cdots,u_n\}$，依据各因素确定单因素评价集 $\underset{\sim}{r}_i$，进而构成评价矩阵 $\underset{\sim}{\boldsymbol{R}}$，然后确定权重集 $\underset{\sim}{A}=\{a_1,a_2,\cdots,a_n\}$，并选取合适的计算模型，做模糊变换 $\underset{\sim}{\boldsymbol{B}}=\underset{\sim}{A}\circ\underset{\sim}{\boldsymbol{R}}$，求得 $\underset{\sim}{\boldsymbol{B}}$，最后用一定方式将 $\underset{\sim}{\boldsymbol{B}}$ 转换成所需形式的结论。其评价过程可用图3表示。

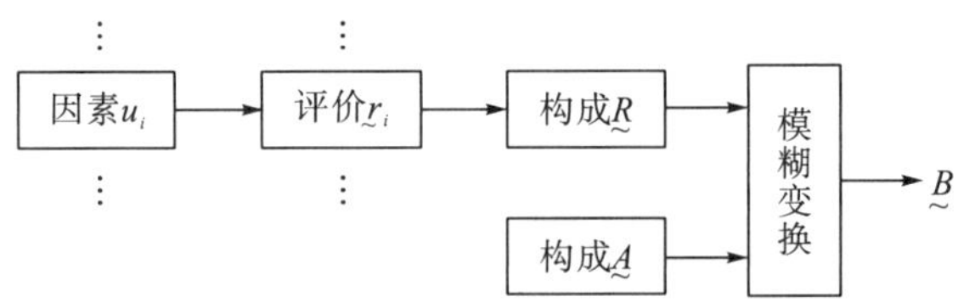

图3　单级模糊综合评判框图

在一些复杂项目的评价中，众多因素是在不同层次上影响评判结果的，因此，需要对不同层次的因素进行不同层次的单级模糊综合评判的综合评价，逐级进行最终汇成总的评判结果，即多级模糊综合评判。评价的区别在于单因素评判向量无法直接给出，需对影响 $\underset{\sim}{r}_i$ 的所有子因素进行综合评价而得到 $\underset{\sim}{r}_i$。其步骤可用图4表示。

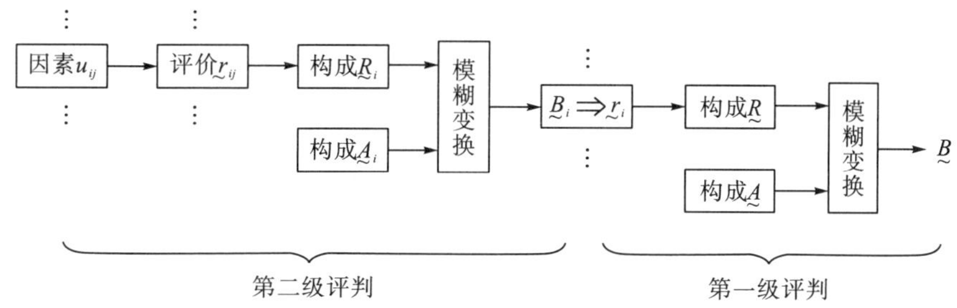

图4　两级模糊综合评判框图

在判定受效油水井时，要考虑多方面的因素，而我们应该综合所有因素对事物整体做出切合实际的评价。由于各个因素之间相互影响、相互制约，另外，各因素对整体的影响和相互关系很难用精确的概念表述，也就是说整个评价过程是非线性的。模糊综合评判法是基于评价过程的非线性特点而提出的，它是利用模糊数学中的模糊运算法则，对非线性的评价论域进行量化综合，从而得到可比的量化评价结果的过程。模糊综合评判法是一种简单、适用、可靠的科学方法，具有广泛的适应性和实用性，它的优点是可将评价信息的主观因素对评价结果的影响控制在较小的限度内，从而使评价比较全面和客观。

2.2　油水井受效分析判定数学模型

2.2.1　评判集的确定

采用目前得到公认的行业或专家提供的经验作为判断标准，这些标准形成的集合在模糊综合评判中称为评判集。对有关专家进行意见征询，并对其进行全面分析研究，最后将注入水在油水井间的流动状态分受效好、受效中等、受效差三类，则建立模糊综合评判模型的评判集为 $V=\{v_1,v_2,v_3\}$，评语 v_i 依次为受效好、受效中等、受效差。

2.2.2　因素集的确定

因素集是指影响受效井形成的所有方面(或因素)构成的集合。若待评判井为注水井，则建立模糊综合评判模型的因素集为：$U_{注水井}=\{u_1,u_2,u_3,u_4,u_5,u_6,u_7\}$，各因素 u_i 依次为有效厚度、平均渗透率、单层突进系数、日注水量、注水油压、视吸水指数、单位厚度累计注水量。

若待评判井为采油井，则建立模糊综合评判模型的因素集为：$U_{采油井}=\{u_1,u_2,u_3,u_4,u_5\}$，各因素 u_i 依次为有效厚度、平均渗透率、单层突进系数、日产液量、单位厚度累计产液量。

2.2.3　隶属度的求取

隶属度是事物模糊性的一种度量，隶属度的确定有一定的客观性和主观性。其客观性表现为不同事物对同一模糊概念的隶属度有差别，而同一事物对不同模糊概念的隶属度也不相同；而主观性表现为它的确定有许多人为因素的影响，人们的经验、主观能动性、对事物认识的差异等因素均得到了体现。

利用模糊分布函数法来求得每一项指标的隶属度的大小。通过对工区主力油层实际数据的归纳分析，得出上述各项指标分布近似服从正态分布规律。选其隶属函数为

$$u_{vj}(u_i) = e^{-\left(\frac{u_i - a_{ij}}{b_{ij}}\right)^2} \tag{1}$$

式中，$u_{vj}(u_i)$为因素u_i在评语等级v_i的隶属度；u_i为第i个评判因素；a_{ij}、b_{ij}为指标参数。

正态分布的隶属函数曲线本可无限延伸，但在此拟定每个等级的隶属函数曲线不超越相邻等级的峰点。由式(1)知：当$u_i = a$时，$u_{vj}(a) = 1$。所以a是某个评语等级的因素集的数学期望或平均值$\bar{u}$，即

$$a = \bar{u} = \frac{u_{上} + u_{下}}{2} \tag{2}$$

相邻评语等级的隶属度相等的点称为过渡点。过渡点在u轴上的值即前一个评语等级的上界值，又是下一个评语等级的下界值。若过渡点的隶属度近似取0.5，则由式(1)和式(2)有

$$u_{vj}(u_{上}) = e^{-\left(\frac{u_{上} - u_{下}}{2b}\right)^2} \approx 0.5 \tag{3}$$

$$b \approx \sqrt{\frac{-(u_{上} - u_{下})^2}{4\ln 0.5}} \tag{4}$$

式中，$u_{上}$、$u_{下}$为第j个评语等级区间对应因素范围的上、下界值。

通过对该区块实际数据大小分布情况进行统计，以一定的标准进行指标区间的提取，便可得到注水井及采油井受效分级区间，代入式(3)、式(4)即可求得各评语等级上的a、b参数值。

将a_{ij}、b_{ij}参数代入式(4)中可取得模糊关系矩阵中的元素r_{ij}，即

$$r_{ij} = u_{vj}(u_i) = e^{-\left(\frac{u_i - a_{ij}}{b_{ij}}\right)^2} \tag{5}$$

由a、b参数值及式(5)，即可建立起此研究问题的模糊关系矩阵为

受效差　受效中等　受效好

$$\boldsymbol{R}_1 = \begin{bmatrix} r_{11} & r_{12} & r_{13} \\ r_{21} & r_{22} & r_{23} \\ r_{31} & r_{32} & r_{33} \end{bmatrix} \begin{matrix} \text{有效厚度} \\ \text{平均渗透率} \\ \text{非均质系数} \end{matrix} \tag{6}$$

受效差　受效中等　受效好

$$\boldsymbol{R}_2 = \begin{bmatrix} r_{11} & r_{12} & r_{13} \\ r_{21} & r_{22} & r_{23} \\ r_{31} & r_{32} & r_{33} \\ r_{41} & r_{42} & r_{43} \end{bmatrix} \begin{matrix} \text{日注水量} \\ \text{注水抽压} \\ \text{视吸水指数} \\ \text{单位厚度累计注水量} \end{matrix} \tag{7}$$

受效差　受效中等　受效好

$$\boldsymbol{R}_3 = \begin{bmatrix} r_{11} & r_{12} & r_{13} \\ r_{21} & r_{22} & r_{23} \end{bmatrix} \begin{matrix} \text{日注液量} \\ \text{单位厚度累计产液量} \end{matrix} \tag{8}$$

式中，$\boldsymbol{R}_1$为静态指标评判矩阵；$\boldsymbol{R}_2$为注水井开发动态指标评判矩阵；$\boldsymbol{R}_3$为采油井开发动态指标评判矩阵。

2.2.4 指标权重的计算

权重是一个相对的概念，是针对某一指标而言的。某一指标的权重，是指该指标在整体评价中的相对重要程度。确定权重的方法主要可以分为以下几类：熵权法、离差最大法、模糊聚类分析法、主成分分析法、层次分析法、专家评价法。

本研究选用层次分析法确定权重。层次分析法是一种定性与定量分析相结合的多目标决策分析方法。它将人的思维过程数学化，并把非常复杂的系统分析简化为各指标之间成对比较判断和简单排序计算。用层次分析方法作系统分析，首先把问题层次化，形成一个多层次的分析结构模型[4]。为了将比较判断定量化，层次分析法引入 1 ~9 比率标度方法，构成判断矩阵[5]。其含义如表 1 所示。

表1　1 ~9 比率标度方法

标度	含义
1	表示两个因素相比，具有同样的重要性
3	表示两个因素相比，前者比后者稍微重要
5	表示两个因素相比，前者比后者明显重要
7	表示两个因素相比，前者比后者强烈重要
9	表示两个因素相比，前者比后者极端重要
2	间于两相邻 1、3 判断的中值
4	间于两相邻 3、5 判断的中值
6	间于两相邻 5、7 判断的中值
8	间于两相邻 7、9 判断的中值

将研究区影响油水井受效的主要因素划分层次，如图 5 所示。

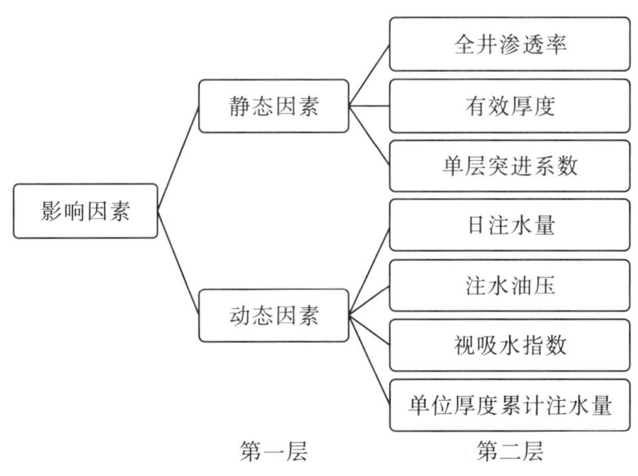

图 5　受效水井影响因素层次图

以第二层为例，介绍层次分析法的具体应用方法，确定日注水量、注水油压、视吸水指数、单位厚度累计注水量的权重。根据各影响因素的灰色关联度，确定判断矩阵中的标度大小，得到判断矩阵为

$$
p = \begin{bmatrix} 1 & \frac{1}{4} & \frac{1}{5} & \frac{1}{6} \\ 4 & 1 & \frac{1}{4} & \frac{1}{4} \\ 5 & 4 & 1 & \frac{1}{2} \\ 6 & 4 & 2 & 1 \end{bmatrix}
$$

得到与判断矩阵等价且具有判断一致性的矩阵：

$$
p^{*} = \begin{bmatrix} 1 & 0.427 & 0.170 & 0.115 \\ 2.340 & 1 & 0.398 & 0.269 \\ 5.886 & 2.515 & 1 & 0.676 \\ 8.712 & 3.722 & 1.480 & 1 \end{bmatrix}
$$

根据求得的等价矩阵，用方根法求权重求得第二层各因素(单位厚度累计注水量、视吸水指数、注水油压、日注水量)的权重为 $\boldsymbol{W} = [0.584, 0.25, 0.099, 0.067]$。

油水井受效评价指标体系的权重关系如表2所示。

表2　受效评价指标权重

因素	静态因素			动态因素					
权重	0.35			0.65					
因素	全井渗透率	有效厚度	单层突进系数	受效水井				受效油井	
				日注水量	注水油压	视吸水指数	单位厚度累计注水量	日产液量	单位厚度累计产液量
权重	0.25	0.30	0.45	0.067	0.099	0.25	0.584	0.525	0.475

2.2.5　模糊综合评判运算

运用公式 $\underset{\sim}{\boldsymbol{B}}_i = \underset{\sim}{\boldsymbol{A}}_i \times \underset{\sim}{\boldsymbol{R}}_i$(矩阵乘积)计算 $\underset{\sim}{\boldsymbol{B}}_i$。由一级评判可以构成模糊相似矩阵为

$$
\boldsymbol{R} = \begin{bmatrix} \underset{\sim}{B}_1 \\ \underset{\sim}{B}_2 \end{bmatrix}
$$

最后根据油水井静态和动态指标对应的权重，由公式 $\boldsymbol{B} = \boldsymbol{A} \times \boldsymbol{R}$ 进行二级模糊综合评判，得最终的评判结果：$\boldsymbol{B} = \{b_1, b_2, b_3\}$。

2.2.6　评判结论的转化

根据最大隶属原则来判断油水井受效程度。即评判结果向量 $\boldsymbol{B} = \{b_1, b_2, b_3\}$中，若 b_1 为三个值中的最大值，则该井受效好；若 b_2 为最大值，则该井受效中等；若 b_3 为最大值，则该井受效差。

2.3　见水层位分析判定数学模型

见水层位的判定采用三级模糊综合评判来完成，其评判过程和受效井的判定相类似。以选出的注水受效好的油水井为基础，首先以水井为中心进行评判，根据油水井连通图找到与其连通的油井，分别对各自的动静态数据进行评判，其评判结果作为二级评判的

初始数据，对油水井进行二级评判以后，再结合油水井井距和连通程度进行一级评判，得到一个最终评判值，以此数值的大小判定该层位是否为见水层位。

2.3.1 各参数隶属度的确定

根据各沉积微相的地质特征，结合油水井所处的沉积微相来确定连通程度的隶属度。若油水井之间存在尖灭或断层，则油水井之间不连通[6]。否则，可根据所处的沉积微相情况来确定油井及其所对应的水井的连通类型，最终用隶属度值表示油水井连通情况的好坏。为简述方便，用数字代表各沉积微相类型，数值越大，表示渗透性越好。根据工区主力油层各沉积微相的渗透性和有效厚度，我们用8代表水下分流河道，6代表河口坝和浊积砂体，2代表前缘席状砂和水下溢岸砂，各沉积微相隶属度如表3所示。

表3 连通状况隶属度表

连通类型	8-8	6-8	8-6	2-8	6-6	8-2	2-6	2-2	其他
隶属度	1	0.8	0.6	0.4	0.5	0.3	0.2	0.1	0

单层有效厚度和渗透率以及水井注入PV数、油井驱油效率的隶属度用升半梯形分布来表示；油水井井距的隶属度用降半梯形分布来表示。

2.3.2 指标权重的计算

见水层位各级参数权重同样采用层次分析法给出，如表4所示。

表4 见水层位各级评判参数及其权重

<table>
<tr><td>连通程度</td><td colspan="5">0.3</td></tr>
<tr><td>油水井井距</td><td colspan="5">0.3</td></tr>
<tr><td rowspan="6">单井因素</td><td rowspan="6">0.4</td><td rowspan="3">油井</td><td rowspan="3">0.5</td><td>有效厚度</td><td>0.25</td></tr>
<tr><td>渗透率</td><td>0.25</td></tr>
<tr><td>驱油效率</td><td>0.5</td></tr>
<tr><td rowspan="3">水井</td><td rowspan="3">0.5</td><td>有效厚度</td><td>0.25</td></tr>
<tr><td>渗透率</td><td>0.25</td></tr>
<tr><td>注入PV数</td><td>0.5</td></tr>
</table>

利用上述给出的各级指标权重和计算得到的隶属度，选择$M(\bullet,+)$模型进行模糊变换运算，得到一个最终的评判结果值。根据现场人工选取结果，经过统计和分析对比，将评判结果分值大于0.42的层位确定为见水层位。

3 水平井组受效评价结果分析

根据确定的分级区间以及权重值进行计算，确定其受效程度和受效层位，以水平井南219-平320井组为例，受效好的层位为葡I32层，其中注水井南218-322及南222-320井受效均好，是主要来水方向，如图6所示。

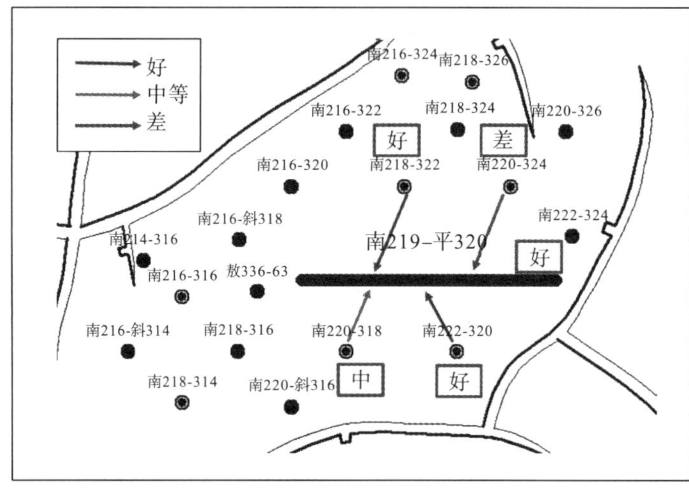

图6 井组受效方向和层位

通过水平井组示踪剂监测结果对比(表5)，该模糊综合参数判别法符合率高，来水方向和见水层位识别准确，可实现水平井来水方向及见水层位的无监测识别，对指导水平井区见水后综合调整，改善开发效果有重要意义。

表5 南219－平320井组示踪剂监测结果表

井号	南218－322	南220－324	南220－318	南222－320
示踪剂	Q_1	Q_2	Q_3	Q_4
注入浓度	1	1	1	1
各方向来水比例	31%	0	12%	39%

4 结论与认识

采用模糊综合参数评判法对水平井来水方向和见水层位进行判别，评价指标的选取是关键，根据确定的分级区间以及权重值进行计算，分别对其受效层位和受效好坏进行评价，同时利用示踪剂监测结果进行对比，对判别结果进行验证，证实模糊综合参数评判法判定结果准确可靠。应用该判别方法可实现水平井来水方向及见水层位的无监测识别，对指导水平井区见水后综合调整，改善开发效果有重要意义。

参考文献

[1]文华. 浅薄层超稠油油藏水平井开发效果影响因素分析[J]. 石油天然气学报，2014，11：213-217，12.

[2]张东，候亚伟，张墨，等. 基于Logistic模型的驱油效率与注入倍数关系定量表征方法[J]. 石油化工高等学校学报，2017(5)：52-56.

[3]吕小理，陶先高，赵兴涛，等. 模糊综合评判法在油田注水开发状况评价中的应用[J]. 石油天然气学报，2001，23(S1)：88-90.

[4]邓雪，李家铭，曾浩健，等. 层次分析法权重计算方法分析及其应用研究[J]. 数学的实践与认识，2012，42(7)：93-100.

[5]杨盼盼，刘承婷，王通. 超低渗油藏开发效果的多层次模糊综合评价模型[J]. 当代化工，2015(4)：131-133.

[6]王元基，尚尔杰，胡永乐，等. 水平井油藏工程设计[M]. 北京：石油工业出版社，2011.

低渗透 P 油层高含水
水平井压裂挖潜方式研究与应用

孙美凤

（大庆油田有限责任公司第八采油厂，黑龙江 大庆 163712）

摘　要：本文通过采用多学科成果与动静态资料结合、机械找堵水验证及测试的方法，明确高含水水平井见水层段，依据高含水水平井不同动态特征及剩余储量类型，采用纵向穿层、平面沟通及堵压结合的压裂改造方式，构建高含水水平井“测-堵-压”措施挖潜模式，提高水平井产量，改善水平井开发效果。2014 年以来，共实施高含水水平井压裂 13 口，平均单井累积增油 2022.3t，取得较好增油效果和经济效益，为同类油田高含水水平井措施治理提供参考。

关键词：水平井；高含水；压裂

1　前言

水平井开发有效地推动了大庆长垣外围难采储量的有效动用。某厂 2002 年起开展水平井开发试验，应用水平井开发，获得了较高的初期产能，初期平均单井日产油 12.7t，是周围直井的 3 倍以上，平均单井累积产油 1.16 万 t。但随着开发时间的延长，水平井已进入中高含水阶段，开发矛盾日益突出：一是高含水井比例大，已投产水平井平均单井含水 61.2%，高含水水平井占比 50.3%；二是低产井比例大，措施挖潜难度大。已投产 165 口水平井中日产油小于 2t 井 67 口，已压裂水平井占总井数的 63.6%。含水上升、产量下降是油田开发的必然趋势，若不进行挖潜治理，水平井产量持续下降，整体开发效果变差，因此，开展了高含水水平井措施治理研究，探索高含水水平井压裂方法，以改善水平井开发效果。

2　高含水水平井潜力分析

对高含水水平井挖潜治理，首先要明确水平井剩余储量潜力。受储层发育、注采连通及水平井投产方式等因素的影响，高含水水平井剩余储量主要有纵向损失型储量和分段动用不均型储量两种类型。

一是纵向损失型储量（图 1）。从宏观钻遇上看，由于水平井井身结构的特殊性，P 油层水平井平均单井主要钻遇 2 ~ 3 个主力油层，钻遇层数少，同时受储层条件、与注水井连通状况影响，纵向上存在损失的储量。83 口高含水水平井的总体采出程度仅为 14.7%。

作者简介：孙美凤，女，1984 年 8 月生，本科，油气藏工程师，从事动态分析工作。

E-mail：sunmeifeng@petrochina.com.cn

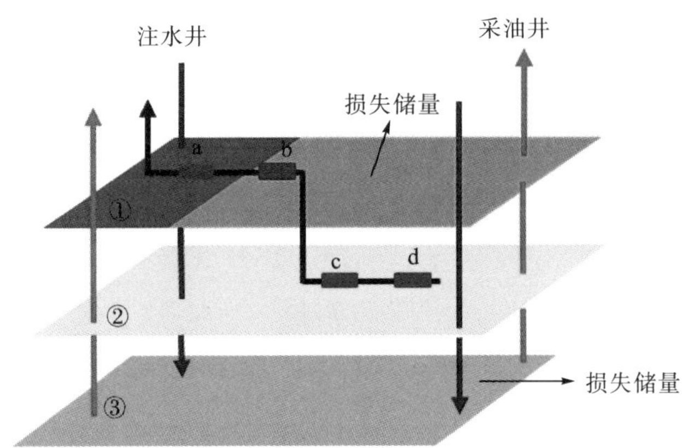

图1　水平井纵向损失储量示意图

二是分段动用不均型储量。水平井钻遇长度大，层段多，随着水平井含水升高，层段间干扰大，存在动用差、未动用层段。应用管柱输送存储式仪器对高含水水平井进行产液剖面测试，测试结果显示，水平井层段间产出差异较大，单井均存在1~2个主产液段，产液比例为50%以上，水平井平均单井钻遇8~10段，具有挖潜的潜力(表1)。

表1　水平井产液剖面测试情况表

井号	测试段数/段	全井测试产液量/(t/d)	主要产液层段(m)	主产段产液量/(t/d)	主产段产液比例/%
A	3	24.0	第一段(62)	12.0	50.0
B	4	11.6	第一段(2+5+4+22)	5.0	43.1
C	4	9.2	第三段(53+11)	6.7	72.8
D	4	20.0	第三段(40+58)	12.0	60.0
E	4	21.5	第二段(74+42)	20.0	93.0
F	4	14.0	第一段(4+8+10)、第二段(10+10)	9.0	64.3
G	5	35.0	第三段(68)	19.6	56.2
H	5	20.4	第四段(6+10+10)	20.4	100

3　高含水水平井压裂挖潜方式

3.1　见水层段分析判断

明确高含水水平井出水层段是高含水水平井压裂设计的关键，也是后期压裂效果的保证。现阶段明确见水层段方法主要有三种。

一是多学科成果与动静态资料结合分析法[1]。依据储层发育、注采连通关系、周围水井吸水剖面资料及水平井生产动态资料、井区剩余油分布情况，综合分析确定高含水水平井出水层段。

二是机械找堵水验证法。针对部分高含水水平井，依据现有动静态资料对水平井几个可能见水层段无法辨别，可先通过堵水方式对高含水水平井出水层段进行查找验证。

三是测试法。针对部分出水层段判断不清楚高含水水平井，应用管柱输送存储式产液剖面测试方法找水[2,3]；同时也可应用井间示踪监测，通过对示踪剂产出曲线的分析判断水平井出水层段。

3.2 压裂挖潜方式优化设计

压裂是水平井挖潜的一项主要增产措施，对于高含水水平井压裂，即在明确见水层段的基础上，对有剩余储量层段进行压裂，提高水平井单井产量。

一是纵向穿层压裂方式。针对产液量低，存在纵向损失储量且隔层厚度较小的高含水水平井，避开见水层段，对潜力层段通过穿层压裂的改造方式，提高水平井产量。如J井，2011年11月射孔投产，钻遇水平段长度560m，含油砂岩长度380m，钻遇率82.6%，初期日产液8.3t，日产油7.2t。从J井沉积相图(图2、图3，彩图见附录)上看，该井钻遇主力层为PI3层，纵向上$PI2_2$层存在损失储量，可通过压裂沟通动用。因此，2015年9月对J井进行压裂，压裂后，初期日增油3.7t，累积增油1632t。

二是平面沟通压裂方式。针对产液量低，存在分段动用不均型储量的高含水水平井，避开出水层段，对动用差及未动用层段压裂，平面沟通提高储量动用。K井(图4，彩图见附录)，2006年12月射孔投产，钻遇水平段长度520m，含油砂岩长度350m，钻遇率79.5%，初期日产液34.3t，日产油33.1t，含水3.5%。该井2016年5月日产油2.8t，含水上升到71.2%，水质化验见注入水。从K井沉积相图上看，该井跟端150m与注水井L在$PI2_2$为一类连通，且L井在该层吸水32.4%，另一口注水井M距离水平井较远且连通较差，因此判断K见水层段为跟端，趾端动用差层段平面上存在优势相砂体，沟通动用，2016年6月实施压裂，压裂后，初期日增油8.5t，累积增油2697t。

三是堵压结合。针对产液量高，明确出水层段的高含水水平井，应用机械堵水管柱对出水层段封堵，依据单井不同情况，应用双封单卡、坐压等方式压裂其他层段。如N井(图5，彩图见附录)，2008年3月射孔投产，钻遇水平段长度459m，含油砂岩长度220m，钻遇率66.8%，初期日产液12.1t，日产油6.3t。2014年11月水平井日产液10.0t，日产油3.4t，含水66.0%，经分析后对趾端两段进行堵水，堵水后日产液0.9t，日产油0.8t，含水降到8%，堵水确定了见水层段。2015年12月水平井日产油1.5t，含水上升至78.1%，因此设计对动用差层段进行压裂。压裂后，初期日增油7.2t，目前累积增油1883t。

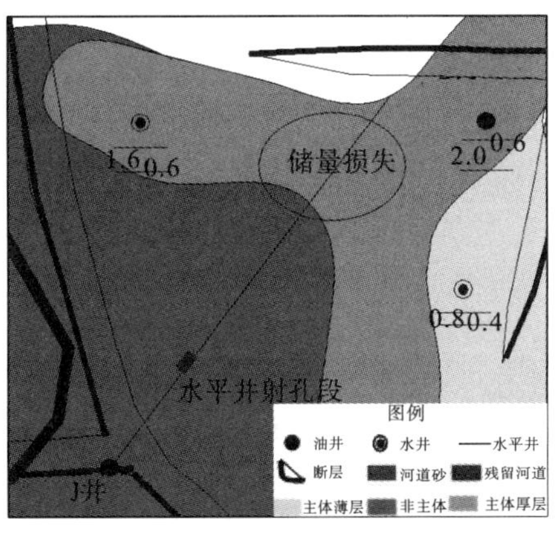

图2 J井$PI2_2$层沉积相带图

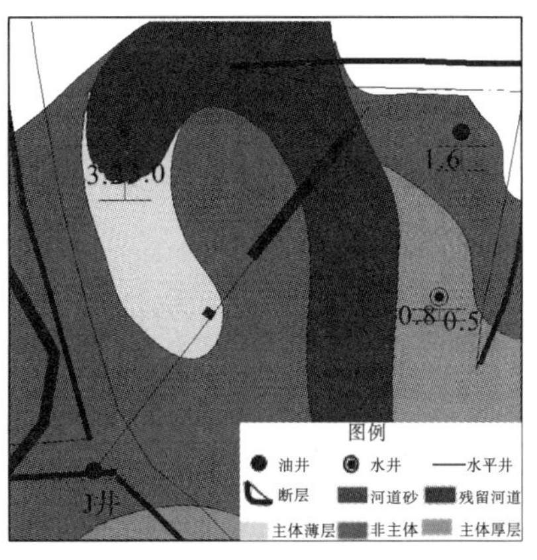

图3 J井PI3层沉积相带图

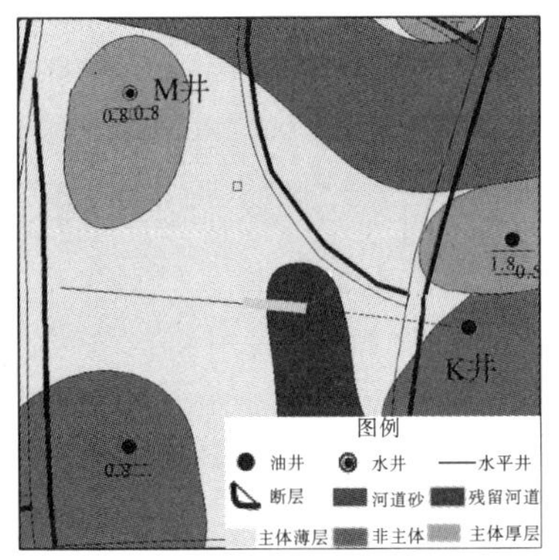

图4 K井 $PI2_2$ 层沉积相带图

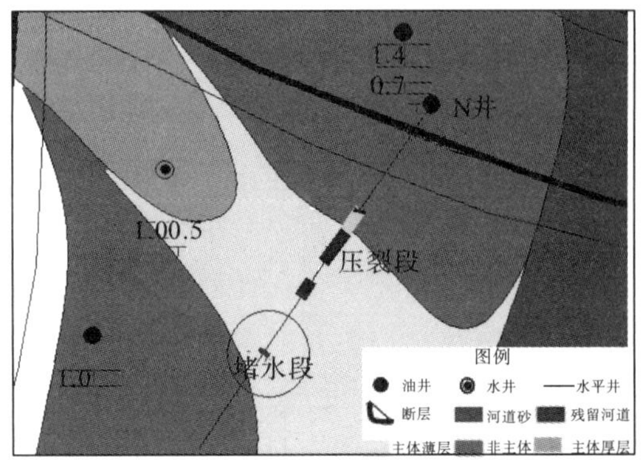

图5 N井 $PI4_1$ 层沉积相带图

4 现场应用效果

2014年以来，对高含水水平井现场压裂13口，措施后平均单井日增油6.7t，平均单井累积增油2022.3t，取得较好效果(表2)。

表2 高含水水平井压裂效果表

压裂方式	井数/口	措施前			措施后			日增油/t	累积增油/t
		日产液/t	日产油/t	含水/%	日产液/t	日产油/t	含水/%		
纵向穿层	6	7.9	1.5	81.0	16.2	5.9	63.6	4.4	1185
平面沟通	2	9.0	1.4	84.4	15.8	7.7	51.3	6.3	2094
堵压结合	5	4.0	0.5	87.5	21.2	9.8	53.8	9.3	2788
合计/平均	13	7.0	1.1	83.7	17.7	7.8	56.0	6.7	2022.3

随着高含水水平井比例逐年增加，高含水水平井压裂是今后主要的挖潜方向。针对不同类型高含水水平井，建立测-堵-压的措施挖潜模式，应用纵向穿层、平面沟通、堵压结合的压裂改造方式，提高水平井产量。

5 结论

(1)高含水水平井从水平井自身井型特征及8口井产液剖面测试结果分析，水平井剩余储量存在纵向损失型、分段动用不均型两种类型：纵向损失型即纵向上水平井未控制层段储量损失，分段动用不均型为平面上由于砂体发育、注水连通等因素应用动用差或未动用段存在剩余储量。

(2)高含水水平井动用特征为：水平井分层段间产出差异大，单井均存在1~2个主产液段，产液比例为50%以上，为该井的水淹层段，其余段产出较小，为下步挖潜层段。

(3)应用多学科成果与动静态资料结合、机械找堵水验证及测试方法分析判断高含水井出水层段。对低产液高含水水平井，存在纵向损失型储量井纵向加大规模穿层压裂，分段动用不均储量井平面沟通压裂，沟通优势砂体；高产液高含水水平井堵压结合，提高水平井产量。

(4)通过分析研究及现场试验，针对低渗透P油层高含水水平井，构建测-堵-压综合措施挖潜模式。2014年以来，综合治理13口水平井，平均单井日增油6.7t，平均单井累积增油2022.3t，取得较好效果。该模式可指导同类型油田高含水水平井措施挖潜。

参考文献

[1]曾保全，程林松，李春兰，等. 特低渗透油藏压裂水平井开发效果评价[J]. 石油学报，2010(05)：791-796.
[2]朴玉琴. 水平井产液剖面测井技术及应用[J]. 大庆石油地质与开发，2011，30(4)：158-162.
[3]程建国，刘星普，李俊舫，等. 存储式测井技术在油田开发中的应用[J]. 断块油气田，2005，12(5)：84-85.

复杂油藏缝控基质单元精细调整对策和关键技术

大庆长垣外围特低渗透油藏直井适度规模压裂优化调整技术

李承龙　付志国　郑宪宝　王云龙　苗志国

（大庆油田有限责任公司勘探开发研究院，黑龙江 大庆　163712）

摘　要：大庆长垣外围FY油层三类区块以特低、超低渗透油藏为主，存在储层物性差，难以建立有效驱动体系，低产低效井比例高，常规调整措施效果差等问题。为改善该类油藏开发效果，大庆油田借鉴国外致密页岩油藏开发技术及经验，引进适度规模压裂技术，在长垣外围FY油层三类区块开展了探索性试验。基于长垣外围油田储层发育特征、井网井距等因素，利用矿场统计法、模糊数学法及数值模拟法等，结合矿场跟踪调整及效果评价结果，发展了适用于长垣外围特低渗透油藏的单井适度规模压裂技术及集中适度规模压裂技术，采用单井适度规模压裂技术平均单井增油1376t，采用集中适度规模压裂技术区块增油32 692t，效果显著，开启了大庆外围劣质油气资源经济开发的新时代。

关键词：特低、超低渗透油藏；致密页岩油藏；适度规模压裂技术；经济开发

引言

大规模压裂技术是国外致密油藏、页岩油气藏开发的一项前沿技术，极大地推动了北美非常规油气藏的有效开发，该项技术在提高油井产能、延长稳产时间等方面发挥了重要作用[1,2]。与常规压裂措施相比，该项技术的主要优势在于通过大规模压裂在垂直于主裂缝方向形成人工多裂缝，同时沟通天然裂缝网络，从而形成复杂的裂缝网络系统，改善储层渗流通道，提高储层改造效果，延长增产有效期[3-5]。

大庆长垣外围已开发FY油层三类区块地质储量为2.16×10^8t，地质储量丰度为63.6×10^4t/km^2，平均空气渗透率为1.4mD，流度为0.25mD/(mPa·s)，单井日产油量仅0.4t，采油速度为0.31%。此类油藏普遍存在水井吸水能力差，油井产液能力差，难以建立有效驱动系统等问题。早期通过常规储层改造技术取得一定效果，但由于形成单一裂缝，泄油面积有限，导致单井初期产量低、递减快，压裂改造效果相对较差，储层未得到有效动用。为了改善开发效果，延长压裂措施有效期，大庆油田借鉴国外致密页岩油藏开发技术及经验，于2011年引进大规模压裂技术，在长垣外围开展了探索性试验，通过矿场跟踪调整及效果评价，针对特低渗透油藏的开采取得了重大突破，开发效益整体由负转正，形成了适用于长垣外围特低渗透油藏的单井适度规模压裂技术，在此基础上，发展了集中适度规模压裂技术，为大庆长垣外围油田的有效开发提供技术保障。

作者简介：李承龙，1986年生，男，工程师，博士学位，一直从事开发调整、提高采收率等方面的研究工作。

1 适度规模压裂技术的原理

利用储层两个水平主应力差值与裂缝延伸净压力的关系，一旦实现裂缝延伸净压力大于两个水平主应力的差值，就会产生分支缝。分支缝沿着基质或天然裂缝继续延伸，最终形成以主裂缝为主干的纵向交错的“网状缝”系统[6]。

通过压裂，压开复杂的网状裂缝，将井与井之间的驱替转变为井与缝网之间的驱替，缩短注采距离，实现有效驱替[7]。同时为减小压裂后缝间相互干扰的影响，隔井实施压裂。平面上利用现有井网，结合大规模压裂技术，优化裂缝规模产生缝网，扩大泄油面积，缩小注采井距；纵向上兼顾非主力油层，根据应力及岩性遮挡条件优化压裂层段，对隔层厚度小的薄互层进行合压，最大程度提高各类储层动用程度。

2 单井适度规模压裂技术

直井适度规模压裂技术在“十二五”期间引入长垣外围油田，经历单井试验(2011~2012 年)、现场试验(2013 年)和推广应用(2014~2018 年)三个阶段。“十三五”期间加大推广力度，不断完善选井选层标准，拓宽应用范围。适度规模压裂井有效期长，增油幅度大，在单井试验取得较好效果基础上，建立了直井适度规模压裂选井选层标准、与井网相匹配的压裂优化设计方法。

2.1 直井适度规模压裂选井选层标准

大庆油田在 2011~2014 年期间，对 93 口单井开展了适度规模压裂技术研究与现场试验，总体取得了较好效果，但各井效果差异较大。在单井试验效果分析基础上，采用矿场统计法分析不同因素对适度规模压裂效果的影响规律(表 1)。

表 1 不同因素对适度规模压裂效果的影响规律

	影响因素	影响规律
静态参数	地层系数(kh)	地层系数(kh)对压裂效果的影响较大，随着 kh 值增大，措施效果变好
	含油饱和度	随着含油饱和度增加，措施效果逐渐变好
	砂体宽度	砂体发育宽度越大，压后增油效果越好
	砂体有效厚度	砂体有效厚度越大，压裂效果越显著
动态参数	措施前注水量	连通水井累注量增加，压裂效果有变好趋势
	措施前注水压力	措施前注水压力对压裂效果影响较小
	措施前注水强度	措施前注水强度对压裂效果影响较小
	措施前视吸水指数	措施前视吸水指数对压裂效果影响较小
	措施前单井产量	总体上，随着累产油增加，措施效果变差
	措施前采油强度	措施前采油强度对压裂效果影响较小
	剩余可采储量	随着单井剩余可采储量增加，压裂效果变好
	压前含水	总体上，压前含水越高，措施效果越差
	地层压力恢复水平	随着地层压力恢复水平增加，措施效果明显变好
	连通水井数	连通水井数越多，压裂效果越显著

利用灰色关联分析法确定地层系数、含油饱和度、剩余可采储量、压前含水等 8 项参数，它们是压裂效果的主要影响因素[8-10]，通过绘制各主要因素与产油量关系曲线，明确了直井适度规模压裂选井选层标准(表 2)。

表 2　直井适度规模压裂选井选层标准表

类别		优选参数		标准
静态参数	主要参数	地层系数(kh)		>6
		含油饱和度		>47%
	辅助参数	储层发育规模	有效厚度 2m 以上厚油层数	≥1
			宽度 300m 以上砂体数	≥1
动态参数	主要参数	压前含水		<80%
		剩余可采储量		>3200t
	辅助参数	措施前地层压力与原始地层压力比		≥0.4
		连通水井数		≥2

2.2　与井网相匹配的压裂优化设计方法

考虑井网、砂体发育规模及试验区储层物性等参数，基于非达西理论，应用适度规模压裂技术，缩短驱替距离，促进受效，综合确定能够建立有效驱动体系的各类区块合理压裂规模(表 3)，指导适度规模压裂工程设计。

表 3　适度规模压裂典型区块压裂规模设计结果

区块	开采层位	渗透率 /mD	开发井网	含油面积 /km^2	地质储量 /(10^4t)	有效厚度 /m	设计井数 /口	设计压裂规模
P3	F	1.4	240m×100m	7.77	710.2	13.4	17	480m×200m
Z6	F	1.2	300m×60m	4.6	200.1	7.2	9	400m×200m、300m×150m
DC	G	0.5	300m×300m	41.7	877.0	5.8	3	600m×250m、520m×200m
Y121	F	1.0	350m×100m	3.0	162.0	11.4	4	350m×160m

以 DC 区块为例，该层为 300m×300m 五点法井网，通过计算得到区块有效驱动距离为 149m，在目前井网条件下区块无法建立有效驱动体系，注水受效差。为了改善区块开发效果，建立有效注采系统，在现有井网条件下，对该区块进行压裂井网优化设计。根据区块储层、井网、井距等特点，针对边井设计半缝长为 260m，微缝延伸宽度为 200m，压后驱替井距可缩短到 85m(图 1)；针对角井设计半缝长为 300m，微缝延伸宽度为 250m，压后驱替井距可缩短到 130m(图 2)。方案设计结果在匹配现有井网情况下，保障压后建立有效驱动体系，提高注水开发效果。

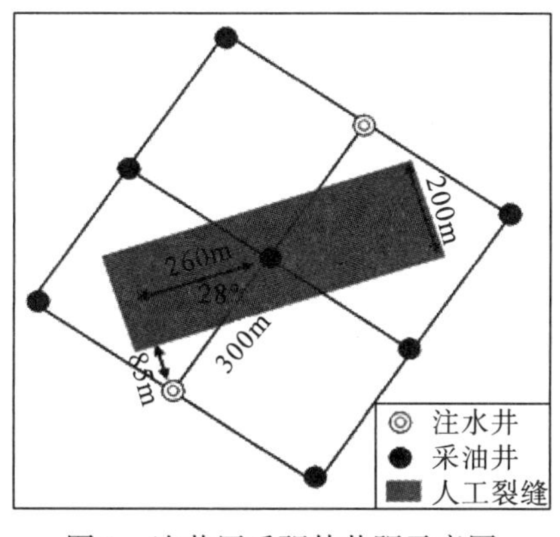

图 1　边井压后驱替井距示意图

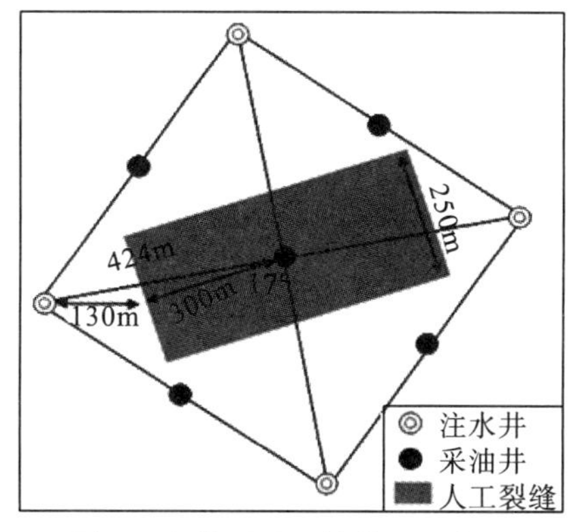

图 2　角井压后驱替井距示意图

3 集中适度规模压裂技术

基于单井适度规模压裂技术及试验效果，大庆油田于2017年在D16区块局部优选19口井开展整体压裂试验，探索适用于长垣外围油田的集中适度规模压裂技术。D16区块含油面积为17.53km^2，油水井数为302口，储层平均孔隙度为12.3%，空气渗透率为4.47mD，有效厚度为11.8m。通过实施整体适度规模压裂，实现了区块开发效果，经济效益双提升。

(1)整体压裂有利于发挥技术优势，实现砂体改造覆盖率最大

采取“基础井网邻井错层，加密井网同层隔井、适度压穿邻井”思路，充分发挥技术优势，以较少的压裂井实现对砂体改造程度的最大化。考虑剩余油分布、砂体发育等情况，选取12口压裂井，平均单井压裂3个油层，平面上覆盖33口油井，纵向上控制6个主力油层(图3)。

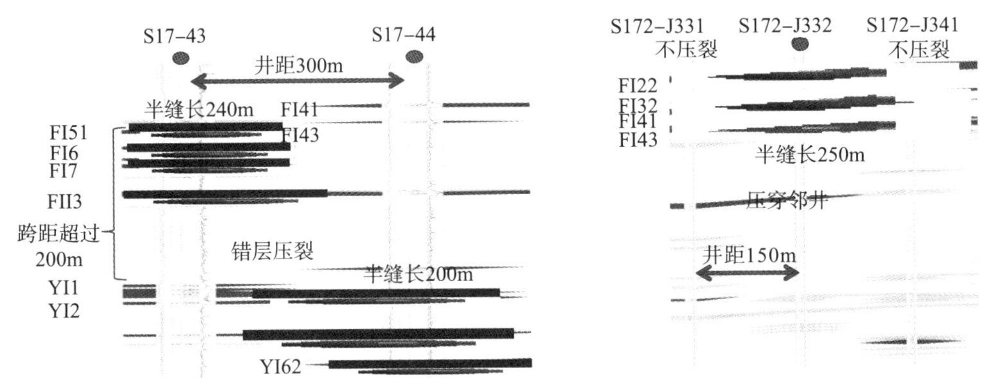

图3 整体压裂纵向示意图

(2)整体压裂有利于区块均匀动用，缓解平面矛盾

通过综合考虑砂体发育、水驱前缘状况，单井注重个性化设计，不单纯追求过大规模，该控制的控制，该压穿的压穿，单层液量控制在300~1600m^{3}之间，有利于实现区块的均匀动用(图4)。

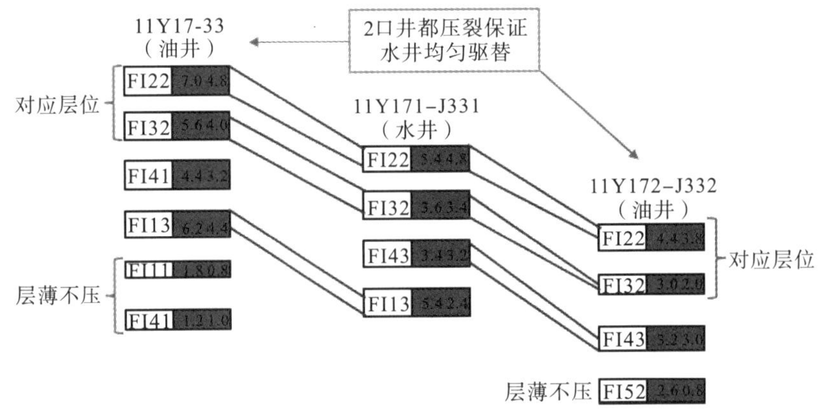

图4 压裂层位设计示意图

(3)整体压裂有利于工厂化施工，提升效率和效益

集中选井，井下作业分公司多次进行现场勘查，优化工厂化施工方案，减少搬家频次、准备时间和占地面积，单井施工周期可减少 2.6 天，单井施工费用下降 89 万元左右。

4 矿场效果评价

4.1 已开发区块单井适度规模压裂技术矿场效果评价

在单井适度规模压裂成功试验基础上，开展了适度规模压裂技术现场试验及规模推广应用（表 4），截止到 2018 年底，大庆长垣外围油田共实施压裂措施 242 口井，与措施前相比，措施后初期平均单日产液量上升了 11.5t，日产油量上升了 4.6t，平均单井累计增油达 1376t，增油效果显著。其中，推广应用阶段（2014 ~ 2018 年）压裂井平均单井日产油量为 1.9t，高于措施前的 0.6t，总体仍处于有效阶段，单井增油达 1181t。

表 4　长垣外围已开发油田直井适度规模压裂效果统计表

阶段	压前单井生产情况			压后初期单井生产情况			差值			目前单井生产情况			差值			平均单井累计增油/t
	产油量/(t/d)	产液量/(t/d)	含水/%	产油量/(t/d)	产液量/(t/d)	含水/%	产油量/(t/d)	产液量/(t/d)	含水/%	产油量/(t/d)	产液量/(t/d)	含水/%	产油量/(t/d)	产液量/(t/d)	含水/%	
单井试验阶段(2011 ~ 2012)	0.6	1.7	64.71	7.8	14.9	47.65	7.2	13.2	-17.05	0.2	4.1	95.12	-0.4	2.4	30.42	3038
现场试验阶段(2013)	0.5	0.9	44.44	5.0	16.5	69.70	4.5	15.6	25.25	0.6	2.4	75.00	0.1	1.5	30.56	1707
推广应用阶段(2014 ~ 2018)	0.6	1.1	42.48	5.2	11.7	55.12	4.6	10.5	12.64	1.9	3.9	52.10	1.2	2.7	9.62	1181
平均/合计	0.6	1.1	45.45	5.2	12.6	58.73	4.6	11.5	13.28	1.6	3.6	55.56	1.0	2.5	10.10	1376

4.2 新区直井适度规模压裂技术矿场效果评价

在常规油藏开发取得较好效果的基础上，将直井适度规模压裂与井网优化设计结合推广到致密油开发，于 2015 ~ 2017 年在 Z602 井区、T9 井区及 T283 井区开展试验（表 5），投产初期平均单井日产油量为 2.4t。其中，2017 年选择 T283 区块 5 口井开展加大砂液比提产试验，投产初期日产油量由 1.8t 提高到 4.9t，提产效果更加明显。

表 5　长垣外围新区压裂规模与投产效果对比表

井区	压裂类型	井数/口	地质及压裂参数							初期投产效果	
			砂岩厚度/m	有效厚度/m	半缝长/m	加液量/m^3	加砂量/m^3	加液强度/(m^3/m)	加砂强度/(m^3/m)	日产油/t	采油强度/[t/(d·m)]
Z602	直井大规模	15	15.3	7.6	267	4408	72	580	10	1.7	0.23
T9	直井大规模	9	11.0	6.9	275	5514	84	627	10	2.1	0.30
T283	直井大规模加大砂液比	5	17.8	13.0	234	7587	199	477	12	4.9	0.38
合计/平均		29	14.4	8.3	264	5299	97.6	576.8	10.3	2.4	0.30

4.3 区块整体适度规模压裂矿场效果评价

(1)适度规模压裂油井取得较好增油效果

在D16区块共压裂19口井，初期平均单井日增油量为7.4t，截至2018年底平均单井日增油量为1.2t，已累计增油量为32 692t，平均单井累计增油1720.6t，区块增油效果显著(表6)。其中，300m×300m井网条件下的7口压裂井，初期平均单井增油量为8.6t，截至2018年底平均单井日增油量为1.8t，平均单井累计增油2154t，措施效果较好。

表6 2017年D16区块压裂井效果表

井网	井数/口	总液量/m^3	总砂量/m^3	用液强度/(m^3/m)	加砂强度/(m^3/m)	压裂有效厚度/m	压前		措施初期			2018年底			累计增油/t
							产液/(t/d)	产油/(t/d)	产液/(t/d)	产油/(t/d)	含水/%	产液/(t/d)	产油/(t/d)	含水/%	
300m×300m	7	3537	78.8	404.1	9.5	11.1	2.4	0.7	17.3	8.6	50.2	2.9	1.8	31	2154
100m×300m	5	2768.2	77.6	239.9	6.3	12.6	1.6	1.2	12.56	8	36.2	4.3	1.9	55.9	1750.6
100m×150m	7	2843.4	78.1	340.2	10.3	8.3	1.6	0.6	13.3	5.7	57.1	4.1	2.1	48.8	1265.9
平均/合计		3079.1	78.3	337.3	9	10.5	1.9	0.8	14.6	7.4	49.4	3.7	1.9	47.8	1720.6

(2)邻井存在压驱效应，受效明显

由压裂井邻井受效情况(表7)表明，加密区压穿邻井，区块注采状况得到改善，有12口邻井见效明显，压后初期平均单井日产油由0.4t上升至1.7t，含水下降30.1个百分点，截止到2018年底，单井日产油量为1.2t，累计增油达2416t。其中，S181－J362和S172－J331井压前不出液，压后初期日产油量分别为2.6t和2.1t，截止到2018年底，日产油量分别为2.1t、1.8t，累计增油805.5t，受效显著。

表7 压裂井邻井受效情况

序号	井号	压前数据			初期			2018年底			目前日增油/t	累计增油/t
		日产液/t	日产油/t	含水/%	日产液/t	日产油/t	含水/%	日产液/t	日产油/t	含水/%		
1	D160	1.1	0.2	79.4	3.1	2.1	30.2	2.4	1.6	32.6	1.4	315
2	S17－36	1.5	1	33.3	3.1	2.4	20.2	2.2	0.2	90.6	0	301
3	S172－J341	1.1	0.8	30.1	2.9	2.3	20.1	2	1.5	25.8	0.7	216
4	S172－J342	1.5	0.9	40.2	2.9	2.0	30.2	2	1.3	35	0	115
5	S172－JS372	1.4	0.6	59.8	3.6	0.9	75.2	2.6	0.7	73.3	0.1	60.5
6	S172－JS362	2.6	0.1	96.2	2.9	1.6	45.2	3.4	1.2	64.8	1.1	223.5
7	S181－J341	1.8	0.3	83.3	2.3	1.6	30.1	1.1	0.3	75	0	174
8	S181－J371	1.6	0.1	99.0	4.0	0.8	80.2	4.2	1.0	76.6	0.9	92.5
9	S181－J362	0.0	0.0	0.0	3.3	2.6	20.7	2.6	2.1	23	2.1	485.5
10	S172－J401	2.8	0.4	85.7	2.4	0.9	60.8	2.8	1.4	50.6	1	73

续表

<table>
<tr><th rowspan="2">序号</th><th rowspan="2">井号</th><th colspan="3">压前数据</th><th colspan="3">初期</th><th colspan="3">2018 年底</th><th rowspan="2">目前日增油/t</th><th rowspan="2">累计增油/t</th></tr>
<tr><th>日产液/t</th><th>日产油/t</th><th>含水/%</th><th>日产液/t</th><th>日产油/t</th><th>含水/%</th><th>日产液/t</th><th>日产油/t</th><th>含水/%</th></tr>
<tr><td>11</td><td>S172 - J331</td><td>0.0</td><td>0.0</td><td>0</td><td>3.0</td><td>2.1</td><td>15.4</td><td>2.1</td><td>1.8</td><td>14.3</td><td>1.8</td><td>320</td></tr>
<tr><td>12</td><td>S152 - JS351</td><td>2.8</td><td>0.5</td><td>81.4</td><td>2.1</td><td>1.0</td><td>50.1</td><td>1.0</td><td>0.7</td><td>29.5</td><td>0.2</td><td>40</td></tr>
<tr><td colspan="2">平均/合计</td><td>1.5</td><td>0.4</td><td>73.1</td><td>3.0</td><td>1.7</td><td>43.0</td><td>2.4</td><td>1.2</td><td>51.4</td><td>0.8</td><td>201.3</td></tr>
</table>

(3)水井注水状况得到改善

有 10 口井注水效果明显改善，注水压力下降 1.5MPa，日增注 95m^3，连通压裂井及层位多的层段见效明显(表 8)。

表 8　部分压裂井组压裂前后层段注水状况对比

<table>
<tr><th rowspan="2">水井</th><th rowspan="2">层段</th><th rowspan="2">层位</th><th colspan="2">压前</th><th colspan="2">压后</th><th rowspan="2">连通油井</th><th rowspan="2">与水井连通压裂层</th></tr>
<tr><th>日注/m^3</th><th>油压/MPa</th><th>日注/m^3</th><th>油压/MPa</th></tr>
<tr><td rowspan="4">S18 - 42</td><td>PI</td><td>F14 - F15</td><td>5</td><td>21.5</td><td>7</td><td>20.5</td><td>S17 - 43</td><td>FI51</td></tr>
<tr><td>PII</td><td>FI6</td><td>6</td><td>21.5</td><td>10</td><td>21.4</td><td>S17 - 43</td><td>FI6</td></tr>
<tr><td rowspan="2">PIII</td><td rowspan="2">F17 - F23</td><td rowspan="2">6</td><td rowspan="2">21.5</td><td rowspan="2">10</td><td rowspan="2">20.5</td><td>S19 - 43</td><td>FI7</td></tr>
<tr><td>S17 - 43</td><td>FI7</td></tr>
<tr><td>S18 - 44</td><td>PIV</td><td>YI6</td><td>10</td><td>22</td><td>10</td><td>20</td><td>S17 - 44</td><td>YI6</td></tr>
<tr><td rowspan="5">S18 - 46</td><td rowspan="2">PII</td><td rowspan="2">FII3/FIII5</td><td rowspan="2">5</td><td rowspan="2">21.5</td><td rowspan="2">10</td><td rowspan="2">21</td><td>S19 - 47</td><td>FII3</td></tr>
<tr><td>S17 - 46</td><td>FII3</td></tr>
<tr><td rowspan="3">PIII</td><td rowspan="3">YI2/YI5/YI6</td><td rowspan="3">5</td><td rowspan="3">21.5</td><td rowspan="3">10</td><td rowspan="3">19.6</td><td>S19 - 46</td><td>YI1 - 2/YI6</td></tr>
<tr><td>S19 - 47</td><td>YI5</td></tr>
<tr><td>S17 - 47</td><td>YI2/YI5</td></tr>
<tr><td rowspan="2">S18 - 48</td><td>PII</td><td>FII3/FIII5</td><td>10</td><td>22.5</td><td>10</td><td>21.5</td><td>S19 - 47</td><td>FII3</td></tr>
<tr><td>PIII</td><td>YI1/YI2/YI7</td><td>5</td><td>21.5</td><td>10</td><td>20.4</td><td>S17 - 47</td><td>YI2</td></tr>
</table>

(4)D16 区块整体开发效果得到显著改善

D16 区块日产油量由 126t 上升到最高时的 256t，贡献高效压裂井 25 口；采油速度由 0.49%提高到 0.89%，目前为 0.65%，相当于整体加密初期时的水平；综合含水稳中有降，预测累计增油 7.5 万 t。

5　结论与认识

(1)大庆油田引进国外规模压裂技术，结合长垣外围油田地质特征，建立了直井适度规模压裂选井选层标准、与井网相匹配的压裂优化设计方法，形成了适用于长垣外围特低渗透油藏的单井适度规模压裂技术。

(2)在单井适度规模压裂技术及试验效果基础上，开展区块整体压裂试验，发展了适用于长垣外围特低渗透油藏的集中适度规模压裂调整技术，适度规模压裂平均单井阶段增油 1376t，整体适度规模压裂区块阶段增油 32 692t，单井施工周期可减少 2.6 天，单井施工费用下降 89 万元左右，实现了区块效果、效益双提升目标。

（3）直井适度规模压裂技术在长垣外围已开发区块取得重大成功，为大庆油田致密储层的开发提供了技术支持，开辟了我国非常规油气资源有效动用的新途径。

参考文献

[1]魏海峰，凡哲元，袁向春. 致密油藏开发技术研究进展[J]. 油气地质与采收率，2013，20(2)：62-66.

[2]胡永全，贾锁刚，赵金洲，等. 缝网压裂控制条件研究[J]. 西南石油大学学报(自然科学版)，2013，35(4)：126-132.

[3]Maxwell S C，Urbancic T J，Steinsberger N，et al. Micro-seismic imaging of hydraulic fracture complexity in the Barnett shale[C]. SPE 77440，2002.

[4]Fisher M K，Wright C A，Davidson B M，et al. Integrating fracture mapping technologies to optimize stimulations in the Barnett shale[C]. SPE 77441，2002.

[5]Mayerhofer M J，Lolon E P，Warpinski N R，et al. What is stimulated reservoir volume[C]. SPE 119890，2008.

[6]雷群，胥云，蒋廷学，等. 用于提高低-特低渗透油气藏改造效果的缝网压裂技术[J]. 石油学报，2009，30(2)：237-241.

[7]翁定为，雷群，胥云，等. 缝网压裂技术及其现场应用[J]. 石油学报，2011，32(2)：280-284.

[8]李承龙，韩昊. 用灰色综合评估法识别注气初期 CO_2 气窜通道[J]. 大庆石油地质与开发，2018，37(6)：116-120.

[9]张继红，李承龙，赵广. 灰色模糊综合评判方法识别聚驱后优势通道[J]. 大庆石油地质与开发，2017，36(1)：104-108.

[10]陈淑利，王吉彬，王云龙，等. FY 油层直井缝网压裂选井选层标准研究[C]. 2015 中国非常规油气论坛，2015：1-6.

长垣外围FY油层直井缝网压裂开发效果及开发规律研究

张庆斌　陈淑利　王吉彬　王宏伟　王云龙

（大庆油田有限责任公司勘探开发研究院，黑龙江 大庆 163712）

摘　要：大庆长垣外围FY油层是典型的“三低”油藏，为进一步提高单井产量，改善开发效果，探索FY油层经济有效的开发手段，试验了缝网压裂改造技术，开展了“百方砂、千方液”缝网压裂试验。试验结果表明，缝网压裂后能较大幅度提高油井产量，5口试验井措施后初期平均单井日增油7.2t；在现场试验取得较好效果的基础上，建立了缝网压裂效果综合评价体系，研究了缝网压裂后开发规律，研究成果为大庆长垣外围FY油层改善开发效果提供了保障与依据。

关键词：缝网压裂开发效果评价；开发规律研究

引言

大庆长垣外围油田FY油层由于储层物性差，启动压力梯度大，难以建立有效驱替体系，开发效果差。特别是特低渗透FY油层三类区块开展普通压裂、注水开发试验，措施效果均不理想。为改善开发效果，国外致密页岩油藏大规模压裂可有效扩大改造体积，提高单井产量，缝网压裂能提高特低渗透油藏水驱波及体积，用高黏度凝胶在最大主应力方向上形成一条主裂缝，携带支撑剂铺置在主裂缝内，保证裂缝导流能力，为原油提供渗流通道；利用滑溜水造缝，通过向储层大排量注入，提高缝内净压力，使储层内裂缝在多个方向启裂，形成复杂多缝系统，提高裂缝波及体积。现场应用结果表明，缝网压裂的增产效果远远高于常规压裂[1-3]。2011年将该技术引进长垣外围油田，在A区块选择5口井开展大规模缝网压裂单井试验，措施后平均单井日增油7.2t，阶段单井累积增油3038t，取得较好增油效果。在单井试验取得较好效果的基础上，开展了现场试验和规模推广应用，截至2018年底，长垣外围油田已开发区块共实施直井大规模缝网压裂242口井，压裂初期平均单井日增油4.6t。

1　基于模糊综合评判的缝网压裂井开发效果综合评价

影响直井缝网压裂开发效果的因素较多，仅从单一指标评价不尽合理，需要根据各种因素对开发效果影响因素进行综合评价。模糊综合评判方法作为有效的多因素分析方法在各领域中已经得到了非常广泛的应用。首先分析缝网压裂井开发效果的影响因素，建立评价指标体系，根据缝网压裂井开发效果的目的确定评判等级，依据行业标准等建

作者简介：张庆斌，男，1980年生，高级工程师，从事油田开发研究工作。
Email：zhangqbcy8@petrochina.com.cn

立指标评价标准，然后根据各指标间相对重要性分别确定其权重，根据选定的隶属度函数求取单指标隶属度值得到模糊关系矩阵，最后将模糊关系矩阵与指标的权向量矩阵进行模糊运算，得到综合评价结果[4-6]。

1.1 评价指标体系及评价标准

针对长垣外围缝网压裂井投产时间跨度大、区块分布范围广、动态特征差异大的特点，统计整理压裂时间较早的148口井动、静态资料，分析各因素对开发效果的影响，根据全面性、客观性、层次性以及定量分析与定性分析相结合的原则，优选对开发效果影响较大的因素，共优选6大指标系统和15项单项指标。根据缝网压裂井综合评价的目的，结合专家经验、矿场数理统计分析，建立评语集 $V=\{V_1, V_2, V_3\}=\{$好，中，差$\}$。通过单因素分析确定评价标准，建立缝网压裂井开发效果指标评价体系，从15项评价指标对开发效果的影响上看，可分为两类，一类是指标在适度范围内增大，开发效果变好，称之为增大趋势型指标；另一类是指标在适度范围内减小，开发效果变好，称之为递减趋势型指标(表1)。

表1 直井缝网压裂单因素指标评价标准

指标分类	单因素评价指标	好	中	差	指标类型
地质条件	渗透率/mD	5	2	1	越大越好型
	有效厚度/m	15	12	8	越大越好型
	含油饱和度/%	60	50	40	越大越好型
	河道砂体宽度>300m个数	3.5	2.5	1.5	越大越好型
注采系统	连通水井数/口	4	3	2	越大越好型
压裂参数	加砂强度/(m^3/m)	12	8	5	越大越好型
	加液强度/(m^3/m)	600	400	300	越大越好型
	缝长/m	400	300	200	越大越好型
	缝带宽/m	80	65	50	越大越好型
压力系统	压力保持水平/%	60	50	40	越大越好型
动用状况	油层动用程度/%	80	70	60	越大越好型
开发指标	压后初期日增油/t	5	3.5	2	越大越好型
	压前含水/%	40	60	80	越小越好型
	剩余可采储量/(10^4t)	1.5	1	0.5	越大越好型
	预测累计增油/(10^4t)	0.15	0.1	0.08	越大越好型

1.2 单项指标及系统权重确定

应用层次分析法建立两两比较的判断矩阵，分别确定单项指标和评价系统的指标权重(表2)。

表2 直井缝网压裂单因素指标权重

评价系统	权重 A	指标	权重 a
地质条件	0.25	河道砂体宽度>300m个数	0.19
		渗透率	0.27
		有效厚度	0.32
		含油饱和度	0.22

续表

评价系统	权重 A	指标	权重 a
注采系统	0.15	连通水井数	1
压力系统	0.11	压力保持水平	1
动用状况	0.11	油层动用程度	1
开发指标	0.23	压前含水	0.17
		压后初期日增油	0.29
		剩余可采储量	0.09
		预测累计增油	0.45
压裂参数	0.15	加砂强度	0.38
		加液强度	0.19
		缝长	0.19
		缝带宽	0.24

1.3 单指标评价及多指标综合评价

应用隶属度函数对单指标进行评价，将得到的单指标隶属度矩阵与权向量模糊运算，得到系统评价矩阵及综合评价矩阵；应用最大隶属度原则，得到系统评价及综合评价结果。若模糊综合评价结果向量 $\boldsymbol{B}=(b_1, b_2, b_3)$ 中的 $b_r=\max\limits_{1\leqslant j\leqslant n}\{b_j\}$，则被评价对象总体上来讲隶属于第 r 等级，即为最大隶属原则。为方便使用，将求取过程编制了缝网压裂井开发效果评价软件。

1.4 缝网压裂开发效果综合评价结果

按照上述方法对长垣外围油田实施较早的148口缝网压裂井进行评价，效果好和效果中等的井数为114口，占评价井总数的77.03%，效果差的井34口，占评价井总数的22.97%(表3)。对效果差的34口井进行单井分析，其中压前含水大于80%的有7口采油井，河道砂体宽度小于300m的有2口采油井，压裂厚度小于8m的有7口采油井，连通水井数小于等于2口的有11口采油井，加砂强度低的有7口采油井。

表3 长垣外围油田缝网压裂井综合评价结果表

评价结果	压裂井数/口	井数比例/%	压裂段数/个	压裂有效厚度/m	压裂参数		压裂初期日产油/t	预测单井累计增油/t
					加砂强度/(m^3/m)	加液强度/(m^3/m)		
好	60	40.54	3.6	12.7	7.26	342	7.2	3571
中	54	36.49	2.9	12.1	6.34	359	4.5	1518
差	34	22.97	2.8	10.4	7.32	373	2.6	661
合计/平均	148	100	3.2	12.0	6.94	355	5.2	2153

2 直井缝网压裂开发规律研究

由于缝网压裂改变了储层渗流场，缝网压裂后开发规律与普通压裂后开发规律有着较大的差别，根据大庆长垣外围油田FY油层的开发经验，结合油藏工程方法，对长垣外围油田FY油层缝网压裂井压后产量递减规律及产量指标预测方法进行了系统研究[7]。

2.1 缝网压裂后产量递减规律

缝网压裂井产量变化呈现三段式(图1、图2、表4)：

第一阶段：主缝、各级次缝区原油快速流入井底，该阶段流体流速快，初期产量高，但递减幅度快，一般是压裂后前4~6个月。

第二阶段：近缝基质区中原油经裂缝区流入井底，该阶段流体渗流较为平稳，产量递减缓慢，一般是压裂后7~20个月。

第三阶段：远离裂缝的基质区中原油经近缝基质区、裂缝区流入井底，产量受注入井能量补充影响较大。当注采未建立有效驱替，流体渗流缓慢，递减加快；当注采建立有效驱替，该阶段流体渗流平稳或加快，产量趋于稳定或呈现上升趋势。

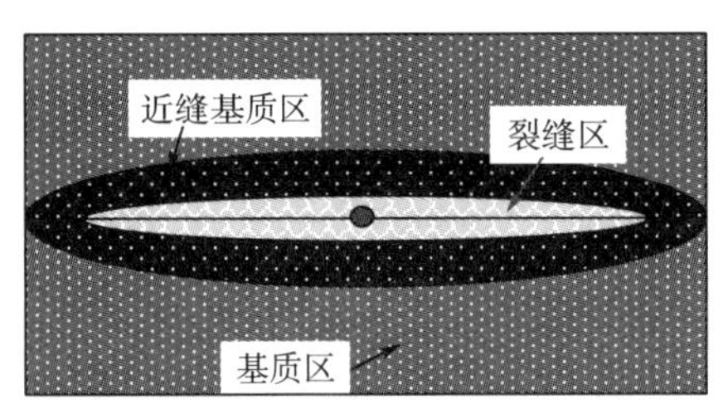

图1 缝网压裂渗流区域示意图

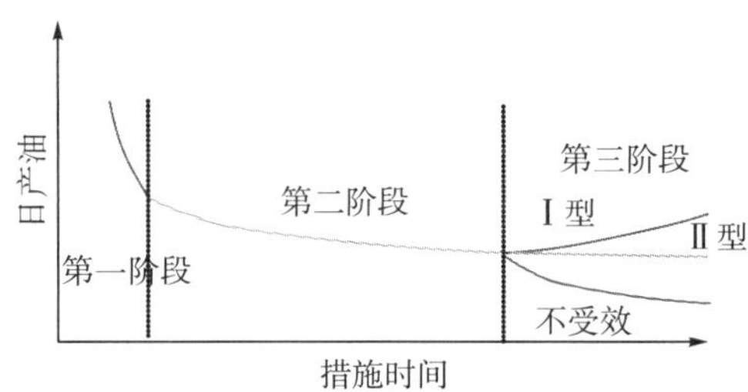

图2 递减阶段示意图

表4 缝网压裂不同阶段渗流示意图

递减阶段	压裂后时间段	渗流特征	渗流场	递减特点
第一阶段	4~6个月	·主缝、各级次缝区原油快速流入井底 ·流体流速快		初期产量高，但递减幅度快
第二阶段	7~20个月	·近缝基质区中原油经裂缝区流入井底 ·流体渗流较为平稳		产量递减缓慢
第三阶段	20个月后	·远离裂缝的基质区中原油经近缝基质区、裂缝区流入井底 ·未建立有效驱替，渗流缓慢 ·建立有效驱替，渗流平稳或加快		·受注入井能量补充影响较大 ·未建立有效驱替，递减加快 ·建立有效驱替，产量趋于稳定或呈现上升趋势

措施较早的48口井递减分析表明：第一阶段递减快，以指数递减为主；第二阶段递减缓慢，以调和递减为主；第三阶段受效井产量趋于稳定或呈上升趋势，未受效井以双曲递减为主[8](图3、表5)。

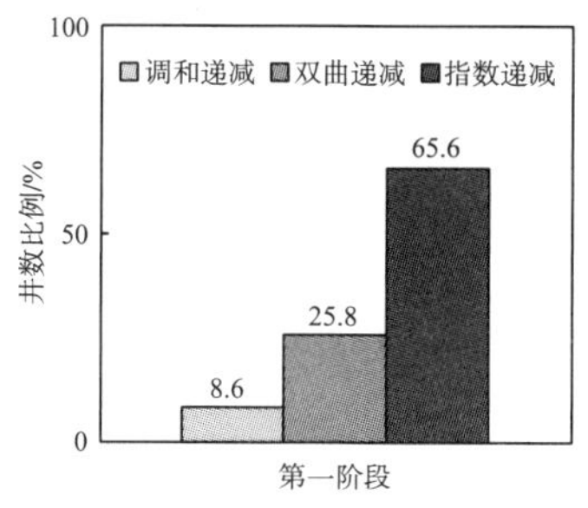

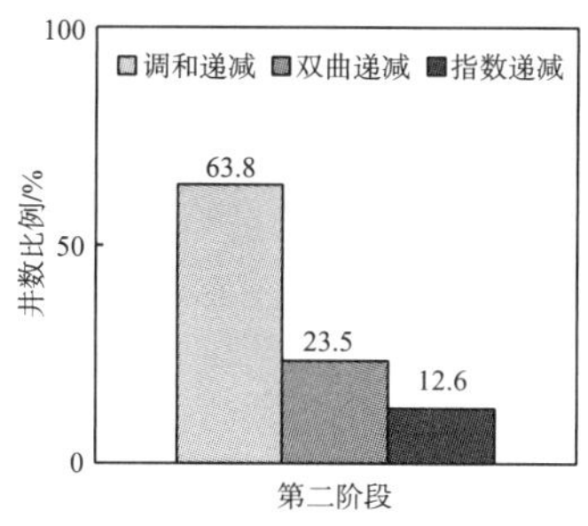

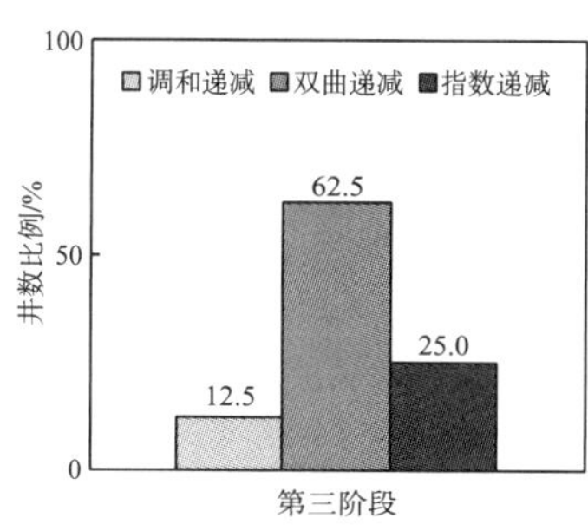

图 3　不同阶段产量递减类型柱状图

表 5　不同阶段产量递减类型及递减率统计表

类型		井数/口	第一阶段			第二阶段			第三阶段		
			递减类型	平均递减率	相关系数	递减类型	平均递减率	相关系数	递减类型	平均递减率	相关系数
受效	Ⅰ型	22	指数	0.29	0.92	调和	0.07	0.74	—	—	—
	Ⅱ型	7	指数	0.29	0.92	调和	0.04	0.76	—	—	—
不受效		19	指数	0.2	0.92	调和	0.074	0.75	双曲	0.15	0.93

2.2　缝网压裂后产量预测方法

在注水保持地层压力的情况下，如考虑启动压力梯度的作用，低渗透油田单井产量公式[9]如下：

$$q_o = \frac{2\pi KK_{ro}(S_w)hE\Delta P}{\mu_o B_o \ln(r_e/r_w)} \tag{1}$$

式中，K 为油层渗透率，μm^2；$K_{ro}(S_w)$ 为油相相对渗透率；h 为油层厚度，m；μ_o 为原油黏度，Pa·s；ΔP 为生产压差，Pa；B_o 为原油体积系数；r_e 为供油半径，m；r_w 为油井半径，m；E 为有效驱动因子：

$$E = 1 - \frac{G(r_e - r_w)}{\Delta P} \tag{2}$$

式中，G 为启动压力梯度，MPa/m。

初始产量可写为

$$q_o = q_{oi}K_{ro}(S_w)E \tag{3}$$

则产量公式为

$$q_{oi} = \frac{2\pi Kh\Delta P}{\mu_o B_o \ln(r_e/r_w)} \tag{4}$$

经推导修正可得第二、第三阶段产量递减公式如下。

改进调和型产量递减公式：

$$q(t) = q_{oi}(1 + D_i Et)^{-1} \tag{5}$$

改进双曲型产量递减公式：

$$q(t) = q_{oi}(1 + nD_i Et)^{-\frac{1}{n}} \tag{6}$$

式中，t 为时间，月；D_i 为初始递减率；n 为递减指数。

根据 A 区块 A2 井的多次测压结果（表 6、图 4）回归得到：

$$E = -0.0045t + 0.8493 \tag{7}$$

表 6　A2 井参数表

生产时间/月	启动压力梯度/(MPa/m)	井与缝网距离/m	油井半径/m	地层压力/MPa	流压/MPa
10	0.07	65	0.139	11.04	0.84
13	0.07	65	0.139	11.39	1.17
15	0.07	65	0.139	10.73	0.88
20	0.07	65	0.139	9.97	1.38
21	0.07	65	0.139	9.24	1.13
26	0.07	65	0.139	8.88	1.22

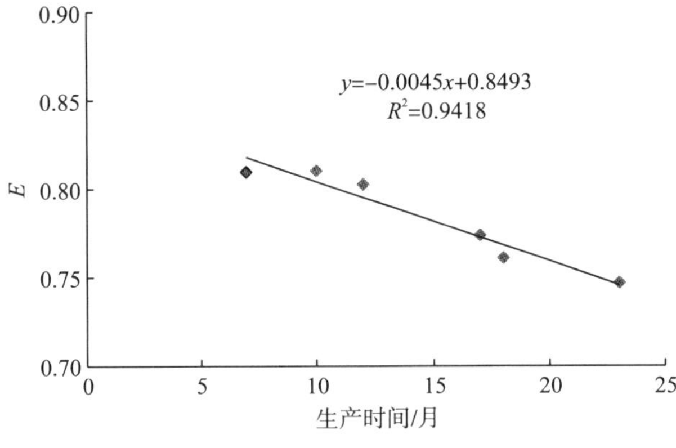

图 4　A2 井 E 与时间关系曲线

例如，F1 井和 A2 井，对于进入递减中期的井，改进后的调和型递减曲线更接近实际生产数据；进入递减后期的井，改进后的双曲型递减曲线更接近实际生产数据(图 5、图 6)。

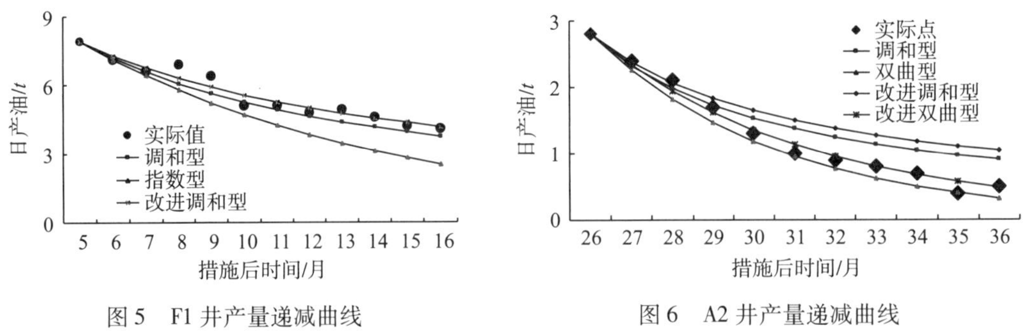

图 5　F1 井产量递减曲线　　图 6　A2 井产量递减曲线

3　缝网压裂试验取得的几点认识

3.1　微地震监测资料和压裂过程中邻井动态反应证实长垣外围储层能形成缝网

井下微地震测试证实长垣外围砂岩储层能形成体积裂缝(图 7、图 8，彩图见附录)。

A 区块压裂时最大主应力方向裂缝半长可达到 240m 以上，沟通相邻油井。A 区块压裂过程中有 4 口位于主应力方向油井井口冒油，裂缝半长 191 ~ 259m，说明此方向裂缝已波及相邻油井；压裂支缝可扩散到水井近井地带。A1 井压裂施工时，相邻注水井有压力波动，但波动幅度不大，只有 0.15 ~ 0.35MPa，说明压裂支缝扩散到注水井近井地带，没有与其直接沟通，邻近注水井可以采取温和注水补充地层能量。

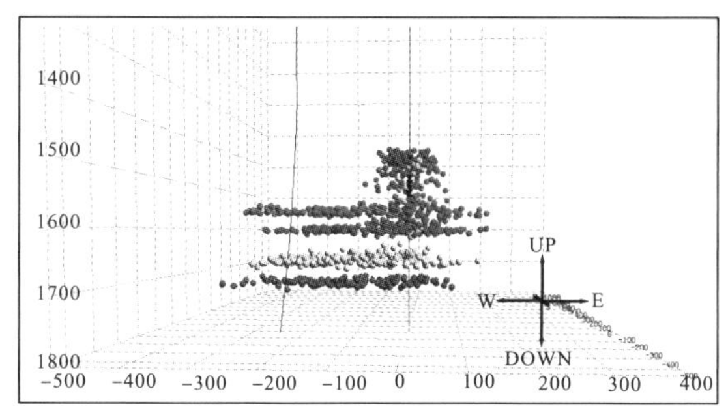

图 7　A 区块压裂井全四层空间显示图

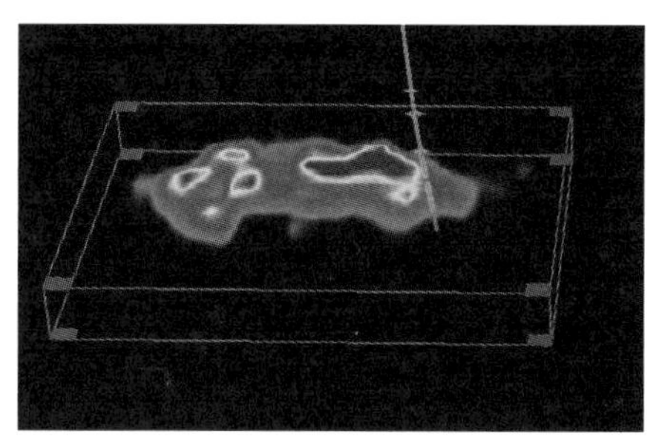

图 8　A 区块压裂井 $FII2_1$ 层密度体图

3.2　压裂后能较大幅度提高油井产量

理论上采液指数和采油指数随含水率的增加而下降，高含水期采液指数有所回升。缝网压裂后产液量增大，地层压力增加，从压后实际采液指数和采油指数曲线来看，缝网压裂后采液和采油指数向理论曲线靠近(图 9)。缝网压裂井措施初期平均单井日产油量是措施前的 8.7 倍。初期增油量高，措施后产量明显增加，242 口措施井平均单井日产油由措施前的 0.6t 上升到措施后初期的 5.2t，平均单井日增油达 4.6t。由各试验井区缝网压裂和普通二次压裂效果对比来看，缝网压裂初期单井日增油是普通二次压裂的 1.3 ~ 10.3 倍，平均为 3.0 倍。缝网压裂后相同生产时间内单井产量高于压裂投产。统计 D 区块和 F 区块投产初期产量与缝网压裂后相同时间产量对比，缝网压裂后相同生产时间内单井产量高于压裂投产。

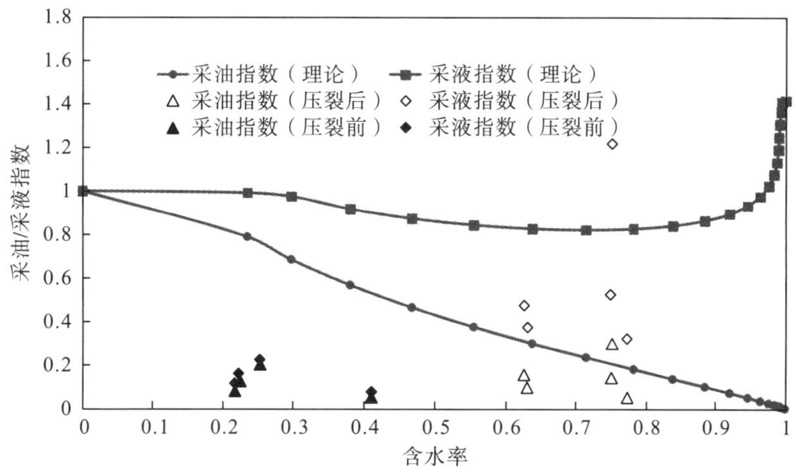

图 9　B 区块缝网压裂井压裂前后采油/采液指数曲线

3.3 缝网压裂后油层动用状况得到较大幅度改善，提高采收率3~6个百分点

3.3.1 油层动用状况得到改善

压后吸水状况有了较大幅度改善，压后半年到1年砂岩厚度吸水比例提高13.27个百分点，有效厚度吸水比例提高12.92个百分点；压后产液状况有了明显改善，压后半年到1年产液层数比例提高27.6个百分点，产液砂岩厚度比例提高24.0个百分点，产液有效厚度比例提高24.0个百分点。典型区块缝网压裂井压后1年地层压力平均提高38.7%。缝网压裂后曲线向采出程度轴偏转，开发效果得到改善。

3.3.2 缝网压裂后采出程度大幅提高

统计5个典型区块缝网压裂井，压裂后5年平均采出程度提高5.82个百分点，含水上升21.08个百分点(图10~图13，表7)。

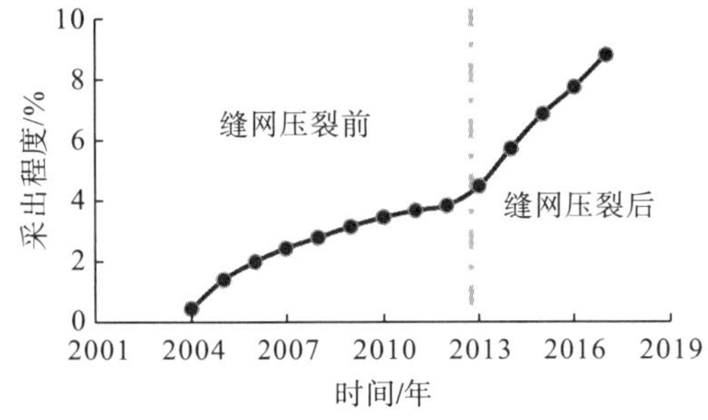

图10 A区块缝网压裂井采出程度曲线

图11 B区块缝网压裂井采出程度曲线

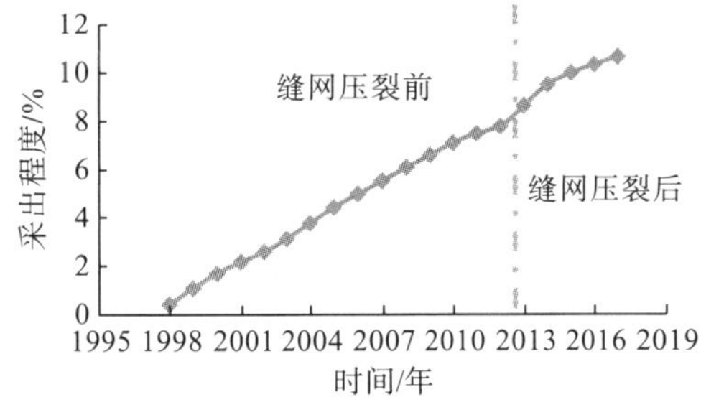

图12 C区块缝网压裂井采出程度曲线

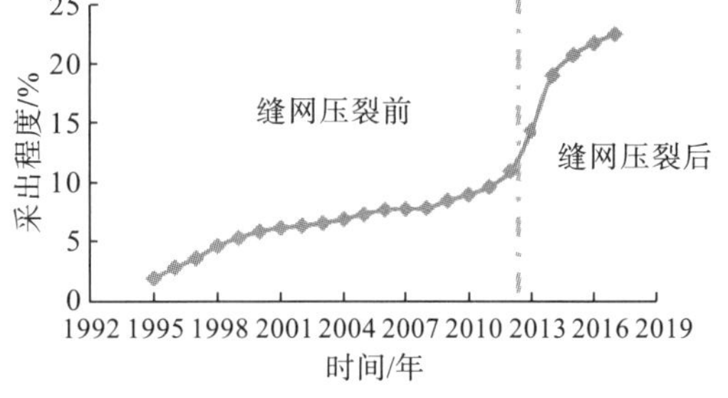

图13 D区块缝网压裂井采出程度曲线

表7 缝网压裂井压裂前后含水与采出程度统计表

区块	缝网压裂前			缝网压裂后			差值		
	开采年限/年	含水/%	采出程度/%	开采年限/年	含水/%	采出程度/%	开采年限/年	含水/%	采出程度/%
A	8	60.17	4.81	5	74.22	10.68	-3	14.05	5.87
B	4	41.07	3.5	5	77.19	14.29	1	36.12	10.79
C	15	26.83	7.75	5	46.09	10.63	-10	19.26	2.88
D	18	27.44	10.97	5	76.83	22.47	-13	49.39	11.5
E	9	4.18	3.81	5	21.65	8.78	-4	17.47	4.97
平均	11	48.42	5.53	5	69.5	11.35	-6	21.08	5.82

3.3.3 缝网压裂井可提高采收率3~6个百分点

绘制A区块、B区块、F区块及G区块等4个典型区块甲型水驱特征曲线[10]，典型区块缝网压裂井可提高采收率3~6个百分点(图14、表8)。

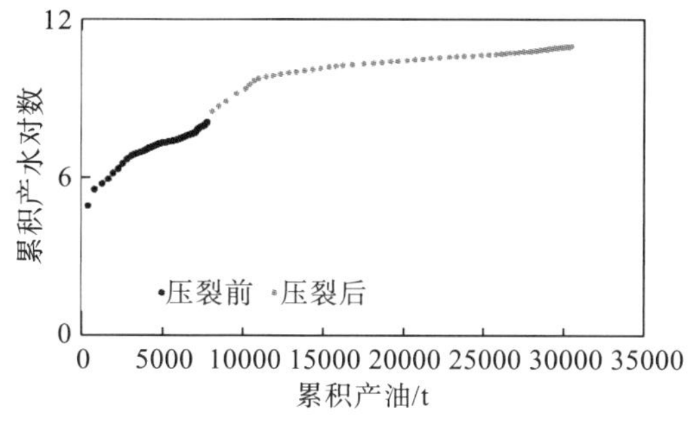

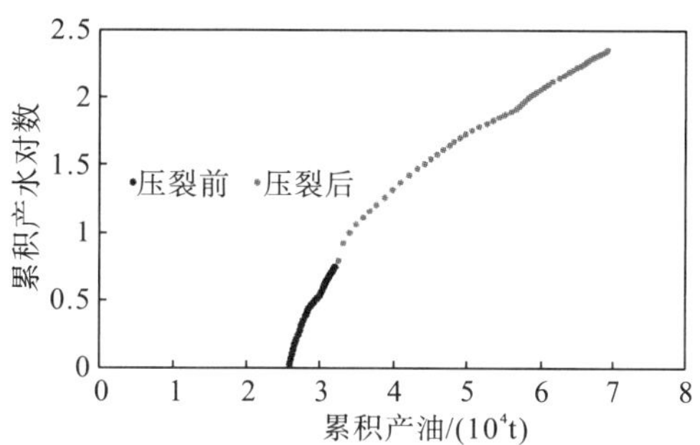

图14 B区块及A区块缝网压裂井甲型水驱特征曲线

表8 缝网压裂区块采收率预测表

油田	区块	压裂井数/口	采收率/%		
			标定	压裂后预测	提高值
肇州	B区块	9	18	23.76	5.76
葡南扶余	A区块	17	17	20.88	3.88
榆树林	F区块	4	19	24.66	5.66
宋芳屯	G区块	9	18	24.21	6.21
合计/平均		39	18	23.09	5.09

4 结论

(1)针对长垣外围缝网压裂井投产时间跨度大、区块分布范围广、动态特征差异大的特点，利用模糊综合评判理论及层次分析法建立了直井缝网压裂开发效果评价6大指标系统、15项单项指标；参照行业标准，应用统计中值法并结合专家经验给出各指标的评价标准，为直井缝网压裂开发效果评价提供方法和依据。

(2)缝网压裂井产量变化呈现三段式，深入分析了产量递减规律，根据实际测压结果确定了有效驱动因子E随时间的变化规律，对产量递减公式进行了修正，得到了改进后的产量递减公式，为缝网压裂后产量预测提供了依据。

(3)缝网压裂能较大幅度提高油井产量，油层动用状况得到明显改善，采收率大幅提高。缝网压裂初期平均单井日增油是普通二次压裂的3倍，缝网压裂后相同生产时间内单井产量高于压裂投产。

(4)长垣外围特低渗透FY油层实施直井大规模缝网压裂技术可行、经济有效，在长垣外围FY油层得到规模应用，并取得了显著的效果，应用前景广阔，为长垣外围特低渗透FY油层及类似油田改善开发效果提供了保障与依据。

参考文献

[1]陈守雨，刘建伟，龚万兴，等．裂缝性储层缝网压裂技术研究及应用[J]．石油钻采工艺，2010，32(6)：67-71.

[2]雷群，胥云，蒋廷学，等．用于提高低－特低渗透油气藏改造效果的缝网压裂技术[J]．石油学报，2009，30(2)：237-241.

[3]翁定为，雷群，胥云，等．缝网压裂技术及其现场应用[J]．石油学报，2011，32(2)：280-284.

[4]胡永宏，贺思辉．综合评价方法[M]．北京：科学出版社，2000.

[5]杨纶标．模糊数学原理及应用[M]．广州：华南理工大学出版社，2000.

[6]谢季坚，刘承平．模糊数学方法及其应用[M]．武汉：华中理工大学出版社，2000.

[7]周锡生，李莉，韩德金，等．大庆油田外围扶杨油层分类评价及调整对策[J]．大庆石油地质与开发，2004，25(3)：35-37.

[8]黄炳光，刘蜀知．实用油藏工程与动态分析方法[M]．北京：石油工业出版社，1997.

[9]李道品．低渗透油田高效开发决策论[M]．北京：石油工业出版社，2003.

[10]王俊魁，万军，高树棠．油气藏工程方法研究与应用[M]．北京：石油工业出版社，1998.

确定G油田缝网压裂选层条件的测试方法

汪玉梅

（大庆油田有限责任公司井下作业分公司，黑龙江 大庆 163000）

摘　要：直井缝网压裂技术已经成为大庆长垣外围难采出量有效动用的关键技术。缝网压裂改造对象主要为FY油层的Ⅱ、Ⅲ类储层，集中压裂改造的储层物性参数渗透率为5~10mD，孔隙度为10%~12%，在低孔特低渗透储层施工井数较少。G油田储层物性条件为：渗透率1.11~3.26mD，孔隙度9.29%~13.56%，属于低孔特低渗透储层。本文对在G油田施工的缝网压裂试验井，通过产液剖面测试数据进行分析，评价各类型压后产液情况，最终确定低孔特低渗透储层缝网压裂选层标准，指导大庆外围油田低孔特低渗透储层缝网压裂选层，有效指导该类储层的缝网压裂改造。

关键词：缝网压裂；低孔特低渗；难采出量；选层标准；剖面测试

G油田开发的FY油层为大庆长垣外围典型的低孔特低渗透储层[1]。2014~2015年在G油田先后试验了8口缝网压裂井，其中2口井8层进行了压前、压后10井次的产液剖面测试，通过对压前、压后产液剖面测试数据的分析建立了低孔特低渗FY油层缝网压裂选层标准。

1　G油田基本情况

1.1　构造及断裂特征

G油田FY油层构造格局整体上西高东低、北高南低，工区西部为一较平缓的东倾单斜；东部受北西向、南北向断层切割，构造形态比较复杂，发育了喇西构造群，其主体为北西向延伸，向凹陷内倾伏的鼻状构造，构造高点位于G702井附近，海拔深度为-1920m。区内断层延伸长度最小为0.5km，最大为5.0km，一般在2~4.6km，断距较小，一般在10~36m，断层控制了构造圈闭的分布。

1.2　储层发育特征

FY油层组，三角洲前缘相沉积，砂体沉积类型主要有水下分流河道砂及河间席状砂，平面上呈窄条带和透镜状分布，连通性较差，垂向上砂体错迭连片，发育层数多，单层厚度小，分布范围广，平均单井钻遇砂岩厚度15.5m/8.4层，有效厚度3.7m/2.6层；单井砂岩厚度在10~25m之间的占总井数的82.7%，有效厚度小于3m的层数占总层数的90.2%（表1）。区块开发主力油层为FI2、FI3、FI6。

作者简介：汪玉梅，1966年生，女，高级工程师，一直从事油田勘探开发压裂、科技规划及管理、重大技术攻关等工作。

表1 G油田FY油层有效厚度分布情况统计表

有效厚度分布区间/m	厚度/m	层数/层	占总厚度百分数/%	占总层数百分数/%
$h<1$	242.4	338	8.9	21.1
$1\leqslant h<2$	1078.3	763	39.5	47.5
$2\leqslant h<3$	811.7	347	29.7	21.6
$h\geqslant 3$	596.9	157	21.9	9.8

1.3 物性特征

G油田可分为G-1、G-2、G-3、G-4、G-5等五个区块，按照“有机酸”次生孔隙形成机理，将G油田FY油层划分为次生孔隙发育区和次生孔隙弱发育区。G-1、G-5次生孔隙发育区储层物性较好，平均有效孔隙度为13.9%，平均空气渗透率为3.2mD；G-2、G-3及G-4次生孔隙弱发育区储层物性较差，平均有效孔隙度为11.4%，平均空气渗透率为1.3mD。下面着重分析G-2、G-4次生孔隙弱发育区缝网压裂试验井。

1.4 地应力特征

增强型微电阻扫描成像测井资料(XRMI)显示储层发育高角度垂直裂缝，主体裂缝走向多为近东西向。控制井、新投产井压裂后裂缝监测资料显示，人工裂缝方向也为近东西向。

1.5 油田开发矛盾分析

G-2、G-4区块采用350m×170m矩形反九点井网整体压裂投产。次生孔隙弱发育区块储层物性差，油水井井距大，在极限驱替距离之内，难以建立有效驱替，油井受效差[2]，受效井12口，受效比例仅4.8%，受效后增油幅度低，平均单井日增油0.3t(表2)。

表2 G油田单井受效情况统计表

区块	渗透率/mD	油井/口	受效井/口	受效比例/%
次生孔隙发育区	13.9	190	43	22.6
次生孔隙弱发育区	1.2	248	12	4.8
合计/平均	5.2	438	55	12.6

2 G油田缝网压裂试验情况

2.1 缝网压裂工艺适应性评价

通过室内物模试验和数值模拟证实，当储层差异系数小于0.13时，清水压裂是能够形成充分的裂缝网络[3]；当储层差异系数在0.13~0.25时，通过高排量施工提高缝内净压力，能够形成较为充分的裂缝网络。G油田增强型微电阻扫描成像测井资料(XRMI)显示储层发育高角度垂直裂缝，井深2150~2160m，最大主应力为41MPa，最小主应力为37.4MPa，水平两向应力差值为3.6MPa，应力差异系数为0.1，具备形成复杂缝网的力学条件。

2.2 缝网压裂试验情况

G油田在2014～2015年进行缝网压裂8口井，平均单井压裂3.8层，砂岩厚度7.4m，有效厚度4.7m，平均单井用液量3033m³，平均单井加砂量49.5m³。

泵主程序采用多段塞的泵注方式，滑溜水段最高施工排量设计为8m³/min，清水段最高施工排量为5m³/min，加砂段施工排量为4.0m³/min(表3)。

表3 G油田缝网压裂施工统计表

区块	井号	改造层数/层	压裂砂岩厚度/m	压裂有效厚度/m	用液量/m³	加砂量/m³	H/G/J施工排量/(m³/min)
G-2	G2-1	5	6.8	4.7	2590	40	8/5/4
G-2	G2-2	4	7.9	2.8	3120	60	8/5/4
G-2	G2-3	4	6.7	4.4	2640	50	8/5/4
G-4	G4-1	5	8.5	5.2	2700	45	8/5/4
G-4	G4-2	2	6.1	3.8	2810	50	8/5/4
G-4	G4-3	4	9.3	6.7	3626	56	8/5/4
G-4	G4-4	3	7.9	5.6	3115	40	8/5/4
G-4	G4-5	3	5.8	4.5	3669	55	8/5/4

3 产液剖面测试分析

G-2区块的缝网压裂施工井，均进行了压后产液剖面测试，其中G2-2井和G2-3井分别进行了压前和压后的产液剖面测试。我们通过对G2-2和G2-3进行产液剖面数据分析，建立该区块的选层标准[4]。

3.1 增液量与砂体类型关系分析

G2-2井压裂改造的是FI3、FI4、FI5、FI6层位，其中FI3、FI5、FI6均为内前缘主体席状砂体，FI4为内前缘非主体席状砂体。为了做对比，单层砂岩厚度用液强度相同为367m³/m，加砂强度相同为5.74m³/m。G2-3井压裂改造的是FI2、FI3、FI4、FI6层位，其中FI2为外前缘非主体席状砂体，FI3、FI4为内前缘非主体席状砂体，FI6为内前缘主体席状砂体。单层砂岩厚度用液强度相同为373m³/m，加砂强度相同为5.67m³/m。具体情况见表4。

表4 G2-2、G2-3井缝网压裂层位的砂体类型统计表

井号	层位	内前缘主体席状砂体	内前缘非主体席状砂体	外前缘非主体席状砂体
G2-2	FI3	是		
	FI4		是	
	FI5	是		
	FI6	是		

续表

井号	层位	内前缘主体席状砂体	内前缘非主体席状砂体	外前缘非主体席状砂体
G2-3	FI2			是
	FI3		是	
	FI4		是	
	FI6	是		
合计		4	3	1

G2-2、G2-3 井改造内前缘主体席状砂体 4 层，内前缘非主体席状砂体 3 层，外前缘非主体席状砂体 1 层。

3.1.1 G2-2 井连续产液剖面测试分析

G2-2 井于 2014 年 6 月压裂，压后进行了连续的压后产液剖面测试，评价砂体产液情况，见图 1。

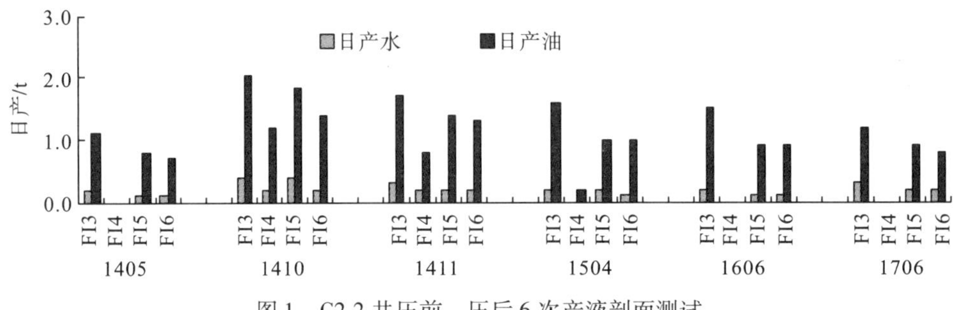

图 1 G2-2 井压前、压后 6 次产液剖面测试

通过分析 G2-2 井压前、压后产液剖面测试数据[5]得到如下结论：

(1)缝网压裂后第一次测试，与压裂施工时间间隔为 5 个月，内前缘主体、非主体席状砂体[6]均能得到有效的改造，其中主体席状砂体 FI3、FI5、FI6 压后增油量分别为 0. 9t/d、1. 0t/d、0. 7t/d，平均为 0. 86t/d，非主体席状砂体压后增油量为 1. 2t/d，储层一直未动用，因此增油幅度较大，潜力得到释放。

(2)缝网压裂后第二次测试，与压裂施工时间间隔为 6 个月，内前缘非主体席状砂体压后产量在短期内递减幅度基本相同，内前缘主体席状砂体压后增油递减幅度分别是 33. 3%、40%、14. 3%，平均为 29. 1%，内前缘非主体席状砂体压后增油递减幅度为 33. 3%。

(3)缝网压裂后第三次测试，与压裂施工时间间隔为 12 个月，内前缘主体席状砂体 FI3、FI5、FI6 压后增油递减幅度分别是 44. 4%、80%、57. 1%，平均为 60. 5%，内前缘非主体席状砂体压后增油递减幅度是 83. 3%，递减速度较主体席状砂快。

(4)缝网压裂后第四次测试，与压裂施工时间间隔为 24 个月，内前缘非主体席状砂体已经没有产液、产油显示，内前缘主体席状砂体均有产液、产油显示，仍然保持着压裂的有效性，内前缘主体席状砂体 FI3、FI5、FI6 压后增油递减幅度分别是 55. 6%、90%、71. 4%，平均为 72. 3%。

(5)缝网压裂后第五次测试，与压裂施工时间间隔为36个月，内前缘非主体席状砂体没有产液、产油显示，内前缘主体席状砂体均有产液、产油显示，同时仍然保持着压裂的有效性，内前缘主体席状砂体增油量很低，均为0.1t/d，缝网压裂接近失效。

3.1.2 G2-3井产液剖面测试分析

G2-3井于2014年7月压裂，先后进行了4次产液剖面测试，其中第一次产液剖面测试与压裂施工时间间隔为18个月，时间较长，无法分析递减幅度，通过测试数据分析了外前缘非主体席状砂体的产液能力，见图2，得到如下结论：

内前缘主体、非主体席状砂体均能得到有效的改造，外前缘非主体席状砂体通过缝网压裂仍不能实现动用。其中第一次产液剖面测试数据显示，压后18个月后内前缘非主体席状砂体FI3、FI4压后增油量分别为0.5t/d、0.3t/d，内前缘主体席状砂体FI6压后增油量为1.0t/d。内前缘主体席状砂体增油量远高于非主体席状砂体，外前缘非主体席状砂体不能得到有效的动用。

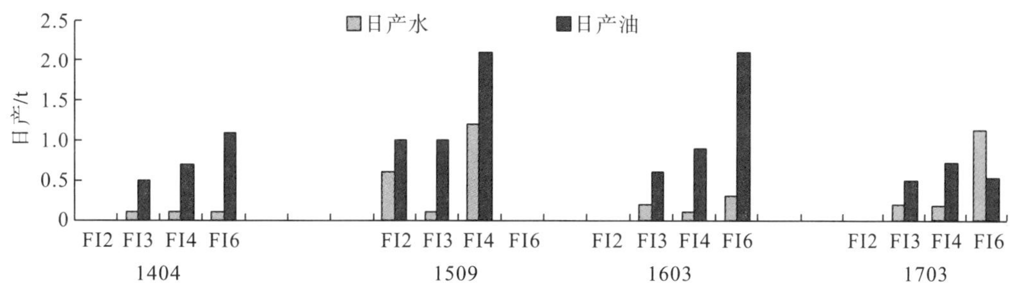

图2　G2-3井压前、压后4次产液剖面测试

3.2 增液量与改造厚度关系分析

在3.1的分析中我们得出，缝网压裂后期储层产液能力与储层的砂体性质密切相关，另外在相同的储层砂体条件下，储层改造的厚度影响压后的储层增油能力[7]。在相同的施工规模、相同的砂体性质条件下分析了压后24个月的增油量与改造砂岩厚度的关系，见图3、图4，内前缘主体河道砂体改造砂岩厚度要大于2m，内前缘非主体河道砂体改造砂岩厚度要大于1.5m。

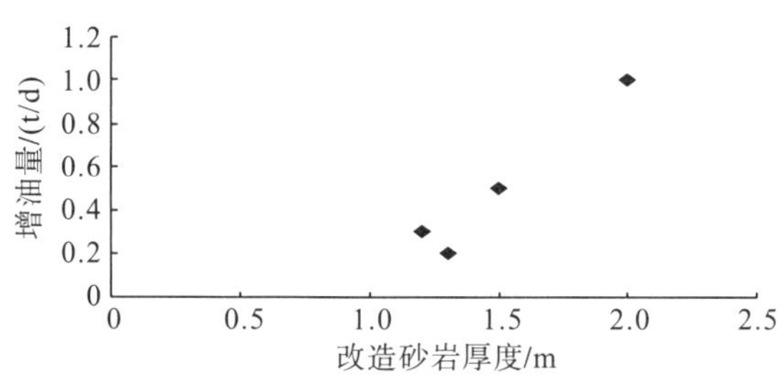

图3　内前缘主体河道砂体改造砂岩厚度与增油量关系

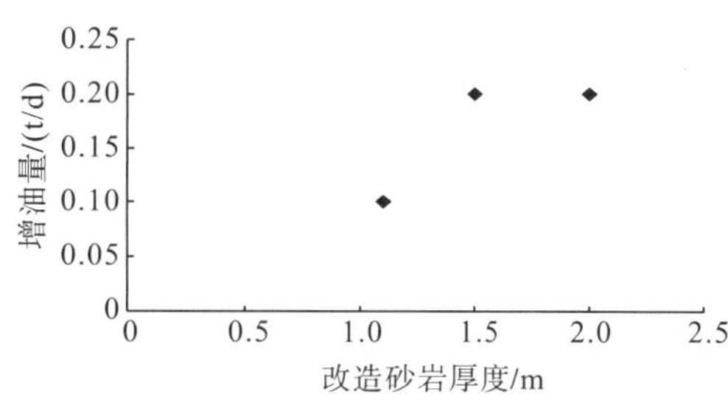

图4　内前缘非主体河道砂体改造砂岩厚度与增油量关系

4 结 论

（1）内前缘主体席状砂体缝网压裂后有长期改造效果，内前缘非主体席状砂体缝网压裂后有短期改造效果，内前缘主体席状砂体是缝网压裂改造的主要对象。

（2）目前外前缘非主体席状砂体通过缝网压裂无法得到有效的挖潜。

（3）在相同的砂体性质条件下，缝网压裂改造的增油效果与改造厚度关系密切，内前缘主体河道砂体改造砂岩厚度1～1.5m，增油量在0.2～0.6t/d，2m以上增油量达到1t/d；内前缘非主体河道砂体改造砂岩厚度1～1.5m，增油量在0.1t/d以下，1.5m以上增油量达到0.2t/d。

参考文献

[1]李道品. 低渗透油田高效开发决策论[M]. 北京：石油工业出版社，2003.

[2]银本才. 重复压裂技术研究与应用[J]. 断块油气田，2001，8(2)：54-57.

[3]汪永利，姚飞. 重复压裂技术研究与应用[J]. 油气采收率技术，1997，4(3)：42-45.

[4]闫建文，王群嶷，张士诚. 低渗透油田压裂注水采油整体优化方法[J]. 大庆石油地质与开发，2000，19(5)：50-52.

[5]周学民，华方奇. 油田老井压裂潜力确定方法研究[J]. 大庆石油地质与开发，1998，17(4)：27-28.

[6]李莉，韩德金，周锡生，等. 大庆外围低渗透油田开发技术研究[J]. 大庆石油地质与开发，2004，23(5)：85-87.

[7]史庆轩，杨民瑜，高文岭. 低渗透油田整体压裂方案研究——以台1区块为例[J]. 长江大学学报(自科版)，2010，07(2)：62-65.

一种缝控基质单元人造岩心重构新方法

刘　强[1]　刘建军[2]　裴桂红[3]　纪佑军[1]

（1. 西南石油大学地球科学与技术学院，四川 成都，610500；

2. 中国科学院武汉岩土力学研究所岩土力学与工程国家重点实验室，湖北 武汉，430071；

3. 湖北商贸学院，湖北 武汉，430000）

摘　要：缝控基质单元是存在于低渗透裂缝性油藏中的一种特殊单元体，其可以用裂缝系统和基质系统进行表征。但是，缝控基质单元复杂的裂缝结构很难在现场取心中钻取获得，这限制了实验室动态渗吸试验的顺利开展。因此，本文旨在通过一种新的方法，实现缝控基质单元人造岩心的重构。结合激光雕刻技术，实现了定量化精确造缝，利用3D打印PVA水溶性材料作为重构过程中的裂缝支撑材料，此种材料具有更快的溶解速度，以及溶解剂水对重构岩心没有污染。最终，测量了重构前后基体的孔隙度、渗透率、润湿性，完美再现了缝控基质单元的孔渗系统特征。这对低渗透裂缝性油藏的动态渗吸试验有着重大的意义。

关键词：缝控基质单元；岩心重构；激光雕刻技术；裂缝系统

1　引言

剩余油的动用是低渗透裂缝性油藏开发中后期的重点，也是难点。裂缝和基质之间不同的渗透率特征导致了注入水沿着高渗透率的裂缝流动，最终造成生产井水突破甚至是暴性水淹，以至于大部分生产井关井停采。因此，限制了油田的正常开采，直接影响经济效益。

低渗油藏注入水沿着高渗透率的裂缝流动，在重力和毛管力的作用下，在裂缝中湿润相的水被吸入基质中替换出非湿润相的油。这种特殊的渗吸现象为这类油藏的二次开发提供了可能。渗吸现象的发生依赖于包含着裂缝系统和基质系统的单元体，我们定义这个特殊的单元体为缝控基质单元(图1)。通过缝控基质单元进行渗吸实验研究是确定渗吸过程、影响因素以及最终油水分布的重要途径。但是，由于缝控基质单元的特殊性，在现场钻取实验用岩心时，获得带有裂缝的岩心几乎是不可能的，这就限制了渗吸室内实验的发展。因此，缝控基质单元岩心重构成为亟待解决的问题。

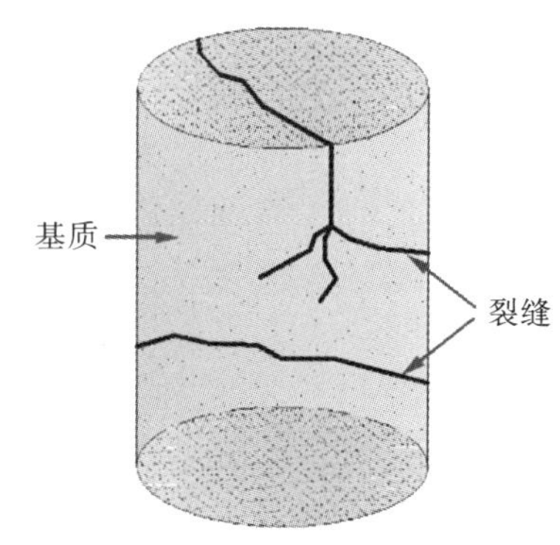

图1　缝控基质单元

作者简介：刘强，1991年生，男，博士生，从事低渗透油气藏微观渗流的研究工作。

通过使用传统的、可行的和低损伤的方式，许多学者已经提出了不同的方法和技术来重构岩心。这些方法大致可分为四类：①平行空隙法，②劈裂重构，③预设裂缝方法，④激光蚀刻和3D打印技术。1977年，Kazemi等[1]沿着岩心长轴方向切割圆柱形岩心来制备人工裂缝岩心，将切割的部分不做抛光处理并且没有放置间隔物，之后将切割的两部分重新组合到一起并且将侧面重新密封，这是最早的、完整的带裂缝的模型。上述方法通过使用最简单和最方便的形式广泛应用于岩心裂缝重构[2,3]。Tillotson等[4]改进了该方法，通过使用沙子、高岭石和硅酸钠的混合物代替树脂，然后利用高温成型重构岩心。但事实上，这些方法也存在一些缺点。首先，所用基质材料是用沙子、高岭石、硅酸钠或者清洁沙和水泥配比制成，这不仅仅改变了基质材料表面的物性，更与地下真实岩石组成不符。其次，化学溶解剂例如酸，可以与基质材料中的物质发生化学反应，严重地损伤岩心。然而随着科学技术的发展，尤其是数字岩心的普及，激光刻蚀以及3D打印技术广泛应用到岩心重构。新技术的应用有利有弊，优点在于，我们可以根据数字岩心进行岩心内部的裂缝网络重构，使其更加准确地接近真实岩心的裂缝结构，并且，其裂缝支撑剂有着更快的溶解速度以及对岩心友好。缺点在于，激光刻蚀和3D打印的基质物质必须使用专用的打印材料，丧失了基质的真实性。

在本文中，我们提出了一种结合预置裂缝方法和3D打印机技术的新型高效方法，并重构了缝控基质单元。为了验证这种重建方法的正确性，我们测量了重建岩心的孔隙度、渗透率。值得注意的是，本文描述的缝控基质单元重构方法，特别适用于渗吸实验研究，可能不适用于其他双重介质实验。

2 材料和缝控基质单元重构

2.1 材料准备

选取的大庆油田P区块新124井2块岩心，为粉砂岩(图2)。该区块为典型的低渗透裂缝性油藏，对2块样品岩心进行孔隙度、渗透率以及润湿性测试。

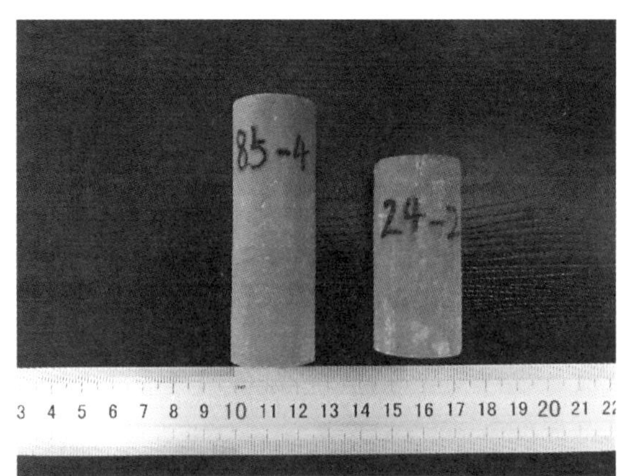

图2 岩心样品

2.2 缝控基质单元岩心重构

首先利用激光雕刻模型软件设计一条Y型裂缝和一条S型裂缝，结构见图3。然后，将现场岩心洗油烘干并劈开相等的两半备用，把 PVA 材料用刀片切成0.5mm 的薄片，用于裂缝支撑。

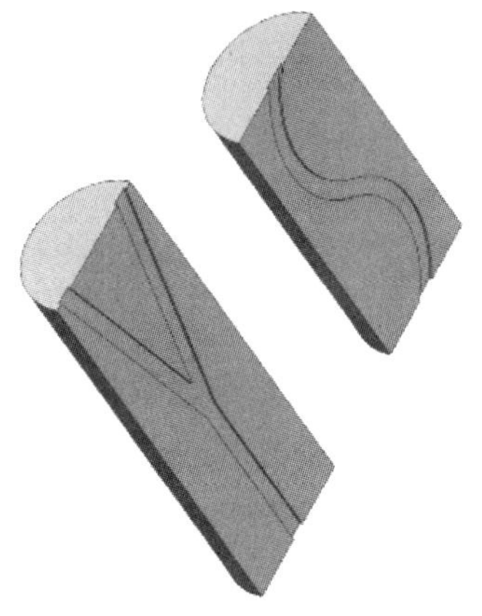

图3　Y 型裂缝和 S 型裂缝的结构

利用激光雕刻机，按照设计将分割的岩心进行雕刻，为了最大程度减小对岩心伤害，我们仅对岩心的一面进行雕刻。然后，用准备好的 PVA 支撑材料填充裂缝，防止在受压黏合过程中对雕刻裂缝的损害。然后，将黏结剂沿着岩心边缘涂匀，用热缩管裹紧并置于 1MPa 的条件下黏合 72 小时(图 4)。

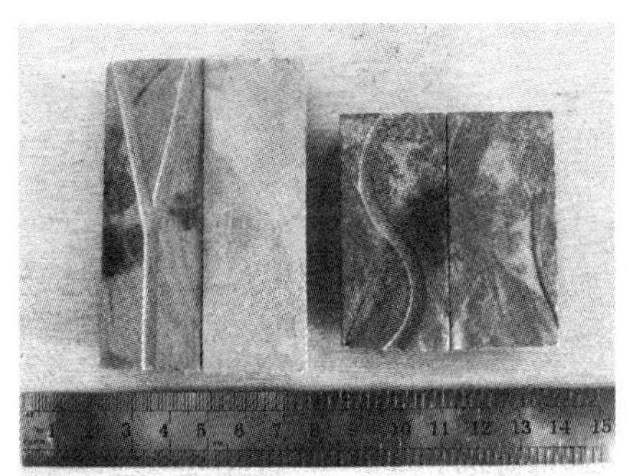
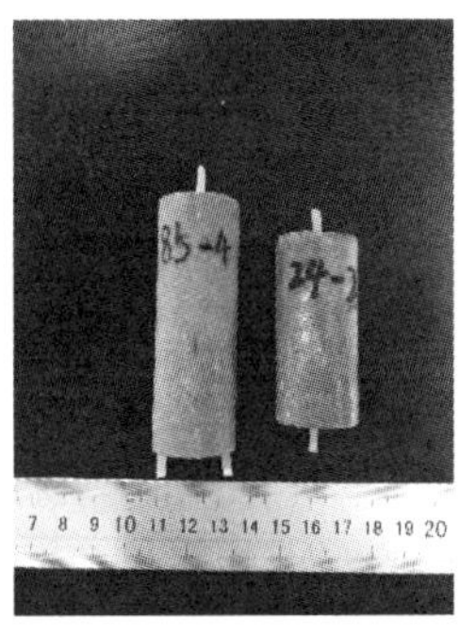

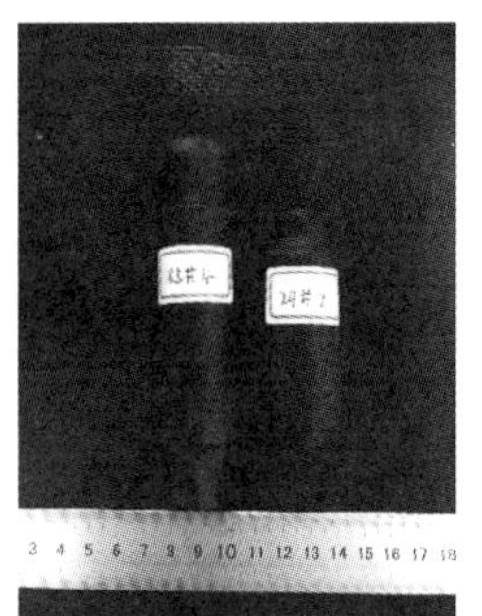

图4　缝控基质单元激光雕刻过程

将黏合好的岩心饱和蒸馏水，然后浸泡在 60℃ 恒温水浴中。PVA 材料开始溶解并最终全部脱离。最后，将岩心烘干得到重构的缝控基质单元，见图 5。

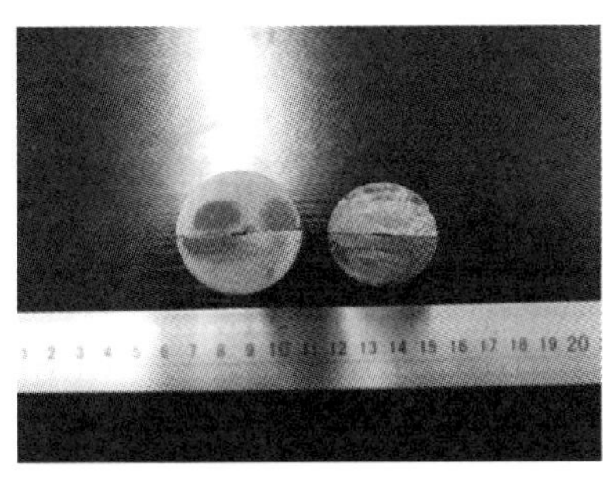
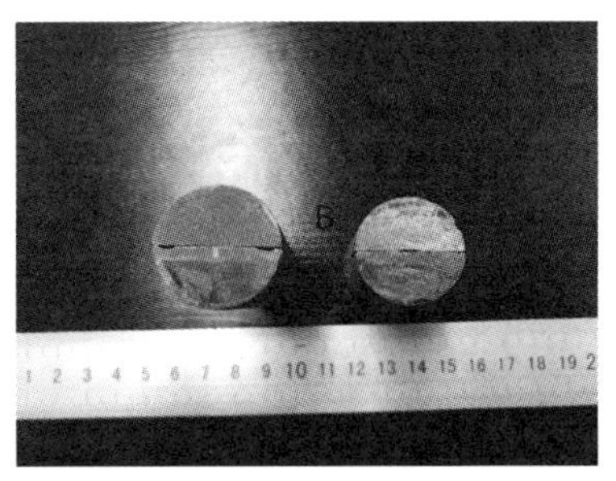

图5　缝控基质单元岩心重构

3 测试结果分析

在缝控基质单元中，基质孔隙度、渗透率以及表面润湿性是评价其渗吸能力的重要基础参数。因此，在缝控基质单元岩心重构的过程中，保证基质孔隙度、渗透率以及表面润湿性与原始岩心的一致性极为重要。在这部分工作中，我们对重构的缝控基质单元岩心进行参数测试，包括孔隙度、渗透率、接触角。将重构前后的数据进行对比，来分析重构岩心的孔渗特征、表面润湿性以及对重构岩心的影响。

3.1 基质孔隙度和渗透率

由于所用岩心为低渗透砂岩岩心，孔隙度和渗透率都很低，在测量过程中，常规的孔渗测量方法不能满足要求。因此，利用型号为 CMS-300 的非常规层孔渗分析仪对岩心进行稳态气测孔隙度和渗透率。在重构前对岩心样品进行洗油烘干，测量岩心样品的孔隙度、渗透率；当缝控基质单元岩心重构后，测得样品岩心的孔隙度、渗透率，测试结果见表 1。

表 1 岩心基质孔隙度和渗透率测试

测试阶段	岩心编号	孔隙度/%	渗透率/mD
重构前	85-4	18.33	2.96
	24-2	12.97	0.85
重构后	85-4	17.89	—
	24-2	12.01	—

3.2 基质表面润湿性

基质表面润湿性是缝控基质单元能否发生渗吸现象的根本条件。润湿性由接触角 θ 的大小来衡量，当 θ 大于 90°时，岩心为亲油的，当 θ 小于 90°时，岩心为亲水的。润湿性的大小受岩心基质矿物成分的直接影响，根据本文所提出的方法，岩心的表面结构和矿物组成没有遭到破坏，另外，所用的溶解剂为水，不会与基质发生化学反应导致基质润湿性的变化。重构前后岩心的接触角测量值见表 2。

表 2 岩心样品接触角

测试阶段	岩心编号	接触角/(°)
重构前	85-4	14.87
	24-2	21.09
重构后	85-4	14.90
	24-2	21.10

3.3 Y 型裂缝和 S 型裂缝渗透率

我们对重构后的缝控基质单元裂缝的渗透率采用恒压氮气进行实验测试，具体实验参数以及裂缝渗透率大小见表 3。

表 3　Y 型和 S 型裂缝渗透率测试

裂缝形状	样品编号	渗透率/mD
Y 型	85-4	37 330. 21
S 型	24-2	52 190. 38

4　讨论

通过岩心重构得到了缝控基质单元重构岩心，并对重构前后岩心的孔隙度、渗透率、表面润湿性进行了实验测试。测试的目的在于对比分析在重构前后岩心的各项参数的变化规律、重构过程对岩心的损伤，最终验证我们所提出的缝控基质单元重构方法的可行性与正确性。

4.1　基质性质

基质的孔隙度和渗透率直接反映岩心中流体的储存状态和运移能力。在缝控基质单元岩心重构的过程中，我们研究的核心有两点，首先不改变岩心基质的基本性质，包括孔隙度、渗透率、表面润湿性以及矿物组成；其次要建立起与基质渗透率差别很大的裂缝。因此，我们通过对重构前后的基质孔隙度、渗透率以及表面润湿性进行测试，来验证我们的重构方法的正确性。

在基质孔隙度方面，由表 1 我们可以得到，在重构前 85-4 号岩心和 24-2 号岩心的基质孔隙度分别为 18. 33%、12. 97%，在重构后分别为 17. 89%、12. 01%，变化幅度分别为 2. 4%、7. 4%，实验结果表明在岩心重构前后基质孔隙度变化很小。在渗透率方面，85-4 号岩心和 24-2 号岩心的基质渗透率分别为 2. 96mD、0. 85mD。关于基质润湿性，由表 2 我们可以看出，在重构前 85-4 号岩心和 24-2 号岩心的接触角分别为 14. 87°、21. 09°，在重构后分别为 14. 90°、21. 10°，由于在重构过程中岩心基质表面未发生破坏，因此表面润湿性几乎未发生变化。

4.2　裂缝渗透率

将裂缝简化为 Y 型裂缝和 S 型裂缝，并分别在 85-4 和 24-2 岩心中进行雕刻实现，形成缝控基质单元岩心。在重构完成后，分别对岩心进行裂缝渗透率实验室测试，测得的岩心渗透率分别为 37 330. 21mD、52 190. 38mD。我们实现了缝控基质单元的重构，重构后的裂缝渗透率也符合我们下一步进行渗吸实验的要求。

5　结论

本文提出了一种新的缝控基质单元岩心重构的方法。首先对两块特低渗砂岩岩心进行参数测试，然后将这两块砂岩样品进行缝控基质单元重构，将重构的岩心再次进行参数测试，对比参数获得了很好的一致性。最后我们对所建立的 Y 型裂缝和 S 型裂缝渗透率进行测量，结果如下：

(1) 重构的缝控基质单元中 Y 型裂缝和 S 型裂缝渗透率分别为 37 330. 21mD、52 190. 38mD，这与实际情况是相符的，也是低渗透裂缝性油藏很难开采的原因和进行渗吸二次采油的前提。

（2）结合前人对岩心重构的研究，利用激光雕刻技术、3D打印材料，最大程度地减小在重构过程中对岩心的损伤，并且可以设计裂缝形态与参数，方法简单易操作。利用该方法所建立的缝控基质单元岩心，再现了缝控基质单元基质系统与裂缝系统，最大程度地还原了地下储层岩心的真实性，可以为后续的缝控基质单元动态渗吸实验提供物理模型基础。

参考文献

[1] Kazemi H, Merrill L S. Numerical simulation of water imbibition in fractured cores[J]. Society of Petroleum Engineers Journal, 1977, 19(3): 175-182.

[2] Figueiredo J J S D, Schleicher J, Stewart R R, et al. Shear wave anisotropy from aligned inclusions: ultrasonic frequency dependence of velocity and attenuation[J]. Geophysical Journal International, 2013, 193(1): 475-488.

[3] Santos L K, Figueiredo J J S D, Omoboya B, et al. On the source-frequency dependence of fracture-orientation estimates from shear-wave transmission experiments[J]. Journal of Applied Geophysics, 2015, 114: 81-100.

[4] Tillotson P, Chapman M, Best A L, et al. Observations of fluid-dependent shear-wave splitting in synthetic porous rocks with aligned penny-shaped fractures[J]. Geophysical Prospecting, 2015, 59(1): 111-119.

一种考虑力学及压裂参数计算的复杂人工裂缝建模方法

向传刚　杜庆龙

（大庆油田有限责任公司勘探开发研究院，黑龙江 大庆 163712）

摘　要：现有的人工裂缝建模方法大多为基于地质统计学的反演方法，忽略了油藏开发中地应力的变化，也未考虑力学及施工规模等因素。针对复杂缝网建模难题，作者提出了基于岩石力学及压裂施工参数计算的复杂缝网建模方法。首先，通过油藏数值模拟与有限元模拟相结合的方法，确定压前的岩石力学及地应力场分布，在此基础上对压裂施工参数曲线（泵压、排量和加砂量）进行拟合计算，模拟复杂裂缝扩展过程，最终生成的复杂缝网模型更具理论基础，为后期高精度数值模拟和指导开发调整提供了可靠的地质模型。

关键词：缝网压裂；地应力模拟；施工参数拟合；裂缝建模；复杂裂缝

松辽盆地外围特低渗砂岩油藏早期采用直井及常规人工压裂投产，经长期注水开发难以建立有效驱动体系，开发效果较差[1]。近年来开发实践证明，该类油藏采用直井细分层大规模缝网压裂的开发方式取得了较好的生产效果[2,3]。直井缝网压裂改造形成的复杂裂缝形态，是影响特低渗油藏开发效果的重要因素。如何通过动静态资料精确描述直井缝网压裂后复杂裂缝形态，建立可靠的三维裂缝模型，是开发地质人员面临的重要问题。以大庆油田 Z6 油藏区块为例，阐释了直井缝网复杂裂缝建模过程。

1　研究背景

现有的人工缝网模型研究中，大多为基于地质统计学的“反演”方法[4-11]，通过微地震监测、开发动态及地质分析等资料，获得不同尺度裂缝的位置、尺度、方向及其他一些与裂缝相关的特征参数，并赋予一定的概率分布函数。通过地质统计学算法，建立裂缝网络模型，等效表征人工裂缝的空间分布。显然，这种基于地质统计学的裂缝建模方法并不能准确表征地下缝网的复杂形态，主要有以下 4 个原因：

（1）由于油藏经历了长期的注水开发和多次压裂改造，近井地带应力场较开发早期发生了较大变化，而基于地质统计学的裂缝建模方法并未考虑地质力学参数和开发过程中应力场的变化。

（2）基于地质统计学的裂缝建模方法并没有考虑压裂施工参数，裂缝网络的分布不一定遵循压裂施工规模。

作者简介：向传刚，1982 年生，男，硕士，工程师，从事油田地质建模及数值模拟研究工作。
E-mail：xiangchg@ eyou. com。

(3)在实际应用中，受资料的限制，并不容易获得所需的人工裂缝的几何参数及分布函数。

(4)常规油藏模拟技术将裂缝模型等效为双重介质模型或局部网格加密，对小尺度裂缝及复杂缝网系统适应性较差。

因此，依靠地质统计学参数进行人工裂缝建模，不符合地下缝网的真实形态。针对以上问题和难点，采用“正演”的建模思路(图1)，在三维岩石力学参数建模的基础上，通过油藏压前开发历史拟合与地应力模拟相结合的方法，确定压前地应力场的分布，考虑裂缝扩展机理和施工参数规模，模拟计算生成复杂缝网模型，并用先进的非结构化网格技术，实现裂缝尺度的模型精细表征。该直井缝网复杂裂缝建模方法，使建模结果更具理论基础，为后期开发调整提供可靠的地质依据。

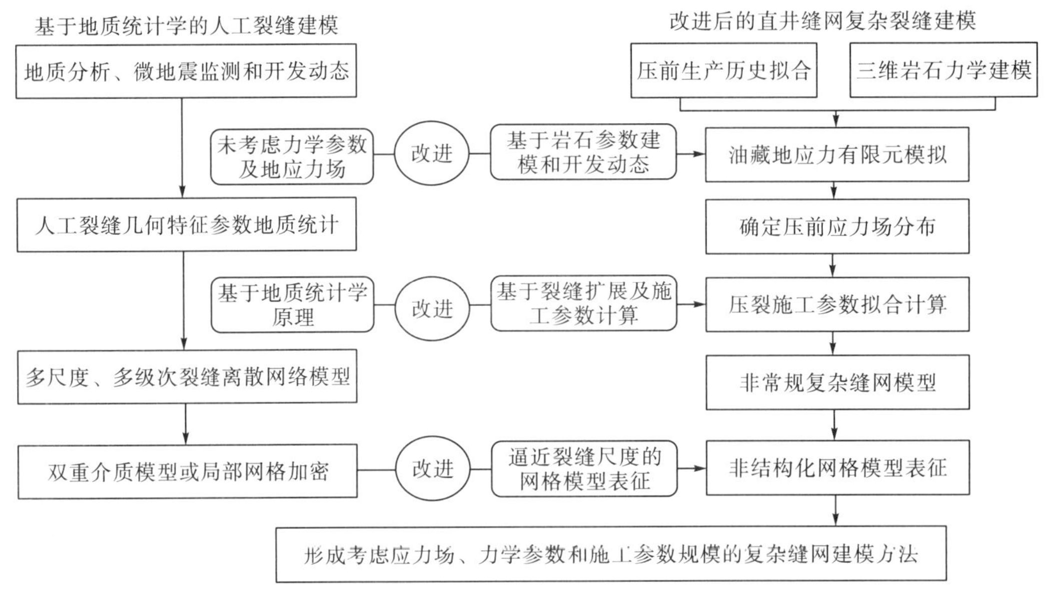

图1 基于力学及施工参数计算的复杂缝网建模研究思路

2 直井缝网复杂裂缝建模方法

2.1 确定压前地应力场

油藏开发区块直井缝网压裂前的生产过程中，生产井附近孔隙压力降低使局部应力降低，注水井附近孔隙压力升高使局部应力升高[12]。对比初始和压前应力状态下对应的模拟裂缝形态，二者形态存在较大差异，采用压前应力条件下的缝网形态更加接近地下真实状态。因此，在开展缝网压裂形态模拟计算前进行压前地应力场的确定是至关重要的。

2.1.1 岩石力学建模

岩石力学参数模型是进行地应力及压裂施工模拟的基础。利用油田岩心实验资料及测井数据进行数据分析[13-16]，或应用经验公式确定单井一维岩石力学相关参数(包括弹性模量、上覆岩层压力、孔隙压力、岩石强度、最小水平应力和最大水平应力等)。在三维地质模型的基础上建立三维有限元网格，利用三维声波速度体及一维岩石力学研究成果模拟生成三维岩石力学参数模型，再利用斯伦贝谢三维岩石力学 VISAGE 软件模拟计算出原场应力(包括最小水平应力、最大水平应力、上覆岩层应力及方向等)矢量模型。

2.1.2 天然裂缝模型

裂缝地质建模及数值模拟是基于单井的裂缝数据和相关的各种控制因素(如地震属性)建立裂缝强度模型，由其密度分布、几何特征和方向等建立裂缝网络模型，网络模型经过粗化得到裂缝的属性模型，进而模拟其流动特征。大庆长垣外围油田不同程度地发育天然裂缝，天然裂缝主要起渗流通道的作用。因此，外围油藏裂缝建模一般采用随机及确定性建模相结合的多尺度裂缝建模方法。其中确定性裂缝建模主要是针对地震、动态分析等方法已经明确的大尺度裂缝，随机性裂缝建模主要基于裂缝密度分布特征、裂缝几何形状、裂缝的方向等参数，采用一定的算法随机模拟得到离散网络模型。在压前的油藏模拟过程中，天然裂缝采用等效介质或双重介质来等效模拟，地应力模拟软件中的每一个时间步天然裂缝都应当作初始条件进行加载。

复杂缝网模型扩展模拟时，天然裂缝模型需作为初始约束条件进行加载，非结构化网格模型中人工裂缝及大尺度天然裂缝需进行非结构化网格的剖分，小尺度天然裂缝仍然采用等效网格模型，这样就保证了天然裂缝模型整个复杂缝网建模过程中的继承性。

2.1.3 压前应力场模拟

根据胡克定律[17]，地层应力等参数会随开采或注水引起的孔隙压力的变化而发生改变[18]。为了揭示油藏地应力随油藏开发过程的变化规律，采用有限元与油藏模拟相结合的方法，开展不同时间节点的地应力场模拟研究，详细描述地应力在不同开发阶段的变化。有限元与油藏模拟相结合的方法是基于两套软件来完成的。首先应用油藏模拟软件模拟计算得到每个时间步的压力场和饱和度场，并在 VISAGE 地应力模拟软件中进行地层、断层和天然裂缝模型的直接加载，渗透率、孔隙度、孔隙压力场和饱和度场的迭代更新，同时求解应力和流体流动方程，进行该时间节点的有限元力学计算，得到应力矢量参数。由此可以看出，压前应力场的确定过程是将油藏模拟得到的压前压力场和饱和度场等结果，直接应用于有限元模拟器中，计算出压裂施工时该时间节点的应力、应变及位移，为压裂设计及施工提供准确力学模型。

2.2 模拟复杂缝网模型

2.2.1 裂缝扩展机理

应用斯伦贝谢 Mangrove 软件的非常规裂缝模型，综合考虑储层特征、天然裂缝以及地质力学等信息，计算结果能够更加精确地预测和拟合裂缝分布、几何形态和支撑剂分布。

根据斯伦贝谢 TerraTek 实验室大岩心室内实验结果[19-21]，不同应力条件下水力裂缝扩展到天然裂缝时出现滑移、贯穿等不同交互作用，这为水力裂缝 - 天然裂缝作用机理研究奠定了基础，也是致密油藏裂缝形成的机理条件。水力裂缝相遇天然裂缝的表现形式受到多种因素的综合影响[22,23]，包括水力裂缝和天然裂缝的夹角(逼近角)、最大和最小水平应力的差值、水力裂缝内流体压力、天然裂缝的摩擦系数和内聚力。Mangrove 采用新研发的 OpenT 判定模型[24]综合考虑上述所有影响因素，并由大岩样实验结果进行校正，具有较好的理论基础。

2.2.2 模拟计算人工缝网模型

Mangrove 软件进行复杂裂缝建模包括以下步骤：

(1)依次对压裂井的井身结构、力学参数、压前应力场、压裂分级、射孔方式、施工方式进行定义。

(2)录入施工过程中压裂液、支撑剂类型及型号属性参数。

(3)导入实际压裂施工排量、加砂浓度、用液量、加砂量及泵注程序。

(4)加载基质模型及天然裂缝模型。

(5)通过对施工参数曲线进行拟合，模拟计算人工裂缝压裂扩展过程中复杂缝网的形成及变化，最终形成的裂缝扩展模型即为非常规人工缝网模型。

建模过程不仅考虑储层非均质性和应力各向异性，还考虑了天然裂缝的产状及裂缝扩展机制，还能模拟压裂液泵注程序及支撑剂运输过程。复杂缝网建模过程中，只要加载的储层属性模型、天然裂缝模型和应力场分布等结果不再变动，其复杂缝网扩展过程将直接依赖于压裂施工参数的拟合计算或标定结果，复杂缝网扩展模型是相对唯一的。但事实上其他的模型如天然裂缝模型是存在一定的随机性的，这也是复杂缝网建模的难点。如果该井存在微地震监测结果，常规做法是不停地调整天然裂缝分布模型，直到最终模拟得到复杂缝网扩展模型与微地震监测资料达到最佳的匹配[25]，模拟的结果将更为可靠。相对于完全基于地质统计学建立的复杂裂缝模型，本方法的建模结果更具理论基础。

2.3 近裂缝尺度的模型精细表征

本次研究中，非结构化网格的剖分主要针对大尺度的人工裂缝模型及天然裂缝模型。针对裂缝粗化等效模型网格尺度与网格数量相互制约的问题，采用先进的非结构化网格技术(图 2，彩图见附录)，能更准确地表征水力裂缝的几何形态。

(1)用细小网格精细表征高度非均质的裂缝体系，用较粗的网格表征基质，并保持原始基质网格结构不变，细致描述裂缝特征的同时，大大降低总网格数，提高数模运算效率。

(2)根据水力缝网内支撑剂分布和导流能力自动计算网格渗透率，直接应用到支持非结构化网格的新一代数值模拟器(INTERSECT)中，实现了逼近裂缝尺度的模型精细表征和属性赋值，为压后高精度油藏数值模拟奠定基础。

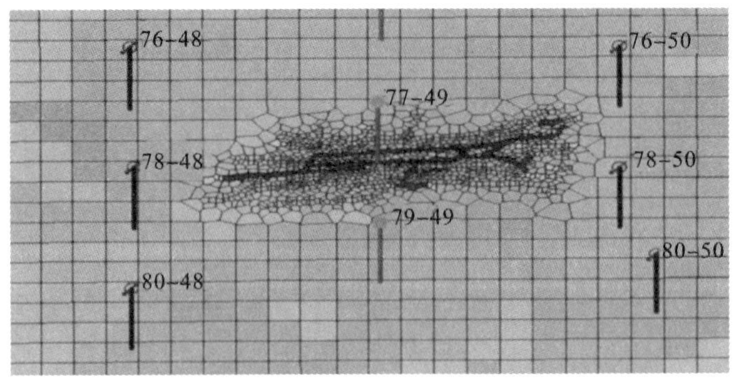

图 2　Z6 区块 77 - 49 井非结构化网格模型

3 应用实例

3.1 工区概况

选取大庆油田 Z6 区块，靶区位于松辽盆地中央拗陷区三肇凹陷模范屯鼻状构造上，总体上为三角洲分流平原亚相沉积，砂体类型以河道砂为主，呈条带状展布，有效厚度 0.8 ~ 8.3m；岩石类型以岩屑长石砂岩为主，成熟度偏低，岩心的平均孔隙度 11%，平均渗透率 $1.2\times10^{-3}\mu m^2$。

2006 年 11 月采用 300m × 60m 菱形井网进行开发，线性注水方式布井。开发过程中揭示油藏发育有微裂缝，裂缝方向为 70° ~ 110°，最大水平应力方位为近东西向。投入开发后不久出现了产量递减快、注水憋压严重的问题，无法建立有效驱替。

为改善开发效果，2013 年 10 月对靶区内 2 口直井(73 - 49 井、77 - 49 井)进行了大规模缝网压裂设计及施工(表 1)。

表 1 靶区内 2 口大规模缝网压裂井施工设计及实际施工参数

井号	压裂层段	压裂级	射孔底深度/m	射孔顶深度/m	射开厚度/m	设计加砂量/m^3	设计用液量/m^3	实际加砂量/m^3	实际用液量/m^3
73 - 49	FI7	1	1856.0	1850.8	5.2	30	1500	30.0	1532
	FI5	2	1828.6	1825.2	3.4	25	1000	25.0	1027
	$FI2^2-2^1$	3	1772.5	1765.4	3.9	25	1000	25.0	1035
77 - 49	$FI7^1-7^2$	1	1846.7	1841.2	5.5	40	1500	40.0	1500
	FI5	2	1819.4	1816.4	3.0	30	1000	26.5	1000
	FI4	3	1799.0	1794.8	4.2	30	1000	30.0	1027
	FI1	4	1744.6	1741.6	3.0	30	1000	30.0	1020

3.2 岩石力学参数模型

利用压裂瞬时停泵压力对单井力学参数中的最小水平应力进行标定，使两者结果相互吻合。以单井模型为基础进行有限元计算，得到三维岩石力学参数模型，与一维岩石力学参数的对比确定其合理性。通过模型优化，得到了最终的岩石力学参数模型，其中，储层动态杨氏模量 18 ~ 35GPa，静态杨氏模量 15 ~ 30GPa，泊松比 0.22 ~ 0.39，单轴抗压强度 50 ~ 120MPa，符合区块实际岩石力学特征[26]。

3.3 施工前应力场的确定

通过压前地应力模拟，确定了 Z6 区块 2009 年 8 月至 2013 年不同时期应力大小及方向的变化情况。结果表明，原始(2009 年 10 月)地应力场和施工前(2013 年 10 月)地应力场发生了一定变化(图 3，彩图见附录)。其中，注水井周围的最小水平地应力为 2.69 ~ 6.59MPa，受注水量的影响变化比较剧烈，生产井周围的最小水平地应力为 - 0.88 ~ 0.11MPa；最大水平应力方向不论是生产井还是注水井整体均变化不大，变化幅度均在 1°以内。

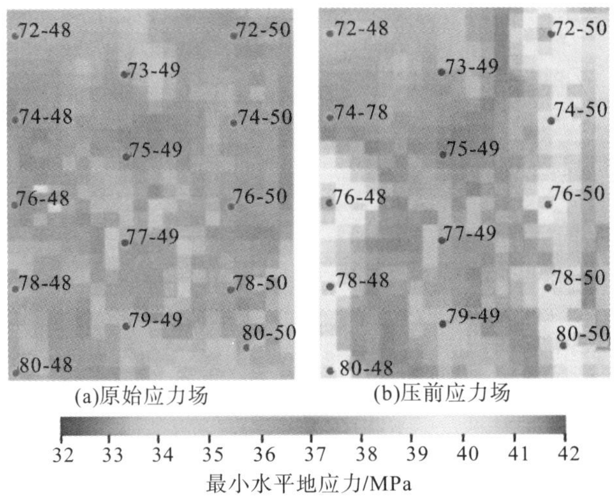

图3　Z6 区块 FI5 层原始、压前的最小水平应力场分布

3.4　直井缝网的复杂裂缝模型

以 77－49 井第 2 级压裂为例，施工段为 FI5 层，物性参数场(孔隙度、渗透率、饱和度、净毛比、泊松比、杨氏模量等)和应力参数场(最大水平应力、最小水平应力、垂向应力、最大主应力角度、抗拉强度等)选用三维地质建模和压前地应力模拟的结果。

工程上，该级压裂射孔段深度 1825.2～1828.6m，射孔弹外径 10.67mm，射孔穿深 203mm，射孔相位 60°，采用油管压裂，油管的外径为 88.9mm，内径为 76mm；压裂液体系为清水＋滑溜水＋线性胶，支撑剂类型为 20/40 目陶粒。定义实时施工曲线(泵压、排量和加砂量)用于泵注程序的拟合和计算，模拟水力裂缝网络在泵注过程中的形成过程。在模拟过程中，得到裂缝网络形态还可以用微地震事件点进行标定，如果差异较大可以考虑适当微调天然裂缝网络模型或者裂缝的滤失系数来获得比较好的裂缝形态拟合(图 4，彩图见附录)。

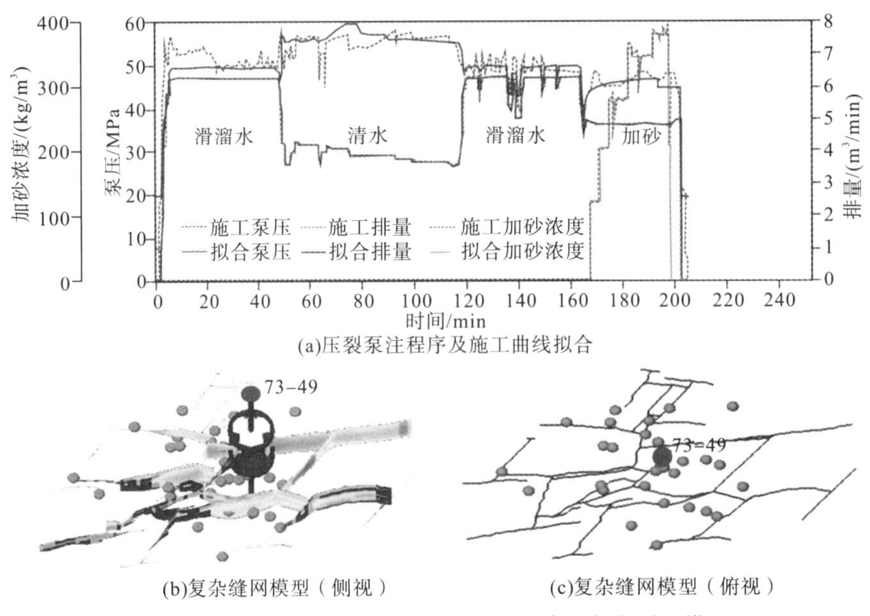

图4　73－49 井第 2 级压裂泵注程序拟合、复杂裂缝模型

通过考虑力学及压裂参数计算的直井缝网复杂裂缝建模方法，得到了该级压裂段逼近真实形态的复杂缝网模型，模型反映水力压裂的有效支撑及无支撑的裂缝范围。模型结果表明，该级压裂形成的缝网长轴长205m，短轴长106m，缝高5.3m。沿最大水平应力方向形成了2条主裂缝，在主裂缝周围又形成了7组次级裂缝以及附属的小裂缝，以垂直缝为主，形成了形态非常复杂的缝网结构。主裂缝方位角为85.1° NE，最大导流能力7323×$10^{-3}\mu m^2 \cdot m$，长度范围134~205m；次级裂缝和微裂缝方位角为-72°~41° NE，长度为5~46m；水力裂缝网络的平均渗透率为733×$10^{-3}\mu m^2$。

通过该方法对73-49井、77-49井的其他压裂层段进行了直井缝网复杂裂缝建模（表2），模拟结果表明，该类储层可以形成复杂缝网，基本上为长200m、宽60m左右的窄条带，形态为网络状，这为后期指导开发调整提供了地质依据。

表2 Z6区块直井缝网压裂水力压裂缝网模拟结果统计

井号	层位	数模裂缝渗透率/($10^{-3}\mu m^2$)	裂缝方位角/(°)	缝长/m	缝带宽/m	缝高/m
73-49	FI7	426	85°NE	195	98	11
	FI5	471	85°NE	205	106	9
	FI2^2-2^1	704	85°NE	193	56	4
77-49	FI7^1-7^2	707	87°NE	177	57	9
	FI5	698	87°NE	210	64	10
	FI4	711	87°NE	181	70	14
	FI1	703	87°NE	191	60	3

3.5 油藏数值模拟

以建立的直井缝网复杂裂缝模型为基础，建立了逼近裂缝尺度的非结构化网格模型，并对基质、无支撑裂缝、有支撑裂缝的网格赋予不同的相渗曲线[27]，裂缝相渗曲线由斯伦贝谢相关经验曲线代替，定量描述储层平面不同介质的流动差异。同时针对人工裂缝应力敏感的问题[28]，对人工裂缝分别虚拟生成应力敏感曲线，并在压后生产历史拟合过程中对应力敏感曲线进行调整，拟合裂缝闭合特性。73-49井、77-49井的日产油和含水率拟合(图5)表明，基于模型计算结果与实际生产拟合较好，较好体现了开发过程中单井产量递减特征和渗流规律，为后期指导开发调整奠定基础。

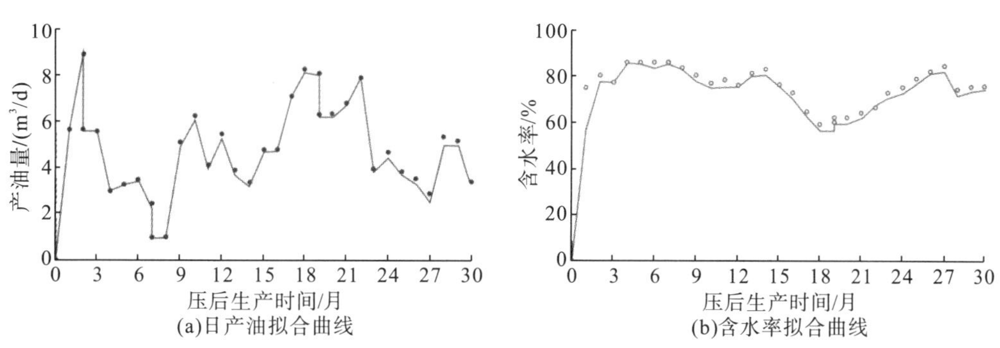

图5 Z6区块2口缝网压裂井日产油、含水率拟合曲线

4 结论

(1)开展了油藏开发过程中不同时间节点的地应力场模拟研究，确定了压裂施工时的岩石力学参数及油藏地应力分布，为后期复杂缝网建模提供了准确的力学参数模型。

(2)提出了基于力学和压裂施工参数计算的复杂裂缝建模方法，模拟得到的复杂裂缝扩展过程和最终缝网模型不仅考虑了储层非均质性和应力各向异性，还考虑了裂缝扩展机制、压裂液泵注程序及支撑剂运输过程。相对于基于地质统计学的裂缝模型，该方法更具理论基础。

(3)实现了基于逼近裂缝尺度非结构化网格模型的油藏数值模拟，其单井历史拟合符合率高，较好体现了该类储层缝网压裂改造后的裂缝形态、单井产量递减特征及渗流规律，为指导该类油田开发调整提供了地质依据。

参考文献

[1]王凤兰，石成方，田晓东，等. 大庆油田“十一五”期间油田开发主要技术对策研究[J]. 大庆石油地质与开发，2007，27(2)：62-66.

[2]史晓东. 致密油直井多层缝网压裂产能预测方法[J]. 特种油气藏，2017，24(1)：124-127.

[3]翁定为，雷群，胥云，等. 缝网压裂技术及其现场应用[J]. 石油学报，2011，32(2)：280-284.

[4]唐明明，张金亮. 基于随机扩展方法的致密油储层裂缝建模研究[J]. 西南石油大学学报(自然科学版)，2017，39(1)：63-70.

[5]周祥，张士诚，邹雨时，等. 致密油藏水平井体积压裂裂缝扩展及产能模拟[J]. 特种油气藏，2015，30(4)：53-57.

[6]何伟，马世忠，袁江如，等. 致密油储层不同尺度、多重介质建模方法研究：以吉木萨尔凹陷芦草沟组上甜点为例[J]. 地球物理学进展，2017，32(2)：618-625.

[7]潘林华，程礼军，陆朝晖，等. 页岩储层水力压裂裂缝扩展模拟进展[J]. 特种油气藏，2014，21(4)：1-6.

[8]胡超洋，艾池，王凤娇，等. 基于分形方法的水力压裂分支裂缝分布模拟[J]. 油气地质与采收率，2016，23(5)：122-126.

[9]杜书恒，师永民，关平. 松辽盆地扶余低渗非均质储层压裂缝定量预测[J]. 地学前缘，2017，19(2)：1-17.

[10]刘广峰，李帅，顾岱鸿，等. 离散裂缝网络模型在体积压裂裂缝网络模拟上的应用[J]. 大庆石油地质与开发，2014，33(6)：95-100.

[11]叶静，胡永全，任岚，等. 裂缝性地层水力裂缝复杂形态延伸分析[J]. 大庆石油地质与开发，2013，32(5)：92-98.

[12]冯建伟，戴俊生，马占荣，等. 低渗透砂岩裂缝参数与应力场关系理论模型[J]. 石油学报，2011，32(4)：664-669.

[13]闫治涛，杨斌，李行船，等. 分层地应力描述技术及应用[J]. 油气地质与采收率，2004，11(1)：63-66.

[14]付志方，陈志海，高君，等. PCO低渗透砂岩油藏裂缝特征综合描述[J]. 大庆石油地质与开发，2017，36(2)：129-136.

[15]骆杨，赵彦超，陈红汉，等. 构造应力-流体压力耦合作用下的裂缝发育特征——以渤海湾盆地东濮凹陷柳屯洼陷裂缝性泥页岩“油藏”为例[J]. 石油勘探与开发，2015，42(2)：177-182.

[16]徐芳，邢玉忠，张兴阳，等. 力学地层单元对裂缝发育的控制作用[J]. 大庆石油地质与开发，2015，34(4)：44-50.

[17]Gu H, Weng X. Criterion for Fractures Crossing Frictional Interfaces at Non-orthogonal Angles[M]. 44th US Rock Mechanics Symposium and 5th US-Canada Rock Mechanics Symposium, 2010.

[18]孙璐，刘月田，冯月丽，等. 致密油气藏裂缝介质压力敏感分析与计算方法[J]. 大庆石油地质与开发，2017，36(2)：171-177.

[19]陈勉，周健，金衍，等. 随机裂缝性储层压裂特征实验研究[J]. 石油学报，2008，29(3)：431-434.

[20]周健，陈勉，金衍，等. 多裂缝储层水力裂缝扩展机理试验 [J]. 中国石油大学学报(自然科学版)，2008，32(4)：511-58.

[21]程万，金衍，陈勉，等. 三维空间中水力裂缝穿透天然裂缝的判别准则[J]. 石油勘探与开发，2014，41(3)：336-342.

[22]彭珏. 考虑裂缝角度与干扰的压裂水平井产能预测模型[J]. 大庆石油地质与开发，2015，34(4)：109-113.

[23]包劲青，刘合，张广明，等. 分段压裂裂缝扩展规律及其对导流能力的影响[J]. 石油勘探与开发，2017，44(2)：281-288.

[24]Chuprakov D S，Akulich A V，Siebrits E，et al. Hydraulic Fracture Propagation in a Naturally Fractured Reservoir[R]. SPE 128715，2010.

[25]温庆志，刘华，李海鹏，等. 油气井压裂微地震裂缝监测技术研究与应用[J]. 特种油气藏，2015，22(5)：141-144.

[26]叶里卡提·瓦黑提，戴俊生，王珂，等. 大庆长垣 X71 区块扶余油层现今地应力研究及应用[J]. 大庆石油地质与开发，2015，34(4)：38-44.

[27]潘毅，王攀荣，宋道万，等. 复杂裂缝网络系统油水相渗曲线特征实验研究[J]. 西南石油大学学报(自然科学版)，2016，38(4)：110-117.

[28]谷建伟，于秀玲，马宁，等. 考虑应力敏感的致密气藏水平井产能计算方法[J]. 大庆石油地质与开发，2016，35(6)：57-62.

单裂缝缝控基质单元渗吸采油数值模拟研究

刘　强[1]　李　昂[2]　刘建军[3]　裴桂红[4]　纪佑军[1]

（1．西南石油大学地球科学与技术学院，四川 成都，610500；

2．加拿大阿尔伯塔大学，阿尔伯塔 埃德蒙顿，T6G 2R3；

3．中国科学院武汉岩土力学研究所岩土力学与工程国家重点实验室，湖北 武汉，430071；

4．湖北商贸学院，湖北 武汉，430000）

摘　要：缝控基质单元普遍存在于低渗透裂缝性油藏中，由于裂缝系统与基质系统存在着较大的差异，因此在传统的注水开发中，将有大量原油残存于基质中，这将限制这类油藏的开采。但是缝控基质单元特有的渗吸采油方式又为这类油藏提供了二次采油的突破口。本文以单裂缝缝控基质单元理想模型为基础，通过数值模拟方法研究了裂缝中油藏的动态开采过程，通过吞吐开采方式，对两点井模型进行渗吸采油数值模拟。结果表明：渗吸是裂缝型油藏中后期主要的采油机理，水被毛管力吸入基质中，置换其中的油。本文对后续的缝控基质单元研究以及渗吸研究提供了基础。

关键词：缝控基质单元；单裂缝；渗吸采油；数值模拟

1　引言

裂缝性油藏剩余油的开采在石油开采过程中占重要地位。在开发初期，此类油藏在经过传统的衰竭式开采过后，基质中将残余大量的原油[1]。在油水重新分布过后，继续注水开发虽然可以降低部分残余油量，但由于裂缝与基质岩块渗透率存在较大的差异，注入的水首先沿裂缝推进，易发生水窜或暴性水淹现象，导致油井见水快、含水率上升快的问题，而基质中仍然有大量的剩余油难以开采[2-4]。因此，油田生产受到限制，直接影响经济效益。

但是，低渗透裂缝性油藏特殊的双孔双渗体系带来的渗吸作用成为此类油藏进行二次采油的一个突破口[5]。这种油藏的采油机理主要表现为：注入水首先进入裂缝，而后在毛细管力作用下，部分注入水渗吸到基质岩块内，将岩块内的原油置换至裂缝中，注入水再将裂缝中的原油驱替至生产井[6-8]。研究人员对渗吸采油展开了大量的研究工作，追溯到20世纪中叶，Brownscombe等[9]通过实验观察到油层接触到水以后，水会自发地进入基质岩石中从而驱替原油。之后，Moor等[10]和Graham等[11]通过简易渗吸实验研究了渗吸过程的驱动力，提出渗吸的主要驱动力为毛管力和重力。基于以上研究，Iffly等[12]通过控制水和基质接触面之间的差异，探索重力、毛管力、边界条件和渗吸的关系，发现渗吸过程主要分为正向和反向渗吸。起初的研究工作只局限于对渗吸采油过程的基本认识，随着研究的不断深入以及对地下储层的新认识，Xie等[13]、Babadagli等[14]和You等[15]研究了岩石润湿性对渗吸的影响，并发现通过表面活性剂改变润湿性可以大

作者简介：刘强，1991年生，男，博士生，从事低渗透油气藏微观渗流的研究工作。

大提高渗吸效率。Haugen 等[16]通过实验研究，估算了渗吸前缘的油水相对渗透率，并分析了渗透率对渗吸采油的影响。

近年来，计算机的兴起为渗吸采油的研究提供了模拟的平台，通过软件进行渗吸采油数值模拟被广泛应用。Wang 等[17,18]实现了考虑毛细管压力和重力的静态和动态自吸数值模拟，并利用该模型研究了原油黏度、基质渗透率、岩心尺寸、界面张力和驱替率对自吸的影响。然而由于传统的实验研究只能定性或半定量地研究渗吸采油过程，数值模拟又多局限于二维模拟，很难实现三维可视化、定量化地研究渗吸过程与机理，但是随着多学科的交叉发展，核磁共振、CT 等先进技术越来越多地被应用到岩心分析中。Song 等[19]利用 μ-CT 图像重构岩石基质和孔隙空间组合模型，通过数值模拟，分析了应力和温度对岩石孔隙度、渗透率、微观结构和驱替机理的影响。随后，Song 等[20]提出了一种结构网格模型方法，并利用 μ-CT 图像重构了三维孔隙尺度模型。借助于这些新方法，将其应用到微观渗吸研究，使得分析微观渗吸机理、微观渗吸流体渗流特性、微观渗吸流体分布成为可能。

本文以单裂缝缝控基质单元理想模型为基础，通过数值模拟方法研究了裂缝中油藏的动态开采过程，通过吞吐开采方式，对两点井模型进行渗吸采油数值模拟。结果表明：渗吸是裂缝性油藏中后期主要的采油机理，水被毛管力吸入基质中，置换其中的油。本文为后续的缝控基质单元研究以及渗吸研究提供了基础。

2 单裂缝缝控基质单元数值模型

2.1 基质模型表征

基质为裂缝性油藏的主要储集空间，大量的原油赋存在基质中，因此建立基质模型尤为重要。本文以均质模型为基础，考虑岩石的重要参数，建立砂岩均质模型，其中模型孔隙度为10%，渗透率为1mD，网格尺寸为40cm×40cm，建立的基质模型如图1（彩图见附录）所示。

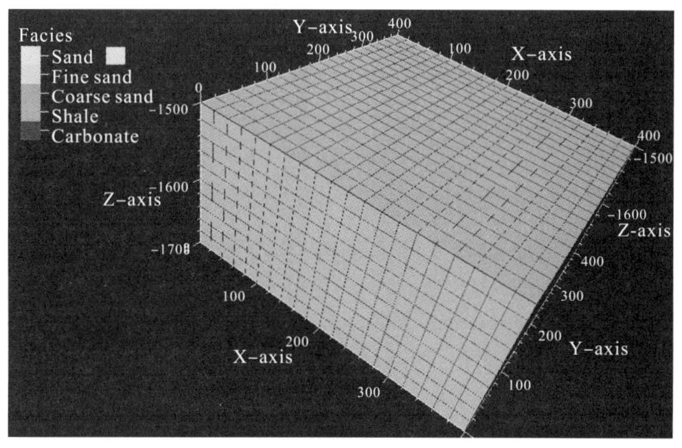

图1 理想化均质基质模型

2.2 裂缝模型表征

本文采用离散型 DFN 建模方法，建立一条走向为45°的垂直裂缝，裂缝渗透率为

1000mD，如图 2（彩图见附录）所示。

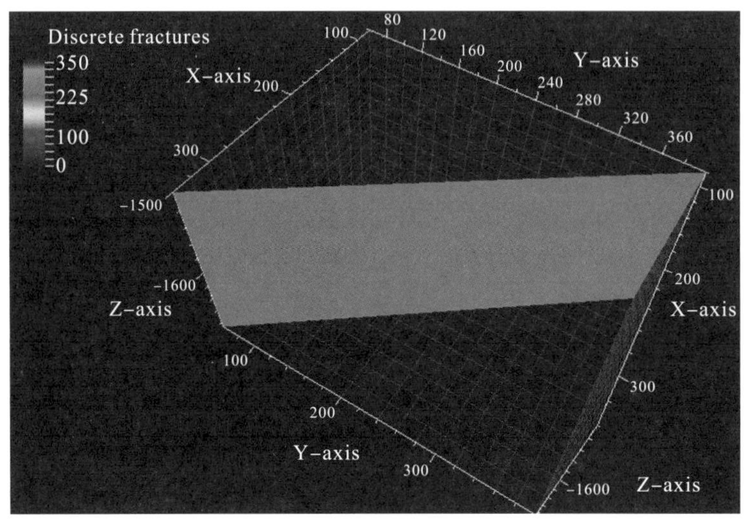

图 2　理想化 DFN 裂缝模型

3　单裂缝缝控基质单元数值模拟

3.1　缝控基质单元模型建立

将裂缝模型粗化到基质模型中，建立起单裂缝缝控基质单元双孔双渗数值模型，并采用一注一采的布井方式进行开采，注水井坐标为(60，340)，生产井坐标为(340，60)，见图 3（彩图见附录）。

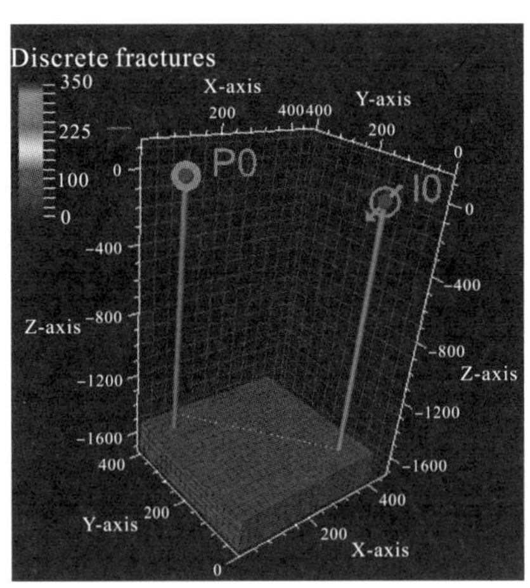

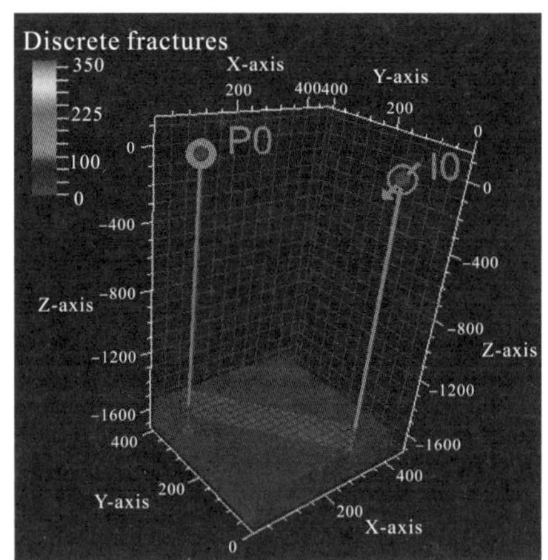

图 3　缝控基质单元数值模型

3.2　流体属性

根据流体性质建立统一的流体模型，地层压力为 25MPa，温度为 76°C。根据基质与裂缝性质不同，建立两套不同的相渗模型，另外，毛管力为 0.8MPa，见图 4。

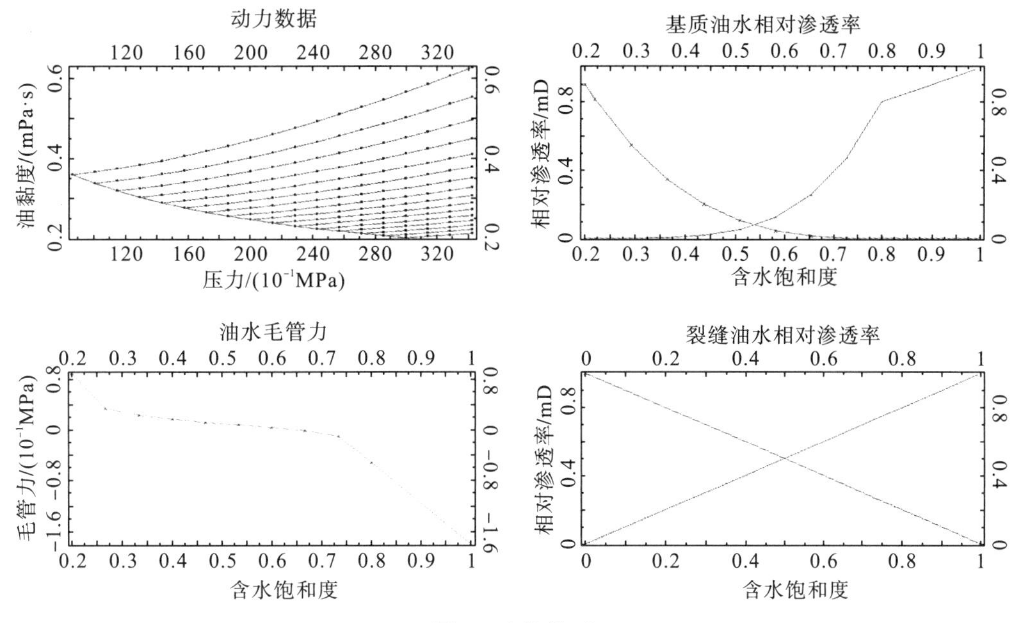

图4 流体模型

3.3 数值模拟

3.3.1 数值模拟产油量

根据所建立的单裂缝缝控基质单元模型，采用吞吐注采的方式进行渗吸数值模拟。首先在开采初期，利用地层压力进行开采，当采油井含水率达到80%时，油井关井。此后进行焖井操作，焖井时间为2个月，随后转入吞吐开采，开采周期为焖井2个月，开井一个月，生产井产油量曲线如图5所示。由曲线可以看出，在开采初期，在地层压力梯度的作用下，油井产能很高，随着地层压力逐渐降低，油井产能瞬间下降，含水量开始上升；在开采中后期，油井关井，焖井过程中裂缝中的水与基质发生渗吸作用，置换其中的油；再次开井生产时，渗吸作用采出的剩余油被开采出来。

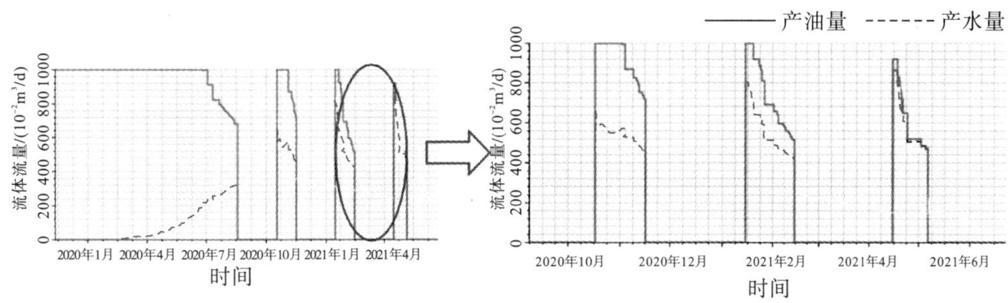

图5 缝控基质单元渗吸产油与产水曲线

3.3.2 数值模拟裂缝含油饱和度

通过研究数值模拟过程中裂缝系统中含油饱和度，可以更加清晰直观地分析渗吸采油的过程。由图6（彩图见附录）可以看出，渗吸采油作用在低渗透裂缝性油藏开发中非常明显。在开采初期，裂缝中含油饱和度大，在开采一段时间过后，裂缝中的含油饱和度明显降低；之后，在渗吸的作用下，裂缝中的水开始进入基质并置换其中的油，裂缝含油饱和度出现了上升，渗吸效果明显。

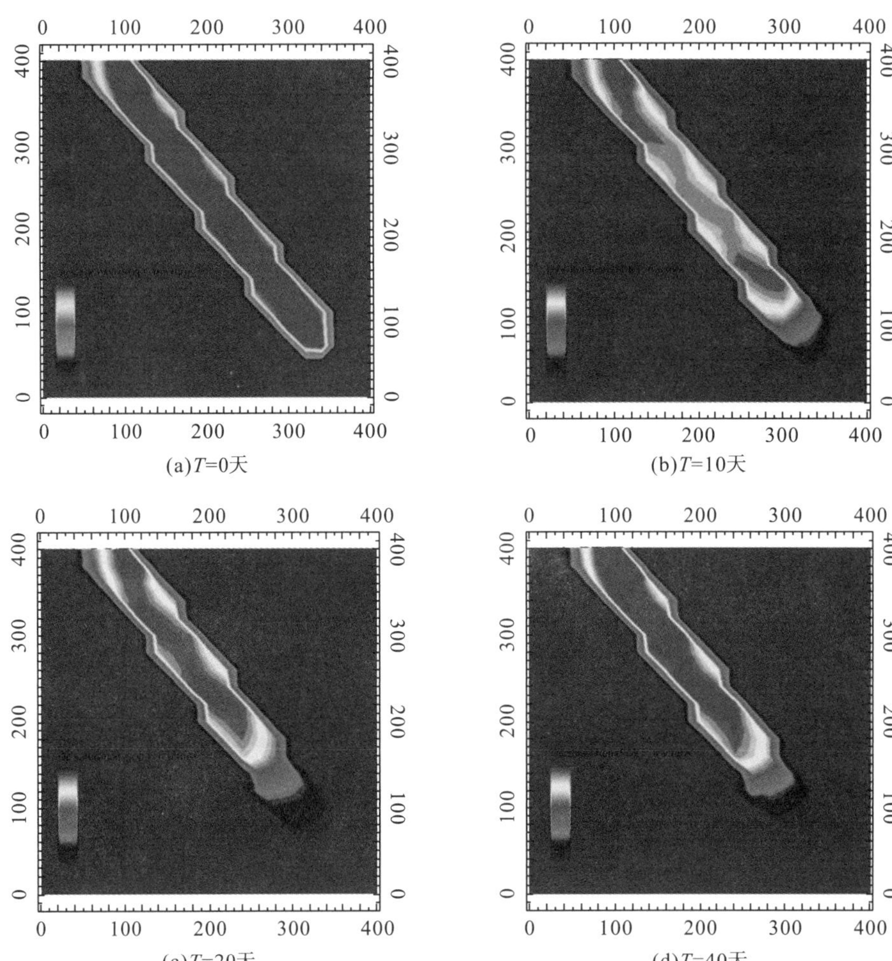

图6 裂缝含油饱和度(横纵坐标为长度，m)

4 结论

(1)本文通过均质基质模型以及离散型DFN建模方法，表征了缝控基质单元基质模型与裂缝模型，最终建立了缝控基质单元双孔双渗模型。

(2)通过进行数值模拟，验证了渗吸采油在低渗透裂缝性油藏中的重要作用。数值模拟结果表明，在地层压力梯度的作用下，油井产能很高，随着地层压力逐渐降低，油井产能瞬间下降，含水量开始上升；在开采中后期，油井关井，焖井过程中裂缝中的水与基质发生渗吸作用，置换其中的油；再次开井生产时，渗吸作用采出的剩余油被开采出来。

(3)本文研究为理想化的单裂缝模型，在后续的研究中，需要考虑实际情况，升级缝控基质单元裂缝系统，由单裂缝向多裂缝到复杂裂缝转变，以及考虑多参数模拟。

参考文献

[1] Abbasi J, Ghaedi M, Riazi M. Discussion on similarity of recovery curves in scaling of imbibition process in fractured porous media[J]. Journal of Natural Gas Science & Engineering, 2016, 36(150): 617-629.

[2] Mason G, Fischer H, Morrow N, et al. Effect of sample shape on counter-current spontaneous imbibition production vs time curves[J]. Journal of Petroleum Science & Engineering, 2009, 66(3): 83-97.

[3] Meleán Y, Broseta D, Blossey R. Imbibition fronts in porous media: effects of initial wetting fluid saturation and flow rate [J]. Journal of Petroleum Science & Engineering, 2003, 39(3): 327-336.

[4] Xiao J, Cai J, Xu J. Saturated imbibition under the influence of gravity and geometry[J]. Journal of Colloid and Interface Science, 2018, 521: 226-231.

[5] Handy L. Determination of effective capillary pressures for porous media from imbibition data[J]. Transaction of American Institute of Mining, Metallurgical, and Petroleum Engineers, 1960, 219(5): 75-80.

[6] Mattax C C, Kyte J R. Imbibition oil recovery from fractured, water-drive reservoir[J]. Society of Petroleum Engineers Journal, 1962, 2(2): 177-184.

[7] Mannon R W, Chilingar G V. Experiments on effect of water injection rate on imbibition rate in fractured reservoirs[J]. Energy Sources, 1972, 1(1): 95-116.

[8] Mason G, Morrow N R. Developments in spontaneous imbibition and possibilities for future work[J]. Journal of Petroleum Science & Engineering, 2013, 110(7): 268-293.

[9] Brownscombe E, Dyes A. Water-imbibition displacement-a possibility for the spraberry[J]. Drilling & Production Practice, 1952.

[10] Moor T F, Slobod R L. The effect of viscosity and capillarity on the displacement of oil by water[J]. Producers Monthly, 1956, 20(10): 20-30.

[11] Graham J W, Richardson J G. Theory and application of imbibition phenomena in recovery of oil[J]. Journal of Petroleum Technology, 1959, 11(2): 65-69.

[12] Iffly R, Rousselet D C, Vermeulen J L. Fundamental study of imbibition in fissured oil fields[J]. Society of Petroleum Engineers of AIME, 1972.

[13] Xie X, Morrow N R, Buckley J S. Contact angle hysteresis and the stability of wetting changes induced by adsorption from crude oil[J]. Journal of Petroleum Science & Engineering, 2002, 33(1): 147-159.

[14] Babadagli T, Boluk Y. Oil recovery performances of surfactant solutions by capillary imbibition[J]. Journal of Colloid & Interface Science, 2005, 282(1): 162-175.

[15] You Q, Wang H, Zhang Y, et al. Experimental study on spontaneous imbibition of recycled fracturing flow-back fluid to enhance oil recovery in low permeability sandstone reservoirs[J]. Journal of Petroleum Science & Engineering, 2018, 166: 375-380.

[16] Haugen Å, Fernø M A, Mason G, et al. Capillary pressure and relative permeability estimated from a single spontaneous imbibition test[J]. Journal of Petroleum Science & Engineering, 2014, 115(3): 66-77.

[17] Wang J, Liu H, Xia J, et al. Mechanism simulation of oil displacement by imbibition in fractured reservoirs[J]. Petroleum Exploration & Development, 2017, 44(5): 805-814.

[18] Wang Y, Song R, Liu J J, et al. Pore scale investigation on scaling-up micro-macro capillary number and wettability on trapping and mobilization of residual fluid[J]. Journal of Contaminant Hydrology, 2019, 225: 1-9.

[19] Song R, Liu J J, Cui M M. A new method to reconstruct structured mesh model from micro-computed tomography images of porous media and its application[J]. International Journal of Heat and Mass Transfer, 2017, 109: 705-715.

[20] Song R, Cui M M, Liu J J, et al. A pore-scale simulation on thermal-hydromechanical coupling mechanism of rock[J]. Geofluids, 2017: 1-12.

分叉裂缝介质渗吸规律的模拟研究

朱正文[1]　刘建军[2]　刘　强[1]

（1. 西南石油大学地球科学与技术学院，四川 成都 610500；

2. 中国科学院武汉岩土力学研究所岩土力学与工程国家重点实验室，湖北 武汉 430071）

摘　要：渗吸是低渗透储层提高采收率的重要机理。考虑页岩、致密砂岩等低渗透储层压裂裂缝扩展具有分叉特征，建立了含分叉裂缝介质中渗吸的数学模型，采用相场方法对含分叉裂缝介质中的渗吸过程进行了模拟，分析了润湿性和裂缝形态对多孔介质中渗吸的影响规律。结果表明：含分叉裂缝介质中发生的是逆向渗吸，水在毛细管力主导下通过较小的孔隙进入基质，将基质孔隙中的油由较大的孔隙排出。润湿性对含分叉裂缝介质中的渗吸影响很大，介质润湿性越好，渗吸初期的速度越快，采出程度也越高；相比于介质中存在单裂缝的情况，分叉裂缝由于增大了裂缝中水相与基质中油相的接触面积，能够提高多孔介质中的油相采出程度。

关键词：低渗透储层；裂缝；渗吸；相场方法；采出程度

1　引言

渗吸是毛细管力作用下润湿相流体被吸入多孔介质，将多孔介质中的非润湿相流体排出的过程[1]。根据润湿相流体吸入方向和非润湿相流体排出方向的不同，可将渗吸分为同向渗吸和逆向渗吸。致密油气、页岩油气等低渗透储层孔喉细小，压裂改造后通过关井的方式使压裂液滞留在储层中，使其在渗吸的作用下进入基质，将基质孔隙中的油置换出来，这种过程是低渗透储层提高油气采收率的重要机理[2]。

为了认识渗吸机理，提高采收率，国内外学者通过理论分析、室内实验和数值模拟手段开展了大量工作。基于分形理论，Cai 等[3-6]推导了表征气体饱和介质中自发顺向渗吸物理过程的解析表达式，给出了渗吸质量随时间的变化关系，讨论了迂曲度和重力对毛细渗吸的影响，建立了考虑截面形状影响的弯曲毛细管渗吸模型。Li 等[7]推导了忽略重力时树状分形分叉网络中牛顿流体渗吸流量的表达式，并通过激光刻画树状分形分叉网络开展渗吸实验对其进行了验证。杨正明、朱维耀等[8,9]通过实验系统研究了低渗透裂缝性砂岩油藏中岩样大小、岩石特性（孔隙度、渗透率）、流体特性（密度、黏度和界面张力）、润湿性、初始含油饱和度以及边界条件等因素对渗吸的影响。王家禄等[10]建立了低渗透油藏裂缝与基质交渗流动的物理模型，研究了裂缝内驱替速度、油水黏度比、润湿性、初始含水饱和度等参数对动态渗吸效果的影响。Hatiboglu 等[11]采用格子玻尔兹曼方法研究了裂缝介质中的静态渗吸过程，并通过硅蚀刻微模型和填沙可视化实验对其进行了验证。李帅等[12]研究了储层压裂后裂缝壁面在驱替压差和毛管力共同作用下的渗

作者简介：朱正文，1994 年生，男，硕士生，主要从事低渗透油藏渗流方面的研究工作。

吸规律，并进一步开展了孔隙尺度和油藏尺度的渗吸模拟，认为带压渗吸采收率比自发渗吸采收率高10% ~15%。王向阳等[13]建立了致密油藏逆向渗吸物理模拟实验系统，对致密油藏压裂和注水吞吐过程中逆向渗吸采油机理开展了研究，讨论了渗透率对渗吸的影响。

上述关于多孔介质中渗吸规律的理论分析、室内实验和数值模拟成果，为人们认识渗吸机理，提高油气采收率提供了大量的参考。但这些研究主要集中在多孔介质中不含裂缝或者存在单裂缝情况下的渗吸，而存在分叉裂缝情况下多孔介质中的渗吸研究较少。考虑致密油气、页岩油气等低渗透储层压裂改造后形成的复杂裂缝网络具有分叉特征[14-16]，本文通过建立含分叉裂缝介质中渗吸的数学模型，采用相场方法对存在分叉裂缝情况下多孔介质中的渗吸过程进行模拟，研究分叉裂缝多孔介质中的渗吸规律。

2 数学模型

2.1 控制方程

忽略重力的影响，假设流体在含分叉裂缝介质中的流动为不可压缩的层流，采用Cahn-Hilliard方程追踪油水两相移动界面[17]。分叉裂缝和基质中的流体流动满足质量守恒定律和Navier-Stokes方程，因此可以得到含分叉裂缝介质中流体流动的运动方程和连续性方程分别为

$$\rho\frac{\partial u}{\partial t}+\rho(u\cdot\nabla u)=\nabla[-p+\mu(\nabla u+(\nabla u)^{\mathrm{T}})]+G\nabla\kappa,\quad \nabla(\rho u)=0 \tag{1}$$

式中，ρ为流体密度，kg/m^3；μ为流体黏度，mPa · s；p为流体压力，Pa；u为流体速度，m/s；G为化学势，J/m^3；κ为相场参数。

在油水两相界面处，流体流动满足：

$$\frac{\partial\kappa}{\partial t}+u\cdot\nabla\kappa=\nabla\cdot\left(\frac{\delta\eta}{\varphi^2}\right)\nabla\psi,\quad \psi=-\nabla\varphi^2\nabla\kappa+(\kappa^2-1)\kappa,\delta=\chi\varphi^2 \tag{2}$$

式中，κ为相场参数，$-1<\kappa<1$表示油水界面，$\kappa=\pm1$分别表示油水两相；φ为油水两相界面厚度，m；δ为迁移率，m^3 · s/kg；χ为迁移调整参数，m · s/kg；η为混合能量密度，N；t为时间，s；ψ为相场助变量；G为化学势，J/m^3，通过下式计算：

$$G=\eta\left[-\nabla^2\kappa+\frac{\kappa(\kappa^2-1)}{\varphi^2}\right]=\frac{\eta}{\varphi^2}\psi \tag{3}$$

在相场方法中，界面张力σ和混合能量密度η以及界面厚度φ之间的关系为[17]

$$\sigma=\frac{2\sqrt{2}}{3}\frac{\eta}{\varphi} \tag{4}$$

模型中油水两相流体的体积分数分别通过下式计算：

$$V_{\mathrm{fo}}=\frac{1+\kappa}{2},\quad V_{\mathrm{fw}}=\frac{1-\kappa}{2} \tag{5}$$

油水两相界面的密度和黏度分别定义为

$$\rho=\rho_{\mathrm{w}}+(\rho_{\mathrm{o}}-\rho_{\mathrm{w}})V_{\mathrm{fo}},\quad \mu=\mu_{\mathrm{w}}+(\mu_{\mathrm{o}}-\mu_{\mathrm{w}})V_{\mathrm{fo}} \tag{6}$$

式中，V_{fo}为油相体积分数；V_{fw}为水相体积分数；ρ_{o}为油相流体密度，kg/m^3；ρ_{w}为水相流体密度，kg/m^3；μ_{o}为油相流体黏度，mPa · s；μ_{w}为水相流体黏度，mPa · s。

初始时刻分叉裂缝中为水相饱和，基质孔隙中为油相饱和。为了使基质中更多的油能够在渗吸作用下排出，给定分叉裂缝入口流速 v_0，裂缝出口压力设为 $p=0$，固体颗粒给定润湿壁边界，并指定接触角 θ_c。

2.2 几何模型

通过 Matlab 软件建立如图 1 所示的含分叉裂缝介质模型，模型尺寸为 20mm × 15mm，包含一个分叉裂缝，其余部分为基质，圆形代表基质中的固体颗粒，直径介于 0.6 ~ 1.4mm。裂缝分叉角度为 30°，主裂缝长度和宽度分别为 12mm 和 1mm，第 1 级裂缝长度和宽度分别为 9.24mm 和 0.5mm。初始状态下分叉裂缝中充满水，基质孔隙中充满油，油水流体性质如表 1 所示。

表 1　油水流体性质统计表

	密度/(kg/m^3)	黏度/(mPa · s)	界面张力/(mN/m)
油	840	25	7.6
水	1000		1

初始时刻分叉裂缝中为水相饱和，基质孔隙中为油相饱和。给定裂缝入口速度 v_0 = 5mm/s，指定接触角 θ_c = 30°，采用 COMSOL 软件对模型进行求解，利用三角形单元对几何模型进行网格划分，划分后的网格如图 1 所示。包含 100 597 个三角形单元、14 516个边界单元和 1034 个顶点单元，最小单元质量为 0.4421，平均质量为 0.8367。计算过程中油水两面界面厚度 φ 的取值与网格中的最大单元尺寸相同，相场迁移参数 χ 合理值在 1 ~ 10m · s/kg，计算过程中取 3m · s/kg。

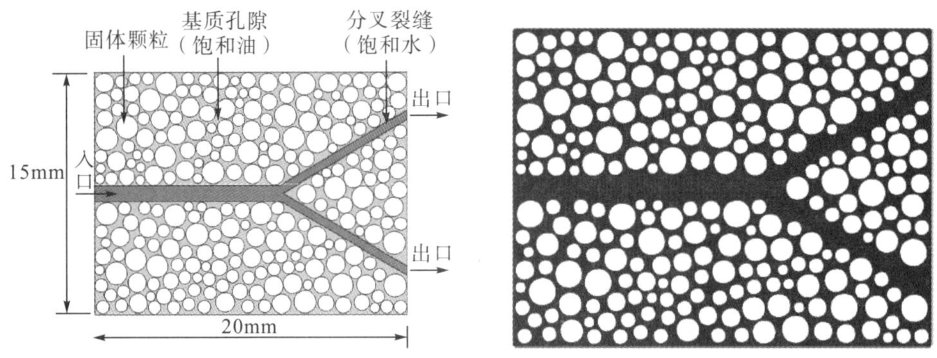

图 1　含分叉裂缝介质模型及网格划分图

3　结果和讨论

3.1　含分叉裂缝介质中的油水分布

渗吸初期不同时刻下含分叉裂缝介质中的油水分布如图 2 所示。从中可以看到，初始时刻分叉裂缝中饱和水，基质孔隙中饱和油[图 2(a)]，在毛细管力、驱替压差和黏性力的共同作用下，分叉裂缝中的水逐渐通过小孔隙被吸入基质，将基质中的油由较大的孔隙排出，分叉裂缝中开始出现小油滴[图 2(b)]。这与 Gunde 等[18]的结论是一致的，此时毛细管力起主导作用，裂缝中水吸入方向和基质中油排出方向相反，发生的是逆向渗吸。随着逆向渗吸的不断进行，分叉裂缝中越来越多的水在毛细管力的主导作用下进入基质孔隙中，裂缝中的小油滴开始变大，逐渐汇聚在一起形成更大的油滴[图2(c)~(e)]。在驱替压差作用下，油滴形状发生改变，逐渐被采出[图2(f)]。

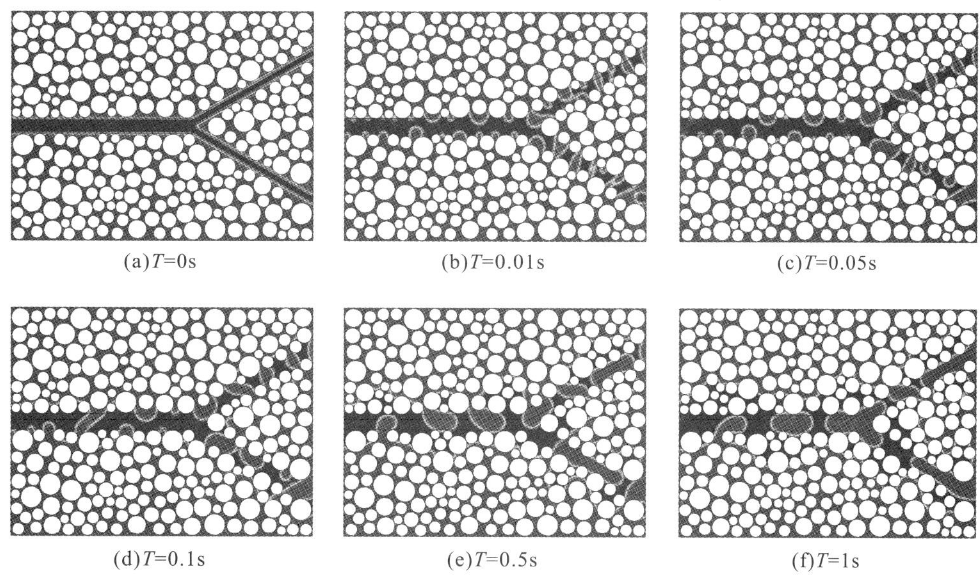

(a)T=0s (b)T=0.01s (c)T=0.05s

(d)T=0.1s (e)T=0.5s (f)T=1s

图2 渗吸初期不同时刻下含分叉裂缝介质中的油水分布图

3.2 润湿性的影响

大量研究表明润湿性对多孔介质中的渗吸有着重要的影响，岩石润湿性通常采用接触角 θ_c 进行表征。为了分析存在分叉裂缝时润湿性对多孔介质中渗吸的影响，通过改变固体颗粒壁面接触角 θ_c 的大小进行数值模拟试验，研究润湿性对含分叉裂缝介质中渗吸的影响规律，数值模拟试验中接触角 θ_c 变化范围在15°~90°。

图3给出了相同时刻($T=10$s)不同接触角 θ_c 下含分叉裂缝介质中的油水分布。从中可以看到，随接触角 θ_c 的减小，多孔介质的润湿性越来越强，基质中越来越多的油被采出。本节条件下，接触角 $\theta_c=15°$时，基质孔隙中的油被采出的最多；而接触角 $\theta_c=90°$时，基质孔隙中的油被采出的很少。由毛管压力公式 $p_c=4\sigma\cos\theta_c/d$($d$ 为毛细管直径，p_c 为毛管压力)可知，接触角 θ_c 越大，对应的毛细管力越小，黏性阻力越明显，分叉裂缝中的水很难侵入基质中，将其中的油挤出来；而接触角较小时，毛细管力较大，在毛细管力的主导作用下，分叉裂缝中的水相对较容易侵入基质中。

此外，从图3还可以看出，在接触角 θ_c 较小时[图3(c)~(f)]，相比于存在单裂缝的基质区域，存在分叉裂缝的基质区域[图3(c)~(f)中右侧三角形区域]中的油更容易被采出。本节条件下，靠近分叉裂缝的基质区域中绝大部分的油已被采出，而靠近单裂缝的基质区域中仍然剩余大量的油，这是因为裂缝分叉使得基质与裂缝之间的接触面积增大导致的。因此，对于低渗透储层而言，在压裂时可通过使裂缝分叉，增大裂缝中水与基质中油的接触面积来提高原油采收率。

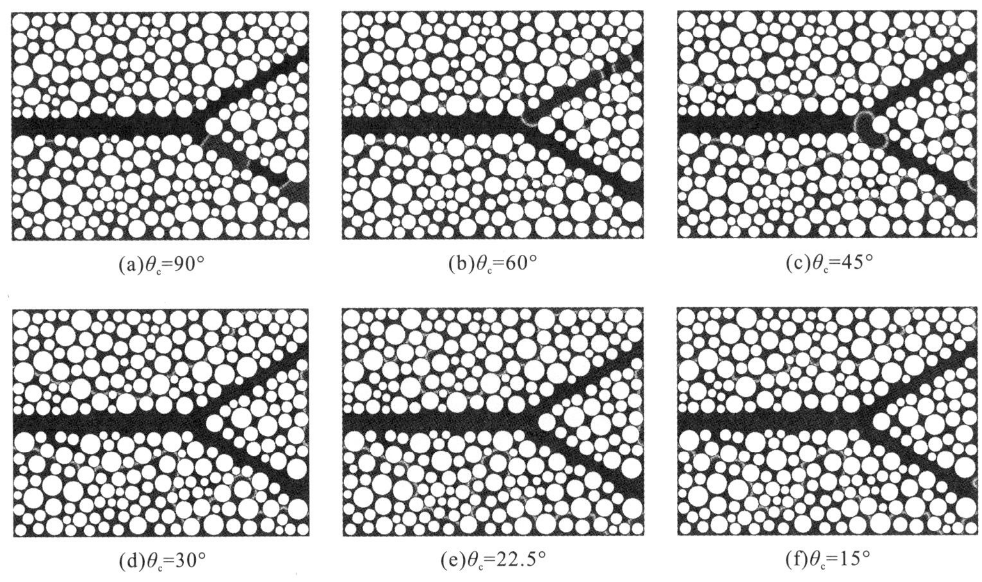

图 3　$T=10$s 时不同接触角 θ_c 下含分叉裂缝介质中的油水分布图

图 4 给出了前 50s 时不同接触角 θ_c 下含分叉裂缝介质中油相采出程度随时间 T 的变化关系，这里采出程度定义为采出的油相体积与初始条件下含分叉裂缝介质中油相体积的比值。由图 4 可以看到，渗吸初期，随接触角 θ_c 的减小，含分叉裂缝介质中的渗吸速度越来越快。本节条件下，接触角 $\theta_c=15°$时的渗吸速度最快；而接触角 $\theta_c=90°$时的渗吸速度最慢，但也最快达到稳定状态。这是因为接触角 θ_c 越小，介质润湿性越好，毛细管力越大，渗吸动力越强。注意到，由于裂缝和基质之间存在驱替压差，即使是在接触角 $\theta_c=90°$时，含分叉裂缝介质中也有 10% 左右的油被采出。

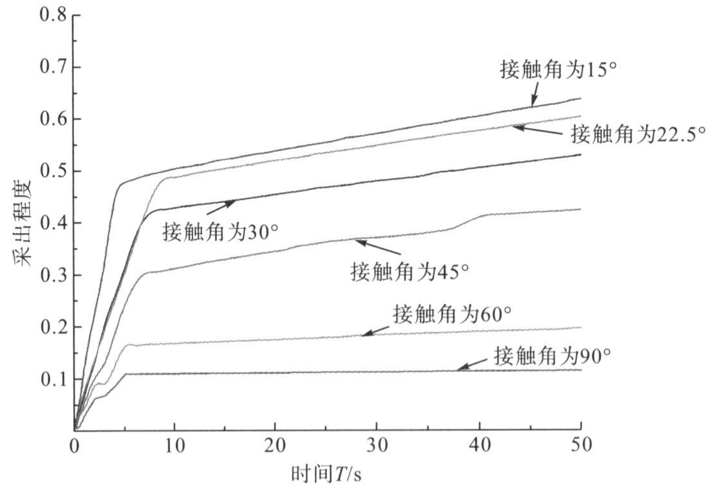

图 4　含分叉裂缝介质中的油相采出程度与润湿性的关系图(前 50 s)

通过比较 $T=50$s 时不同接触角 θ_c 下含分叉裂缝介质中的油相采出程度，可以发现，本文条件下，接触角 θ_c 在 90°～60°时，油相采出程度较小，分别为 11.48% 和 19.64%；

而接触角 θ_c 在 45° ~ 15°范围内时，油相采出程度较大，分别为 42.34%、52.88%、60.21%和 63.58%。相比接触角 θ_c = 90°时的油相采出程度，接触角 θ_c = 45°时增加了 30.86%，接触角 θ_c = 30°时增加了 41.40%，接触角 θ_c = 22.5°时增加了 48.73%，而接触角 θ_c = 15°时增加了 52.10%。这说明存在分叉裂缝情况下，润湿性变化对多孔介质中的渗吸影响很大，改善介质的润湿性能较大地提高了多孔介质中的油相采出程度。

3.3 裂缝形态的影响

致密油气、页岩油气等低渗透储层压裂改造过程中，既会产生单裂缝，也会产生分叉裂缝。为了定量地比较单裂缝和分叉裂缝情况下多孔介质中的渗吸采出程度，确定有利于提高油气采收率的裂缝形态，本节保持几何模型尺寸、固体颗粒尺寸和数量不变，在裂缝长度和宽度分别为 20mm 和 1mm 情况下，另外构建了含单裂缝的多孔介质模型进行数值试验，得到 T = 10s 时存在单裂缝情况和存在分叉裂缝情况下多孔介质中的油水分布，如图 5 所示。从中可以看到，相比于单裂缝的情况，分叉裂缝情况下多孔介质中的油被采出的更多。这是由于裂缝分叉增大了裂缝中的水相与基质中油相的接触面积，使得更多的水能够在渗吸的作用下进入基质中，将其中的油置换出来，从而提高了多孔介质中油相的采出程度。

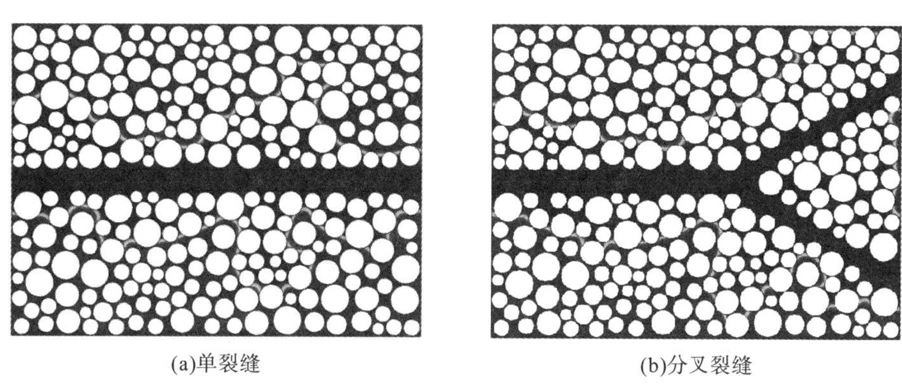

(a)单裂缝　　(b)分叉裂缝

图 5　不同裂缝形态下介质中的油水分布图

图 6 给出了存在单裂缝和存在分叉裂缝情况下多孔介质中的油相采出程度随时间的变化关系(前 50s)。从中可以看到，无论多孔介质中存在单裂缝还是分叉裂缝，随时间的增加，多孔介质中的油相采出程度增加。不同的是，存在分叉裂缝情况下，多孔介质中的渗吸速度要比存在单裂缝情况下介质中的渗吸速度快，采出程度也更大。通过对比 T = 50s 时存在单裂缝和分叉裂缝情况下多孔介质中的油相采出程度，可以发现，相比于单裂缝，存在分叉裂缝情况下介质中的油相采出程度增加了 14.78%，说明裂缝分叉有利于渗吸，能够提高多孔介质中的油相采出程度。因此，在对致密油气、页岩油气等低渗透储层压裂改造过程中，可以考虑将裂缝尽量改造成分叉裂缝以提高油气采收率。

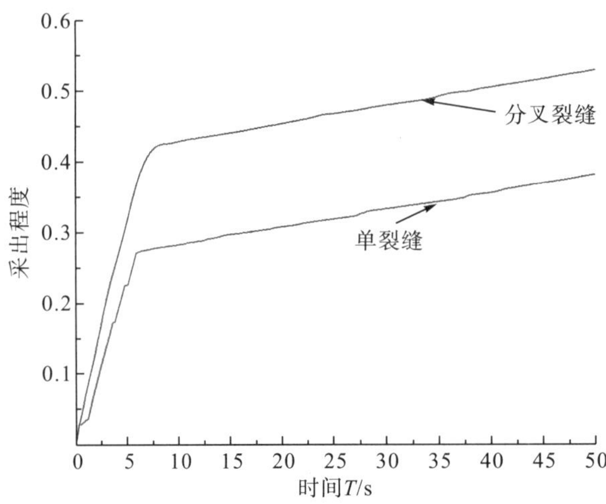

图6 含分叉裂缝介质中渗吸采出程度与裂缝形态的关系图(前50s)

4 结论

考虑低渗透储层裂缝扩展存在分叉特征，本文建立了含分叉裂缝介质中渗吸的数学模型，采用相场方法实现了含分叉裂缝介质中的渗吸模拟，得到的结论如下：

(1)分叉裂缝介质中发生的是逆向渗吸，水在毛细管力主导下通过较小的孔隙进入基质，将基质孔隙中的油由较大的孔隙排出。

(2)相比于单裂缝的情况，分叉裂缝由于增大了裂缝中水相与基质中油相的接触面积，能够提高多孔介质中的油相采出程度。

(3)润湿性对含分叉裂缝介质中的渗吸影响很大，介质润湿性越好，渗吸初期的速度越快，采出程度也越高。

参考文献

[1]蔡建超，郁伯铭. 多孔介质自发渗吸研究进展[J]. 力学进展，2012，42(6)：735-754.

[2]Cheng Y. Impact of water dynamics in fractures on the performance of hydraulically fractured wells in gas shale reservoirs [C]//SPE International Symposium and Exhibition on Formation Damage Control. Society of Petroleum Engineers，2010.

[3]Cai J，Yu B，Zou M. et al. Fractal characterization of spontaneous co-current imbibition in porous media[J]. Energy & Fuels，2010，24(3)：1860-1867.

[4]Cai J，Yu B. A discussion of the effect of tortuosity on the capillary imbibition in porous media[J]. Transport in Porous Media，2011，89(2)：251-263.

[5]Cai J，Hu X，Standnes D C，et al. An analytical model for spontaneous imbibition in fractal porous media including gravity [J]. Colloids and Surfaces A：Physicochemical and Engineering Aspects，2012，414：228-233.

[6]Cai J，Perfect E，Cheng C L，et al. Generalized modeling of spontaneous imbibition based on Hagen-Poiseuille flow in tortuous capillaries with variably shaped apertures[J]. Langmuir，2014，30(18)：5142-5151.

[7]Li C，Shen Y，Ge H，et al. Analysis of capillary rise in asymmetric branch-like capillary[J]. Fractals，2016，24(2)：1650024.

[8]杨正明，朱维耀，陈权，等. 低渗透裂缝性砂岩油藏渗吸机理及其数学模型[J]. 石油天然气学报，2001，23(zl)：25-27.

[9]朱维耀，鞠岩，赵明，等. 低渗透裂缝性砂岩油藏多孔介质渗吸机理研究[J]. 石油学报，2002，23(6)：56-59.

[10]王家禄，刘玉章，陈茂谦，等. 低渗透油藏裂缝动态渗吸机理实验研究[J]. 石油勘探与开发，2009，36(1)：86-90.

[11]Hatiboglu C U，Babadagli T. Pore-scale studies of spontaneous imbibition into oil-saturated porous media[J]. Physical Review E，2008，77(6)：066311.

[12]李帅，丁云宏，孟迪，等. 考虑渗吸和驱替的致密油藏体积改造实验及多尺度模拟[J]. 石油钻采工艺，2016，38(5)：678-683.

[13]王向阳，杨正明，刘学伟，等. 致密油藏大模型逆向渗吸的物理模拟实验研究[J]. 科学技术与工程，2018，18(8)：43-48.

[14]王文东. 体积压裂水平井复杂缝网分形表征与流动模拟[D]. 青岛：中国石油大学，2015.

[15]谭晓华. 低渗透油气藏压裂水平井分形渗流理论研究[D]. 成都：西南石油大学，2015.

[16]吴明洋. 基于分形分叉网络的低渗透油藏裂缝多尺度表征及建模方法研究[D]. 成都：西南石油大学，2018.

[17]Yue P，Feng J J，Liu C，et al. A diffuse-interface method for simulating two-phase flows of complex fluids[J]. Journal of Fluid Mechanics，2004，515：293-317.

[18]Gunde A，Babadagli T，Roy S S，et al. Pore-scale interfacial dynamics and oil-water relative permeabilities of capillary driven counter-current flow in fractured porous media[J]. Journal of Petroleum Science and Engineering，2013，103：106-114.

缝网压裂施工井解堵增能工艺探索研究

杨玉才　兰乘宇　武绍杰　张嘉恩

（大庆油田有限责任公司井下作业分公司，黑龙江 大庆 163000）

摘　要：大庆油田外围 FY Ⅲ类储层开发 44 个区块，采出程度仅为 4.2%。自 2011 年以来，借鉴国外体积压裂改造理念在 FY Ⅲ类储层开展缝网压裂现场试验，形成了工艺设计方法，在 12 个区块完成施工 341 口井，单井初期增油 5.0t 以上，累计增油 1780t，获得较好的措施效果。统计分析有 36.2% 的井因能量得不到补充以及长期生产近井筒结蜡导致压后产量递减快。为继续发挥缝网体系在储层中的作用，开展了低温自生气解堵增能工艺试验，延长了缝网压裂有效期，试验获得了较好的效果。

关键词：FY；缝网；递减；增能解堵；低温自生气

研究分析缝网压裂井产量变化呈现三段式，第一阶段主缝、各级次缝区原油快速流入井底，流体流速快，初期产量高，递减速度快；第二阶段近裂缝基质区中原油经裂缝区流入井底，流体渗流较为平稳，产量递减缓慢；第三阶段远离裂缝的基质区中原油经近缝基质区、裂缝区流入井底，如果油水井能够建立有效驱替，产量平稳，如果油水井未建立有效驱替，近井地带有污染，则渗流缓慢，产量递减快。

1　缝网压裂井压后濒临失效井统计

统计 2011 ~2015 年施工井，濒临失效井数为 70 口，占总施工井数的 36.3%。详细数据见表 1。

表 1　缝网压裂失效井统计表

采油厂	压裂总井数/口	失效井数/口
A	40	20
B	45	11
C	27	12
D	32	7
E	20	3
F	29	17
合计	193	70

2　缝网压裂井压后濒临失效原因分析

缝网压裂井压后因油、水井不能建立有效驱替，或者因原油物性差在近井地带结蜡

作者简介：杨玉才，1984 年生，男，高级工程师，现主要从事油水井开发压裂的研究工作。

邮箱：jx_yangyucai@ petrochina. com. cn。

堵塞地层等原因，导致产量异常递减。

2.1　缝网压裂后油、水井不能建立有效驱替，压裂油井能量得不到有效补充，导致压后产量递减快

A1 井位于 Q 区块，区块井网类型为 300m×170m 矩形井网，油水井间距离为 170m。2011 年缝网压裂，全井压裂 2 段，措施层位 FI6 层渗透率 1.1mD，FI7 层渗透率 1.5mD，通过计算极限驱替距离分别为 32m、38m。在施工过程中进行了井下微地震监测，监测结果表明，FI6 层主缝西翼 209m，东翼 295m，横向波及宽度为 45m、57m，对应油、水井不能建立有效驱替，监测结果见图 1（彩图见附录）。

FI7 层主缝西翼 211m，东翼 307m，横向波及宽度分别为 56m、57m，对应油、水井不能建立有效驱替，监测结果见图 2（彩图见附录）。

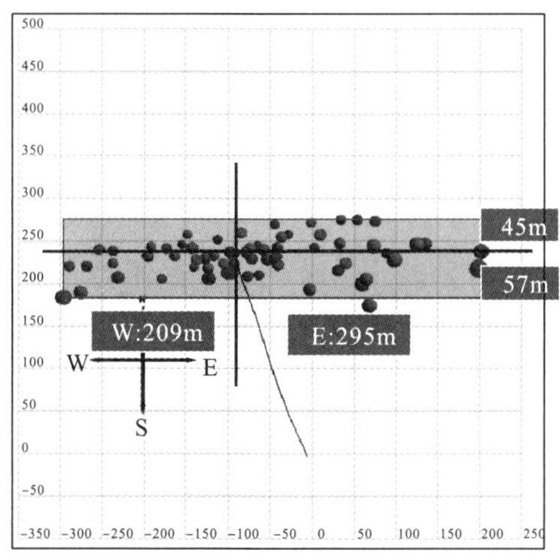

图 1　FI6 层井下微地震监测成果

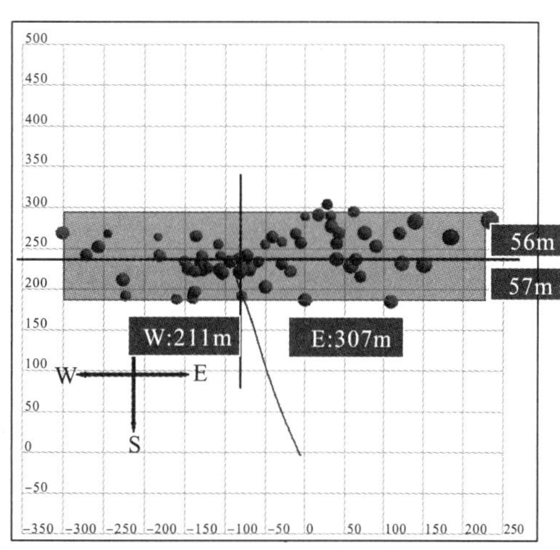

图 2　FI7 层井下微地震监测成果

缝网压裂 40 个月后，油井呈弹性开采状态，无注水受效迹象。生产动态如图 3 所示。统计该类井占失效井总数的 81%。

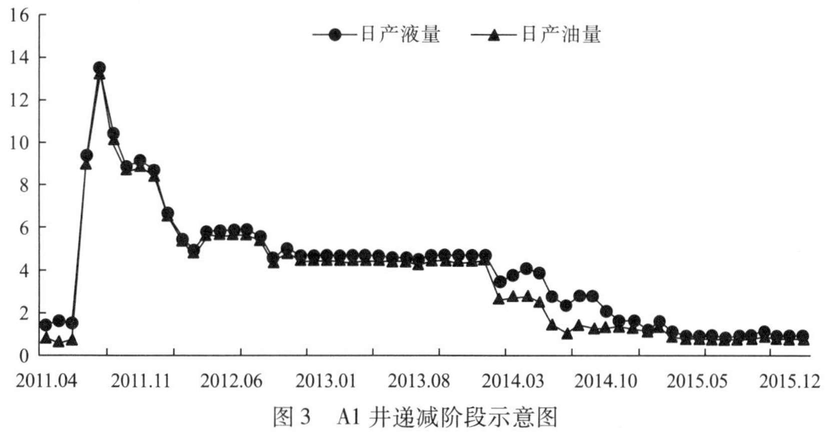

图 3　A1 井递减阶段示意图

2.2　缝网压裂后因近井地带结蜡堵塞地层，导致产量下降

A2 井位于 Z 区块，区块井网类型为 300m×60m 矩形井网，油水井间距离为 60m。

2013 年 4 月缝网压裂，全井压裂 3 段，措施层位 FI6 层渗透率 1.2mD，$FI7_1$ 层渗透率 1.5mD，$FII1_3-FII5_2$ 层渗透率 1.1mD，通过计算极限驱替距离分别为 33m、38m、32m。在施工过程中进行了井下微地震监测，监测结果表明，各层段横向波及宽度为 15m、17m、16m。对应油、水井难以建立有效驱替。

压前、压后对油井进行了产液剖面测试，测试结果表明油、水井建立了有效驱替。产液剖面测试数据见图 4。

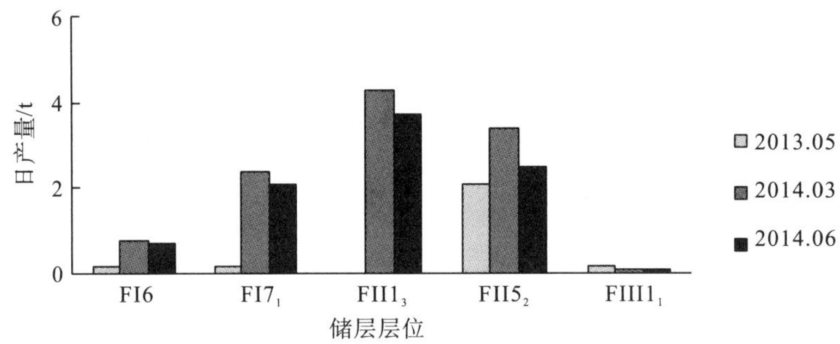

图 4　A2 井缝网压裂前后产液剖面测试数据

施工后 3 年内产量平稳，说明该井已经建立驱替并受效，2016 年 9 月后产量急剧下降，说明地层内存在污染堵塞现象，导致产量下降严重，如图 5 所示。通过统计该类井占失效井数的 19%。

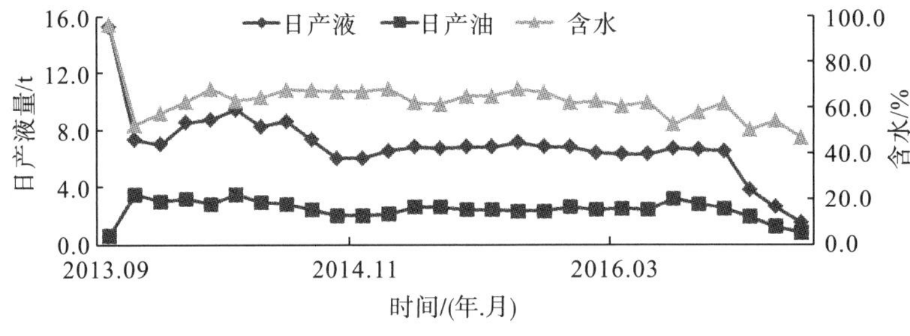

图 5　A2 井压后生产曲线示意图

3　低温自生气增能解堵工艺研究

为了继续发挥缝网体系作用，延长压裂有效期，开展缝网压裂后期解堵增能现场试验[1]。对缝网重复压裂、加强注水、CO_2吞吐、低温自生气解堵增能等工艺进行了现场对比，对比结果为：缝网重复压裂成本过高；连通注水井加强注水，由于缝网施工规模小，横向波及范围小，未产生效果；CO_2吞吐后期操作难度大，并且容易冻管线，操作难度很大；低温自生气解堵增能工艺施工简便，后期不会对生产系统造成不良影响[2]，因此选择低温自生气解堵增能工艺。

3.1　低温自生气增能解堵技术原理

固体气源水溶液(A 剂)在混合催化剂(B 剂)的作用下，在储层低温(15 ~85℃可控制)条件下反应，在地层中发生化学反应生成气体和热，补充地层能量。化学反应方程式如下：

初级反应：

$$H_2N\text{-}CO\text{-}NH_2 \xrightarrow{NO_2} CO_2\uparrow + H_2O + N_2\uparrow + NO_2 + 热$$

高级反应：

$$H_2N\text{-}CO\text{-}NH_2 \rightarrow (CO(OH)_2) + NH_3\uparrow \rightarrow CO_2\uparrow + H_2O + 热$$

3.1.1 增能作用

自生气药剂反应后可使处理空间温度上升4.4～10.2 ℃，压力增加0.5MPa，说明自生气体系发生放热反应生成气体，具备补充地层能量的作用，实验数据见表2。

表2 处理体积空间温度变化情况

药剂用量/m^3	70	80	90
初始温度/℃	60	70	70
最终温度/℃	64.4	78.9	82.2
ΔT/℃	4.4	8.9	12.2

3.1.2 解堵作用

药剂中低碳混合有机酸降低了原油中蜡、胶质的含量，可提高原油流动性，改善渗流条件，实现解堵作用[3]，实验数据见表3。

表3 低温自生气作用前后原油物性变化情况

油样	含蜡量/%		降低/%	含胶量/%		降低/%
	作用前	作用后		作用前	作用后	
1	28.25	23.63	4.62	9.32	4.90	4.42
2	24.25	19.46	4.79	7.80	6.81	0.99
3	26.75	22.92	3.83	7.25	4.42	2.83
4	27.25	24.23	3.02	9.75	6.45	3.30
5	19.25	14.49	4.76	6.80	4.47	2.33

3.2 低温自生气增能解堵注入方式

A剂通过搅拌器与清水混合形成水溶液，应用水泥车泵注到井下，泵送排量0.8～1.5m^3/min；打清水段塞清洗搅拌器，打隔离液段塞，泵送排量0.8～1.0m^3/min[4]；打清水段塞清洗搅拌器，再将B剂泵注到井下，泵送排量0.8～1.2m^3/min，泵注20m^3清水顶替。

3.3 低温自生气增能解堵药剂用量确定

药剂的用量依据计算公式，主要考虑处理厚度、缝网波及范围、储层孔隙度，1m^3固体气源在储层中产生668m^3体积气体，产生的气体充满整个缝网体系，计算公式如下：

$$Q = WLH\varphi \tag{1}$$

式中，Q为用药总量，m^3；L为缝长，m；φ为地层孔隙度，%；W为波及宽度，m；H为累计砂岩厚度，m。

4 现场应用效果分析

在采油 X 厂 AN 区块缝网压裂井中，开展 4 口井增能解堵试验，平均单井用药剂 50m^3，措施后初期平均单井日增油 1.5t，平均单井已累计增油 371t(386 天)，试验结果见表 4。

表 4 低温自生气增能解堵效果统计表

井号	药剂用量 /m^3	措施前液 /(t/d)	措施前油 /(t/d)	措施初期液 /(t/d)	措施初期油 /(t/d)	有效期 /d	增油量 /t
N1	45	1.6	1.5	4	3.9	405	402
N2	55	1.4	1.4	2.5	2.3	385	355
N3	55	1.7	1.6	3.3	3.2	372	362
N4	46	1.3	1.3	3.5	3.3	381	368
平均	50.3	1.5	1.45	3.3	3.2	386	372

4.1 增能效果评价

N1 井试验前后，对地层进行静压测试，试验前地层压力为 3.78MPa，试验后地层压力上升至 4.57MPa，上升了 0.79MPa，地层能量得到补充。

4.2 解堵效果评价

N1 井试验前后，对原有取样进行化验，试验前原油黏度 12.29mPa·s，试验后原油黏度下降至 7.56mPa·s，下降了 4.73mPa·s，原油流动性得到改善。

5 结 论

(1)针对缝网压裂失效井，开展低温自生气增能解堵试验，通过静压测试、原油取样测试，证明工艺起到了增能和解堵的作用[5]。

(2)针对缝网压裂失效井，开展低温自生气增能解堵现场试验，措施后平均单井增油 371t，针对缝网压裂失效井工艺针对性较强。

参考文献

[1]王辉. 低温自生气增能解堵技术研究及应用[J]. 中国石油和化工标准与质量，2012，33(12)：68.

[2]申东涛. 自生气增能复产技术安全性分析及对策[J]. 化工管理，2016，1(2)：52.

[3]熊廷松，彭继，郭子义，等. 柴北缘“三低”储层自生气增能压裂工艺技术研究与应用[J]. 青海石油，2012(1)：100-106.

[4]孙兆海. 油井自生气解堵技术研究与应用[J]. 化学工程与装备，2017(9)：121-122.

[5]杨胜来，王亮，何建军，等. CO_2吞吐增油机理及矿场应用效果[J]. 西安石油大学学报(自然科学版)，2004，19(4)：23-25.

缝网压裂工艺全液态缔合压裂液配方的研究与现场应用

张嘉恩　张海龙　陈国枫　武绍杰
（大庆油田有限责任公司井下作业分公司，黑龙江 大庆 163000）

摘　要：大庆外围已开发 FY Ⅲ类油层共有 34 个区块，动用地质储量 1.805 亿 t，渗透率 1.44mD，孔隙度在 10%～12%，为低孔低渗储层，长期处于低效开发状态。随着缝网压裂工艺的研究与应用，这类储层得到有效动用。通过对措施井生产动态的研究发现，有 27.5% 的井压裂后前三个月产能较低，有储层受到污染的迹象，工艺所使用的携砂胍胶压裂液水解后残渣含量高，达到 330mg/L，容易堵塞伤害低孔低渗储层，影响压裂初期效果。研究分析常规（胍胶）压裂液对储层的污染在一定程度上影响产能水平的提高。本文针对胍胶压裂液在缝网压裂过程中残渣含量高的问题，研制出适用于缝网压裂井的低残渣、低伤害缔合压裂液配方体系，该压裂液能较好地满足储层低伤害改造的需求，且现场配制简单、性能可控、成本低，现场应用 33 口井，效果显著，为特低渗透 FY Ⅲ类储层缝网压裂再提产提供技术支撑[1,2]。

关键词：缝网压裂；压裂液；低渗透；性能评价

引言

外围 FY Ⅲ类特低渗透储层应用缝网压裂工艺进行改造，以往采用携砂液（胍胶）体系。胍胶液体系构成有助排剂、破乳剂、pH 调节剂、防膨剂、杀菌剂、消泡剂、交联剂、破胶剂等八种添加剂，这些添加剂的运输、储存及配制时工作量非常大，配制工序复杂，成本高。同时该压裂液体系残渣含量高，对特低渗储层造成比较严重的伤害，影响初期效果。为降低对特低渗透储层的伤害，简化现场配液流程，开展了全液态缔合压裂液配方体系的研究与应用[3]。

1　全液态缔合压裂液配方体系研究

全液态缔合压裂液由 A 型缔合物和 B 型表活剂两种组分构成，通过分子间共价键缔合作用形成压裂液体系，通过调整可满足滑溜水、清水、携砂液等三种压裂液的性能要求。其中滑溜水段由 0.2% A +0.2% B 配制，清水段由 0.2% B 配制，携砂液由 0.8% A + 0.1% B 配制。

2　性能室内评价

油田的改造目标储层逐年变差，压裂工艺类型增多，施工规模不断提高，对压裂液

作者简介：张嘉恩，男，1988 年 9 月生，工程师，毕业于东北石油大学勘查技术与工程专业，主要从事油水井开发压裂。

在造缝、携砂等基本性能要求的基础上，提出了可高排量施工、流程高度简化、多液性可快速转换、低伤害及低成本特点的压裂液体系。全液态缔合压裂液各项性能均符合标准要求，满足储层及压裂工艺的需求。以下为室内实验结果。

2.1 岩心伤害评价

参考《水基压裂液性能评价方法》（SY/T 5107—2005）中部分内容，在20℃水浴中做岩心伤害评价实验。选取渗透率约100mD的人造岩心，规格为Φ25mm×50mm，采用梯度法实验评价两种压裂液的岩心伤害率。先正向驱替饱和标准盐水，正向驱替煤油，测初始渗透率；再反向驱替普通压裂液和缔合压裂液，恒温放置一定时间后，正向驱替煤油，测两种压裂液对岩心伤害后的渗透率，其实验结果见表1。通过实验可以发现，在进行正向驱替之前岩心1和岩心2的渗透率分别是103.2mD和105.2mD，分别驱替全液态缔合压裂液和胍胶压裂液后，得出渗透率分别是95.1mD和70.2mD，其岩心伤害率分别是7.85%和33.27%。因此全液态缔合压裂液对岩心的伤害更低。

表1 岩心伤害评价

压裂液类型	损害前渗透率/mD	损害后渗透率/mD	伤害率/%
全液态缔合压裂液	103.2	95.1	7.85
常规胍胶压裂液	105.2	70.2	33.27

2.2 携砂性能评价

压裂液悬砂性能直接影响支撑剂的沉降速度和在裂缝中的分布，从而影响压后裂缝的几何形态、沉砂剖面和裂缝的导流能力。对压裂液悬砂性能的研究是压裂液携砂工艺优化设计的关键问题之一。选取20~40目的石英砂，实验室模拟20%~40%砂比，通过测试支撑剂在两种压裂液体系中的下沉时间来初步确定压裂液体系悬砂能力。首先将配好的液体装入100mL的量筒，然后分别加入5g的20~40目的石英砂，用秒表记录下石英砂在不同压裂液中的沉降时间。每一组压裂液重复测定十组沉降时间数据，取平均值作为石英砂在该压裂液中的沉降时间，用以比较两种体系的压裂液悬砂性能，其结果见表2。结果表明：全液态缔合压裂液具有良好的悬砂性，随着稠化剂的浓度增加，携砂能力增强。

表2 缔合液与胍胶压裂液悬砂性能

液型	缔合 0.8%稠化剂+0.1%辅剂	缔合 1.0%稠化剂+0.1%辅剂	胍胶液0.4%配比
悬砂性能	83%	85%	80%

2.3 防膨性能评价

按Q/SY DQ2014－59标准，使用一级OCMA膨润土，浸泡静置2h，1500r/min离心15min进行室内实验，其结果如表3所示。通过实验结果可以得出，全液态缔合液的防膨性能略好于1% KCl溶液。

表 3 缔合压裂液防膨性能评价

溶液	缔合 0.8% A + 0.1% B	缔合 1.0% A + 0.1% B	缔合 0.8% A + 0.15% B	缔合 0.8% A + 0.2% B	KCl 溶液 1%	KCl 溶液 1.50%
防膨率	56.50%	57%	58.50%	59%	54%	57%

2.4 抗剪切性能评价

本体系依靠弹性携砂，实验表明：表观黏度高于 20mPa·s 即可获得良好的携砂能力。采用 RS6000 型流变仪，选择高温高压密闭系统(PZ38 转子)在 89℃、170s^{-1}下连续剪切 60min，实验结果如表 4 及图 1 所示。实验表明，样品达到预定温度后黏度在长时间内保持稳定，说明压裂液表观黏度在恒定温度下与时间无关，温度稳定后黏度基本不变，且保持在 43mPa·s 左右，预示本压裂液具有良好的耐温耐剪切性，能够满足现场施工需求。

表 4 缔合液与胍胶压裂液悬砂性能

	基液表观黏度/(mPa·s)	剪切 60min 黏度/(mPa·s)
缔合压裂液体系	48	43
《压裂液通用技术条件》中黏弹性表面活性剂压裂液行业指标	30 ~ 120	≥20

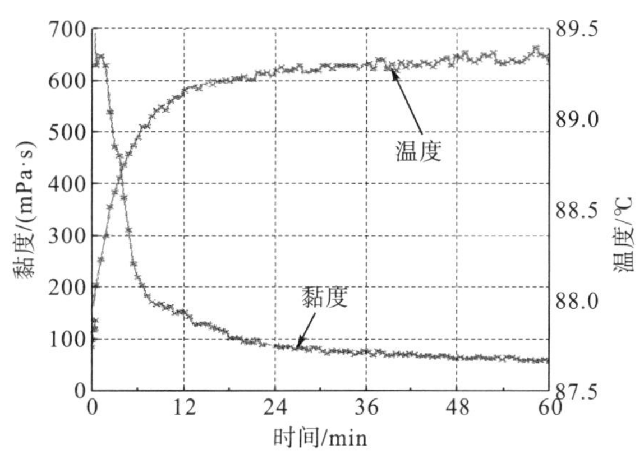

图 1 缔合压裂液配方黏温曲线

2.5 溶胀速度评价

压裂液浓度是压裂液优化方案中重要的设计参数，它直接关系到压裂液性能和成本，因此，有必要从溶胀角度出发，研究压裂液浓度的影响。

将缔合压裂液按照配比准确地称取，在低速搅拌下加入盛有 500mL 实验用水的烧杯中，时间控制在 30s 以内。加料完成后调整搅拌速度，在一定转速下连续搅拌，每隔一定时间用六速旋转黏度计测定一次溶液黏度，设定剪切转速为 100r/min，直至溶液黏度稳定，此时对应时间为最终溶胀时间。整个搅拌过程都在水浴恒温环境中进行，控制温度在 20℃。

在搅拌速度为300r/min条件下，考察了不同浓度对溶胀性能的影响，测试结果如图2所示。实验结果可以得出，0.6%～1.0%配比1min的黏度释放率均达到83%以上。

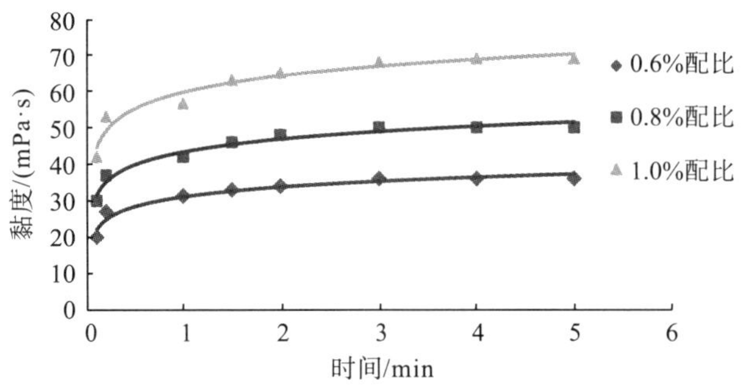

图2 不同浓度下溶胀性能对比图

2.6 破胶后驱油效果

全液态缔合压裂液体系破胶后低残渣，对裂缝导流能力及基质孔隙堵塞伤害小，水井压后投产直接注水，返排后仍会有部分破胶液滞留于储层中，其端部的破胶液段塞含表面活性剂成分，能够通过降低油水界面张力以及改变岩石表面润湿性等作用来改善低渗透储层渗吸驱油的效果，对增油效果有一定影响[4-6]。

因此，考虑使用破胶液作为渗吸液来评价其渗吸驱油的效果。将砂岩储层天然岩心饱和模拟油，然后放入装有不同渗吸液的渗吸瓶中进行渗吸驱油实验，记录不同时间的渗吸量，计算渗吸采收率，其实验结果见表5。缔合液破胶液的驱油效率明显高于常规胍胶溶液，说明全液态缔合压裂液体系经过破胶后的破胶液能够显著提高低渗透储层的驱油效果。在压裂施工返排作业后，滞留于储层内的破胶液在降低对储层损害的同时，提高驱油效率，进一步提高压裂改造的施工效果。

表5 不同液体类型的平均剩余油饱和度降低实验数据

参数压裂液	黏度/(mPa·s)	含油饱和度/%	驱油效率(采收率)/%	剩余油/%	含油降幅/%
常规胍胶溶液	1044	61.6	34.2	40.5	21.1
聚合物破胶液	33	61.3	40.9	36.2	25.1
缔合液破胶液	48	61.2	43.6	34.5	26.7

综合以上性能对比，如表6所示。可以得出外围地区Ⅲ类储层改造要求的低伤害压裂液应具备以下几项性能：①残渣及胶体对支撑剂导流能力的影响小；②滤饼及残渣对裂缝及孔隙渗透率伤害低；③滤液对岩石基质的水敏、水锁伤害小。

表6　压裂液综合性能表

90℃配方	表观黏度/(mPa·s)	1h后悬砂比例/%	破胶液黏度/(mPa·s)	残渣含量/(mg/L)	防膨率/%	张力/(mN/m)	伤害率/%
缔合压裂液	48	83	2.8	11	56.5	26.7	8.9
胍胶压裂液	35	80	3.4	260	54	27.4	33.3
胍胶压裂液标准	30~60	-	≤5	≤550	≥50%	≤28	≤60
缔合液参照标准	30~120	-	≤5	≤100	-	-	≤40

3　现场配置工艺流程优化

全液态缔合压裂溶胀增黏快速，配液过程中不产生泡沫，可高排量施工，也可用于工厂化压裂作业施工，组分简单，均为液态。供水设备及混砂车即可完成配液，大幅简化施工工序流程，能够实现即配即注要求，如图3、图4所示。

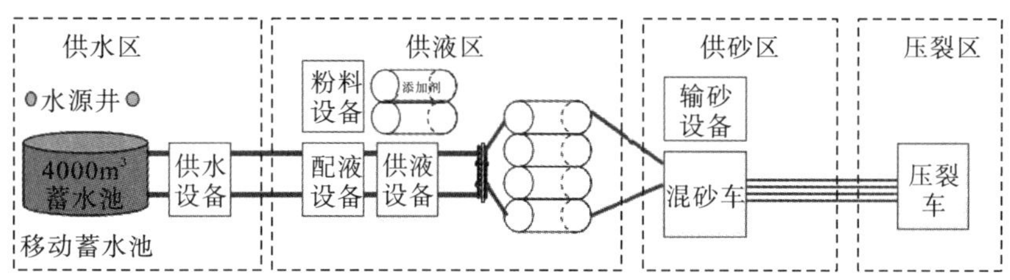

图3　胍胶液施工流程图

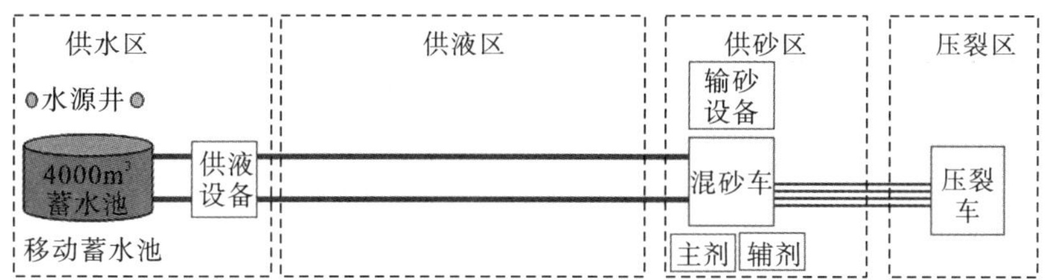

图4　全液态缔合液施工流程图

4　现场应用情况

在室内研究的基础上，进行了全液态缔合压裂液和常规压裂液现场试验。截至2018年4月应用缔合压裂液33口井，其中，FY油层缝网压裂试验18口井，P储层缝网压裂15口井。P油层两种压裂液对应的砂岩厚度对比为5.8m与6.3m，有效厚度对比为3.8m与3.2m，用液强度对比为140m^3/m与135m^3/m，加砂强度对比为5.2m^3/m与5.5m^3/m，孔隙度为13.8%，渗透率为25mD。FY Ⅱ类油层两种压裂液对应的砂岩厚度对比为7.2m与8.0m，有效厚度对比为4.0m与4.2m，用液强度对比为465m^3/m与487m^3/m，加砂强度对比为8.5m^3/m与8.7m^3/m，孔隙度为13.3%，渗透率为22mD。跟踪这些井的生产动态，如图5、图6所示。

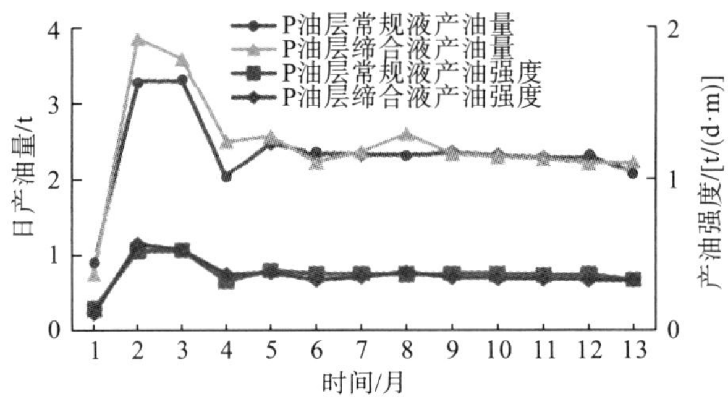

图5 P油层压裂效果对比图

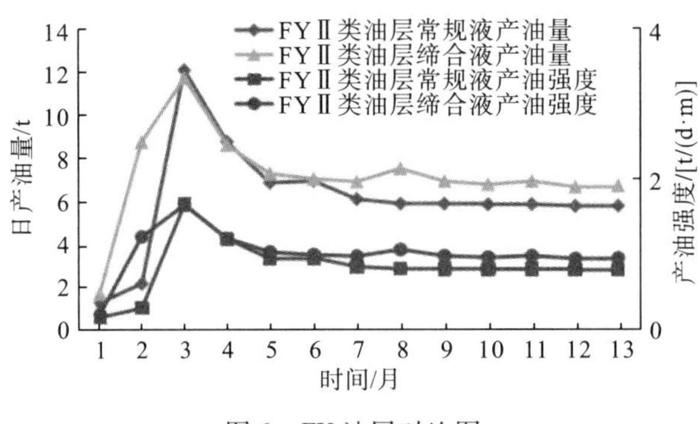

图6 FY油层对比图

由生产动态图可以得出，缔合压裂液与常规压裂液在其他物性条件基本相同的前提下，缔合压裂液产油强度略高。

5 结论与认识

(1)通过室内适应性评价，全液态缔合压裂液悬砂能力较好，其防膨性能也略好于1%氯化钾溶液。

(2)应用全液态缔合压裂液残渣含量少，对岩心伤害率很低，能够满足对储层改造的需求。

(3)通过现场实际应用表明，全液态缔合压裂液体系配置简单，性能稳定，可实现即配即注。

(4)缔合压裂液与常规压裂液在其他物性条件基本相同的前提下，缔合压裂液产油强度好于常规压裂液。

参考文献

[1]孟燕，张士诚．高温清洁压裂液在塔河油田的应用[J]．大庆石油地质与开发，2014，33(6)：80-85.

[2]王贤君，张明慧．双链表面活性剂压裂液研究及应用[J]．大庆石油地质与开发，2015，34(5)：77-80.

[3]付文耀，冯松林，韦文，等．清洁压裂液返排液驱油体系性能评价及矿场应用[J]．大庆石油地质与开发，2018，37(3)：114-119.

[4]刘晨，王凯，耿艳宏，等．清洁压裂液破胶液驱油体系实验研究[J]．断块油气田，2017，24(1)：105-111.

[5]秦文龙，黄甫丽盼，乐雷，等．黏弹性表面活性剂压裂返排液的界面性能及驱油效果评价[J]．西安石油大学学报(自然科学版)，2016，31(3)：81-85.

[6]王所良，王玉功，李志航．稠化水清洁压裂液返排液驱油技术[J]．油田化学，2016，33(4)：623-628.

水平井体积压裂后 CO_2 吞吐模拟与效果预测

刘春枚

（大庆油田有限责任公司勘探开发研究院，黑龙江 大庆 163712）

摘　要：水平井体积压裂后弹性能量开发产量递减快，地层能量不足，采收率低，需要及时补充地层能量。目前室内实验与矿场试验均表明：CO_2吞吐在特低渗油藏开发中具有较好的适应性，是提高该类油藏采收率的一项有效手段之一。根据LP6井地质特征、人工裂缝形态及前期生产动态分析结果，在对原油PVT高压物性及注气膨胀等实验数据相态拟合的基础上，建立了适合体积压裂水平井CO_2吞吐研究的数值模型，预测了LP6井CO_2吞吐开发效果，为现场方案的设计及实施提供了重要依据。

关键词：CO_2吞吐；数值模拟；水平井；体积压裂

1　基本概况

LP6井所属区块构造位置属于松辽盆地中央坳陷区，G油层GⅢ组顶面构造总体呈西高东低、南高北低的单斜构造。G油层受北部沉积体系控制，三角洲前缘相沉积，砂体连片性好，主要类型为三角洲前缘席状砂。区块孔隙度平均为11.22%，渗透率平均为0.3mD，地层原油黏度1.62mPa·s，原油密度0.8312g/cm^3，属于特低渗油藏。

LP6井位于区块中部，钻遇厚度相对较大，砂岩厚度7.3m，有效厚度3.1m，水平长度1505m，钻遇砂岩1360m，岩性以泥质粉砂岩为主，含油砂岩1250m，岩屑录井显示为油浸、油斑、油迹，砂岩钻遇率90.4%，油层钻遇率83.1%。LP6设计采用切割压裂，该井实施四维影像裂缝监测，平均缝长为350m。

LP6井所属区块水平井弹性能量开发产量递减快，地层能量不足，选取LP6井开展CO_2吞吐试验，探索长水平段水平井大规模压裂条件下的能量补充方式。利用数值模拟技术，对该井CO_2吞吐开发效果进行预测，为实际生产提供依据[1-4]。

2　人工体积裂缝模型的建立

根据LP6储层发育特点，平面网格采用10m×10m，纵向上以沉积单元划分网格，在断层模型的基础上建立层位模型，然后结合井地质分层，根据沉积原理进行小层内插，最终完成井区精细构造建模，见图1（彩图见附录）。以相带图作为属性分布的宏观控制因素，以测井解释参数离散化数据为基础，采用序贯高斯计算方法进行内部插值，建立储层孔隙度、渗透率、饱和度属性模型。

特低渗油藏储层物性较差，投产前必须经过水力压裂才能投产开采，因此人工裂缝参数的研究对分析特低渗油藏开采过程至关重要[5,6]。利用CMG软件，结合人工裂缝监

作者简介：刘春枚，1981年生，女，工程师，一直从事油田开发、油藏提高采收率等方面的工作。

测井段的走向、缝宽、缝高、缝长等参数(表1)，采用局部网格对数加密模拟人工裂缝方法，设置裂缝附近网格密而小，远离裂缝网格疏而大。根据实际裂缝和模型裂缝导流能力等效原则，通过实际裂缝宽度和渗透率计算出模型裂缝渗透率，在基质模型的基础上加入裂缝，从而建立人工体积裂缝模型，该方法可以模拟从基质到人工裂缝多相不稳定流动，收敛性更好，计算更稳定，见图2（彩图见附录）。

表1　LP6 井压裂实施及监测情况表

序号	射孔井段/m		簇数/簇	簇间距/m	射开厚度/m	压裂液/m^3	加砂量/m^3	缝长/m	缝宽/m	缝高/m	方向/(°)
1	3484	3404	2	80	1.2	630	40	308	136	37	NE80
2	3325	3249	2	76	1.2	848	60	269	135	35	NE86
3	3169	3087	2	82	1.2	856	60	528	101	41	NE90
4	3006	2926	2	80	1.2	799	60	312	112	38	NE90
5	2846	2764	2	82	1.2	756	60	366	119	36	NE42
6	2682	2597	2	85	1.2	778	60	304	114	39	NE86
7	2515	2452	2	63	1.2	712	60	300	135	37	NE86
8	2372	2294	2	78	1.2	739	60	411	150	34	NE85
9	2213	2040	3	85	1.2	1031	90	352	127	35	NE90

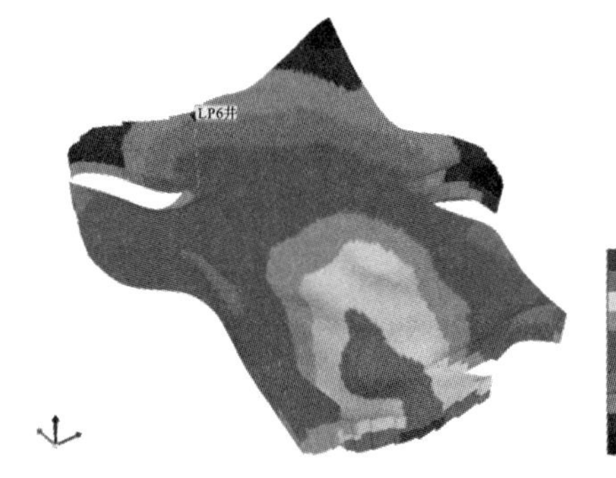

图1　LP6 井构造模型

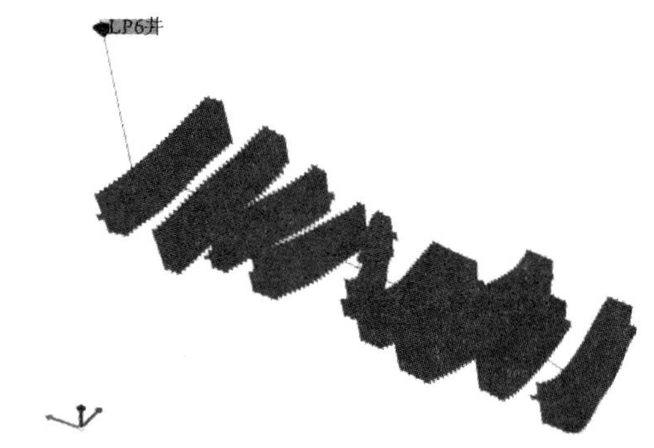

图2　水平井人工体积裂缝模型

3　流体组分模型的建立

建立流体组分模型必须以室内实验数据为基础[7,8]。对该油层进行了注 CO_2 可行性评价，完成了油层流体组分、高压物性、原油与 CO_2 最小混相压力和地层原油注 CO_2 膨胀等实验。

3.1　流体高压物性实验数据拟合

在地层条件下，利用高压物性仪对地层原油进行单次脱气，确定地层油的高压物性参数，用高压降球黏度计测定地层油黏度。利用 CMG 软件 WinProp 相态程序对实验得到的脱气原油及天然气组分数据进行归并，通过适当调整拟流体组分数据，拟合原油 PVT 高压物性参数(表2)，对原油黏度随压力变化数据进行拟合(图3)，对拟组分各项参数进行修正。

表2　高压物性实验数据拟合表

项目	实验值	拟合值	误差/%
饱和压力/MPa	9.88	9.81	0.71
单次闪蒸气油比/(m^3/m^3)	50.07	50.81	-1.48
体积系数	1.16	1.18	-1.72
地面脱气油密度/(g/cm^3)	0.848	0.855	-0.83
地层原油密度/(g/cm^3)	0.789	0.788	0.13

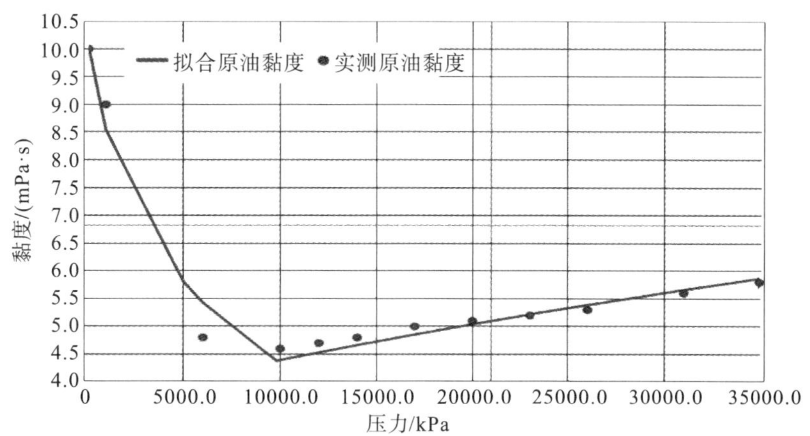

图3　地层油黏度随压力变化拟合曲线

3.2　注气膨胀实验数据拟合

注入CO_2后地层油高压物性发生明显变化。随着CO_2注入量增加，地层油体积系数和膨胀系数增大，表明注入气后原油物性变好，可提高地层原油采收率。利用原油高压物性资料及物质平衡原理，对注气膨胀实验数据进行整理分析，确定注入不同摩尔分数CO_2对地层油物性参数的影响，并对饱和压力(图4)、膨胀系数(图5)数据进行拟合。

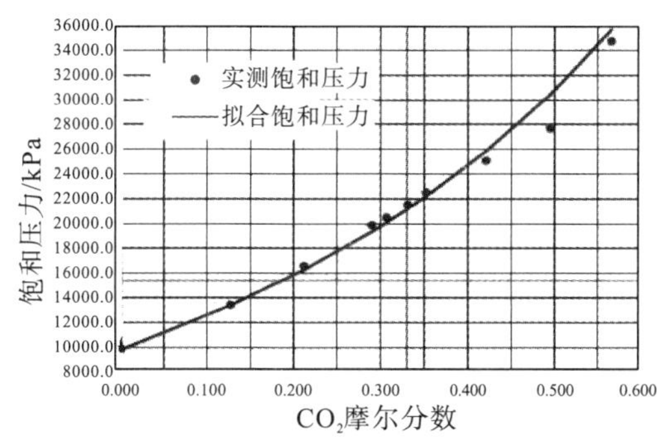

图4　注入CO_2对饱和压力影响拟合曲线

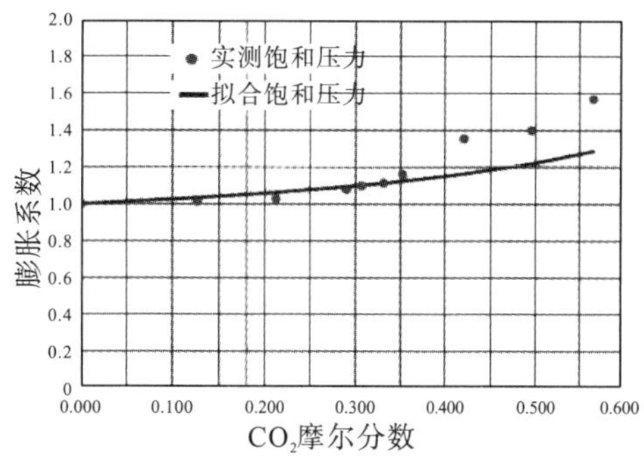

图5　注入CO_2对膨胀系数影响拟合曲线

3.3　最低混相压力实验数据拟合

根据油层原油特性配制的油样，利用细管法测定CO_2与原油最小混相压力，油样最小混相压力为28.8MPa，对拟合后的相态模型进行验证，通过多次接触实验计算混相压力为27.4MPa，满足精度要求。

3.4 地层流体拟组分临界特征参数

通过对实验数据拟合，得到能反映实际地层流体相态特征和注气数值模拟所需临界参数场，如表3所示。

表3 油藏流体拟组分特征参数表

组分名称	临界压力/atm	临界温度/K	临界体积/(L/mol)	偏心因子	方程系数1	方程系数2
com1	44.9	187	0.098	0.010	0.46	0.08
com2	46.6	211	0.094	0.225	0.46	0.08
com3	48.2	305	0.148	0.098	0.46	0.08
com4	41.9	370	0.203	0.152	0.46	0.08
com5	37.1	421	0.257	0.189	0.46	0.08
com6	33.3	466	0.305	0.243	0.46	0.08
com7	21.9	598	0.557	0.472	0.46	0.08
com8	8.5	835	1.551	1.079	0.46	0.08
com9	4.8	1026	2.597	1.555	0.46	0.08

注：atm为标准大气压，$1atm = 1.01325 \times 10^5 Pa$。

4 井历史拟合

良好的历史拟合结果是保证数值模拟预测正确性的必要条件。对井生产动态特征及开发效果影响因素进行分析，在此基础上进行历史拟合[9,10]。LP6井2013年9月投产，放喷初期日产液54.6t，日产油15.7t，含水71.3%，目前间歇采油，开井时日产液1.8t，日产油0.2t，含水88.1%，累积产液12556t，累积产油6967t，累积产水5589t，采出程度4.4%。模型采用定液计算，拟合产水和产油，拟合结果如图6、图7所示。模型计算累积产油7008t，累积产水5636t，产油拟合误差为0.59%，产水拟合误差为0.84%，满足精度要求。

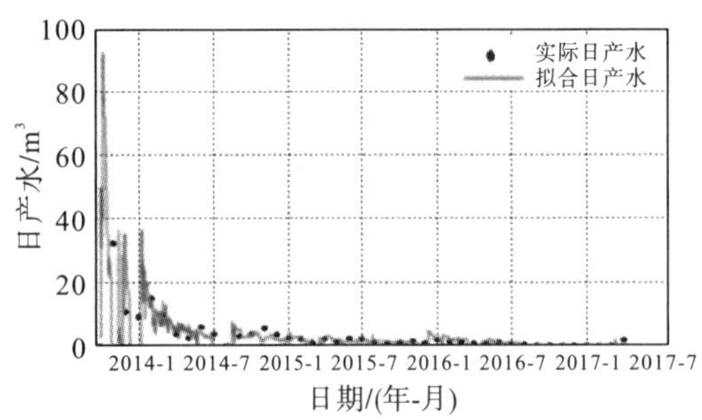

图6 LP6井日产水量拟合曲线

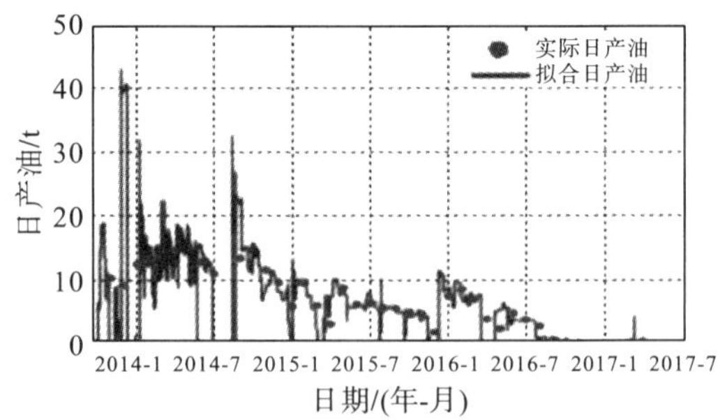

图7 LP6井日产油量拟合曲线

5 吞吐效果预测

综合设计LP6井注气量7000t，注气速度大于200t/d，焖井时间40天[11,12]，初期生产流压10MPa。通过数值模拟计算，预测开井初期日产液29m³，日产油18t，有效期内累积产油2548t(图8)。

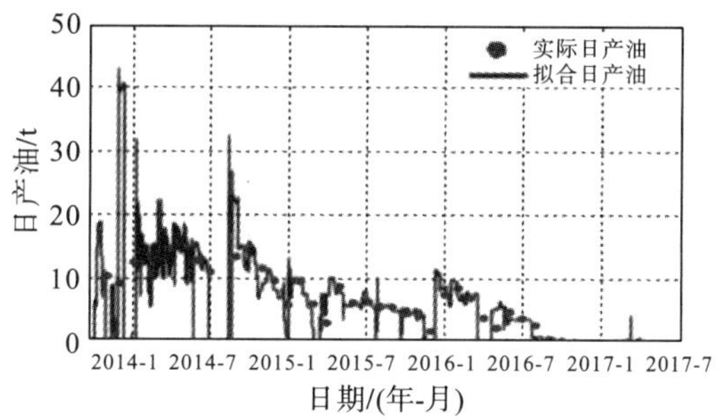

图8　LP6井CO_2吞吐日产量和含水预测曲线

6　结论

(1)G油层储层物性较差，投产前必须经过水力压裂才能投产开采，因此人工裂缝参数的研究对分析致密油开采过程至关重要。利用CMG软件，结合人工裂缝监测井段的走向、缝宽、缝高、缝长等参数，根据实际裂缝和模型裂缝导流能力等效原则，采用局部网格对数加密模拟人工裂缝方法，在井区精细地质模型的基础上加入裂缝，从而建立人工体积裂缝模型。

(2)实验得到的流体组分数据，利用相态程序进行归并后，通过适当修正拟流体组分参数，对原油PVT高压物性及注气膨胀等实验数据进行拟合，从而得到能反映实际地层流体相态特征和注气特征的组分模型。

(3)在LP6井注气量7000t，注气速度200t/d，焖井时间40天，初期生产流压10MPa的条件下，预测CO_2吞吐有效期内累积产油2548t，为实际生产提供了重要依据。

参考文献

[1]侯广. 致密油体积压裂水平井CO_2吞吐实践与认识[J]. 大庆石油地质与开发，2018，37(3)：163-167.

[2]白远，云彦舒，田丰，等. 定边长7致密油水平井合理开发参数探索与实践[J]. 非常规油气，2017，4(6)：70-74.

[3]景莎莎，何俊江，周小涪. 注CO_2提高致密气藏采收率机理及其影响因素研究[J]. 重庆科技学院学报(自然科学版)，2014，6(2)：91-94.

[4]梁宏儒，薛海涛，卢双舫. 致密油藏水平井水力压裂CO_2吞吐参数优化[J]. 大庆石油地质与开发，2018，35(4)：161-167.

[5]常广涛. 致密油压裂水平井电模拟实验研究[J]. 非常规油气，2015，2(3)：70-77.

[6]郭小哲，江彩云，张子明，等. 致密油储层压裂水平井缝网模拟研究[J]. 非常规油气，2018，5(1)：94-100.

[7]马奎前，黄琴，张俊，等. 南堡35-2油田CO_2吞吐提高采收率研究[J]. 重庆科技学院学报(自然科学版)，2011，13(1)：28-32.

[8]庄永涛，刘鹏程，张婧瑶，等. 大庆外围油田CO_2驱注采参数优化研究[J]. 钻采工艺，2014，37(1)：42-46.

[9]孟展，杨胜来，王璐，等. 合水长6致密油体积压裂水平井产能影响因素分析[J]. 非常规油气，2016，3(5)：127-133.

[10]何鑫. 致密油水平井压裂数值模拟及裂缝参数优化[J]. 大庆石油地质与开发，2018，37(3)：158-162.

[11]何应付，周锡生，李敏，等. 特低渗透油藏注CO_2驱油注入方式研究[J]. 石油天然气学报，2010，32(6)：131-134.

[12]刘怀珠，郑家朋，石琼林，等. 复杂断块油藏水平井二氧化碳吞吐注采参数优化研究[J]. 油田化学，2017，34(1)：84-86.

长垣外围直井缝网压裂后能量补充方式试验效果

崔云华[1]　郑宪宝[2]　张庆斌[2]　张海霞[2]　祖　琳[2]

（1. 大庆油田有限责任公司第八采油厂，黑龙江 大庆 163514；

2. 大庆油田有限责任公司勘探开发研究院，黑龙江 大庆 163712）

摘　要：大庆长垣外围油田FY油层储层物性差，导致渗流阻力大，启动压力梯度高，压力传导能力差，难以建立有效驱替体系，开发效果差，特别是三类区块，开发效果更差，为此开展了“百方砂、千方液”缝网压裂试验。为保证长垣外围油田已开发区块直井缝网压裂试验效果，减缓产量递减速度，在注水受效井区开展了注水调整试验研究；在注水未受效井区探索了不同能量补充方式，减缓了压裂后期产量递减速度，改善了油田开发效果。

关键词：注水状况认识；注水调整效果；能量补充方式研究

引言

大庆长垣外围油田FY油层储层物性差，导致渗流阻力大，启动压力梯度高，压力传导能力差，难以建立有效驱替体系，开发效果差，特别是三类区块，开发效果更差，开展普通压裂后注水开发试验，措施效果均不理想，采出程度小于5%。一是由于储层物性差，启动压力高，部分区块排距降到60m，仍不能建立起有效驱替；部分井存在裂缝方向性水淹问题。二是由于受井网限制，普通压裂规模偏小，裂缝控制渗流范围小，压后产量低，递减快，稳产期短。国外致密页岩油藏大规模压裂可有效扩大改造体积，提高单井产量。为改善开发效果，2011年将该技术引进长垣外围油田，2011～2012年在A区块选择5口井开展直井大规模缝网压裂单井试验，平均单井压裂厚度19.2m，平均单井加砂量129m^3，加液量3039m^3，措施后平均单井日增油7.2t，平均单井累积增油3038t。在单井试验取得较好效果的基础上，为保证长垣外围油田已开发区块直井缝网压裂试验效果，减缓产量递减速度，在注水受效井区开展了注水调整试验研究；在注水未受效井区探索了能量补充方式，减缓了压裂后期产量递减速度，改善了油田开发效果。

1　缝网压裂后注水状况几点认识

1.1　缝网压裂后井区油层动用状况得到明显改善

压后吸水状况有了较大幅度改善，压后一年半到两年砂岩厚度吸水比例提高19.3个百分点，有效厚度吸水比例提高11.3个百分点；压后产液状况有了明显改善，压后两年以上产液层数比例提高23.9个百分点，产液砂岩厚度比例提高22.9个百分点，产液有

作者简介：崔云华，女，1980年生，高级工程师，从事油田开发研究工作。
Email：cuiyunhua@petrochina.com.cn。

效厚度比例提高 21.5 个百分点。典型区块缝网压裂井压后一年地层压力平均提高 38.7%。缝网压裂后曲线向采出程度轴偏转，开发效果得到改善。

1.2 储层视吸水指数提高

统计压裂井连通注水井(相同井号)，注水强度由压裂前的 1.07m^3/(d·m)上升到压裂后的 1.22m^3/(d·m)，视吸水指数由压裂前的 0.74m^3/(d·MPa)上升到压裂后的 0.80m^3/(d·MPa)。

1.3 注采井距是影响受效状况的主要因素

2011~2013 年 8 个试验井区措施后已恢复注水一年以上，井区含水与措施前含水上升幅度不大，说明措施后注水开发是可行的；从注水受效状况来看，注采井距相对较小的 A1~A4 等 4 个井区见到注水效果，而井距较大的 A5~A8 等井区未见到注水效果(表 1)。缝网压裂较早井区注水受效状况表明：注采井距较小(≤100m)的菱形井网压裂后建立了有效驱替，受效状况好；注采井距较大(250~300m)的反九点井网措施后仍难以建立有效驱动，注水效果不明显。

表 1 长垣外围油田缝网压裂井区受效情况表

井区	注采井距/m	井网	措施前			2014 年 8 月			受效后			注水方式	受效情况
			产液/(t/d)	产油/(t/d)	含水/%	产液/(t/d)	产油/(t/d)	含水/%	产液/(t/d)	产油/(t/d)	含水/%		
A1	100	菱形	1.1	0.4	65.5	4.6	1.4	70.0	5.3	1.9	64.2	同步	受效
A2	100	菱形	1.0	0.3	66.7	8.1	3.2	58.7	7.0	3.5	50.0	同步	受效
A3	60	菱形	0.5	0.3	40.0	7.0	2.3	67.9	6.0	2.5	58.2	滞后轮换	受效
A4	100	菱形	0.4	0.4	5.9	2.3	1.5	37.0	2.5	1.9	26.7	同步温和	受效
A5	250	反九点	1.0	0.7	29.3	5.1	2.5	50.7	3.7	2.0	46.9	同步温和	未受效
A6	330	反九点	2.3	1.5	33.3	5.7	4.0	29.2	3.0	1.7	44.1	同步温和	未受效
A7	300	反九点	0.4	0.4	3.0	1.6	1.6	3.1	2.9	2.6	11.2	同步温和	未受效
A8	300	反九点	1.4	0.6	58.1	7.8	3.3	44.6	4.3	1.8	57.8	未注水	未受效

一是注采井距较小的菱形井网压裂后建立了有效驱替，采油井受效状况好。例如，A3 区块为防止缝网压裂井水淹，分批恢复连通注水井注水。井区注水井恢复注水 6 个月后，产量恢复明显，受效状况较好(图 1)。对井距较小的 4 个井区 30 口缝网压裂井受效状况进行分析，发现部分采油井受效状况较好，产量恢复明显，因此对影响采油井受效状况的因素进行进一步分析(表 2)。首先物性好、有效厚度大的采油井受效状况好。例如 A4 井区措施后采取同步注水，4 口措施井中 Y4 井改造厚度薄，孔隙度和含油饱和度明显低于其余 3 口井，受效状况相对较差(表 3)。其次措施前连通注水井累积注水量高的采油井受效状况好。对比措施井数较多的 A1~A2 和 A3 区块，受效明显井连通注水井措施前累积注入量明显高于有受效迹象的采油井(表 4)。

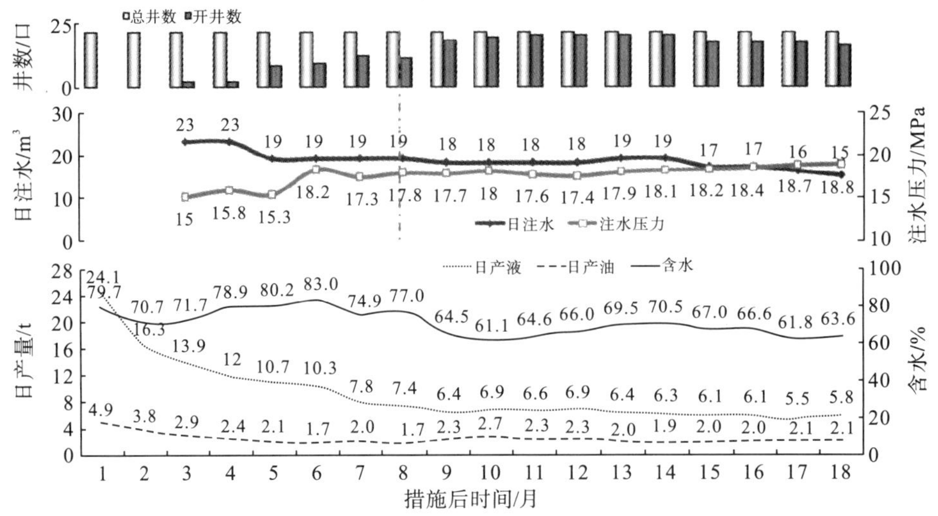

图1　A3 试验区 9 口缝网压裂井压后生产曲线

表2　试验井受效情况统计表

类型	区块	井数/口	压裂后初期			受效前			受效后		
			产液/(t/d)	产油/(t/d)	含水/%	产液/(t/d)	产油/(t/d)	含水/%	产液/(t/d)	产油/(t/d)	含水/%
明显受效	A2	9	10.7	3.5	67.3	3.6	1.3	63.9	4.5	3.1	31.1
	A3	6	20.3	4.8	76.4	6.3	1.1	82.5	5.2	3.4	34.6
	A4	3	18.6	4.4	76.3	2.3	1.4	39.1	2.6	2.1	19.2
	合计/平均	18	15.2	4.1	71.8	4.3	1.3	66.0	4.4	3.0	30.3
有受效迹象	A1	8	11	3.3	70	6.4	1.5	76.6	6	1.4	76.7
	A4	1	22.9	6.5	71.7	1.9	1.3	31.6	2.2	1.1	50
	A3	3	23.6	4.3	81.8	8.5	0.9	89.4	6.5	0.8	87.7
	合计/平均	12	15.1	3.8	74.8	6.6	1.3	79.6	5.8	1.2	78.9

表3　A4 区块厚度及物性统计表

受效状况	井　号	有效厚度/m	孔隙度/%	渗透率/mD	含油饱和度/%
明显受效	Y1	16.4	13	1.8	47
	Y2	17.4	13.2	1.9	45.9
	Y3	14.2	12.8	1.4	42.7
	平均	16	13	1.7	45.2
有受效迹象	Y4	8.8	12.4	1.3	39.1

表4　措施前累积注入量对比表

类别	A1 ~ A2 区块		A3 区块	
	井数/口	累注/(10^4m^3)	井数/口	累注/(10^4m^3)
明显受效	9	2.2	6	2.6
有受效迹象	8	1.7	3	2

二是注采井距较大的反九点井网措施后仍难以建立有效驱替，未见到注水效果。A5 试验区水井措施后已恢复注水 24 个月，仍未见到注水效果(图 2)。

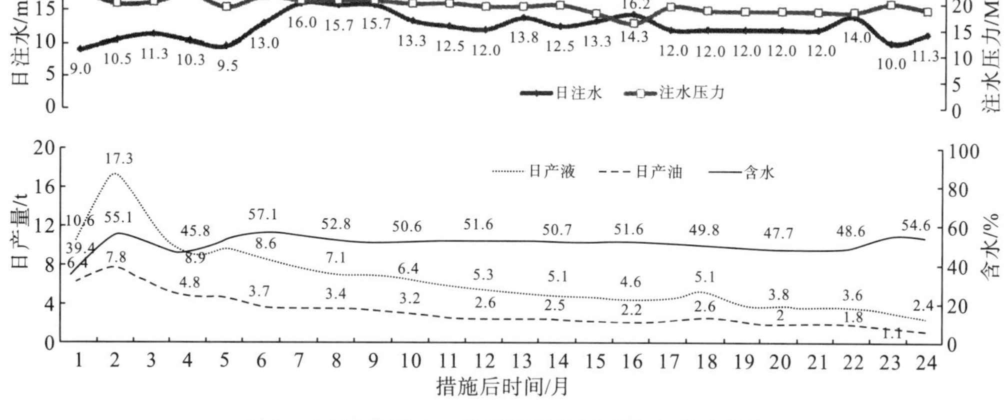

图 2　A5 试验区 4 口缝网压裂井压后注水采油曲线

2　缝网压裂井区合理注水政策研究

结合高精度数值模拟技术，在能够有效驱动井区，开展合理的注入参数研究与试验，确定不同区块措施后注水政策。方案预测中考虑有效改造体积校正和裂缝应力敏感，方案预测结果更加符合实际，对缝网压裂井区的注水调整起到了有效的指导作用[14]。

合理注水时机：模拟了同步注水、滞后 1 ~ 12 个月注水共 9 套方案。缝网压裂后应尽快恢复注水，为保证效果，滞后注水不要超过 3 个月(图 3，彩图见附录)。

合理注水强度：模拟了不注水、注水强度 0.3 ~ 3.0m^3/(d · m)共 12 套方案。对于井排距较小的区块，合理的注水强度为 0.9 ~ 1.2m^3/(d · m)；对于井排距较大的区块，合理的注水强度为 0.8 ~ 1.0m^3/(d · m)(累积注入量较高)(图 4，彩图见附录)。

合理注水方式：一是周期注水效果好于连续注水效果，井间轮注略好于排间轮注；二是井距较小的区块间注，周期不超过 3 个月，井距较大的区块间注周期为 4 个月左右；三是累积注入量较低的区块间注开井注水强度在 1.1 ~ 1.4m^3/(d · m)；累积注入量较高的区块间注，开井注水强度在 0.9 ~ 1.1m^3/(d · m)(图 5、图 6，彩图见附录)。

按照上述注水政策，A3 区块缝网压裂井区(井网 300m × 60m)，为防止缝网压裂井水淹，分批恢复注水。恢复注水6个月后，产量恢复明显，受效状况较好，目前平均单井累积增油达2025t。A4区块缝网压裂后采取同步注水，措施3个月后产量递减幅度趋于稳定，注水9个月后见到受效迹象，平均单井日产油由1.5t上升到2.2t，从井组吸水和产液剖面来看，主要吸水层也是主要产油层。

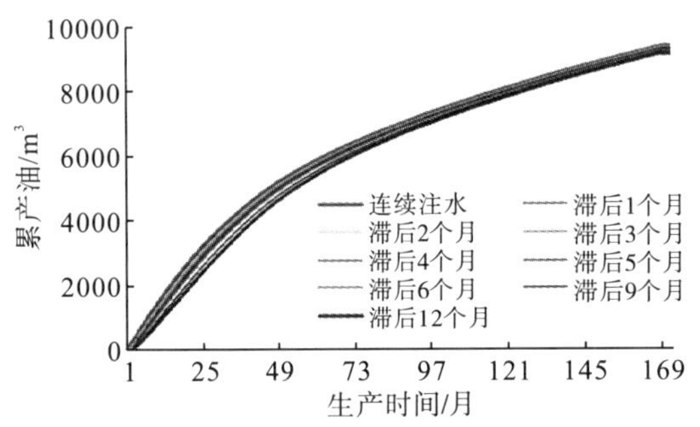

图3　不同时间注水累产油与时间关系曲线

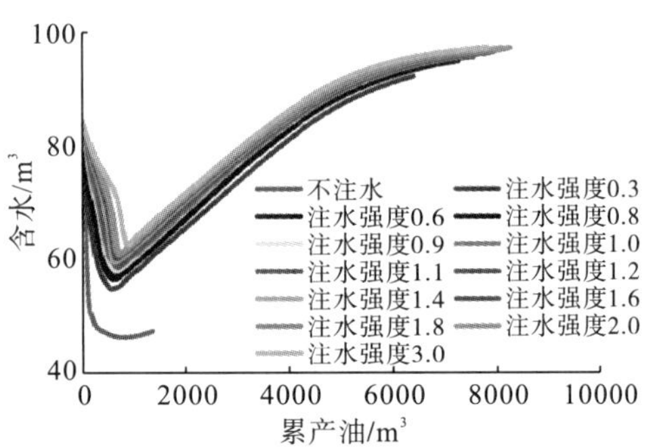

图4　不同注水强度含水与累产油关系曲线

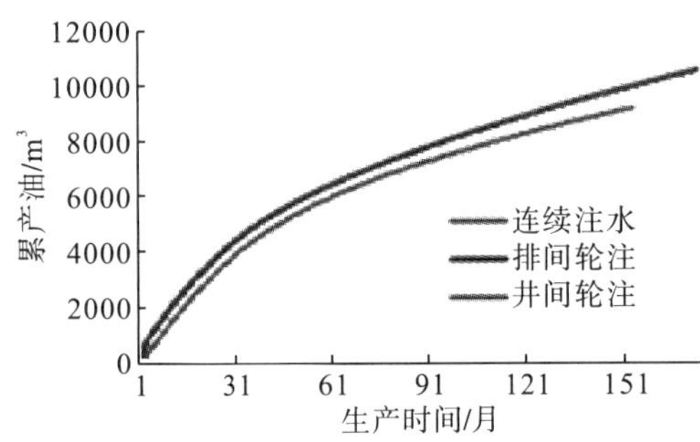

图5　不同注水方式累产油与时间关系曲线

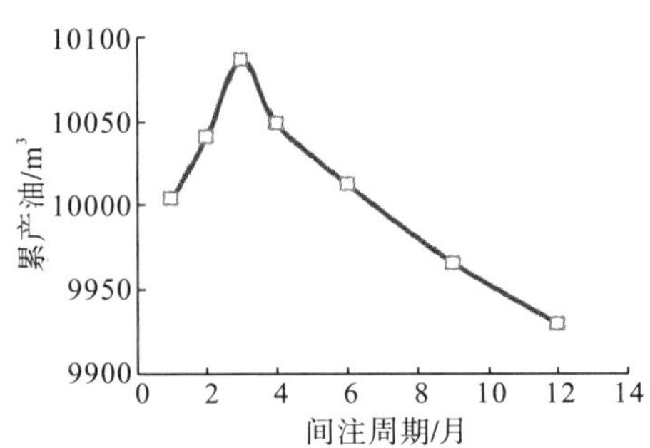

图6　不同间注周期与累产油关系曲线

3　缝网压裂井区不同能量补充方式试验效果

部分缝网压裂井区由于存在注水不受效和受效差的特点，导致缝网压裂井产量递减较快、供液能力不足，因此为充分利用缝网压裂形成的裂缝体系，发挥其开发潜力，提高储量利用率，在注水不受效和欠注缝网压裂井区开展了CO_2增能吞吐试验、表活剂增能吞吐试验和CO_2与表活剂组合增能吞吐现场试验，达到提高缝网压裂井单井产量的目的。

3.1　CO_2增能吞吐试验

国内外调研表明：CO_2吞吐作为有效的低渗透油藏能量补充方式，其具有较好的增油效果。大庆外围油田于2014年在A区块进行CO_2增能吞吐先导试验2口井，平均注入末点压力17.0MPa，注入CO_2 180t，焖井33天，试验初期平均单井日增油3.0t，平均单井累积增油670t。2015~2017年在A区块进行CO_2增能吞吐推进试验5口井，平均注入末点压力13.6MPa，注入CO_2 230t，焖井49天，试验初期平均单井日增油2.4t，平均单井累积增油283t。例如A1-1井，吞吐注入末点压力18MPa，注入CO_2 160m^3，焖井30天，日产油由措施前的0.7t上升到3.0t，累积增油188t(图7)。

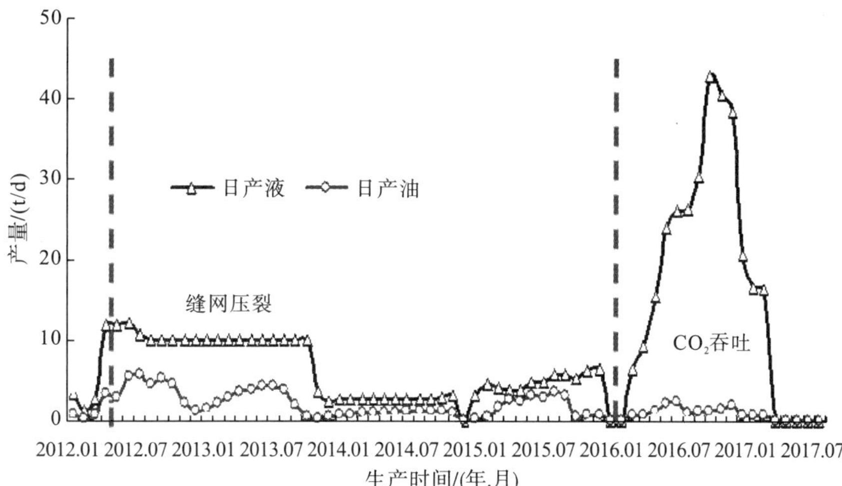

图7　A1-1 井生产曲线

3.2　表活剂增能吞吐试验

为了进一步改善注水不受效缝网压裂井效果，研发了适用于特低渗储层的表活剂渗吸化学剂体系，表面活性剂为“表面活性剂 1”非离子型表面活性剂(简称 DCY)，有效物质量分数为30%，增能剂由基本药剂和催化剂组成，其中基本药剂为亚硝酸钠和尿素(有效物质量分数为99%)，矿场使用生气量较大、但药剂费用较低和施工工艺比较简单的催化剂 A；性能指标：界面张力 0.0076mN/m、防膨率 81.6%、洗油率 85%；与水溶液相比，表面活性剂溶液可通过改变岩石孔隙表面润湿性和降低油水界面张力两方面来提高渗吸采油效果，进而可以获得较高的渗吸速度，提高油田采收率[5]。油层温度升高一方面使原油黏度降低、流动能力增强，另一方面使油水间界面张力降低、毛管力增加，这两方面共同作用有利于增强岩心孔隙内油水交渗作用，最终导致渗吸采收率和渗吸速度增加[6]。大庆油田 2015 ~2016 年缝网压裂井现场试验表活剂增能吞吐试验 8 井次，吞吐后初期平均单井日增油 2.5t，目前平均单井累积增油 517t；2017 缝网压裂井现场试验表活剂增能吞吐试验 4 口井，平均单井阶段累积增油 214t。例如 A1-2 井，2016 年 1 月进行表活剂增能吞吐试验，注入量 4015m^3，日产油由措施前的 0.3t 上升到 4.7t，高峰日产油达到 7.3t(图 8)。

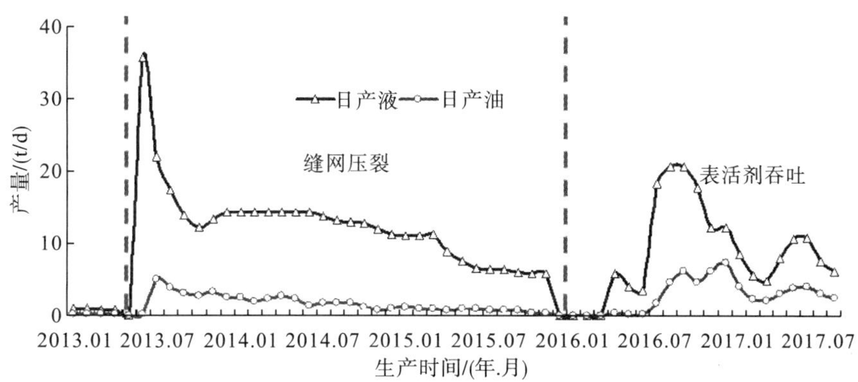

图8　A1-2 井生产曲线

3.3 CO_2与表活剂组合增能吞吐试验

室内实验表明：CO_2与表面活性剂组合吞吐，在充分发挥各自性能的基础上产生气泡，起到封堵、驱油作用，二者产生 1 +1 >2 的协同作用。泡沫具有“遇油消泡、遇水稳定”的性能，消泡后其黏度降低，不消泡时其黏度不降，从而起到堵水不堵油的作用，提高了驱油效率。在驱替速度不变的情况下，孔隙中的一大一小两个气泡并不动，只有乳化油在后续液流的驱替下，沿着泡沫的液膜边缘不断向前运移。物模实验表明，气体与表面活性剂组合，采收率最高。基于气体、表面活性剂协同作用机理，气体与表活剂交替注入，采收率高于单一注入方式，可进一步补充能量，提高采收率。现场试验效果：2017 年缝网压裂井 A1-3 井采用 CO_2与表活剂组合段塞吞吐先导性现场试验，先期注入 CO_2处理、填充近井地带及相对高渗部位，再注入表活剂波及更远地带；先后注入 CO_2和表活剂 308t 和 2850m^3，吞吐后日产油由 1.8t 上升到 4.4t，累积增油 1060t，效果较好。从不同吞吐方式累积增油可以看出，CO_2与表活剂组合增能吞吐累积增油高于表活剂增能吞吐和 CO_2增能吞吐。

4 结论

(1)缝网压裂井区注水受效状况表明：注采井距较小(≤100m)的菱形井网压裂后建立了有效驱替，受效状况好；注采井距较大(250 ~ 300m)的反九点井网措施后仍难以建立有效驱替，注水效果不明显。

(2)缝网压裂井区合理注水政策的确定，为缝网压裂后合理注水调控，减缓产量递减速度提供了有力的技术保障。

(3)缝网压裂后不同能量补充方式均能进一步提高单井产量，减缓产量递减速度，气体与表活剂交替注入，采收率高于单一注入方式，可进一步补充能量，提高采收率。现场试验效果表明，CO_2与表活剂组合增能吞吐累积增油高于表活剂增能吞吐和 CO_2增能吞吐。

参考文献

[1]方凌云，万新德，等. 砂岩油藏注水开发动态分析[M]. 北京：石油工业出版社，1997.
[2]王俊魁，孟宪君，鲁建中. 裂缝性油藏水驱油机理与注水开发方法[J]. 大庆石油地质与开发，1997，16(1)：35-38.
[3]王俊魁，万军，高树棠. 油气藏工程方法研究与应用[M]. 北京：石油工业出版社，1998.
[4]周锡生，李莉，韩德金，等. 大庆油田外围 FY 油层分类评价及调整对策[J]. 大庆石油地质与开发，2004，25(3)：35-37.
[5]王佳. 大庆致密油藏渗吸采油剂筛选及性能评价[J]. 大庆石油地质与开发，2017，36(3)：156-162.
[6]王庆国，王婷婷，陈阳，等. 大庆扶余油层静态渗吸采油效果及其影响因素[J]. 油田化学，2018，35(2)：308-312.

台肇地区裂缝发育对出砂影响的研究

张莉莉

（大庆油田有限责任公司第七采油厂，黑龙江 大庆 163712）

摘　要：油井出砂是油田开发过程中经常遇到的生产难题之一，随着油田开发时间的延长和油井含水的升高，这一问题尤为突出。影响地层出砂的主要因素可分为两大类，即地质因素、开采因素。第一类因素由地层和油藏性质决定，第二类因素主要是指生产条件改变对出砂的直接影响。研究区内裂缝比较发育，通过寻找这些因素与出砂之间的内在关系发现：一裂缝越发育，出砂越严重；二连通性好的东西向裂缝对出砂的影响最大，从而可以有效地创造良好的生产条件来避免或减缓出砂。

关键词；密度；方向；人工缝；天然缝

1　台肇地区地质特征

研究区处于三肇凹陷与朝阳沟阶地两个二级构造的过渡部位，构造运动活跃，同时由于研究区 P 油层属于低、特低渗透储层，岩性具有刚性强、柔性弱的特点，在构造运动过程中容易发生脆断。研究区内裂缝比较发育，裂缝类型主要以张性缝为主。研究区开发与中高渗透油藏开发具有明显不同的特点，一是不同程度发育有天然裂缝；二是由于储层部分物性很差，需要压裂才具工业价值。人工缝与天然缝构成了复杂裂缝系统，裂缝系统的渗透率可达几到几十达西，是基质渗透率的几十到几百倍。而且天然缝的开启和压裂人工缝的方向明显地受地层现今地应力最大水平主应力方向的控制，对油田注水开发将产生较大的影响。

根据岩心和片状裂缝的研究可知，台肇地区裂缝充填物多为石英和方解石等，主要为局部充填或半充填，而极少出现全充填，微观裂缝中被充填者小于 1/10，宏观裂缝中被充填者仅占 1/20，充分说明裂缝在该区域的充填程度较差，绝大部分裂缝都属于有效裂缝。含油现象在裂缝中比较普遍，含油裂缝占总裂缝的 1/3 以上，充分反映了在储层条件下裂缝具有渗吸作用。裂缝沟通了低渗透储层中的次生溶蚀孔隙，它不仅是有效的储集空间，还是流体渗流的主要通道，它有效地控制了低渗透储层流体渗流系统，对注水开发低渗透油藏具有重要且直接的影响[1]。

2　裂缝密度对出砂的影响

裂缝的主要特征为裂缝的密度、走向等。从台肇地区构造应力场数值模拟结果看，该区最大主应力范围主要为 50 ~ 150MPa，它们受局部构造控制，其应力高值区主要分布在中北部和中西部，在东部和南部应力值较小。该区最小主应力范围主要为 65 ~ 75MPa，

作者简介：张莉莉，1982 年生，女，工程师，一直从事油水井动态分析等工作。

其分布比最大主应力分布要相对均匀。最大剪切应力主要分布在 30 ~ 170MPa，其分布与最大主应力分布比较类似，在中北部和中西部应力值较大，而在东部和南部应力值较小（图 1，彩图见附录）。

从台肇地区裂缝发育规律等值线图来看，该区储层裂缝的分布也很不均匀，整体上，台 X 区块裂缝相对于肇 Y 区块裂缝发育。从平面上看，裂缝发育呈近南北向条带状分布，裂缝主要在肇 Y1—肇 Y0 西—肇 Y 北一带、台 X128—台 X1 及其往南一带、台 X128 西—台 X7 西一带发育，与该区近南北向断层的分布有关，反映了该区储层裂缝的发育除了受构造应力场和储层岩石控制外，还受断层分布的控制，与前面地质分析结果完全吻合[2]（图 2，彩图见附录）。

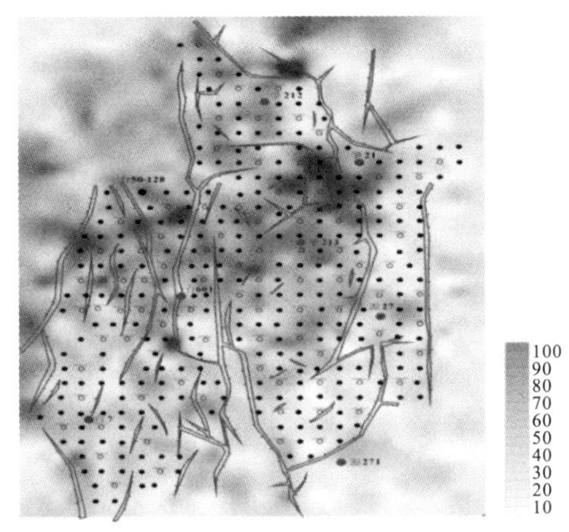

图 1　台肇地区 P 油层差应力分布图

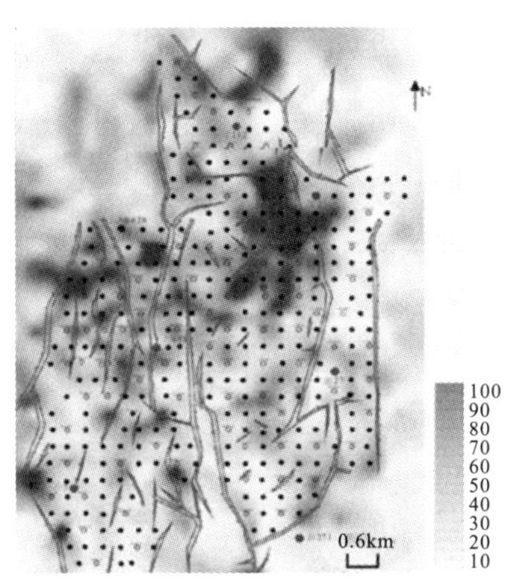

图 2　台肇地区 P 油层裂缝密度分布图

根据岩心裂缝统计，台肇地区肇 Y 区块及台 X 区块的平均裂缝线密度分别为 0.47 条/m、0.62 条/m，充分反映了台 X 区块裂缝发育比肇 Y 区块更为普遍的地质特征（图 3）。根据不同部位的岩心和薄片观察，裂缝的发育程度与岩性、岩层厚度和断层等因素密切相关。受构造和岩相的影响，在不同部位取心井的裂缝线密度有明显的变化。

根据岩心薄片的统计分析，台 X 区块 P 油层及肇 Y 区块微观裂缝的平均面密度分别为 0.23cm/cm^2、0.21cm/cm^2，同样反映了台 X 区块 P 油层的微裂缝发育比肇 Y 区块更为普遍的地质特征（图 3）。

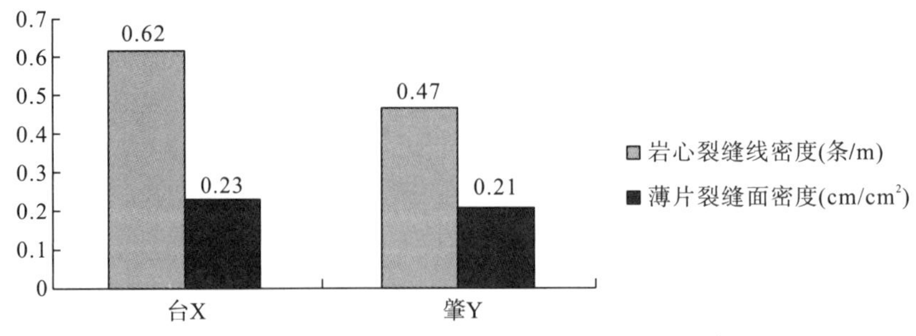

图 3　台 X 与肇 Y 区块裂缝密度对比图

Mandelbrot 把自然界中具有自相似性的形体称为“分形”，并提出用分数维 D 值描述这些物质的复杂程度。研究发现岩石破裂过程具有自相似性，裂缝的分数维 D 值反映了裂缝的聚集程度及连通性，分数维 D 值越大，说明裂缝的聚集程度越高。对于 D 维的客体，用长度为 L 的尺度来度量时，被分成 $N=LD$ 份，总满足相似比：

$$D=-\frac{\ln N}{\ln(1/L)} \tag{1}$$

它们在双对数坐标系中呈较好的线性关系，其相关系数的平方一般大于 0.97，其斜率为分数维 D 值。

以 160 井排以北为研究区块北部，160 至 182 井排之间为研究区块中部，182 井排以南为研究区块南部。通过计算得到台肇地区南部裂缝的分数维 D 值为 1.24，中部为 1.16，北部为 1.19，说明台肇地区南部裂缝相对发育，其次是北部，而中部相对较差(表 1)。

表 1　台肇地区不同方位出砂井情况表

方位	井号	含砂率/%	平均含砂率/%	增幅/%	分数维 D
北部	BY1	0.67	0.663	-0.67	1.19
	BY2	0.655			
中部	ZY1	0.65	0.662	-0.81	1.16
	ZY2	0.63			
	ZY3	0.575			
	ZY4	0.613			
	ZY5	0.498			
	ZY6	0.578			
	ZY7	0.635			
	ZY8	0.65			
	ZY9	1.213			
	ZY10	0.578			
	ZY11	0.638			
	ZY12	0.68			
	ZY13	0.663			
南部	NY1	0.775	0.677	1.42	1.24
	NY2	0.675			
	NY3	0.648			
	NY4	0.65			
	NY5	0.723			
	NY6	0.635			
	NY7	0.653			
	NY8	0.653			

由表 1 绘制各个方位分数维 D，平均含砂率柱状图如图 4 所示。

由图 4 可以看出，北部平均含砂率为 0.663%，中部为 0.661%，南部为 0.677%，南部出砂井含砂率高，出砂较为严重。原因是裂缝越发育，裂缝的聚集程度越大，对岩石的强度影响越大，裂缝较发育的地区，岩石强度相对较小。综上，裂缝越发育，出砂越严重。

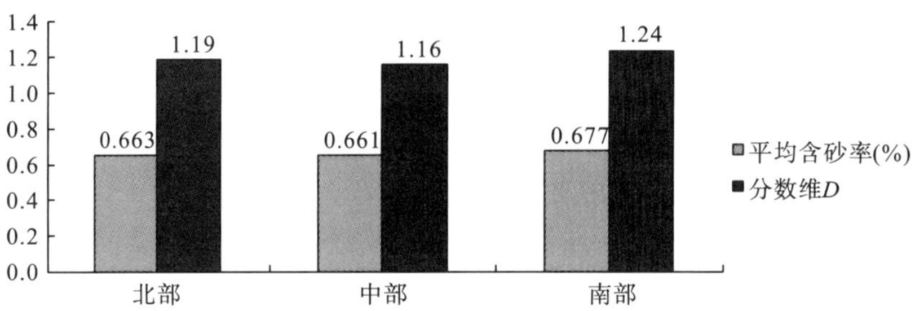

图4　台肇地区不同区域分数维 D 与平均含砂率关系

3　裂缝方向对出砂的影响

3.1　构造裂缝方向

通过现今地磁和微层面定向，台肇地区发育的裂缝呈近东西向、近南北向、北西向和北东向分布(表2、表5、表6)。

表2　台肇地区P油层部分岩心裂缝方位数据表

区块	深度/m	裂缝方位/(°)	确定方法
肇Y0	1491.2	92.3，2.3，32.3	地磁定向
肇Y	1520.1	272.4，2.4	地磁定向
源Z	1455.8	310，70，10	地磁定向
台X	1401.3	313.4，84.7，49.2	地磁定向
台X1	1515.7	325.5，15.5	地磁定向
台X1	1505.6	8	微层面
台X0	1413	95，5	微层面
台X01	1268.8	272	微层面

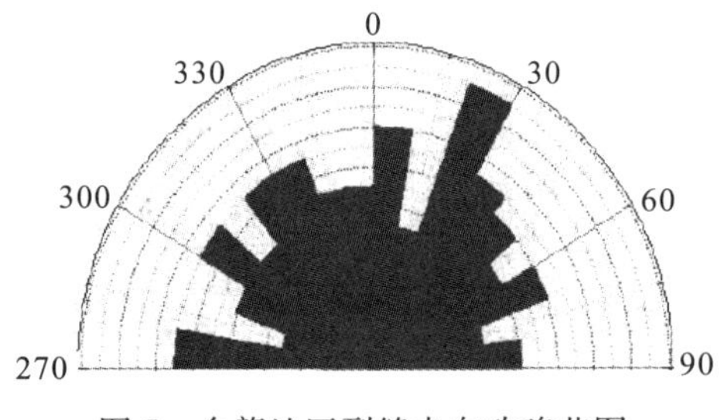

图5　台肇地区裂缝走向玫瑰花图

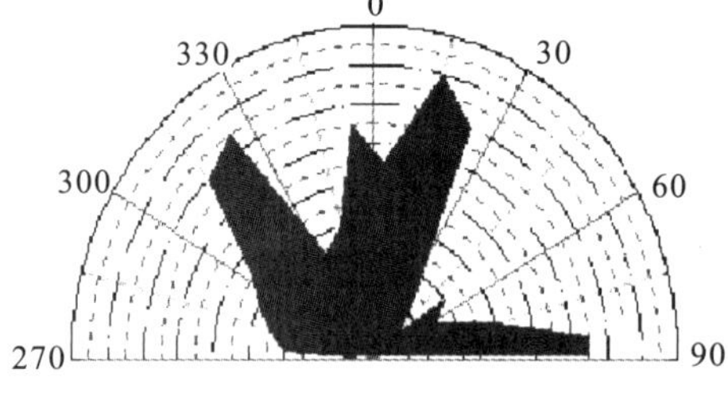

图6　哈达山露头区裂缝走向图

其中北东向裂缝发育相对较差，其次为近南北向裂缝，而北西向及近东西向裂缝发育相对较好，这一现象与盆地内哈达山露头岩剖面的裂缝分布组系几乎是相同的。

3.2　人工裂缝方向

人工裂缝方面由于P砂岩油藏基质渗透率低，裂缝闭合或者油井与周围裂缝之间沟通不理想，因而在投产初期为了提高产量同时保证稳产，对部分井进行了压裂投产和压裂改造。通过对BY3、ZS1、NS1和YY1等4口井进行监测(图7)，人工裂缝的形态为垂直缝，人工裂缝方向为东西向(86.9°~89.2°)，裂缝长度263~389m，裂缝高度为35.2

~43.2m。人工裂缝方位与天然裂缝方位一致，反映了在裂缝性低渗透储层中，水力压裂缝的分布除了受地应力控制以外，还受天然裂缝分布的控制。

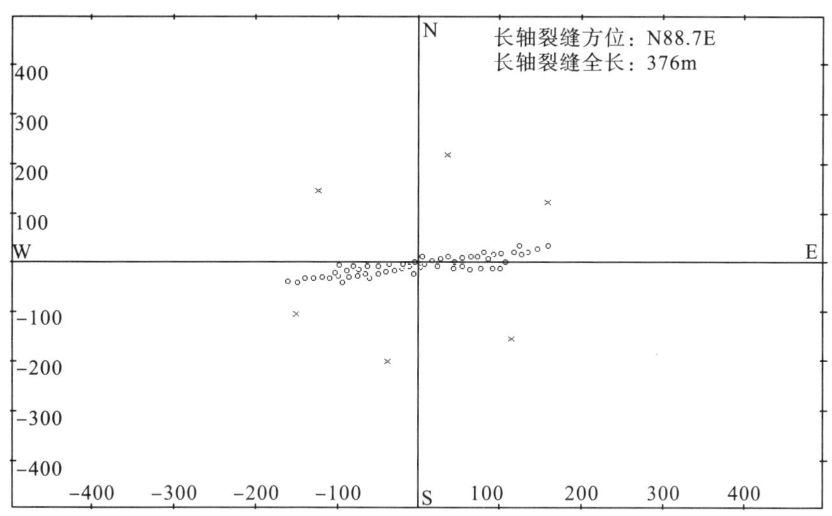

图7　ZS1人工裂缝监测图

肇Y区块2001年8月投注，初期注水压力12.6MPa，分注后注水压力上升到15.2MPa，目前平均单井注水压力19.6MPa，研究区域东西向、北西向、南北向和北东向裂缝的平均开启压力分别为15.09MPa、19.58MPa、27.74MPa、27.92MPa，表明该区裂缝的启动序列为东西向、北西向、南北向和北东向裂缝。研究区域肇Y地区注水压力已经超过东西向裂缝开启压力，故东西向较其他方向的连通性好[3]。

3.3　裂缝方向与出砂的关系

选取6口出砂井，其连通水井注水状况见表3。

表3　出砂井连通水井注水情况

出砂井	连通注水井	注水压力/MPa	日注水量/m^3	注水强度/[m^3/(d·m)]
ZY11	ZS2	20.4	30	5.77
	ZS3	17	20	3.03
	ZS4	21.1	30	3.66
ZY9	ZS5	22.9	21	2.88
	ZS6	17.6	25	4.31
NY5	NS2	19	40	6.06
ZY8	ZS7	21.7	25	3.21
	ZS8	19.6	15	1.58
ZY13	ZS9	23	20	3.64
	ZS4	21.1	30	3.66
	ZS7	21.7	25	3.21

续表

出砂井	连通注水井	注水压力/MPa	日注水量/m^3	注水强度/[m^3/(d·m)]
ZY3	ZS10	17.8	15	2.17
	ZS11	20.8	10	1.69

出砂井ZY11和ZY9与东西向注水井为一类连通，其他方向为二类连通；出砂井NY5和ZY8与周围水井的连通方向为北西向，该方向是主要受效方向；出砂井ZY13和ZY3与周围水井的连通方向为南北向，该方向是主要受效方向(表4)。

表4　不同裂缝走向出砂井出砂情况表

裂缝主要方向	出砂井	含砂率/%	平均含砂率/%	增幅/%
东西	ZY11	0.638	0.744	24.33
	ZY9	1.213		
北西	NY5	0.723		-7.661
	ZY8	0.650		
南北	ZY13	0.663		-16.80
	ZY3	0.575		

从选取的6口有代表性的出砂井可以看出，东西方向裂缝出砂井平均含砂率最大，其次是北西向裂缝，南北向裂缝出砂井含砂率最小。原因是注水压力要高于目前东西方向裂缝的开启条件，故东西方向井间渗流速度增加，流体对地层的冲刷变得严重，所以东西向裂缝对出砂影响较严重，其次是北西、南北向裂缝。

4　小结

(1)从平面上看，裂缝发育呈近南北向条带状分布，与该区近南北向断层的分布有关，反映了该区储层裂缝的发育除了受构造应力场和储层岩石控制外，还受断层分布的控制。

(2)台肇地区南部出砂井含砂率高，出砂较为严重。原因是裂缝越发育，裂缝的聚集程度越高，对岩石的强度影响越大，出砂越严重。根据统计数据，南部裂缝最发育，裂缝密度大，含砂率最高为0.677%；中部地区裂缝发育最差，含砂率最低为0.661%。

(3)研究区域肇Y地区平均单井注水压力19.6MPa，该区域东西向、北西向、南北向和北东向裂缝的平均开启压力分别为15.09MPa、19.58MPa、27.74MPa、27.92MPa，该地区平均注水压力已经超过东西向裂缝开启压力，故东西向较其他方向的连通性好，东西向裂缝对出砂的影响最大，其次是北西向裂缝，南北向裂缝对出砂的影响最小。

参考文献

[1]张贵斌. 大庆台肇地区低渗透砂岩储层构造裂缝分布规律研究[D]. 北京：中国石油大学，2005.
[2]赵孟军，鲁雪松，卓勤功，等. 库车前陆盆地油气成藏特征与分布规律[J]. 石油学报，2015，36(4)：395-404.
[3]张建国，程远方. 射孔完井出砂预测模型的建立及验证[J]. 石油钻探技术，2001，29(6)：41-43.

大庆长垣外围油田
长关-低产井综合治理模式研究

王云龙　祖　琳

（大庆油田有限责任公司勘探开发研究院，黑龙江 大庆 163712）

摘　要：大庆长垣外围油田属于低渗、特低渗透油藏，通过对大庆长垣外围油田各类油层低效区块分类，以及对长关-低产井的成因分析并结合剩余油类型研究，制定了针对性措施，形成了特低渗透FY油层低效区块综合治理模式、裂缝性FY油层低效区块综合治理模式和低渗透P油层低效区块综合治理模式，通过三年的综合治理取得了试验区长关－低产井比例降低11.09个百分点的成果。

关键词：长关-低产井成因；综合治理模式

"十二五"期间，大庆外围油田加大科技攻关力度，不断提高老油田开发效果，实现了原油500×10^{4}t以上的连续稳产，为大庆油田持续稳产做出了重要贡献。但"十二五"末期由于国际油价处于较低水平，企业整体经济效益大幅度下滑，大庆外围油田面临产量和效益的双重压力，面对低效区块多、单井产量低、投资成本高的挑战。随着大庆长垣外围油田开发逐步深入，油水分布越发复杂，开发难度越来越大[1]，常规的治理措施效果逐年下降，严重影响油田的开发效果及效益，因此需要对长关-低产井进行治理，确定不同类型油藏综合治理技术。

1　问题提出

1.1　基本情况

近年来从大庆长垣外围各采油厂、各油田总的生产情况来看，表现为低产-长关井比例逐年增加，由"十二五"初期的36.2%上升到2017年的53.0%，严重影响油田的开发效果及效益。SP区块砂体薄差、零散，油水关系复杂，生产能力保持在较低水平。裂缝性低-特低渗透区块在大规模加密和注采系统调整以后，缺乏进一步大幅度提高采收率的技术手段，区块整体采收率仍处于较低水平；特低渗透区块生产能力始终保持在较低水平，油水井间不能建立有效驱动体系，产量递减快，产量水平低。因此，优选了四个低渗、特低渗透试验区块，加大长关井、低产井治理力度，有效减缓产量递减速度，探索大庆外围油田低油价下挖潜增效的开发技术和治理模式。

1.2　区块分类

根据四个试验区块储层类型、渗透率和裂缝发育情况将四个区块分成三类。其中区

作者简介：王云龙，1977年生，男，高级工程师，一直从事油藏开发工作。

块A为低渗透P油层，区块B、区块C为特低渗透FY油层，区块D为低渗透裂缝性F油层。

1.3 区块存在的主要问题

区块A存在的主要问题是受储层物性差、储层发育差、连通差及油层污染等综合影响，欠注井数多。“十二五”末期区块共有注水井74口，欠注井达54口，占水井总数的72.97%。注水井投注初期平均注水压力11.0MPa，单井日配注25m^3，日实注24m^3；“十二五”末期平均注水压力16.4MPa，单井日配注13m^3，日实注0.9m^3。由于欠注井影响，地层能量不足，“十二五”末期区块自然递减率达14.48%，长关-低产井比例达66.07%，严重影响区块水驱开发效果。

区块B、区块C存在的主要问题是储层物性差，难以建立有效驱替，产量递减快，平均孔隙度12.8%，平均渗透率1.36mD，属于低孔低渗储层。借鉴F油层的启动压力梯度与渗透率关系，计算有效驱动井距为102m，224m的注采井距难以建立有效驱替。其中区块B油井受效差，投产8年受效油井仅12口，受效比例11.8%，“十二五”末期自然递减率达16.70%，单井日产油由初期的1.2t下降到目前的0.4t，长关-低产井比例达46.67%。区块C自然递减率达14.20%，长关-低产井比例达34.67%。

区块D存在的主要问题：一是区块轴部水淹程度高，层间平面矛盾突出。该区裂缝发育，油层非均质性严重，受其影响，平面、层间、层内水淹程度不均衡，井区开发矛盾突出。虽然采取了多种常规综合调整措施，但仍难以控制近年含水上升快、产量递减速度加快的趋势。目前开井的28口油井中有25口含水在40%以上，有3口井含水低于40%。储层裂缝发育及平面上非均质性严重，导致井区平面上水淹程度不均衡，井区单井最高含水100.0%，最低含水14.0%，差异较大。统计9口井的吸水剖面，各类油层差异较大。目前一类油层吸水厚度百分数72.6%，比二类油层高出20.8个百分点，与三类油层的差异更大。二是翼部未全藏建立有效驱动体系。翼部储层渗透率较低，油水井间憋压严重，注采压差大。目前翼部注采压差16.0MPa，轴部注采压差12.7MPa。全区平均单井日产液1.9t，其中翼部平均单井日产液1.6t，仅为全区的84.2%。油水井间未建立起有效驱动体系。“十二五”末期区块自然递减率达13.04%，长关-低产井比例达54.30%。

2 各类区块综合治理模式

针对近年来常规措施对长关-低产井治理效果差的现状，本次治理以一对连通油水井作为一个治理单元，根据各类区块存在的问题，通过对长关-低产井成因分析，结合剩余油研究成果，制定针对性对策，采取组合措施，同时结合近几年新型增产措施进行治理，形成不同类型油藏综合治理模式。

2.1 特低渗透FY油层低效区块综合治理模式

首先对区块B、区块C长关-低产井成因进行分类。针对储层物性相对较好，由于油水井连通性较差导致长关、低产的这类井，治理对策是通过油水井对应改造，改善油水井间连通性，同时结合区块地应力方向优化对应压裂缝长，目的是由油水井间驱替转变为裂缝间驱替，从而缩小驱替距离，使油水井间能够建立有效驱替体系。

针对油水井间连通状况较好但储层物性差、井距大导致长关-低产的这类井，主要治理对策是对油井采取水平侧钻，在水平段采取大规模缝网压裂。目的是通过措施向剩余油富集区进行水平侧钻，从而缩短油水井间驱替距离；水平段大规模缝网压裂有效改善储层渗流条件，并且由井间驱替转变为井与裂缝间驱替，使油水井间能够建立有效驱替体系，有效地提高单井产量[式(1)]。

$$Q = \frac{2\pi k_f h[p_f - p_w - \lambda(r_f - r_w)]}{\mu \ln \frac{r_f}{r_w}} \tag{1}$$

式中，Q 为单井产量，t/d；k_f为储层渗透率，mD；h 为有效厚度，m；λ 为启动压力梯度，MPa/m；r_f 为油水井间驱替距离，m；r_w 为井筒半径，m；μ 为地层原油黏度，mPa・s；p_f为注入井静压，MPa；p_w为采出井流压，MPa。

针对由于储层物性差、油水井间连通状况差、油水井间井距相对较小形成的长关-低产井，主要治理对策是注水井提压注水、油井采取大规模缝网压裂。目的是通过提压注水增加油水井间驱替压差，通过缝网压裂有效改善油水井间储层渗流条件，并且由井间驱替转变为井与裂缝间驱替，使油水井间能够建立有效驱替体系。

2.2 裂缝性 FY 油层低效区块综合治理模式

区块 D 轴部储层物性好，采出程度高，含水高，剩余油类型以平面干扰型和层间干扰型为主，长关-低产井主要治理对策是注水井采取周期注水结合深度调剖，采油井采取堵水或堵压结合[2]。通过调剖剂封堵裂缝及高渗透带，从而有效扩大注入水波及体积，控制井区含水上升速度，改善井区开发效果[式(2)]。

$$E_R = E_V \cdot E_D \tag{2}$$

式中，E_R为采收率,%；E_V为波及体积,%；E_D为驱油效率,%。

区块翼部物性差难以全藏建立有效驱替，针对储层物性差、油水井间连通状况差、油水井间井距相对较大导致长关、低产的，这部分井主要治理对策是油水井对应改造结合缝网压裂技术。目的是通过措施在改善井区渗流能力的基础上由油水井间驱替转变为裂缝间驱替，从而缩小驱替距离，使油水井间能够建立有效驱替体系。

2.3 低渗透 P 油层低效区块综合治理模式

区块 A 长关-低产井主要由于注水井注水状况差，导致油井受效差而长关、低产。通过对区块敏感性、储层污染等因素分析确定了区块注水井欠注原因，主要治理对策是注水井酸化解堵，油井采取自生气吞吐或压裂改造。采取针对性新型酸化技术改善区块注水状况，通过自生气吞吐或压裂改造改善渗流能力进行引效，从而有效改善区块开发效果。

3 长关-低产井治理效果

通过三年的治理，在区块 A 实施低碳有机混合酸酸化 32 口、自生气吞吐 10 口，区块 B、区块 C 实施油水井对应压裂 18 组、提压增注结合缝网压裂 17 组、水平侧钻结合缝网压裂 4 口；在区块 D 实施深度调剖 32 口，周期注水 64 井次，油水井对应改造 24 组，试验区取得较好的治理效果。试验区年产油由 10.68 ×10^4t 上升到 12.85 ×10^4t，增产 2.17×10^4t；自然递减率由 15.06% 降低到 10.61%，降低 4.45 个百分点；综合递减率由 12.01% 降低到 0.61%，降低 11.4 个百分点；长关-低产井比例由 51.41% 下降到 40.32%，下降 11.09 个百分点(表 1)。

表 1　挖潜增效试验区指标变化情况表

区块	井数/口	油井数/口	2015 年					2018 年				
			年产油/(10^4t)	综合含水/%	自然递减率/%	综合递减率/%	长关-低产井比例/%	年产油/(10^4t)	综合含水/%	自然递减率/%	综合递减率/%	长关-低产井比例/%
区块 A	186	112	1.92	36.1	14.48	14.42	66.1	1.82	44	6.27	1.43	61.4
区块 B	266	195	3.4	40.89	16.7	12.04	46.67	6.02	48.03	9.91	-6.81	33.33
区块 C	108	75	1.55	34.67	14.6	14.6	34.67	1.42	36	8.9	-11.4	21.3
区块 D	269	186	3.81	52.2	13.04	11.37	54.3	3.59	57.6	12.4	9.26	42.47
平均	207	142	2.67	54.03	15.06	12.01	51.41	3.21	57.4	10.61	0.61	40.32

4　结论

(1)首先根据研究确定了不同类型油层长关－低产井成因，结合数值模拟成果，确定了相应的治理对策。

(2)形成了针对性增注的低渗透 P 油层低效区块综合治理模式。

(3)形成了对应压裂、水平侧钻结合缝网压裂、水井增注结合缝网压裂为主的特低渗透 FY 油层低效区块综合治理模式。

(4)形成了注水井周期注水结合深度调剖，油井堵压结合的裂缝性 FY 油层低效区块综合治理模式。

(5)取得了试验区长关－低产井比例降低 10 个百分点以上的好效果。

低效井治理是一项长期工作，随着油田开发不断深入，长关－低产井数会逐年增加，治理难度越来越大，低效井治理技术需要进一步开发和完善[3]。

参考文献

[1]李扬成. 低产低效井治理的做法与认识[J]. 勘探开发，2016(6)：190-191.

[2]梁丽. 低产低效井综合治理技术方法[J]. 工程技术，2013(21)：197.

[3]徐宏宇，徐子超，陈晨，等. 对低效井综合治理的几点认识[J]. 石油石化节能，2013(1)：41-43.

附　录

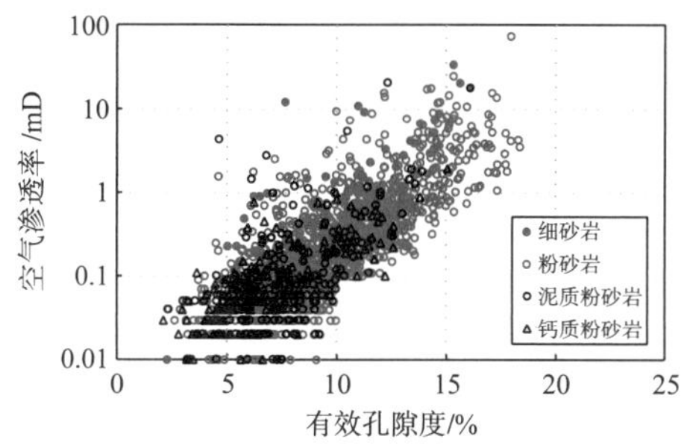

图 1　LX 地区 F 油层岩性与物性关系图（P20）

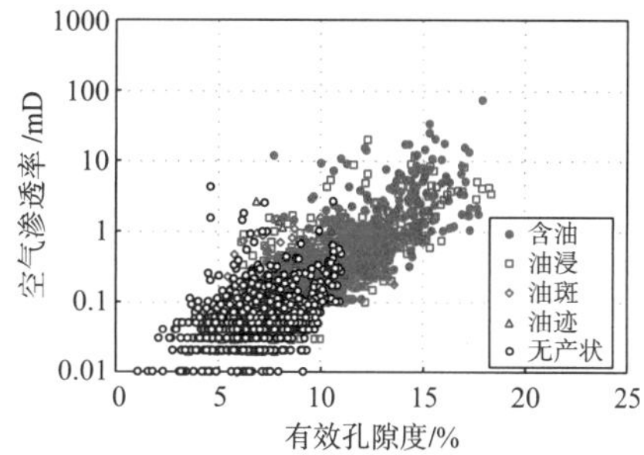

图 2　LX 地区 F 油层含油性与物性关系图（P20）

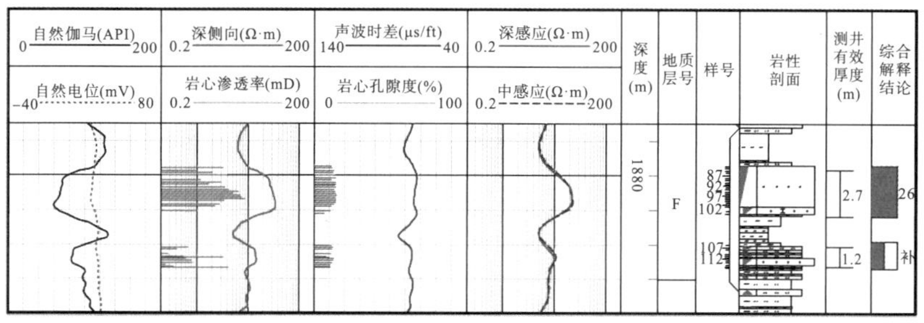

图 6　T26 井测井综合解释成果图（P22）

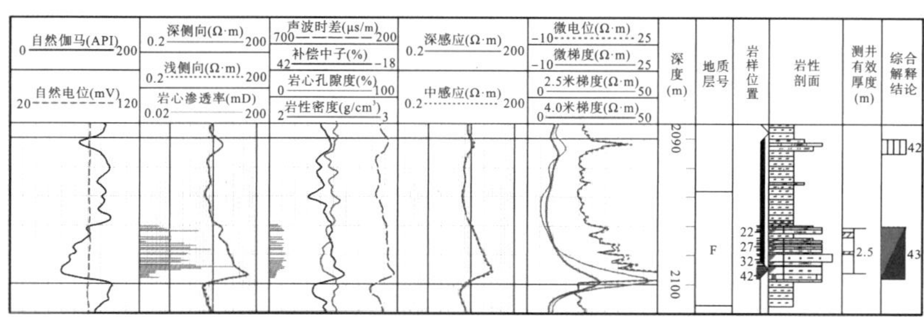

图 7　T284-5 井测井综合解释成果图（P23）

图 8　T24-X2 井测井综合解释成果图（P23）

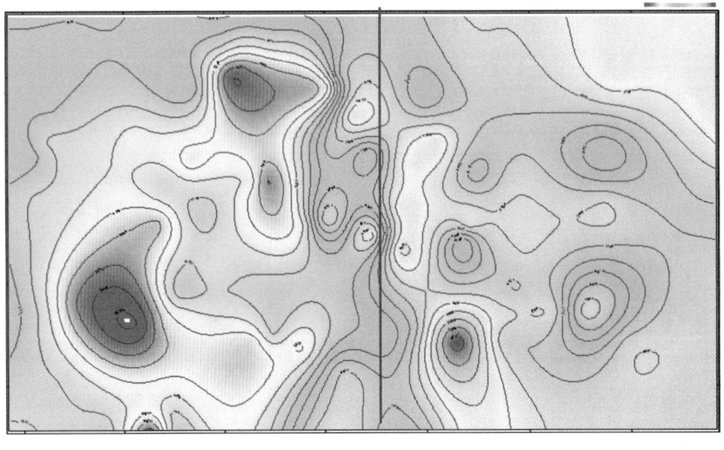

图1　古龙地区G油层地层水矿化度等值线分布(P28)

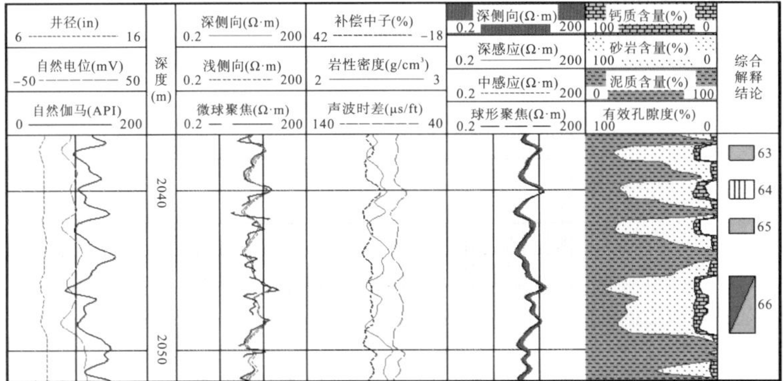

图 7　X 井单井综合解释成果图（P33）

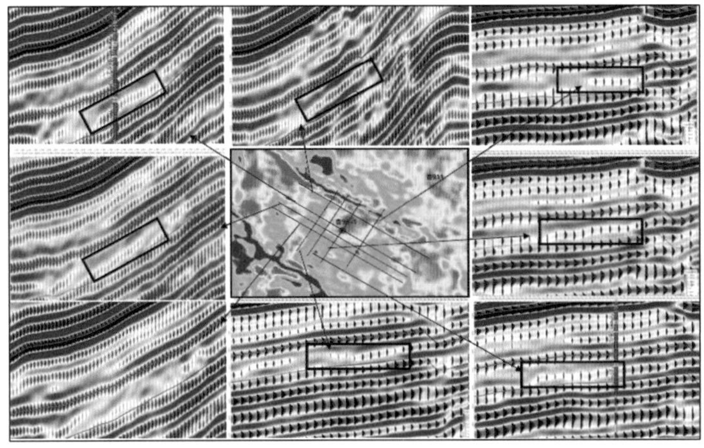

图 4　99-1 井中部砂体波组特征追踪砂体刻画图（P42）

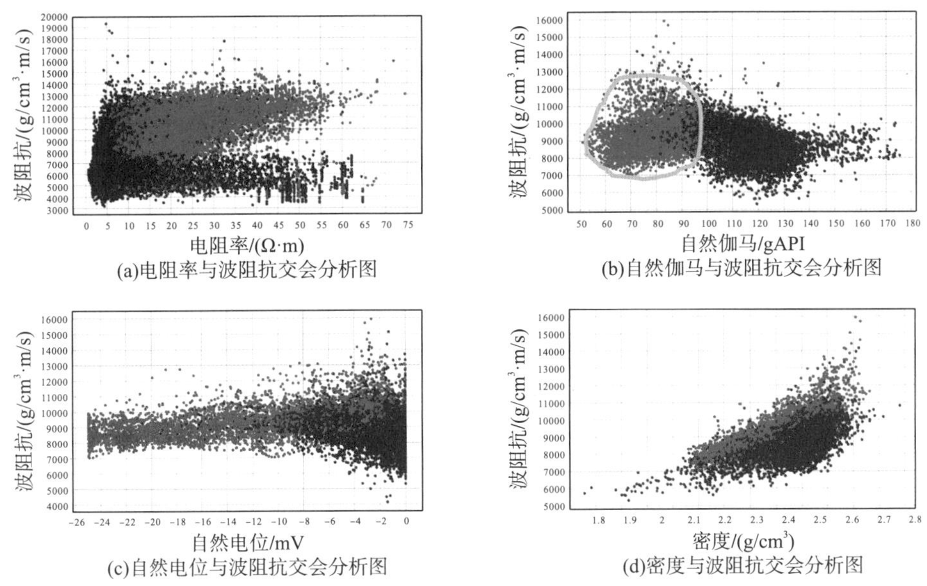

图 5 SP 油层多种曲线与波阻抗敏感性分析图（P44）

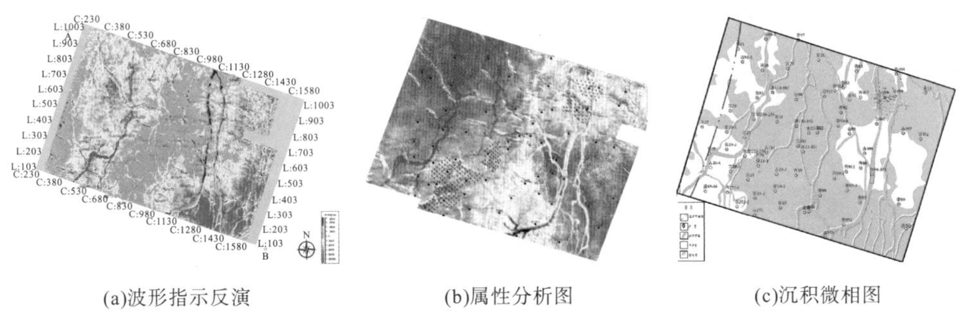

图 6 S0 组河道砂体刻画图（P44）

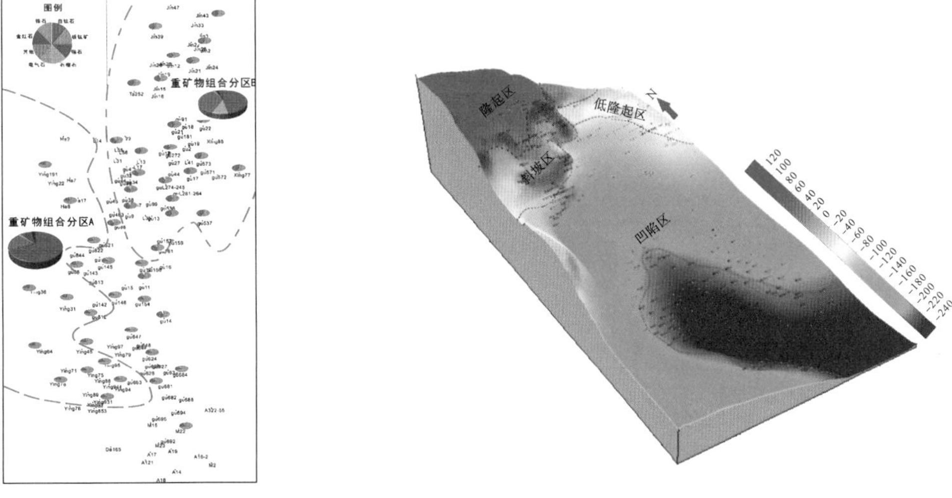

图 4 P 油层重矿物 ZTR 指数平面等值线图（P52）

图 5 长垣西部 P 油层古地貌恢复图（P53）

0 2 4 6 km

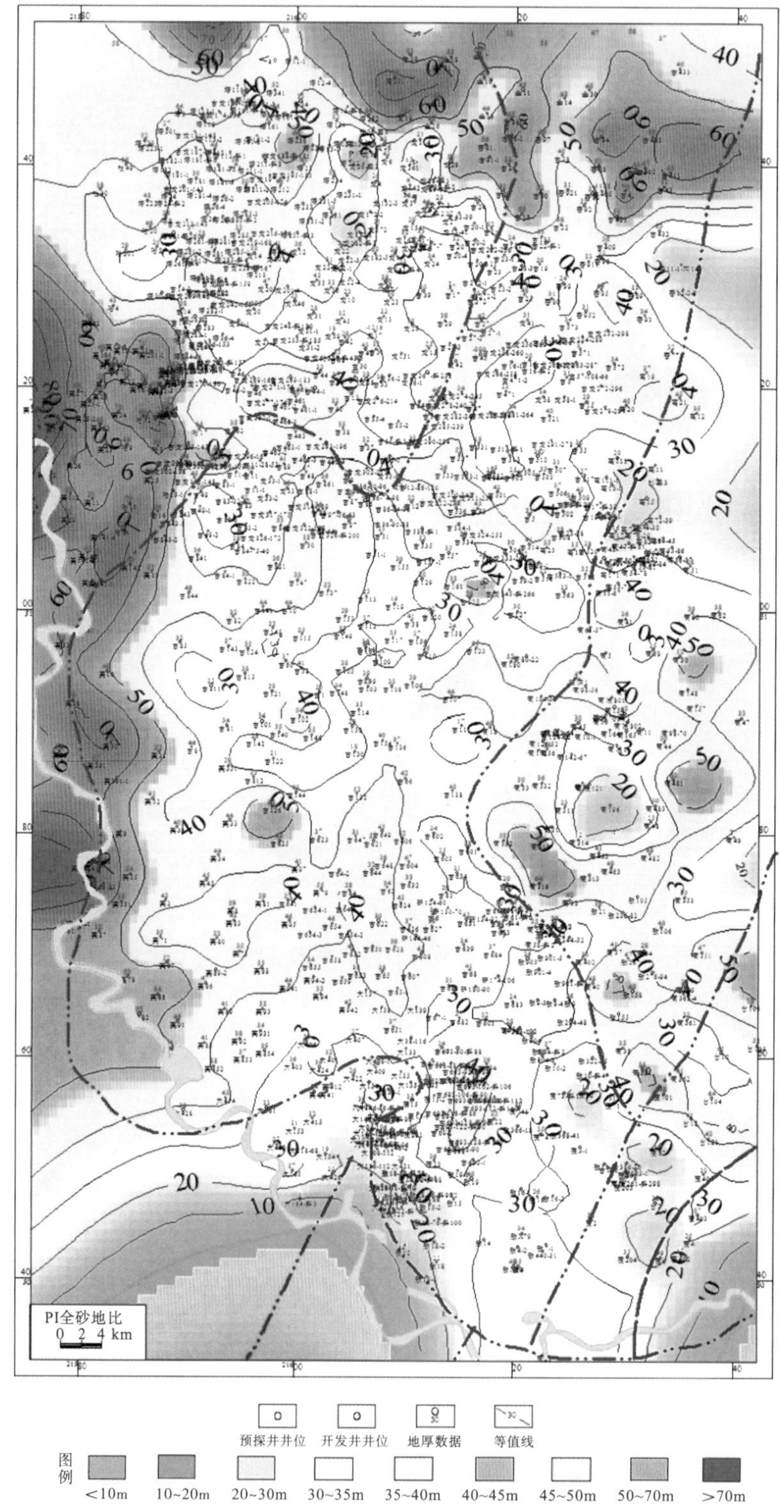

图6 长垣西部P油层砂地比含量平面图（P54）

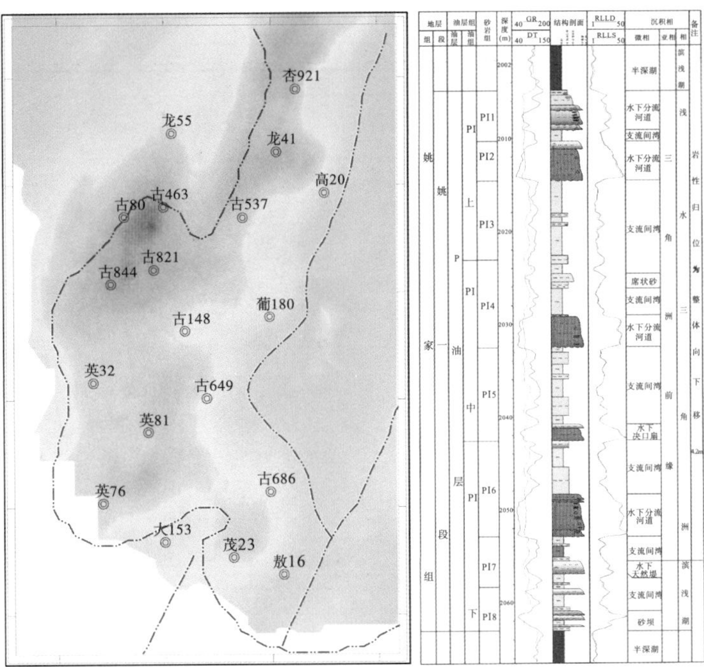

图 1　研究区地理位置（P57）

(a)含砾层理细砂岩，古649井，1672.4m

(b)平行层理细砂岩，龙41井，1976.1m

(c)槽状交错层理细砂岩，龙41井，1988.1m

(d)板状交错层理细砂岩，龙41井，1987.5m

图 3　研究区 P 油层细砂岩相特征（P59）

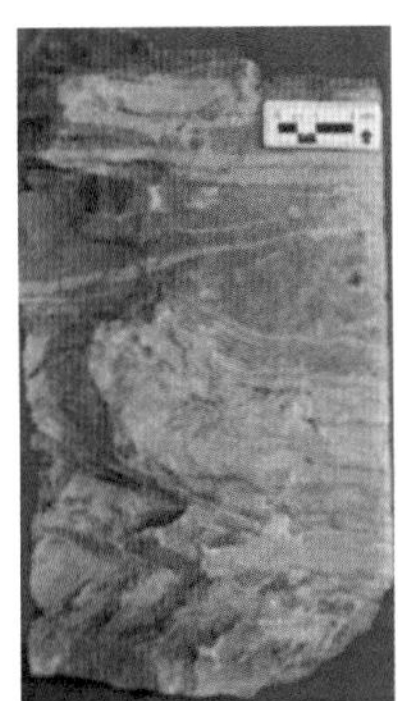

(a)沙纹层理粉砂质泥岩，大153井，1546.8m

(b)钙质泥岩，高20井，1401.8m

(c)变形层理粉砂质泥岩，古80井，2055.3m

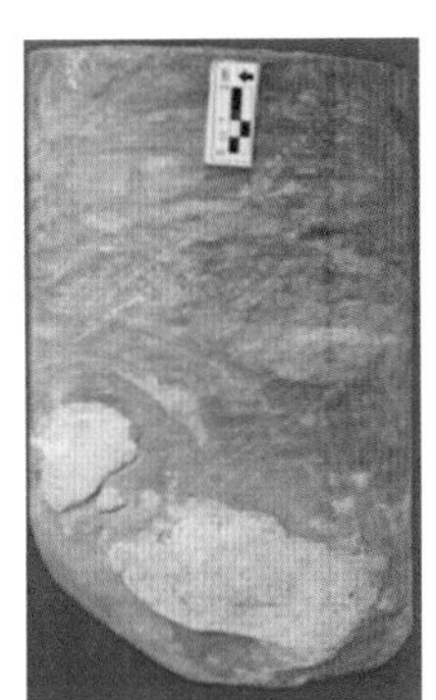

(d) 生物扰动粉砂质泥岩，龙55井，1752.3m

图 4　研究区 P 油层细砂岩相特征（P59）

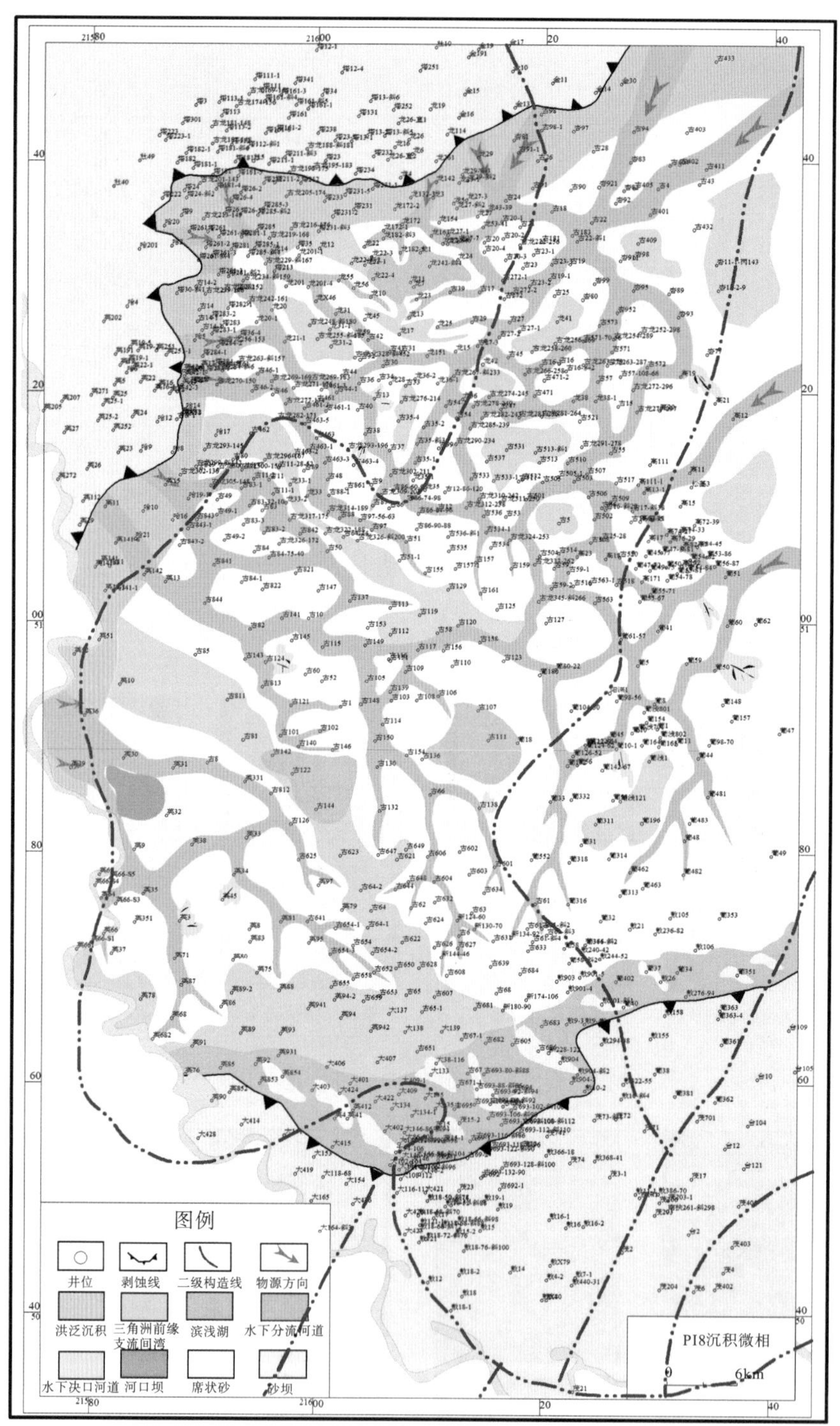

图8　研究区 P 油层 Y1-SSC1 时期层序格架内沉积相展布（P64）

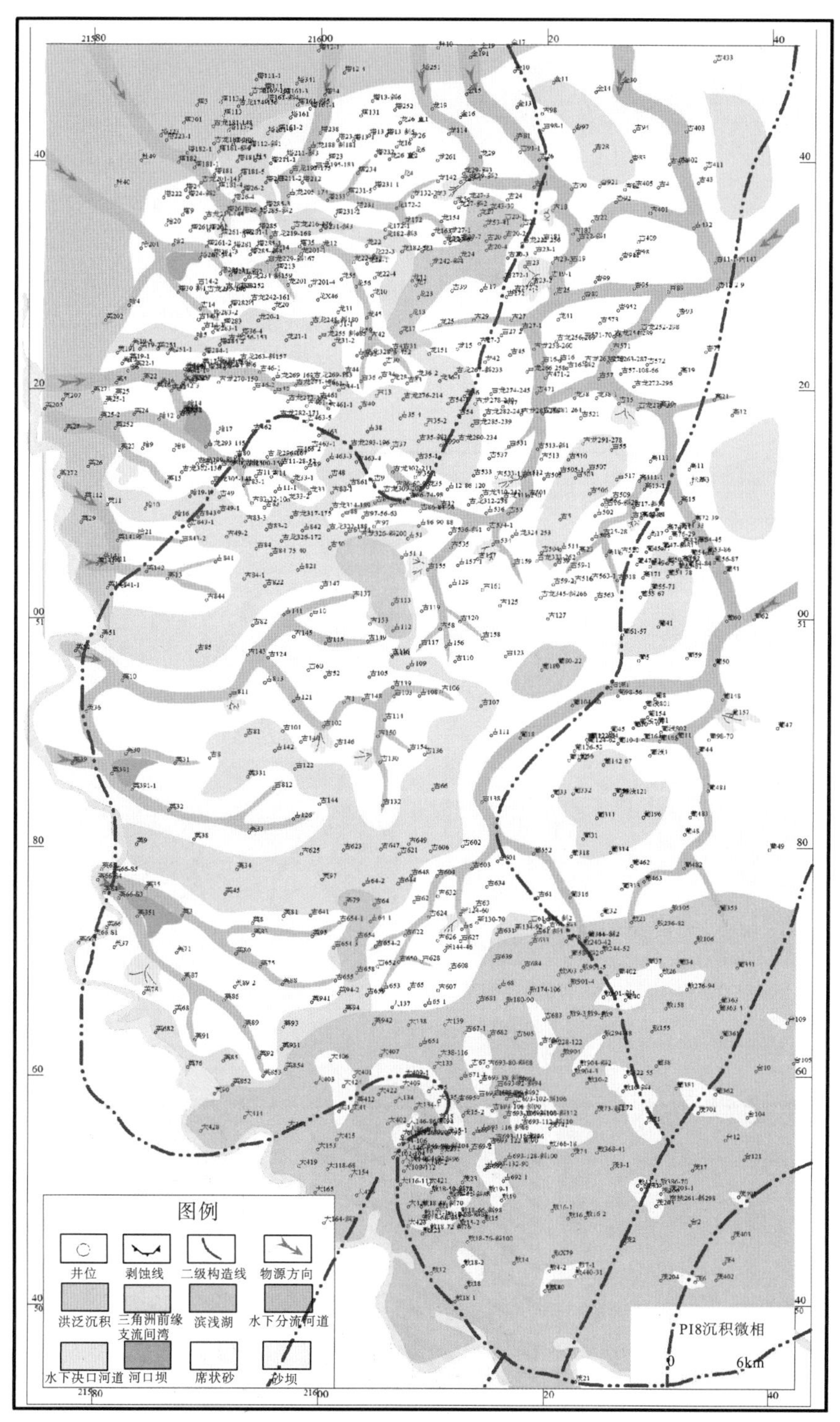

图 9 研究区 P 油层 Y1-SSC6 时期层序格架内沉积相展布（P65）

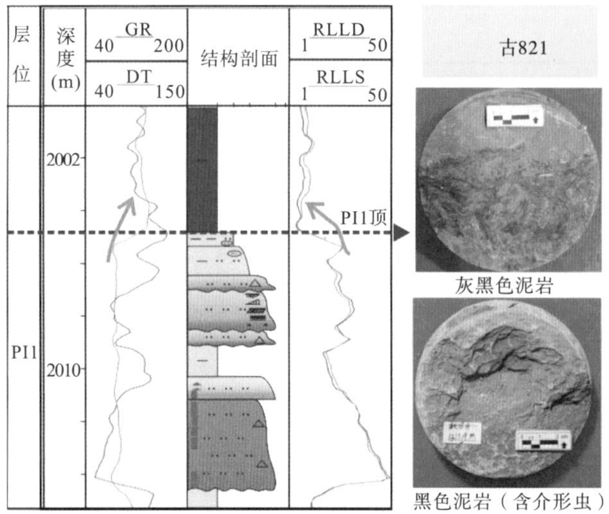

图1　古821井测井、岩心界面识别(姚一段顶部)（P68）

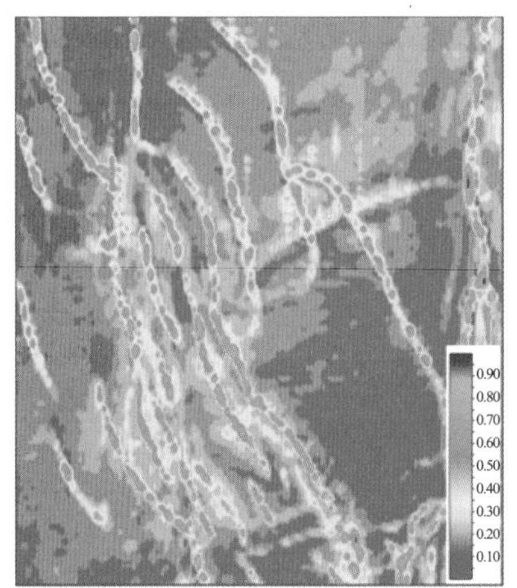

(a)未考虑倾角的沿层方差体属体平面图

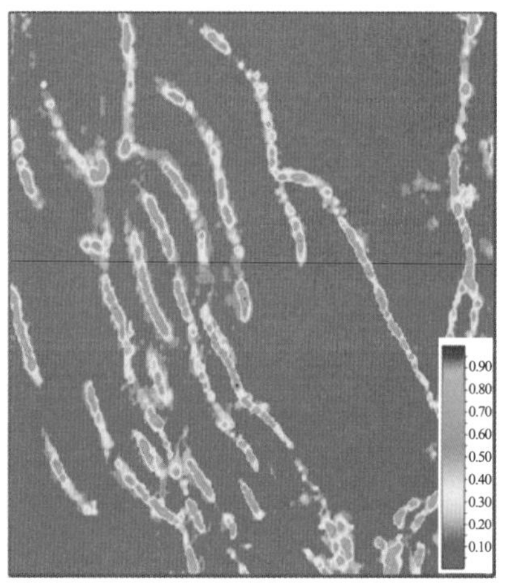

(b)倾角控制的沿层方差体属性平面图

图8　沿层方差体属性平面图（P84）

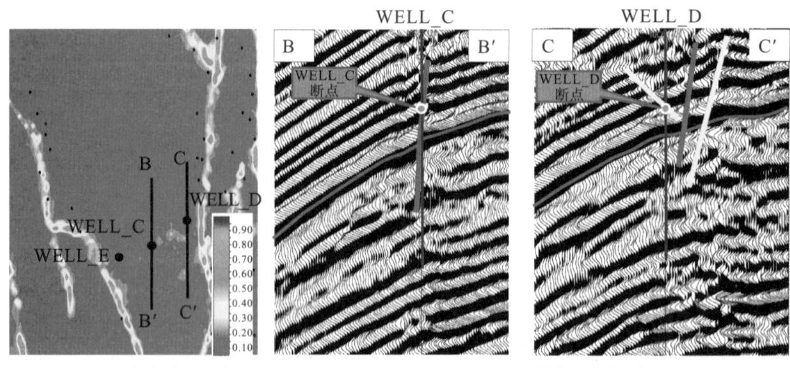

(a)属性平面图与断点平面投影

(b)WELL_C和WELL_D井断层剖面精细解释

图9　井震结合小断层精细对比（P85）

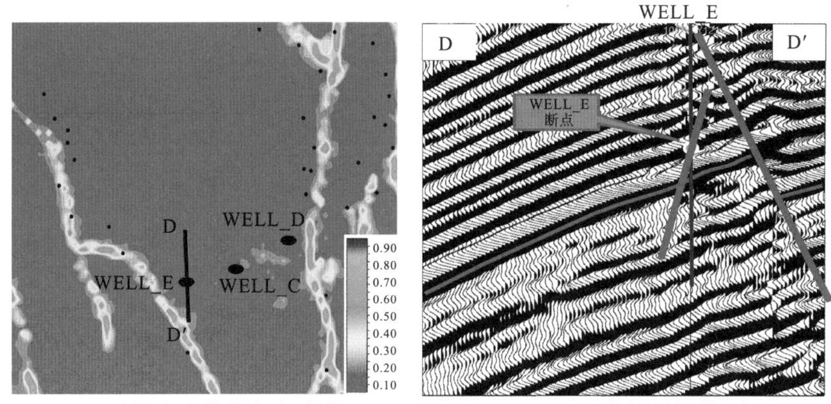

(a)属性平面图与断点平面投影　　(b)WELL_E井断层剖面精细解释

图 10　井震结合小断层精细对比（P85）

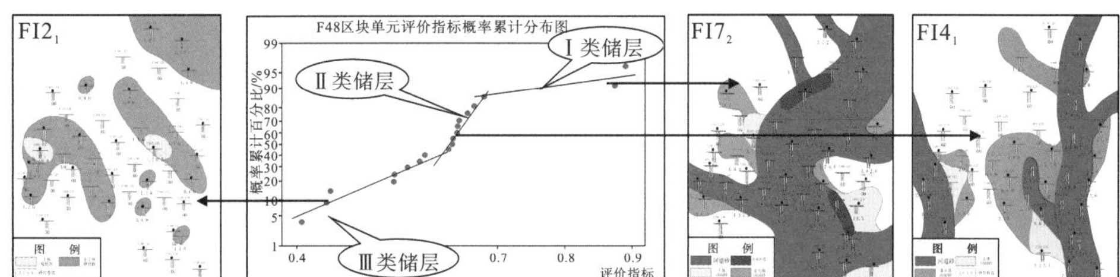

图 3　F48 区块 F 油层储层精细分类成果图（P92）

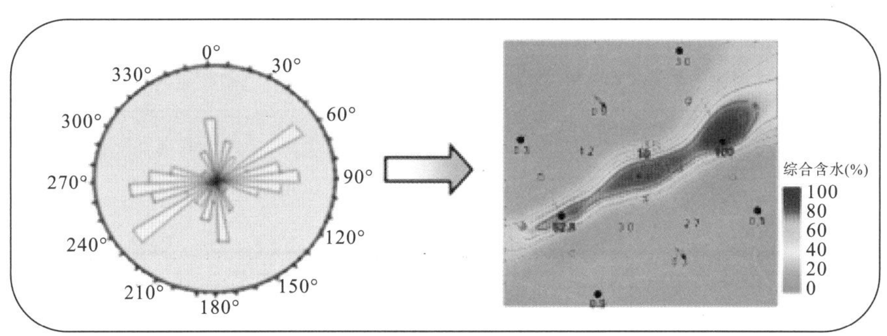

图 3　平面干扰Ⅱ型剩余油成因（P97）

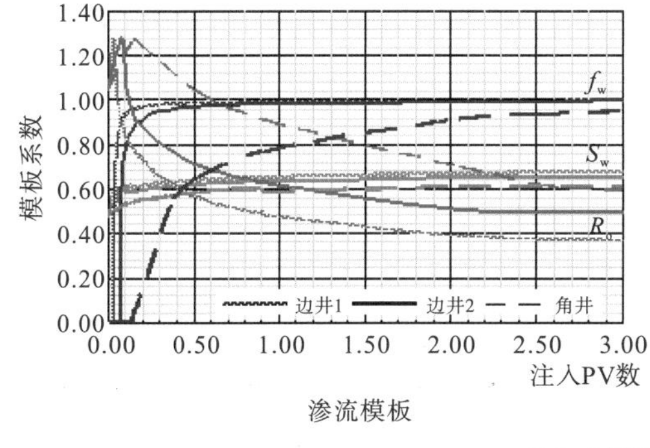

渗流模板

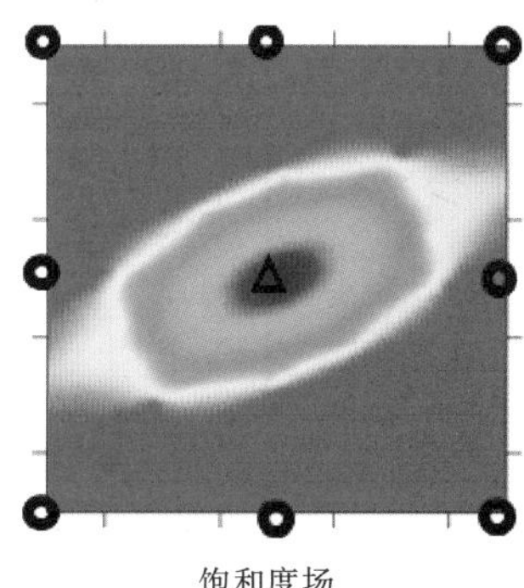

饱和度场

(a)反九点井网

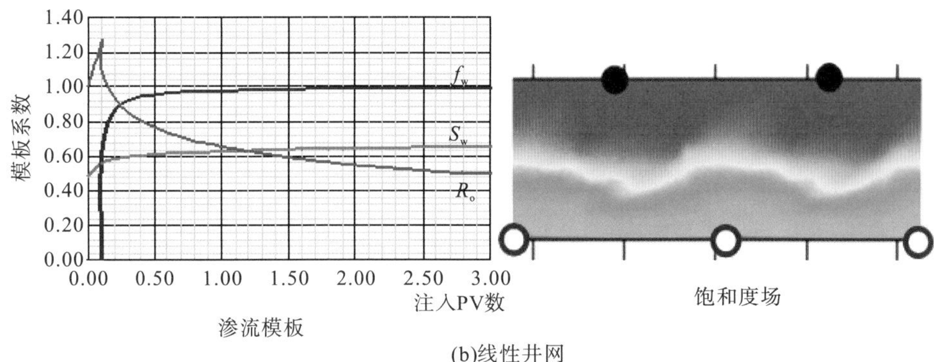

图 9　不同井网条件下渗透率及裂缝渗流模板（P101、102）

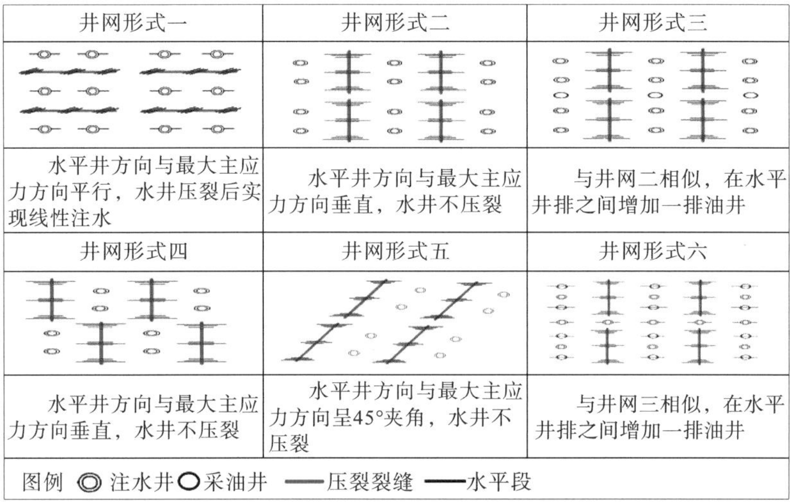

井网形式一	井网形式二	井网形式三
水平井方向与最大主应力方向平行，水井压裂后实现线性注水	水平井方向与最大主应力方向垂直，水井不压裂	与井网二相似，在水平井排之间增加一排油井
井网形式四	井网形式五	井网形式六
水平井方向与最大主应力方向垂直，水井不压裂	水平井方向与最大主应力方向呈45°夹角，水井不压裂	与井网三相似，在水平井排之间增加一排油井
图例 ◎ 注水井 ○ 采油井 —— 压裂裂缝 —— 水平段		

图 2　水平井穿层压裂试验井排、井距优化示意图（P111）

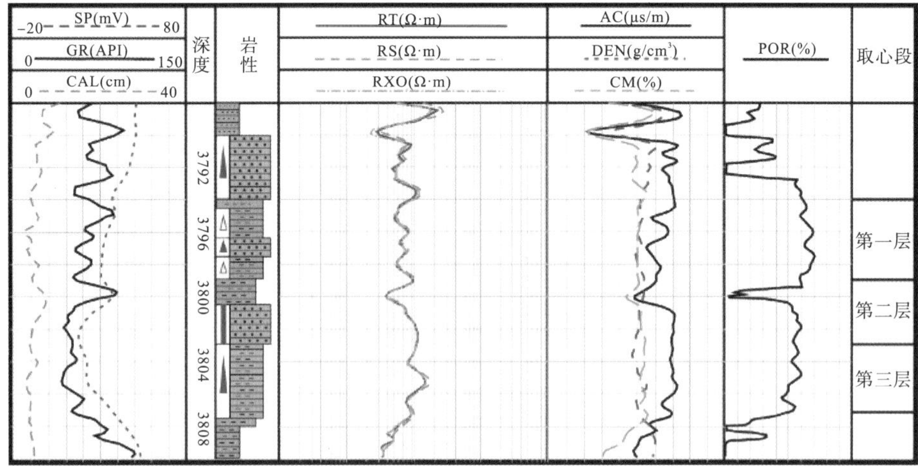

图 1　某油田取心井测井曲线图（P127）

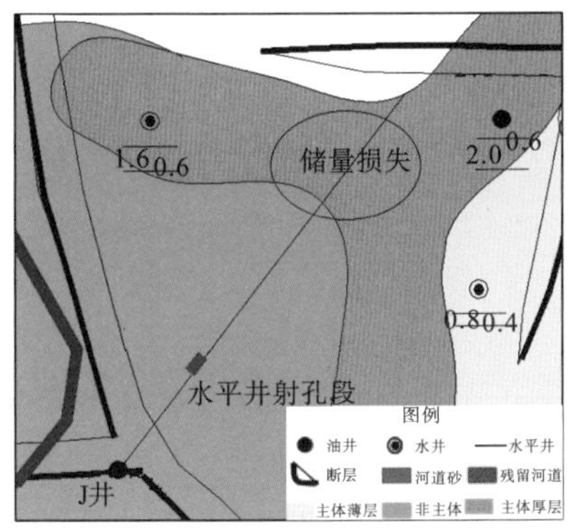

图2　J 井 $PI2_2$ 层沉积相带图（P165）

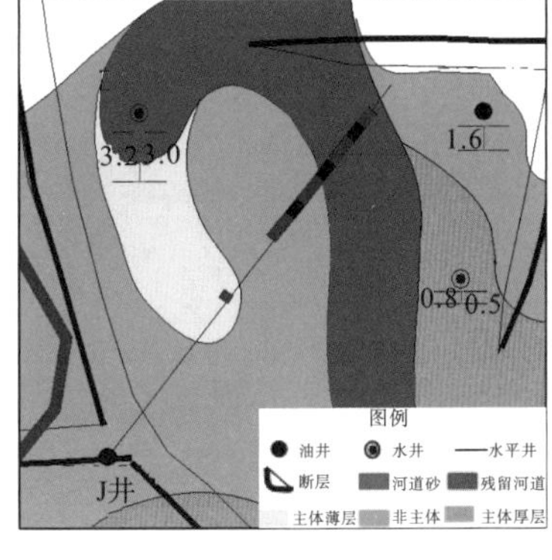

图3　J 井 PI3 层沉积相带图（P165）

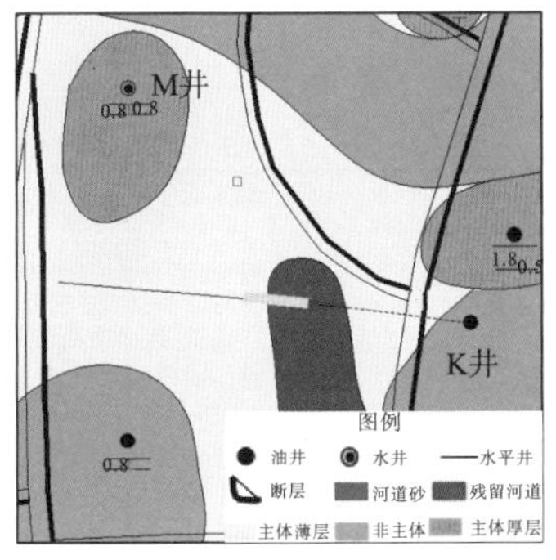

图4　K 井 $PI2_2$ 层沉积相带图（P166）

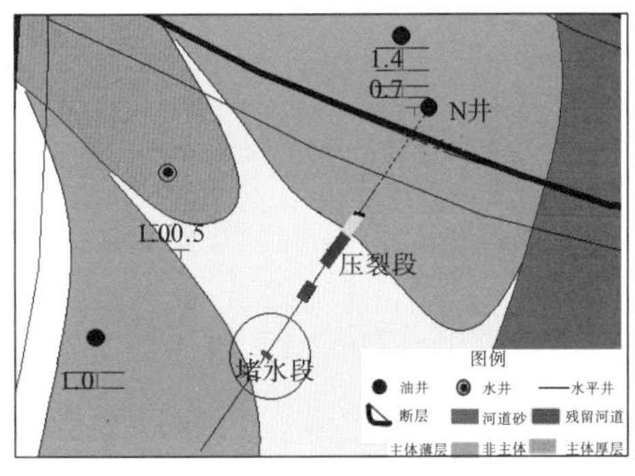

图5　N 井 $PI4_1$ 层沉积相带图（P166）

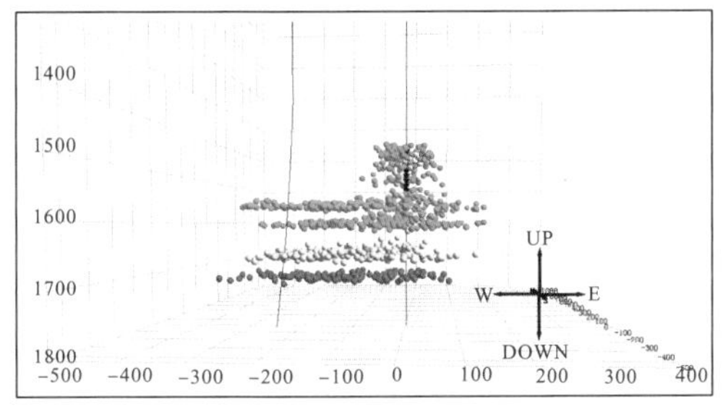

图7　A 区块压裂井全四层空间显示图（P185）

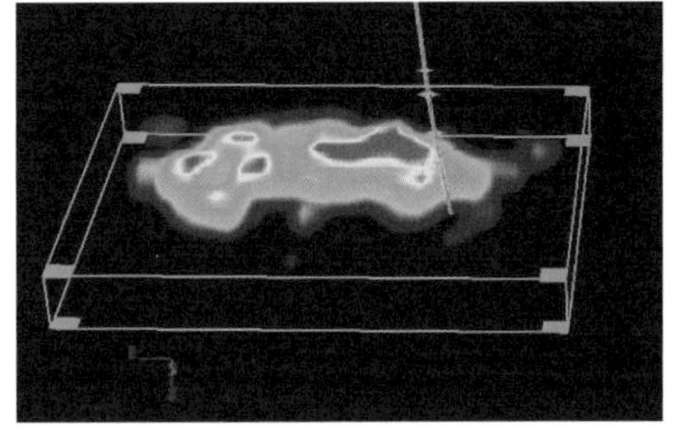

图8　A 区块压裂井 $FII2_1$ 层密度体图（P185）

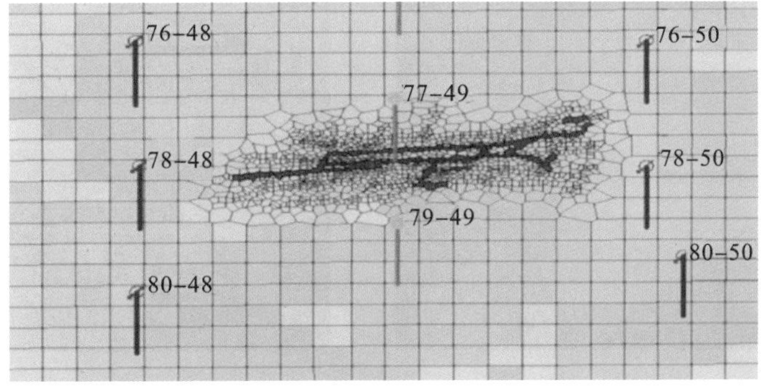

图2　Z6 区块 77－49 井非结构化网格模型（P204）

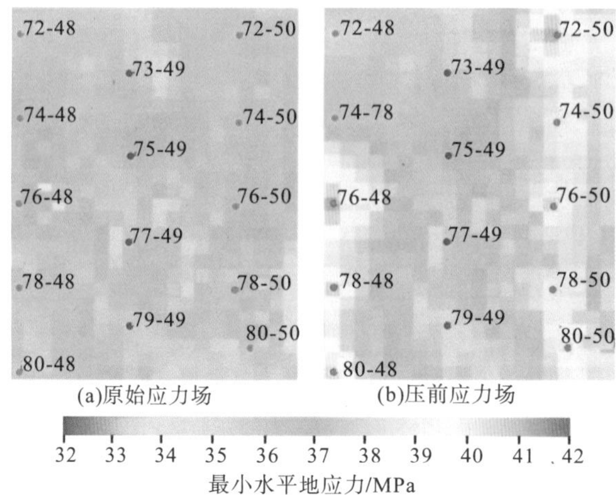

图 3 Z6 区块 FI5 层原始、压前的最小水平应力场分布（P206）

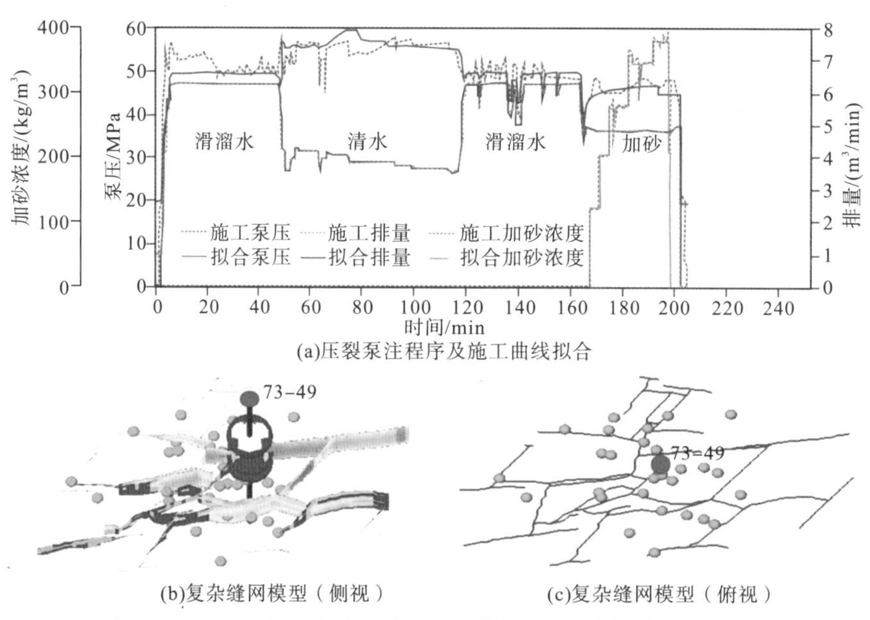

图 4 73－49 井第 2 级压裂泵注程序拟合、复杂裂缝模型（P206）

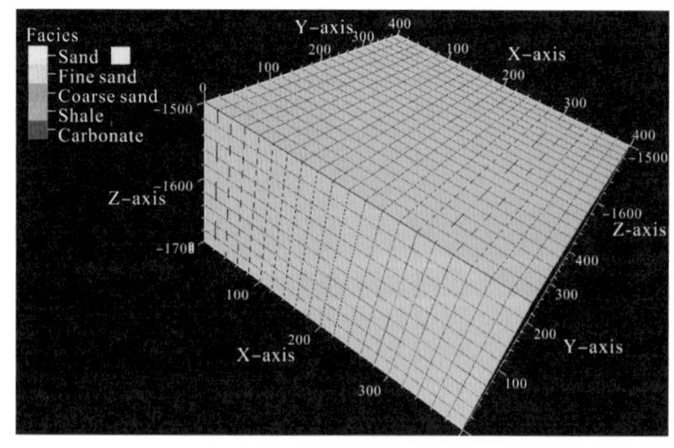

图 1 理想化均质基质模型（P211）

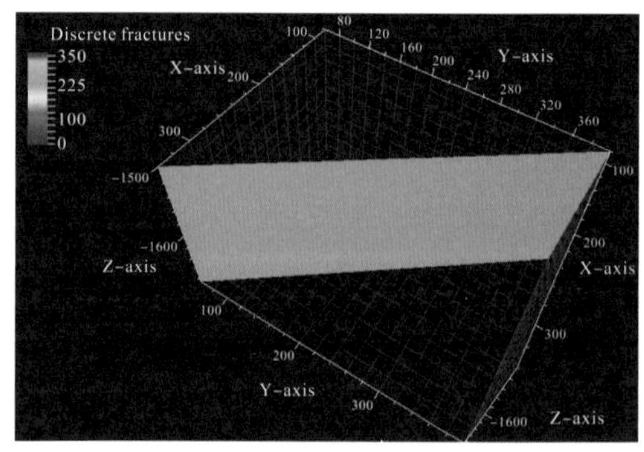

图 2 理想化 DFN 裂缝模型（P212）

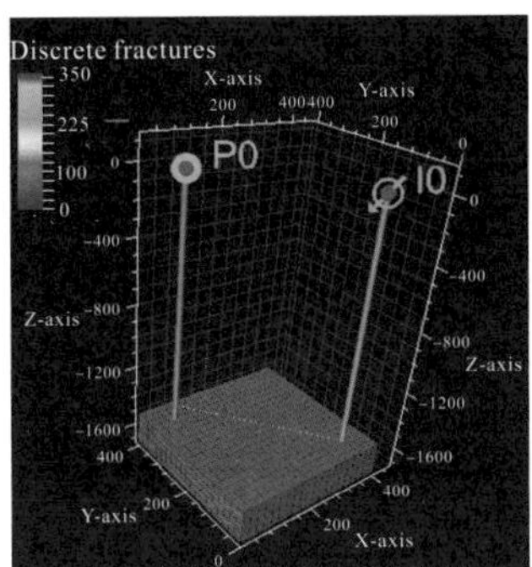

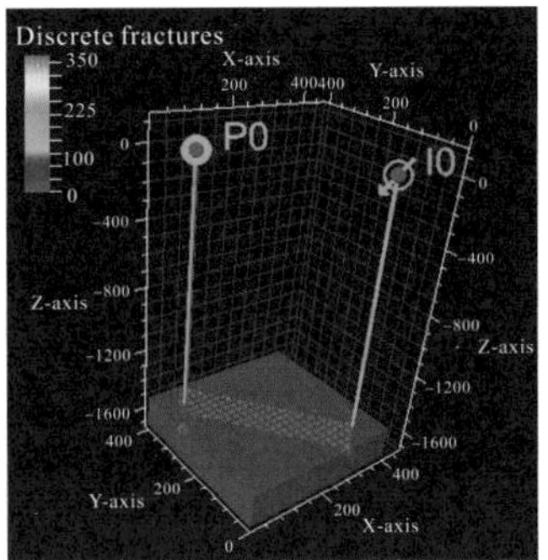

图 3　缝控基质单元数值模型（P212）

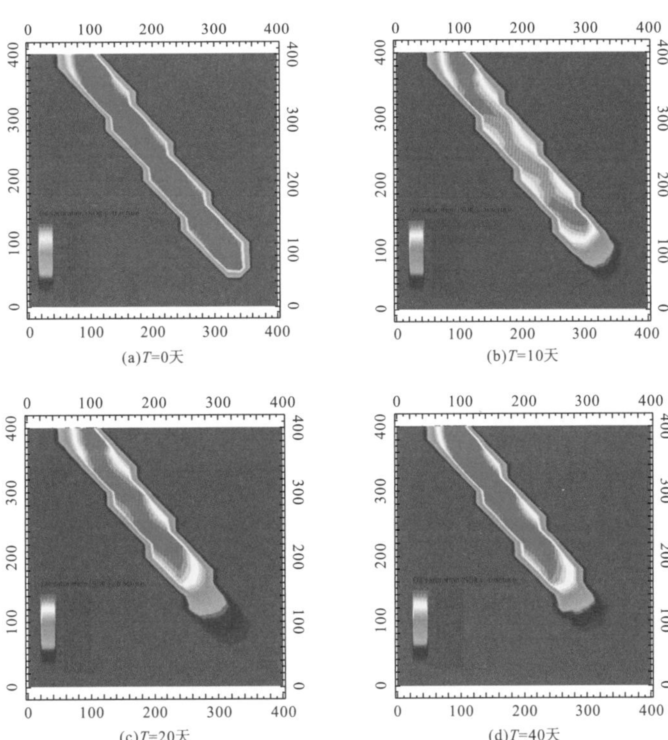

图 6　裂缝含油饱和度(横纵坐标为长度，m)（P214）

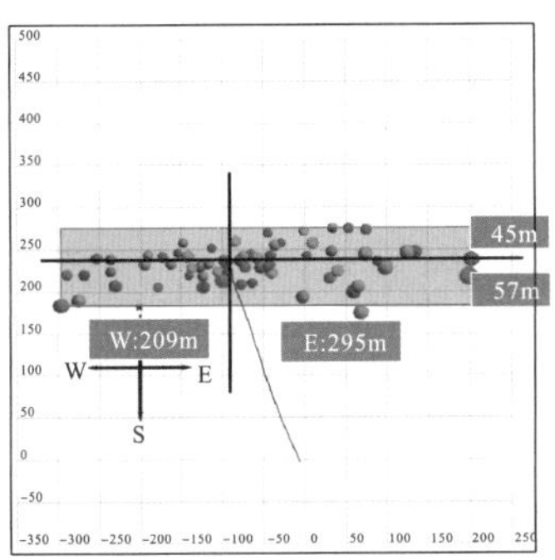

图 1　FI6 层井下微地震监测成果（P225）

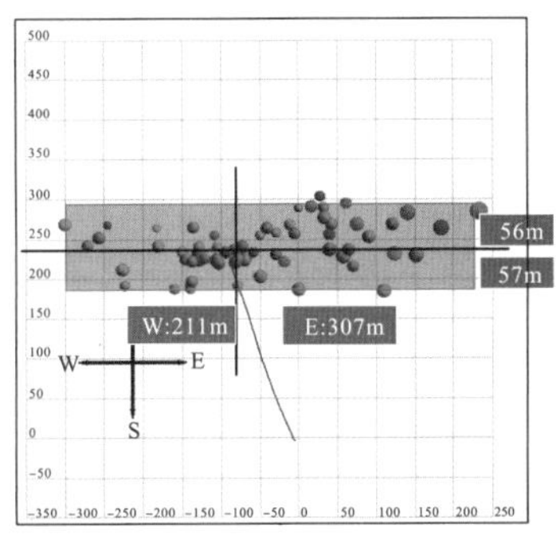

图 2　FI7 层井下微地震监测成果（P225）

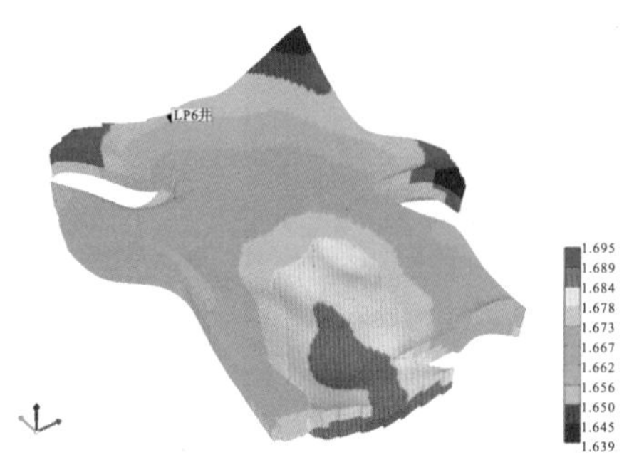

图 1　LP6 井构造模型（P236）

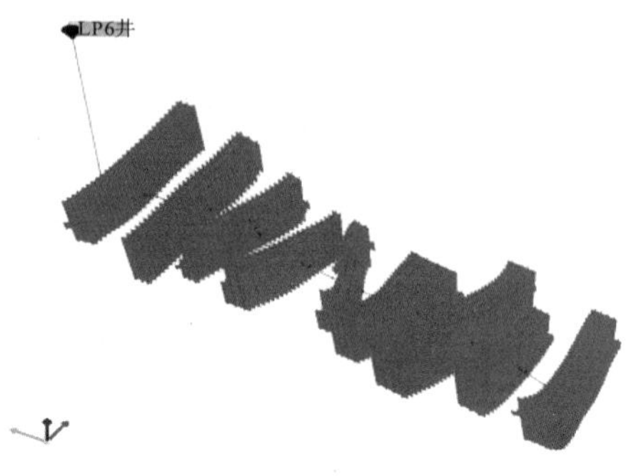

图 2　水平井人工体积裂缝模型（P236）

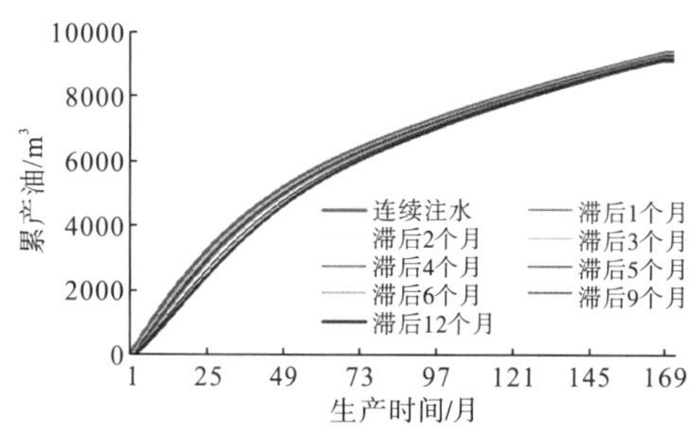

图 3　不同时间注水累产油与时间关系曲线（P244）

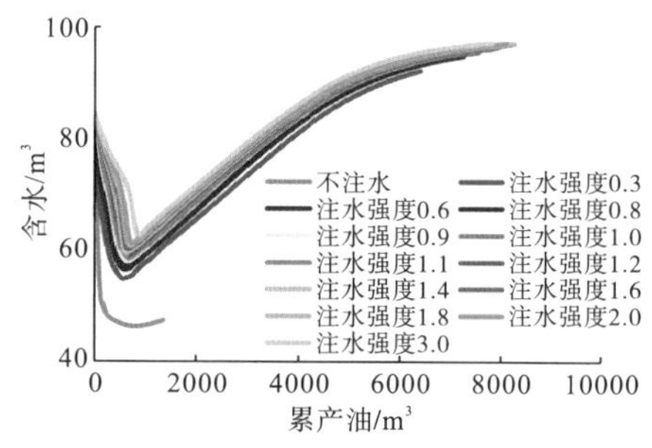

图 4　不同注水强度含水与累产油关系曲线（P244）

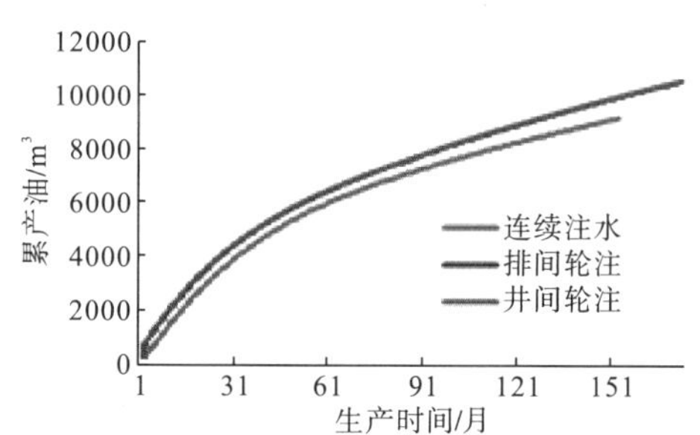

图 5　不同注水方式累产油与时间关系曲线（P244）

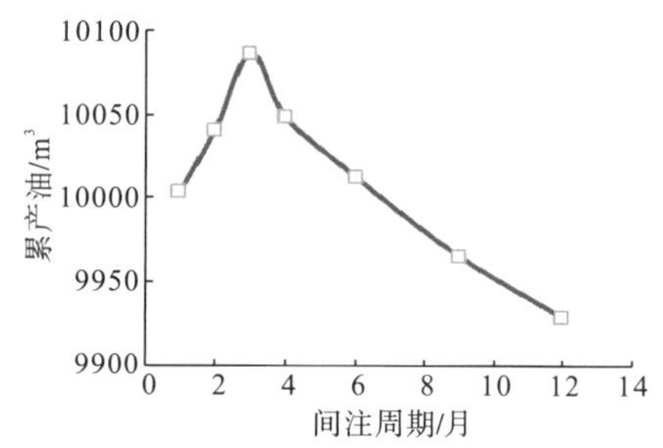

图 6　不同间注周期与累产油关系曲线（P244）

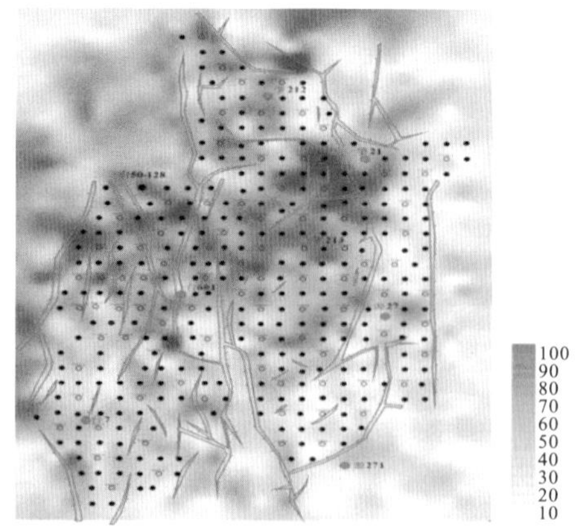

图 1　台肇地区 P 油层差应力分布图（P248）

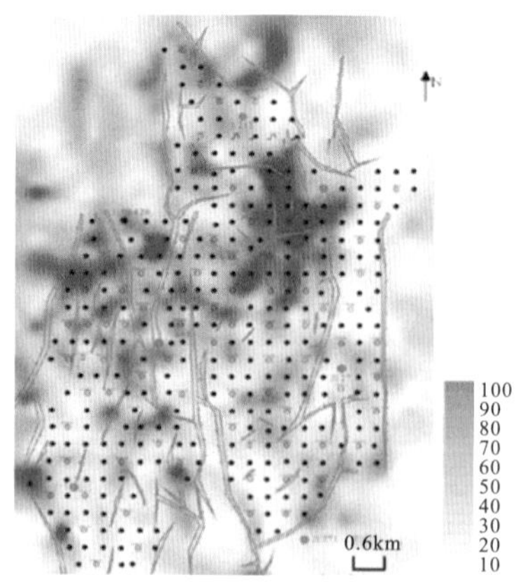

图 2　台肇地区 P 油层裂缝密度分布图（P248）